全国高等院校园林专业“十二五”规划教材

高等职业学校提升专业服务产业发展能力项目

——河南职业技术学院园林工程技术专业建设项目课程建设成果

园林树木及栽培养护（下）

YUANLIN SHUMU JI ZAIPEI YANGHU

主 编 王 永

副主编 赵振利 马 晓

胡春瑞

中国轻工业出版社 | 全国百佳图书出版单位

图书在版编目（CIP）数据

园林树木及栽培养护．下/王永主编．—北京：中国轻工业出版社，2021.1

全国高等院校园林专业“十二五”规划教材

ISBN 978-7-5019-9537-0

Ⅰ.① 园… Ⅱ.① 王… Ⅲ.① 园林树木—栽培技术—高等学校—教材 Ⅳ.① S68

中国版本图书馆CIP数据核字（2013）第273326号

责任编辑：毛旭林

策划编辑：李　颖　毛旭林　　责任终审：孟寿萱　　封面设计：锋尚设计

版式设计：锋尚设计　　责任校对：燕　杰　　责任监印：张　可

出版发行：中国轻工业出版社（北京东长安街6号，邮编：100740）

印　　刷：北京君升印刷有限公司

经　　销：各地新华书店

版　　次：2021年1月第1版第2次印刷

开　　本：889×1168　1/16　　印张：18.75

字　　数：416千字

书　　号：ISBN 978-7-5019-9537-0　定价：38.00元

邮购电话：010-65241695

发行电话：010-85119835　传真：85113293

网　　址：http：//www.chlip.com.cn

Email：club@chlip.com.cn

如发现图书残缺请与我社邮购联系调换

KG1166-131162

前言

本书为高职高专类园林专业教材，是根据高职高专园林专业高技能专业人才培养目标要求编写的。编写力求做到基本概念、基本理论框架简明清楚，全书紧密结合园林绿化生产实践和发展成果，重点突出，使用方便。

本书内容分为绪论、总论和各论三部分，并附有园林树木常用形态术语，之所以这样安排，是因为充分考虑了园林树木生长发育的季节性，不能把种类识别和树木栽培养护分割开来，必须穿插进行。

各论中裸子植物部分按照郑万钧系统，被子植物部分按照克朗奎斯特系统，部分科的顺序有调整。重点介绍的树种为我国常见及有发展前途的园林树种，共计86科270属502种以及152个亚种、变种、品种，使用时可根据具体情况加以取舍。

本书树种插图（465）幅，均引自正版书刊，限于篇幅，图中未标具体出处，在此谨向原作者致谢。

本书由课题组负责确定编写提纲和编写思路。

具体编写分工如下：

王永（河南职业技术学院）编写绪论、第三章、第四章、第十一章16~37科以及附录部分；

刘志强（副研究员，河南省科学院生物研究所）编写第一章、第二章；

刘本彩（高级工程师，郑州市河道管理处）编写第五章、第十一章47~60科；

赵振利（博士、副教授，河南农业大学）编写第六章、第十一章61~70科；

陈刚（讲师，郑州师范学院）编写第七章、第十一章1~15科；

胡春瑞（讲师，河南职业技术学院）编写第八章、第十一章

38~46科；

牛松顷（河南职业技术学院）编写第九章；

马晓（讲师，河南职业技术学院）编写第十章；

曹艳春（讲师，河南职业技术学院）编写第十一章71~76科；

全书由王永统稿。

本书由河南农业大学博士生导师苏金乐教授百忙之中主审，特此致谢！

由于编者水平所限，谬误之处在所难免，敬请批评指正。

编　者

2013年7月

目录

第三部分
各论

第十章　裸子植物

1．苏铁科 Cycadaceae

乔木，茎干粗短，不分枝或很少分枝。叶有两种，一为互生于主干上呈褐色的鳞片状叶，外有粗糙绒毛，一为生于茎端呈羽状的绿色营养叶。雌雄异株，各呈顶生头状花序。种子呈核果状，有肉质外种皮，内有胚乳，子叶2，发芽时不出土。

本科共10属，200余种。分布于热带、亚热带地区。

分属检索表

1. 羽片无侧脉；幼叶拳卷；大孢子叶叶状，形成疏松的孢子叶球，螺旋状着生于树干顶端，上端边缘篦齿状或齿状，胚珠2～8（14）……………………………………………苏铁属

1. 羽片具侧脉或纵脉；幼叶芽时直；大孢子叶非叶状，形成致密的孢子叶球，胚珠2～3（多数）……………………………………………………………………………泽米铁属

（1）苏铁属 *Cycas* L.

主干柱状。营养叶羽状，羽状裂片坚硬革质，中脉显著，花序球状，小孢子叶呈螺旋状排列，扁平鳞片状或盾状；大孢子叶呈扁平状，全体密被黄褐色绒毛，上部呈羽状分裂，在中下部的两侧各生1～4个裸露的直生胚珠。

约17种，分布于亚、澳、非洲及中国南部。我国有14种。园林中习见栽培1种。

分种检索表

1. 叶的羽状裂片厚革质，坚硬，宽0.3～0.6cm，边缘显著向背面反卷 ……………………苏铁

1. 羽片厚革质、革质或薄革质，宽0.6～2.2cm，边缘扁平或微反卷 ………………………… 2

2. 羽片革质，宽0.8～1.5cm，羽状叶上部越近顶端处羽片越短窄，尽端处仅长数毫米。大孢子叶边缘刺齿状 ……………………………………………………………………华南苏铁

2. 羽片薄革质至厚革质，叶之上部羽片不显著短缩，大孢子叶边缘深条裂 ………………… 3

3. 羽片薄革质，宽1.5～2.2cm，上部叶脉中央无凹槽，叶柄长40～100cm，约为羽状叶全长的1/3 ……………………………………………………………………………………云南苏铁

3. 羽片厚革质 ……………………………………………………………………………………… 4

4. 羽片宽0.6～0.8cm，上部叶脉中央常具一凹槽，叶柄短，15～30cm ……………篦齿苏铁

4. 羽片宽1.6cm以上，疏被短柔毛，先端渐尖，并有刺状尖头……………………四川苏铁

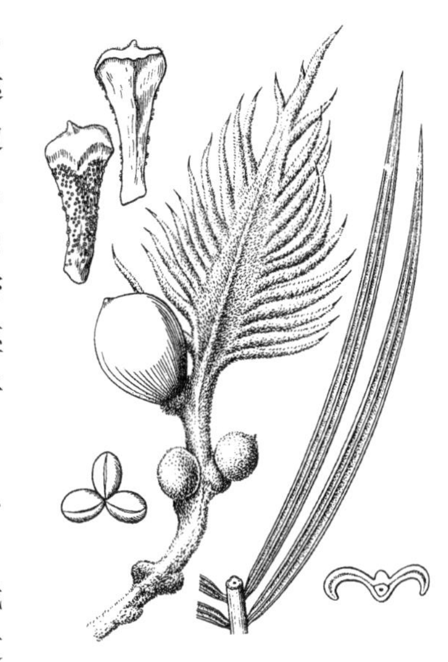
图10-1 苏铁

苏铁（铁树、凤尾蕉、凤尾松、避火蕉）*Cycas revoluta* Thunb.

【形态】常绿棕榈状，高5m，茎干圆柱形。叶羽状深裂，长达0.5~2.0m，厚革质而坚硬，羽片条形，长达18cm，边缘显著反卷。雌雄花序各单生枝顶，雄球花长圆柱形，小孢子叶木质，密被黄褐色绒毛，背面着生多数药囊；雌球花略呈扁球形，大孢子叶宽卵形，有羽状裂，密被黄褐色绒毛，在下部两侧着生2~4个裸露的直立胚珠。种子卵形而微扁，长2~4cm。花期6~8月，种子10月成熟，熟时红色。（图10-1）

【分布】原产中国福建、台湾地区、广东，各地都有栽培。华南、西南地区可露地栽植，长江流域及以北地区多盆栽。

【习性】喜暖热、湿润气候，不耐寒，低于0℃时极易受害。栽培环境要求通风良好，喜肥沃湿润的沙壤土，不宜过湿，忌积水。生长速度缓慢，寿命可达200年。民间传说，“铁树60年开一次花”，实则10年以上植株在南方每年均可开花。

【繁殖】播种、分蘖等法繁殖。

【用途】苏铁体形优美，是表现热带风光的优良树种。在南方适于草坪内孤植或群植，北方地区多盆栽，可布置于花坛中心，也可用于装饰大型会场。羽状叶可用于插花。

（2）**泽米铁属** *Zamia* L.

鳞叶存在，托叶无或存在，但无维管束，幼叶直或内折，羽片平，相互交叠，球花顶生或侧生，雌球花球果状，具中轴，每个大孢子叶着生胚珠1~2，种子辐射状对称，外种皮红色，橘黄色或黄色。

泽米铁（墨西哥苏铁）*Zamia furfuracea* L.f.

【形态】小型到中型植株，多分枝，地下茎或露出10~20cm，直径10~35cm，幼时灰绿色，密生锈棕色柔毛。羽叶长20~100cm，斜展至直立，两侧平，叶基部膨大，被短柔毛，密生粗壮短刺；羽片10~20对，矩圆形或倒卵状矩圆形，相互交叠，表面灰绿色，背面浅绿色，厚革质，坚硬，基部渐狭，先端钝尖，边缘具细齿。雄球花圆柱形，灰绿色，具短柔毛，小孢子叶楔形，大孢子叶球桶状。种子卵形，粉红至红色。

【分布】特产于墨西哥的东部海岸，现世界各地已广泛栽培。

【习性】适应性强，喜光，喜生于排水良好的环境，适合热带、亚热带及暖温带地区生长。

繁殖、用途同苏铁。

2．银杏科 Ginkgoaceae

落叶乔木，具长短枝。叶扇形，先端常二裂，二叉状脉，在长枝上螺旋状散生，短枝上簇生。球花单性，雌雄异株，雄球花柔荑状，雌球花有长柄，柄端分叉，顶生胚珠各一。种子核果状，外种皮肉质，中种皮骨质，内种皮膜质。花期4~5月，种熟期9~10月。

本科树种发生于古生代石炭纪末期，至中生代三叠纪、侏罗纪种类繁盛，有15属之多，第四纪冰川期后，仅孑遗一属一种。

银杏属 *Ginkgo* L.

属特征同科特征。

银杏（公孙树、白果）*Ginkgo biloba* L.

【形态】落叶大乔木，高30～40m。叶扇形，在长枝上互生，短枝上簇生，有二叉状叶脉。雌雄异株，雄花呈下垂柔荑花序；雌花具长柄，顶端具2胚珠。种子核果状，外层种皮肉质，成熟时有辛辣臭味，中种皮白色骨质，内种皮薄，膜质，红褐色。种子具子叶2。（图10-2）

图10-2 银杏

【品种】a 黄叶银杏f. *auera* Beiss叶黄色。

b 塔状银杏f. *fastigiata* Rehd.大枝的开展尺度小，树冠呈尖塔柱形。

c 裂叶银杏‘Lacinata’叶形大，缺刻深。

d 垂枝银杏‘Pendula’枝下垂。

e 斑叶银杏‘Variegata’叶有黄斑。

【分布】我国特产树种，有“活化石”、“孑遗植物”之称，栽培分布广泛。朝鲜、日本及欧美各国庭院都有栽培。

【习性】喜光、耐寒，深根性，喜温暖、湿润及肥沃平地，忌水涝。寿命长，树龄可达千年。

【繁殖】播种、分株、扦插、嫁接均可繁殖。

【用途】银杏挺拔雄伟，古朴雅致，叶形奇特，秋叶金黄，是珍贵的园林观赏树种。可孤植于草坪广场，列植为行道树，配植于庭园、大型建筑物四周及前庭入口，也可与其他色叶植物混植点缀秋景，也可修剪造型成树桩盆景。种子可食用，种仁可入药，木材可做家具等。

3. 南洋杉科 Araucariaceae

常绿乔木，大枝轮生。叶螺旋状互生。雌雄异株，大小孢子叶多数，螺旋状排列，雄球花圆柱形，单生或簇生，花药4～10，雌球花单生枝顶，椭圆形或近球形，珠鳞倒生一胚珠。球果大，直立，卵圆形或球形；种鳞木质，2～3年成熟。

本科共2属，约40种，产于南半球热带、亚热带地区。我国引入2属4种。

南洋杉属 *Araucaria* Juss.

常绿乔木，枝轮生。叶披针形、鳞形、锥形或卵形。雌雄异株，罕同株；雄球花单生或簇生叶腋或生枝顶，雌球花单生枝顶。球果大，2～3年成熟，熟时种鳞脱落，种鳞先端有向外屈曲之尖头，种子扁平，有翅或无翅；子叶2，罕为4，出土或不出土。

分种检索表

1. 叶形宽大，卵状披针形；苞鳞先端具三角状尖头，向后反曲；种子先端肥大而显露，两侧无翅，子叶不出土 ……………………………………………………………大叶南洋杉
1. 叶形小，钻形、鳞形、卵形或三角状；种子两侧有翅；子叶出土 ……………………… 2
2. 叶卵形或锥形，上下扁或背有纵棱；苞鳞先端有长尾状尖头，且显著向后反曲 ……南洋杉
2. 叶四棱状钻形，两侧扁；苞鳞先端有三角状尖头，尖头向上弯曲 ……………诺福克南洋杉

南洋杉（鳞叶南洋杉）*Araucaria cunninghamii* Sweet

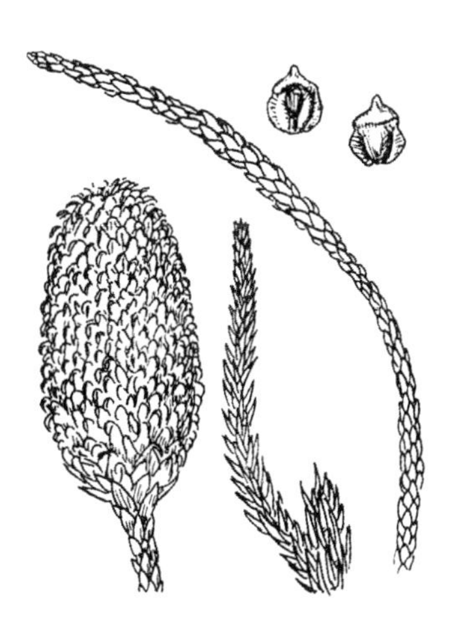
图10-3 南洋杉

【形态】常绿大乔木，高达70m；树皮粗糙，作环状剥落；幼树树冠整齐，呈尖塔形，老树平顶状；主枝轮生，平展，侧枝亦平展或稍下垂。叶二型，生于侧枝及幼枝上的多呈针状，排列疏松；生于老枝上的叶则排列紧密，卵形或三角状钻形。雌雄异株。球果卵形，种鳞有弯曲的刺状尖头。（图10-3）

【品种】a 银灰南洋杉‘Glauca’叶呈银灰色。

b 垂枝南洋杉‘Pendula’枝下垂。

【分布】原产大洋洲东南沿海地区，我国的广东、福建、海南、广西等地可露地栽培；长江流域以北多盆栽观赏。

【习性】喜温暖湿润气候，适宜温度10～25℃，越冬温度应保持在5℃以上。耐阴，不耐干旱。具较强的抗病虫、污染能力。速生，萌蘖力强。

【繁殖】播种、扦插、压条均可，但种子发芽率低，需用破壳播种法。

【用途】南洋杉树形高大，形态优美，为世界五大庭院观赏树种之一。最宜孤植，亦可作行道树，幼树是珍贵的观叶植物。北方多盆栽，可用于厅堂、会场的点缀装饰。

4. 松科 Pinaceae

常绿或落叶乔木，稀灌木。叶针形、锥形、条形，螺旋状排列，单生、簇生或束生。球花单性同株，雄蕊和珠鳞均为螺旋状排列，珠鳞腹面具倒生胚珠2，每一珠鳞下有一苞鳞，珠鳞和苞鳞明显分离。球果木质或革质，种子有翅或无翅，熟时种鳞脱落或宿存。

本科共10属，约230种，多分布于北半球。我国有10属117种及近30个变种，其中引栽24种及2变种，分布遍于全国。本科多数树种为组成森林和营造用材林的重要树种。

分属检索表

1. 叶针形，通常2、3、5针一束，基部为叶鞘（脱落或宿存）所包围，常绿性；球果次年成熟，种鳞宿存，背面上方具鳞盾及鳞脐（松亚科）……………………………………………松属

1. 叶条形或针形，螺旋状着生，不成束 …………………………………………………… 2

2. 枝仅一类型；叶条形，扁平或具四棱；球果当年成熟（冷杉亚科） …………………… 3

2. 叶在长枝上螺旋状散生，在短枝上簇生，扁平条形或针状，落叶性或常绿性；球果当年或次年成熟（落叶松亚科） ………………………………………………………………… 8

3. 球果腋生直立，成熟后种鳞脱落，中轴宿存；叶扁平，表面中脉微凹，枝上无叶枕 ……冷杉属

3. 球果成熟后种鳞宿存 ……………………………………………………………………… 4

4. 球果腋生，初直立，后下垂，苞鳞短，不外露；小枝节间的上端生长缓慢而较粗，叶排列紧密而成簇生状，叶扁平条形，上端叶脉下凹 ………………………………………银杉属

4. 球果生枝顶，小枝节间生长均匀，上下等粗，叶着生均匀 …………………………… 5

5. 球果直立，形大；种子（连种翅）几与种鳞等长；叶扁平，表面中脉隆起；雄球花簇生枝顶 ……………………………………………………………………………油杉属

5. 球果通常下垂，形小；种子（连种翅）较种鳞短；叶扁平，表面中脉多向下凹或微凹，罕四棱状条形；雄球花单生叶腋 ………………………………………………………………… 6
6. 小枝有极显著隆起的叶枕，叶断面呈四棱形或扁平棱状，至少叶之上下两面中脉隆起，无柄，四面或仅腹面有气孔线 ……………………………………………………………………云杉属
6. 小枝有不明显叶枕，叶扁平，有短柄，表面中脉多下凹或微凹，多仅在背面有气孔线 …… 7
7. 球果较大，苞鳞伸出种鳞之外，先端3裂，叶内具边生树脂道2，小枝不具或略具叶枕 … 黄杉属
7. 球果较小，苞鳞多不外露，先端不裂或2裂，叶内维管束鞘下具树脂道1，叶枕隆起或微隆起 ……………………………………………………………………………………………铁杉属
8. 叶针状，坚硬，常绿性，球果次年成熟，种鳞脱落性 ……………………………………雪松属
8. 叶扁平条形，柔软，落叶性，球果当年成熟 ……………………………………………………… 9
9. 叶较窄，簇生叶近等长；雄球花单生短枝顶端；种鳞革质，成熟后不脱落 ………落叶松属
9. 叶较宽，簇生叶不等长；雄球花簇生短枝顶端，种鳞木质，成熟后脱落 …………金钱松属

（1）冷杉属 *Abies* Mill.

常绿乔木，树干端直；枝条簇生，小枝上有圆形叶痕；冬芽具多数覆瓦状排列芽鳞，常具树脂。叶条形扁平，中脉多凹下，叶背中脉两侧各有1条白色气孔带。雌雄同株，球花单生于叶腋，雄球花长圆形，下垂；雌球花长卵状短圆柱形，直立。球果成熟时种子与种鳞、苞鳞同落，仅余中轴；种子卵形或长圆形，有翅；子叶3～12，发芽时出土。

本属约50种，分布于亚、欧、非及美洲高山地带。中国有22种及3变种，分布于东北、华北、西北、西南及浙江、台湾地区的高山地带。

分种检索表

1. 叶缘向下反卷，叶内树脂道边生，球果熟时蓝黑色 ……………………………………………冷杉
1. 叶缘不向下反卷，叶内树脂道多中生，或有其他情况 …………………………………………… 2
2. 球果的苞鳞不露出，果枝及营养枝之叶的树脂道中生，果枝之叶的表面近先端或中上部常有2～5条气孔线；种鳞较种子为长 ……………………………………………………………杉松
2. 球果的苞鳞上端露出或仅先端尖头露出 ……………………………………………………………… 3
3. 树皮具鼓起臭油泡；一年生枝淡黄褐色或淡灰褐色，密被淡褐色短柔毛；球果较小，长4.5～9.5cm，熟时紫褐色或紫黑色 ……………………………………………………………臭冷杉
3. 一年生枝淡灰黄色，凹槽中有细毛或无毛；球果较大，长12～15cm，熟时黄褐或灰褐色 ……………………………………………………………………………………………日本冷杉

① 日本冷杉 *Abies firma* Sieb.et Zucc.

【形态】乔木，在原产地高达50m，胸径2m；树冠幼时为尖塔形，老树则为广卵状圆锥形。树皮粗糙或裂成鳞片状；一年生枝淡灰黄或暗灰黑色，凹槽中有淡褐色柔毛或无毛；冬芽有少量树脂。叶条形，在幼树或徒长枝上者长2.5～3.5cm，端成二叉状，在果枝上者长1.5～2cm，端钝或微凹。球果圆筒形，熟时黄褐色或灰褐色，长12～15cm，径5cm。（图10-4）

【分布】原产于日本的本州中南部及四国、九州地方。中国大连、青岛、庐山、南京、北京及台湾地区等地有栽培。

【习性】耐阴性强，幼时喜阴，长大后则喜光。对烟害抗性极弱，寿命不长。

【繁殖】以播种为主。

【用途】树形优美，秀丽可观。适于公园、陵园、广场甬道之旁或建筑物附近成行栽植。园林中在草坪、林缘及疏林空地中成群栽植，极为优美。如在其老树之下点缀山石和观叶灌木、则更收到形、色俱佳之景。材质优良。

图10-4 日本冷杉

② 臭冷杉（东陵冷杉）*Abies nephrolepis*（Trautv.ex Maxim.）Maxim.

【形态】常绿乔木，树冠尖塔形至圆锥形；树皮青灰白色，1年生枝淡黄褐色或淡灰褐色，密生褐色短柔毛。叶锥形，表面亮绿，背面有2条白色气孔带，先端凹缺或微裂。球果熟时紫黑色或紫褐色，直立无柄。花期4~5月，果期9~10月。

【分布】分布于东北和华北地区，常生于海拔1600m以上针、阔叶混交林中。

【习性】强耐阴，喜冷湿气候与湿润深厚土壤，根系浅，在排水不良处生长较差。

【繁殖】播种繁殖。幼苗期可全光育苗或设阴棚，于次年间苗，2~3年生苗要进行换床移栽，以促发根系。

【用途】臭冷杉树冠塔形，宜列植、丛植或成片种植。可在海拔较高的自然风景区与云杉等树种混交种植。

③ 杉松（辽东冷杉）*Abies holophylla* Maxim.

【形态】常绿乔木，树冠阔圆锥形，老龄时为广伞形。叶条形，表面凹下，背面有2条气孔带，先端突尖或渐尖。球果圆柱形，直立，近无柄，熟时淡褐色。花期4~5月，果期10月。（图10-5）

【分布】产于吉林、黑龙江及辽宁，为长白山及牡丹江山区主要森林树种之一。俄罗斯西伯利亚及朝鲜亦有分布。

【习性】强耐阴，喜冷湿气候与湿润深厚土壤，根系浅，在排水不良处生长较差。

【繁殖】播种繁殖。

【用途】辽东冷杉枝条轮生，树形优美，适宜丛植、群植、列植，可在建筑物北侧及其他树冠庇荫下栽植。材质软，但不易腐烂，为良好的木纤维原料。

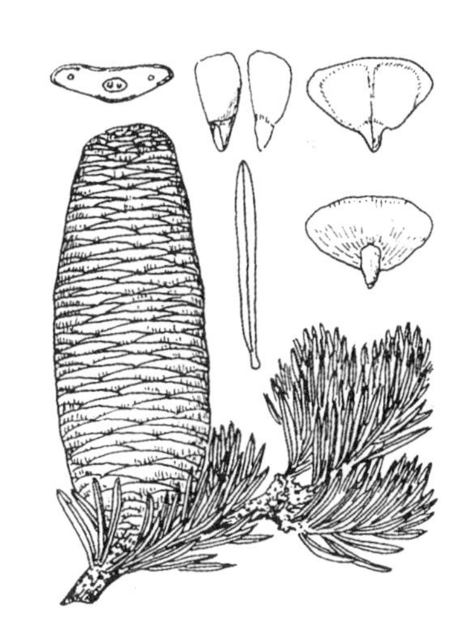
图10-5 杉松

④ 冷杉 *Abies fabri*（mast.）Craib.

【形态】乔木，高达40m，树冠尖塔形；树皮深灰色，呈不规则薄片状裂纹；一年生枝淡褐黄、淡灰黄或淡褐色，凹槽疏生短毛或无毛；冬芽有树脂。叶长1.5~3cm，宽2~2.5mm，先端微凹或钝，叶缘反卷或微反卷，背面有2条白色气孔带，叶内树脂道2，边生。球果卵状圆柱形或短圆柱形，熟时蓝黑色，略被白粉，有短梗。花期4~5月，果当年10月成熟。

【分布】分布于四川西部高山海拔2000～4000m，多生于年平均气温0～6℃，降水量1500～2000mm处。

【习性】喜中性及微酸性土壤。根系浅，生长繁茂，为耐阴性很强的树种，喜冷凉而空气湿润的环境。

【繁殖】播种繁殖。

【用途】本树种冠形优美，宜丛植、群植，可形成庄严、肃静的气氛。材质较软，可供板材及造纸等用。

（2）油杉属 *Keteleeria* Carr.

常绿乔木，幼树树冠尖塔形，老则广圆形或平顶状；冬芽无树脂。叶多条形，扁平，在侧枝上排成两列，两面中脉均隆起，背面有两条气孔带，幼树叶先端常锐尖。雌雄同株，雄球花簇生枝端，雌球花单生枝端。球果直立，圆柱形，当年成熟，熟时种鳞张开，种鳞木质宿存；苞鳞长及种鳞的1/2～3/5，不外露，先端常3裂，种子上端具宽大的厚膜质种翅，翅与种鳞几等长而不易脱落；子叶2～4，发芽时不出土。

本属12种，均产东亚。中国10种，均为特有种。

分种检索表

1. 一年枝红褐或淡粉红色，叶长1.2～3cm；种鳞近圆形，边缘微内曲 ……………………油杉
1. 一年枝灰或淡黄灰色；种鳞广卵圆形或斜方状卵形，上部边缘外曲 ………………铁坚油杉

① 油杉 *Keteleeria fortunei*（Murr.）Cart.

【形态】乔木，高达30m，胸径1m；树皮粗糙，暗灰色，纵裂；一年生枝红褐色或淡粉色，无毛或有毛，二年生以上褐色。叶条形，在侧枝上排成二列，先端圆或钝，表面光绿色，无气孔线，背面淡绿色，沿中脉每边有气孔线12～17条。球果圆柱形，成熟时淡褐色或淡栗色，种鳞近圆形或略宽圆形，边缘微内曲，鳞苞中部稍窄，上部先端3裂，中裂窄长。花期3～4月，当年10～11月种子成熟。（图10-6）

【分布】产于浙江南部、福建、广东及广西南部。

【习性】喜光，喜温暖，不耐寒，幼龄树不甚耐阴，生长较快，适生于酸性的红、黄壤土区，在土层深厚、肥湿而光照充足处生长良好。萌芽性弱，主根发达。

【繁殖】播种繁殖。育苗较易，较喜光，但初期不宜光照过强。树大后耐旱性增强。

【用途】油杉系我国特有树种，树冠塔形，枝条开展，叶色常青，有我国东南部城市可用作园景树，或在山地风景区用作营造风景林的树种。

图10-6　油杉

② 铁坚油杉（铁坚杉）*Keteleeria davidiana* Beissn.

【形态】乔木，一年生枝淡黄灰色或灰色，常有毛；顶芽卵圆形，芽端微尖。叶在侧枝上排成二列，长2～5cm，叶端钝或微凹，叶两面中脉隆起。球果直立，圆柱形，种鳞边缘有缺齿，先端反曲，鳞背露出部分无毛或仅

有疏毛，苞鳞先端3裂。

【分布】分布于陕西南部、四川、湖北西部、贵州北部、湖南、甘肃等地。

【习性】本种为油杉属于耐寒性最强的种类，喜光性强，喜温暖湿润的气候环境，生于由沙岩、石灰岩发育的酸性、中性或微石灰性土壤中。

繁殖、用途同油杉。

（3）黄杉属 *Pseudotsuga* Carr.

常绿乔木，树干端直；小枝具略隆起之叶枕，冬芽无树脂。叶条形，扁平，排成假二列状，表面中脉凹下，背面有两条气孔带；叶内有一维管束及两边生树脂道。雌雄同株，球花单性，雄球花单生叶腋；雌球花单生枝端。球果下垂，种鳞木质宿存；苞鳞显著露出，先端3裂，中裂片窄长渐尖；种子连翅较种鳞为短。

本属约18种。中国产5种。

分种检索表

1. 叶先端有凹槽，球果长在8cm以下，苞鳞露出部分向后反曲 ……………………………黄杉
1. 叶先端钝或微尖，无凹缺，球果长约8cm，苞鳞露出部分多直伸 ……………………花旗松

① 黄杉 *Pseudotsuga sinensis* Dode

【形态】乔木，高达50m；一年生枝淡黄或淡黄灰色，二年生枝灰色，通常主枝无毛，侧枝被褐短毛。叶条形，先端有凹缺，表面绿色或淡绿，背面有2条白色气孔带。球果卵形或椭圆状卵形，种鳞近扇形或扇状斜方形，两侧有凹缺。露出部分密生褐色短毛；苞鳞露出部分向后反曲；种子三角状卵形，略扁，上面密生褐色短毛，背面具褐色斑纹，种翅较种子长。花期4月，球果当年10～11月成熟。（图10-7）

【分布】中国特有树种，分布在湖北西部、贵州东北部、湖南西北部及四川东南部。

【习性】喜温暖、湿润气候，要求夏季多雨，能耐冬春干旱。适应性强，生长较快。

【繁殖】播种繁殖。

【用途】木材优良，因叶淡黄绿色得名。树姿可观，在产区可用作风景林绿化树种。

图10-7 黄杉

② 花旗松 *Pseudotsuga menziesii*（Mirb.）Franco

【形态】乔木，在原产地高达100m；一年生枝灰黄色（干时红褐色），略被毛，幼树树皮平滑，老树皮厚，鳞状深裂。叶条形，先端钝或略尖，无凹缺，表面深绿色，背面色较浅，有灰绿色气孔带2条。球果椭圆状卵形，褐色，有光泽；种鳞斜方形或近菱形，长宽略等或长大于宽；苞鳞直伸，显著露出，中裂窄长渐尖，两侧裂片较宽短，边缘有锯齿。

【分布】分布于美洲西部与北部，北京地区引种栽培生长良好。

【习性】喜冬春湿润，不耐干燥；喜光，生长速度中等；好土壤深厚、肥沃而排水良好，能适

应钙质土，但忌盐土。

【繁殖】播种繁殖。

【用途】花旗松树干通直高大，具尖塔形树冠，壮丽优美，观赏价值很高，是良好的孤植树。其材质坚韧，纹理细致，是北美最重要的材用树种之一。

（4）银杉属 *Cathaya* Chun et kuang

银杉属为我国特有属，1958年第一次发现。仅银杉一种。

银杉 *Cathaya argyrophylla* Chun et Kuang

【形态】常绿乔木，高达20m；树皮暗灰色，老则裂成不规则薄片；大枝平展，一年生枝黄褐色，密被灰黄色短柔毛；冬芽卵形或圆锥状卵形。叶螺旋状着生，条形，在枝的上端排列紧密，成簇生状，边缘略反卷，表面深绿色，背面沿中脉两侧具显著粉白色气孔带，被疏柔毛，叶缘具睫毛，旋即脱落。雄球花穗状圆柱形，生于2~4年生或更老枝之叶腋；雌球花生于新枝下部或基部叶腋；种鳞蚌壳状，近圆形，不脱落，背面密被略透明的短柔毛；种子略扁，斜倒卵形，上端有翅。（图10-8）

【分布】中国特产的稀有树种，仅产于广西、四川等地。

【习性】阳性树种，喜温暖、湿润气候和排水良好的酸性土壤。

【繁殖】播种繁殖。亦可用马尾松苗作砧木嫁接繁殖。

【用途】银杉系国产珍奇的孑遗植物，主干通直，挺拔秀丽，枝叶茂密，碧绿的条形叶背面有两条银白色的气孔带，微风吹拂，银光闪闪故得名。国家一级保护植物。

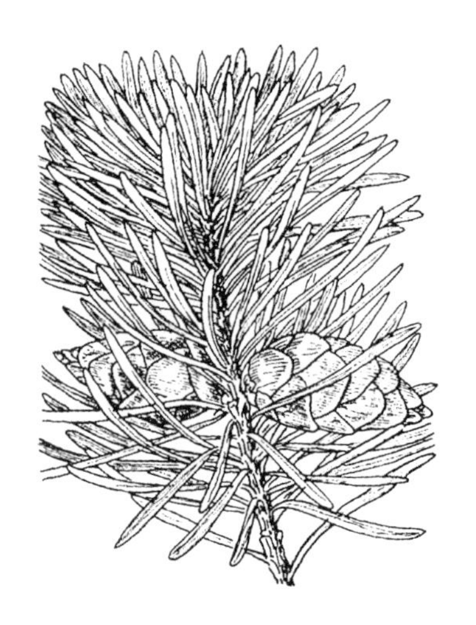

图10-8 银杉

（5）铁杉属 *Tsuga* Carr.

常绿乔木；小枝细，常下垂，有隆起的叶枕；冬芽球形或卵形，无树脂。叶条形，扁平，排成假二列状，背面中脉隆起，每边各有一条气孔带。雌雄同株，雄球花单生叶腋，雌球花单生枝端。球果下垂，较小，苞鳞小，多不露出；种子上端有翅。

本属共16种，中国有7种1变种。

铁杉 *Tsuga chinensis*（Franch.）Pritz.

【形态】乔木，高达50m；冠塔形，树皮暗深灰色，纵裂，成块状脱落；大枝平展，枝梢下垂；一年生枝纤细，淡黄、淡褐黄或淡灰黄色，叶枕凹槽内有短毛；冬芽卵圆或球形。叶条形，先端有凹缺，多全缘；幼叶背面有白粉，老则脱落。球果卵形或长卵形，种鳞近圆形，先端微内曲，鳞脊露出部分和边缘无毛而有光泽；苞鳞倒三角状楔形，先端二裂，种子有翅。花期4月，球果当年10月成熟。（图10-9）

【分布】产云南、贵州、湖南、广东、广西、浙江、安徽、福建、江西。

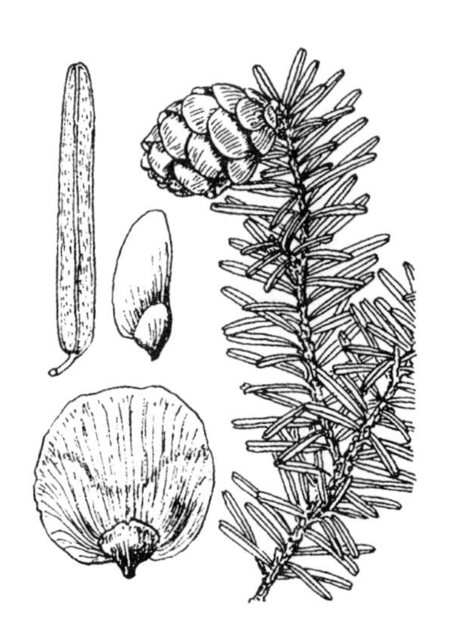

图10-9 铁杉

【习性】喜凉润气候、酸性土山地，最适深厚肥沃土。耐阴，抗风雪能力强。

【繁殖】播种繁殖。

【用途】铁杉干直冠大，枝叶茂密，可用于营造风景林或孤植于园林中。材质坚实，广泛应用于建筑、家具等。

（6）云杉属 *Picea* A. Dietr.

常绿乔木，树冠尖塔形；枝条轮生平展，小枝上有显著宿存叶枕；小枝基部有宿存芽鳞。针叶条形或锥棱状，呈螺旋状排列，棱形叶四面均有气孔线，扁平的条形叶则只叶表面有2条气孔线。雌雄同株，雄球花常单生叶腋，下垂；雌球花单生枝顶。球果卵状圆柱形或圆柱形，下垂，当年成熟，种鳞宿存，薄木质或近革质，每种鳞含2种子，苞鳞甚小，不露出，种子有翅。

本属约50种。中国有20种及5变种，另引种栽培2种。

分种检索表

1. 叶横切面扁平，背面无气孔线，表面有两条粉白色气孔带 ……………………… 鱼鳞云杉
1. 叶横切面四方形，菱形或近扁平，四面有气孔线，稀无气孔线 ……………………… 2
2. 一年枝多无毛，色较浅，无白粉；小枝基部宿存芽鳞不反曲，或顶端芽鳞外伸致略反曲，叶较短细，球果较小 ……………………… 青杆
2. 一年枝少毛，稀无毛，色多较深，有或无白粉；小枝基部宿存芽鳞向外反曲，或仅先端芽鳞外伸至略反曲 ……………………… 3
3. 叶先端略钝或钝，球果熟前绿色，二年生枝黄褐或褐色，无白粉 ……………………… 白杆
3. 叶先端尖，稀锐尖 ……………………… 4
4. 一年生枝或多或少有白粉，球果较大，种鳞露出部分常有纵纹 ……………………… 云杉
4. 一年生枝无白粉，球果较小，种鳞露出部分较平滑 ……………………… 红皮云杉

① 云杉 *Picea asperata* Mast.

【形态】常绿乔木，高45m；树冠圆锥形；小枝近光滑或疏生至密生短柔毛，一年生枝淡黄、淡褐黄或黄褐色；芽圆锥形，有树脂，上部芽鳞先端不反卷或略反卷，小枝基部宿存芽鳞先端反曲。叶先端尖，横切面菱形。球果圆柱状长圆形或圆柱形，成熟前种鳞全为绿色，成熟时呈灰褐色或栗褐色。花期4月，果当年10月成熟。

【分布】产四川、陕西、甘肃海拔1600～3600m山区。

【习性】有一定耐阴性，喜冷凉湿润气候，但对干燥环境有一定抗性。浅根性，要求排水良好、喜微酸性深厚土壤。

【繁殖】播种繁殖。苗期需遮阴。

【用途】云杉树冠尖塔形，形态优美，苍翠壮丽，且材质优良，可用于风景林营造，既可作为独赏树应用于园林绿地中，也可列植或丛植。

② 红皮云杉 *Picea koraiensis* Nakai

【形态】常绿乔木，树冠尖塔形；大枝斜伸或平展，小枝上有明显叶枕；一年生枝淡红褐色或淡黄褐色；芽长圆锥形，小枝基部宿存芽鳞的先端常反卷。叶锥形，先端尖，横切面菱形，四面有气孔线。球果卵状圆柱形或圆柱状矩圆形，熟时褐色。花期5～6月，果期9～10月。（图10–10）

【分布】分布于东北山区，朝鲜及俄罗斯也有分布。

【习性】较耐阴、耐湿，浅根性。适应性较强，喜空气湿度大及排水良好、土层深厚的环境条件。

繁殖、用途同云杉。

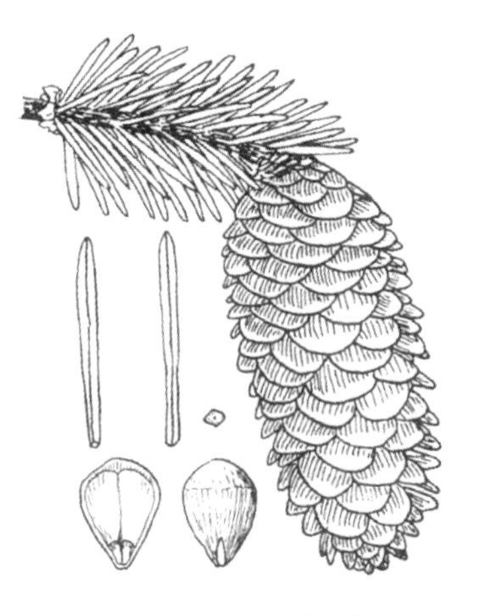

图10-10　红皮云杉

③ 白杆（麦氏云杉）*Picea meyeri* Rehd.et Wils.

【形态】常绿乔木，高达30m；树冠狭圆锥形；枝近平展，小枝黄褐色或褐色；芽鳞反卷。叶四棱状线形，弯曲，呈粉状青绿色，叶端钝。球果成熟后褐黄色，长圆柱形。花期4月，球果9月下旬至10月上旬成熟。（图10-11）

【分布】中国特产树种，分布于河北、山西及内蒙古等省（区），为华北地区高山上部主要乔木树种之一。

【习性】强耐阴性树种，耐寒，喜空气湿润，在土层深厚的土壤中生长良好。

繁殖、用途同云杉。

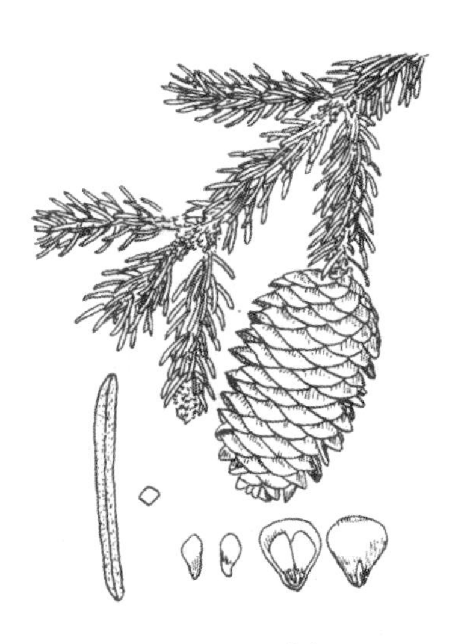

图10-11　白杆

④ 青杆（细叶云杉）*Picea wilsonii* Mast.

【形态】常绿高大乔木，树冠阔圆锥形；树皮淡黄灰色，浅裂或不规则鳞片状剥落；枝细长开展，淡灰色或淡黄色，光滑；芽卵圆形，栗褐色，小枝基部的宿存芽鳞紧贴枝干，不反卷。叶针状四棱形，坚硬，较短，排列较密，贴伏小枝生长。球果卵状圆柱形，初绿色，成熟后褐色。花期4月，果期11月。

【分布】产陕西、湖北、四川、山西、甘肃、青海、河北及内蒙古等省（区），北京、西安、太原等城市常见栽培。

【习性】耐阴性强，喜冷凉、湿润气候，喜土层深厚及排水良好的微酸性、中性土壤。耐寒，也耐瘠薄，忌高温干旱、水涝及盐碱土。根系浅，抗风力差，不宜修剪。

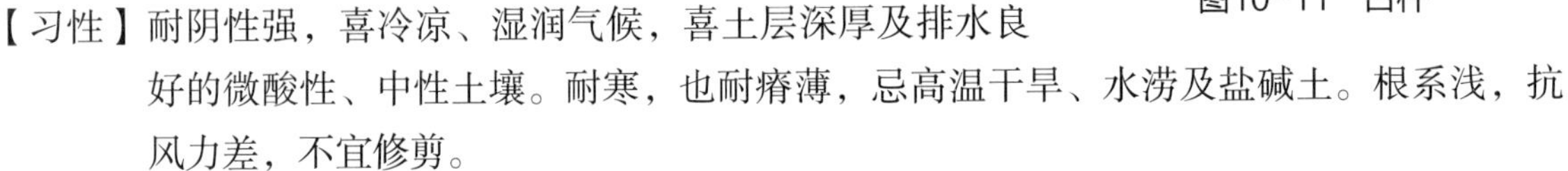

繁殖、用途同云杉。

（7）落叶松属 *Larix* Mill.

落叶乔木，大枝水平开展，有长短枝之分；冬芽小，排列紧密。叶扁平，条形，叶表背均有气孔线，生长枝上螺旋状互生，在短枝上呈轮生状。花单性，雌雄同株，球花单生于短枝顶端，雄球花黄色，近球形，雌球花红色或绿紫色，近球形，苞鳞极长。球果形小，近球形、卵形或圆柱形，当年成熟，种鳞革质，宿存；苞鳞显露或不显露，种子形小，三角状，有长翅。

本属共18种，中国产10种1变种。

分种检索表

1. 球果长圆柱状圆柱形或圆柱形，苞鳞比种鳞长，显著外露，常直伸，小枝下垂，1年生长枝红褐或淡紫褐色，稀淡黄褐色 ……………………………………红杉
1. 球果卵形或长卵形，苞鳞比种鳞短，多不外露或微外露，小枝不下垂 ……………… 2
2. 球果种鳞上部边缘显著反曲，一年生长枝淡红褐色或淡黄色，有白粉 ………日本落叶松

2. 球果种鳞上部边缘不反曲或略反曲，一年生长枝呈黄、浅黄、淡褐或淡褐黄色，无白粉… 3
3. 球果中部种鳞长宽近相等，方圆形或方状广卵形，一年生长枝淡红褐色或淡褐色，密生或散生长毛或短毛 ……………………………………………………………………黄花落叶松
3. 球果中部的种鳞长大于宽，呈三角状卵形、五角状卵形或卵形 …………………………… 4
4. 一年生长枝较粗，球果熟时上端种鳞略张开或不张开，种鳞近五角状卵形，先端平截或微凹，鳞背无毛 ……………………………………………………………………华北落叶松
4. 一年生长枝较细，球果熟时上端种鳞张开，种鳞五角状卵形，先端平截或微凹，鳞背无毛 ……………………………………………………………………落叶松

① 日本落叶松 *Larix kaempferi*（Lamb.）Carr.

【形态】落叶乔木，树冠卵状圆锥形；树皮暗褐色，纵裂，大枝平展；一年生枝淡黄色或淡红色，有白粉，2～3年生枝灰褐色或黑褐色。叶扁平条形，在长枝上螺旋状互生，在短枝上呈轮生状。球果广卵圆形或圆柱状卵形，种鳞上部边缘向后反卷。花期4月下旬，球果9～10月成熟。（图10-12）

【分布】原产日本，我国黑龙江到长江流域有栽培。

【习性】阳性喜光，生长快，树干直，适应性强，对土壤肥力和水分要求较高，在干旱瘠薄、多风或土质黏重排水不良的地方生长缓慢。

【繁殖】播种、嫁接、扦插繁殖均可，生产上多采用播种繁殖。

【用途】日本落叶松叶色鲜绿，树形端庄，可作造园树种或风景区绿化树种。栽植密度不宜过大。

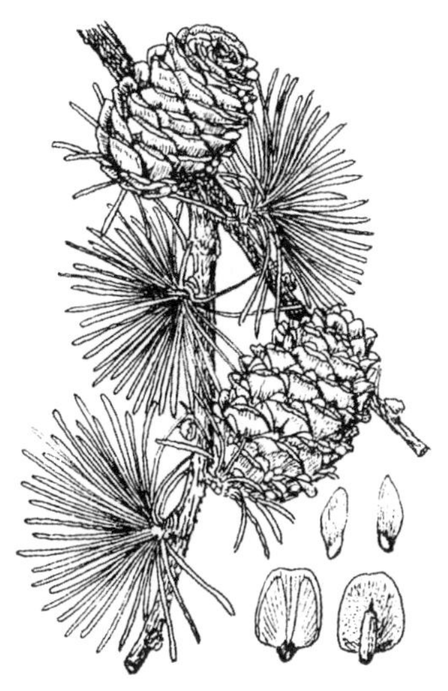

图10-12 日本落叶松

② 华北落叶松 *Larix principis-rupprechtii* Mayr.

【形态】落叶乔木，树冠圆锥形；树皮暗灰褐色，呈不规则鳞状开裂；大枝平展，一年生小枝淡褐黄色或淡褐色，不下垂。叶窄条形，扁平，在长枝上螺旋状互生，短枝上呈轮生状。球果长卵形或卵圆形，种鳞边缘不反曲。花期4～5月，果期9～10月。（图10-13）

【分布】产于河北、山西、北京等地海拔1400m以上的高山地带。辽宁、内蒙古、山东、甘肃、宁夏、新疆等地均有栽培。

【习性】喜光，极耐寒，对土壤适应性强，寿命长，根系发达，生长快，在山地棕壤土中生长最好。

【繁殖】播种繁殖。

【用途】华北落叶松树冠整齐，呈圆锥形，叶轻柔潇洒，十分美观，最适合于较高海拔和较高纬度地区配植应用，可孤植、丛植、片植。

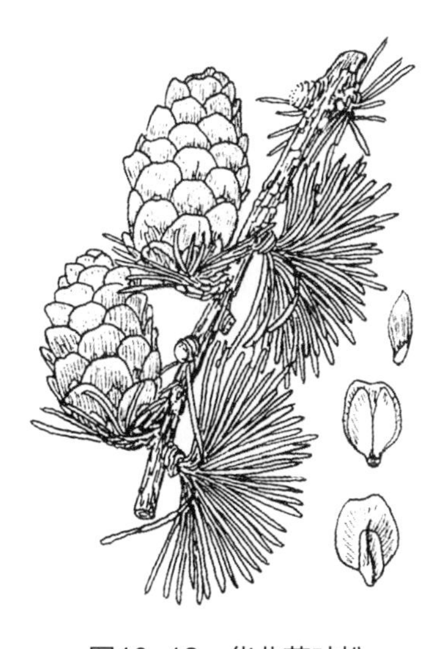

图10-13 华北落叶松

（8）**金钱松属** *Pseudolarix* **Gord.**

本属仅此一种，属特征同种的形态特征。

金钱松 *Pseudolarix kaempferi*（Lindl.）Gord.

【形态】落叶乔木，树冠阔圆锥形；树皮赤褐色，狭长鳞片状剥离；大枝不规则轮生，平展。叶条形，在长枝上互生，在短枝上轮状簇生。球果卵形或倒卵形，有短柄，当年成熟，淡红褐色。花期4～5月，果期10～11月。（图10–14）

【分布】产于安徽、江苏、浙江、江西、湖南、湖北、四川等省，在天目山生于海拔350～1500m处，在庐山生于海拔1000m处，北京等城市有栽培。

【习性】喜光，幼时稍耐阴，耐寒，抗风力强，不耐干旱，喜温凉湿润气候，在深厚、肥沃、排水良好的沙质壤土上生长良好。

【繁殖】播种繁殖。播后最好用菌根土覆盖。

【用途】金钱松体形高大，树干端直，入秋叶色变为金黄色，形如金钱，极为美丽，为珍贵的观赏树种之一，与南洋杉、雪松、日本金松和巨杉合称为世界五大园景树，国家二级保护树种。

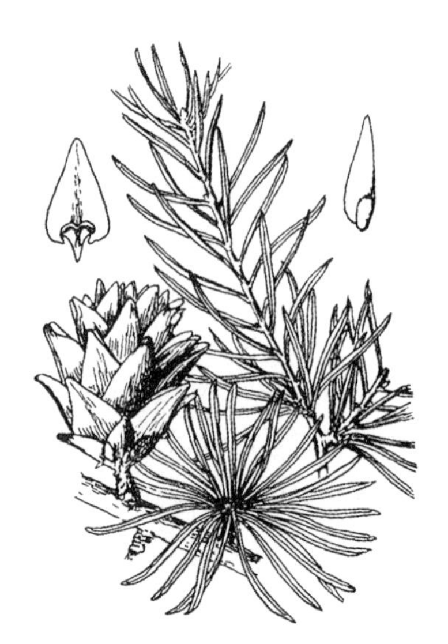

图10–14　金钱松

（9）**雪松属** *Cedrus* Trew.

常绿大乔木；冬芽小，卵形；枝有长枝、短枝之分。枝针状，通常三棱形，坚硬，在长枝上螺旋状排列，在短枝上簇生状。球果次年或第3年成熟，直立，甚大，种鳞多数，排列紧密，木质，成熟时与种子同落，仅留宿存中轴；苞鳞小而不露出，种子三角形，有宽翅。

本属共5种，中国栽培2～3种。

雪松 *Cedrus deodara*（Roxb.）G.Don

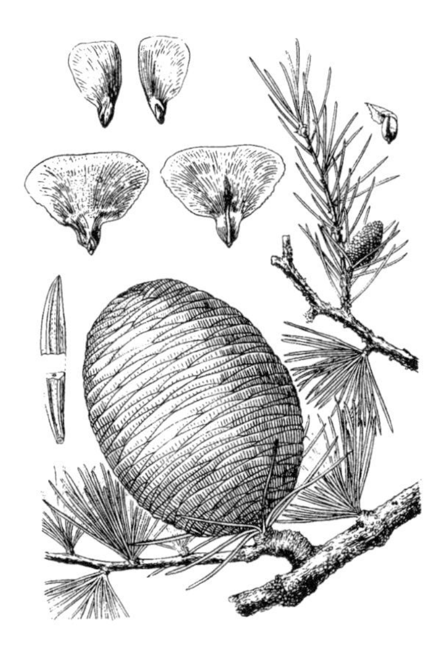

图10–15　雪松

【形态】常绿乔木，树冠圆锥形；树皮灰褐色，呈鳞片状裂；大枝不规则轮生，平展，一年生长枝淡黄褐色，有毛，短枝灰色。叶在长枝上单生，在短枝上簇生，针状，灰绿色，宽与厚相等，各面有数条气孔线。雌雄异株，少数同株。球果椭圆状卵形，顶端圆钝，成熟时脱落；种子具翅。花期10～11月，球果次年9～10月成熟。（图10–15）

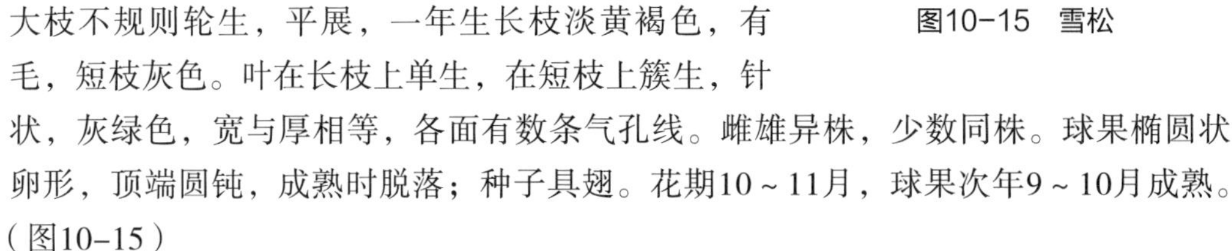

【分布】原产于阿富汗至印度地区，中国自1920年起引种，现在长江流域各大城市中多有栽培。青岛、西安、昆明、北京、郑州、上海、南京等地均生长良好。

【习性】喜光，喜温凉气候，有一定耐阴力，抗寒性较强，浅根性，抗风性不强，抗烟尘能力弱，幼叶对二氧化硫极为敏感，受害后迅速枯萎脱落，严重时导致树木死亡。在土层深厚排水良好的土壤上生长最好。

【繁殖】播种、扦插或嫁接繁殖。

【用途】雪松树体高大，树形优美，为世界著名的观赏树种，印度民间视为圣树。最适宜孤植于草坪中央、建筑前庭中心、广场中心或主要建筑物的两旁及园门的入口等处。其主干下部的大枝自近地面处平展，长年不枯，能形成繁茂雄伟的树冠。此外，列植于园路的两旁，形成甬道，亦极为壮观。

（10）松属 *Pinus* L.

常绿乔木，稀灌木；大枝轮生，冬芽显著，芽鳞多数。叶针状，通常2针、3针或5针一束，呈极不发达的短枝，每束针叶基部为8～12个芽鳞组成的叶鞘所包围，叶鞘宿存或早落，针叶断面为半圆或三角形，有1或2个维管束。花单性，雌雄同株，雄球花多数，聚生于新梢下部，花粉粒有气囊，雌球花单生或聚生于新梢的顶端，授粉后珠鳞闭合。球果2年成熟，种鳞木质，宿存，上部露出之肥厚部分称为鳞盾，在其中央或顶端之疣点凸起称为鳞脐，有刺或无刺，种子多有翅。

本属共100余种，中国产22种10变种，分布几乎遍及全国。

分种检索表

1. 叶鞘早落，针叶基部鳞叶不下延，叶内具1条维管束，种鳞的鳞脐顶生或背生，种子无翅或有翅（单维管束松亚属）…………………………………………………………2
1. 叶鞘宿存，稀早落，针叶基部的鳞叶下延，叶内具2条维管束；种鳞的鳞脐背生，种子上部具长翅（双维管束松亚属）…………………………………………………………6
2. 种鳞的鳞脐背生，鳞脐有刺；种子具有关节的短翅，叶3针1束，树脂道边生；树皮白色，呈不规则薄片状剥落……………………………………………………白皮松
2. 种鳞的鳞脐顶生，针叶多5针1束……………………………………………3
3. 种子无翅或具极短翅，针叶粗长，球果大………………………………………4
3. 种子具结合而生的长翅，针叶短，球果较小……………………………………5
4. 球果成熟时种子不脱落，小枝密被褐色毛………………………………………红松
4. 球果成熟时种鳞开裂，种子脱落，小枝无毛……………………………………华山松
5. 球果卵圆形至卵状椭圆形，几无梗，种子具宽翅，翅与种子近等长…………日本五针松
5. 球果圆柱状长圆形或卵圆形，下垂…………………………………………华南五针松
6. 枝条每年2至数轮，一年生小球果生于小枝侧面；叶3针1束，或3针、2针并存，针叶较长，12～30cm……………………………………………………………………13
6. 枝条每年1轮，一年生小球果生于近枝顶处……………………………………7
7. 叶3针1束，稀3针、2针兼有，叶内树脂道3～7，多内生，冬芽银白色，针叶长20～45cm，球果长15～20cm…………………………………………………………长叶松
7. 叶2针1束，稀3针1束…………………………………………………………8
8. 叶内树脂道边生，针叶粗或细，较短或较长……………………………………9
8. 叶内树脂道中生，针叶较粗短，长5～13cm ……………………………………12
9. 针叶细软而较短，长5～12cm，一年生枝微被白粉；树干上部树皮红褐色；球果成熟时暗黄褐或淡褐黄色………………………………………………………………赤松
9. 针叶粗硬，或细软而较长，一年生枝不被白粉……………………………………10
10. 针叶细软而较长，长12～20cm，一年生枝不被或稀被白粉，球果成熟时栗褐色…马尾松
10. 针叶粗硬，一年生枝不被白粉…………………………………………………11
11. 针叶短，仅长3～9cm，球果长3～6cm，熟时淡褐灰色，熟后开始脱落…………樟子松

11. 针叶较长，长10～15cm，球果长4～9cm，熟时淡黄或淡褐黄色，常宿存数年 ………油松
12. 冬芽深褐色，球果长3～5cm，几无梗 ……………………………………………………黄山松
12. 冬芽银白色，球果长4～6cm，有短梗 ……………………………………………………黑松
13. 叶3针1束，稀2针1束，长12～25cm，树脂道多2个，中生；
球果成熟后种鳞张开迟缓 ……………………………………………………………………火炬松
13. 球果熟时种鳞张开 …………………………………………………………………………………14
14. 叶3针、2针并存，长18～30cm，粗硬，树脂道2～9，多内生，球果长6.5～15cm，种翅易脱落，苗木新叶深绿色 …………………………………………………………………………湿地松
14. 叶3针一束，树脂道3～4，多内生，球果长5～10cm，苗木新叶灰绿色 …………加勒比松

① 马尾松 *Pinus massoniana* Lamb.

【形态】常绿乔木，树冠在壮年期呈狭圆锥形，老年期内则开张如伞状；树皮红褐色，不规则裂片状开裂；一年生小枝淡黄褐色，轮生。叶2针1束，长12～20cm，质软，叶缘有细锯齿。球果长卵形，有短柄，熟时栗褐色，脱落。花期4月，球果翌年10～12月成熟。（图10-16）

【分布】分布极广，北自河南及山东南部，南至两广、台湾地区，东自沿海，西至四川中部及贵州，遍布于华中华南各地。

【习性】强阳性树种，喜光，喜温暖湿润气候，耐寒性差，喜酸性黏质壤土，对土壤要求不严，能耐干旱贫瘠之地，不耐盐碱，在钙质土上生长不良。深根性，侧根多。

【繁殖】播种繁殖，播前需浸种催芽，并用0.5%的硫酸铜液浸泡消毒。

【用途】马尾松树形高大雄伟，树干苍劲，为传统的园林观赏树种，生长快，繁殖容易，用途广，是江南及华南地区绿化及造林的重要树种。

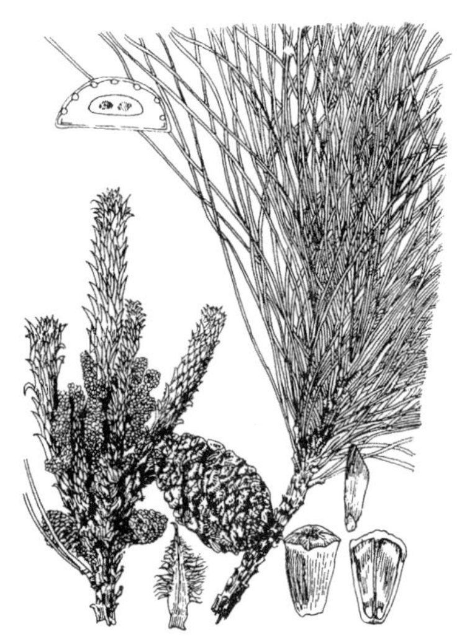

图10-16　马尾松

② 油松 *Pinus tabulaeformis* Carr.

【形态】常绿乔木，树冠在壮年期呈塔形或广卵形，老年期呈盘状伞形；树皮灰棕色，鳞片状开裂，裂缝红褐色；小枝粗壮，无毛，褐黄色；冬芽圆形，端尖，红棕色。叶2针1束，树脂道边生，叶鞘宿存，基部稍扭曲。球果卵形，无柄或有极短柄，可宿存枝上达数年之久。花期4～5月，球果翌年10月成熟。（图10-17）

【变种】a 黑皮油松var. *mukdensis* Uyeki.树皮深灰色，2年生以上小枝灰褐色或深灰色。

b 扫帚油松var. *umbraculifera* Liou et Wang.小乔木，树冠呈扫帚形，主干上部的大枝向上斜伸。

【分布】产于辽宁、吉林、内蒙古、河北、河南、山西、陕西、山东、甘肃、宁夏、青海、四川北部等地。朝鲜亦有分布。

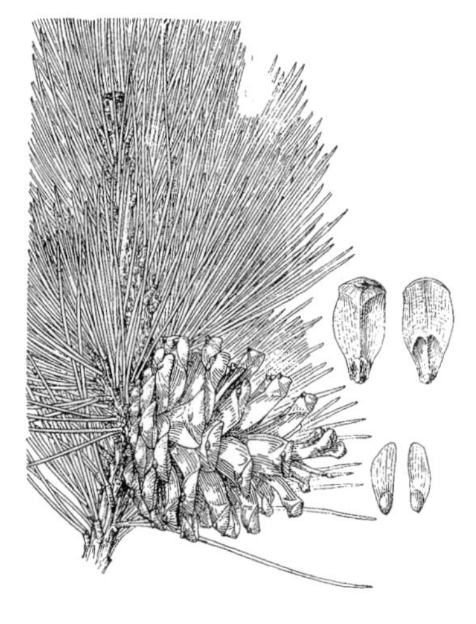

图10-17　油松

【习性】温带树种，强阳性，喜光，幼苗稍需庇荫。抗寒，耐

干旱、贫瘠，深根性，不耐水涝，不耐盐碱，在深厚肥沃的棕壤土及淋溶褐土上生长最好。

【繁殖】播种繁殖，春播、秋播均可，一般春播。

【用途】油松树干挺拔苍劲，四季常青，树形优美，寿命长，是园林常用树种，可孤植、群植或与其他林木混植，均效果良好。

③ 黑松 *Pinus thunbergii* Parl.

【形态】常绿乔木，树冠卵圆锥形或伞形；树皮灰黑色，粗厚，裂成鳞状片脱落；冬芽银白色，圆柱状；一年生枝淡褐黄色，无毛，无白粉。叶2针一束，粗硬，树脂道中生。球果圆锥状卵形、卵圆形，鳞盾肥厚。花期4～5月，球果翌年成熟。（图10-18）

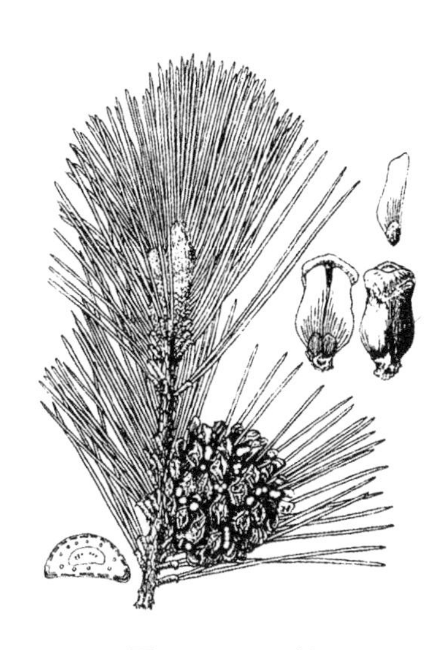

图10-18 黑松

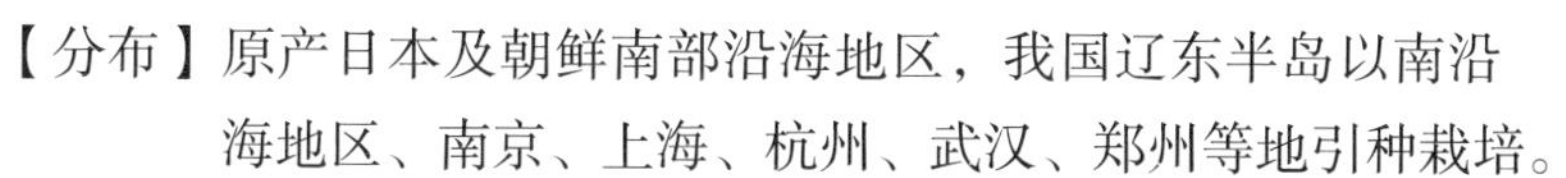

【分布】原产日本及朝鲜南部沿海地区，我国辽东半岛以南沿海地区、南京、上海、杭州、武汉、郑州等地引种栽培。

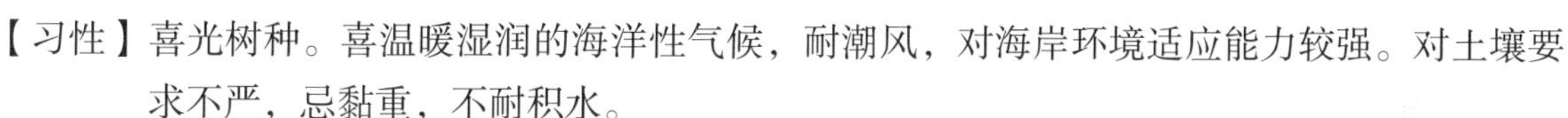

【习性】喜光树种。喜温暖湿润的海洋性气候，耐潮风，对海岸环境适应能力较强。对土壤要求不严，忌黏重，不耐积水。

【繁殖】播种繁殖。

【用途】黑松最适宜作海崖风景林、防护林、海滨行道树、庭阴树，也可于公园和绿地内整枝造型后配植假山、花坛或孤植于草坪。

④ 赤松（日本赤松）*Pinus densiflora* Sieb.et Zucc.

【形态】乔木，高达35m；树冠圆锥形或扁平伞形，树皮橙红色，呈不规则薄片状剥落；一年生小枝橙黄色，略有白粉；冬芽长圆状卵形，栗褐色。叶2针1束，长5～12cm。一年生小球果种鳞先端的刺向外斜出；球果长圆形，有短柄。花期4月，果次年9～10月成熟。

【分布】产于黑龙江、吉林长白山区、山东半岛、辽东半岛及苏北云台山区等地，朝鲜、日本及俄罗斯东部亦有分布。

【习性】性喜阳光，较马尾松耐寒，喜酸性或中性排水良好的土壤，在石灰质、沙地及多湿处生长略差。深根性，耐潮风能力比黑松差。

【繁殖】播种繁殖。

【用途】园林应用较为广泛，可作庭阴树、园景树、行道树、风景林。木材可制家具。

⑤ 黄山松 *Pinus taiwanensis* Hayata.

【形态】常绿乔木，高达30m；一年生小枝淡黄褐色或暗红褐色，无毛，叶2针1束，长5～13cm，树脂道3～7，中生。球果卵形，几无梗，可宿存树上数年之久，鳞背稍肥厚隆起，横脊显著，鳞脐有短刺。花期4～5月，果次年10月成熟。

【分布】产于台湾地区、浙江、福建、安徽、江西等地。

【习性】阳性树，性喜凉爽湿润的高山气候和排水良好、土层肥沃的酸性黄壤，亦耐瘠薄。根系深，有菌根共生。生长速度中等。

【繁殖】播种繁殖。

【用途】树形优美雄伟，可供自然风景区的高、中山地带绿化配植用。材质较轻软，强度中等，可供建筑、家具用，又可采割松脂供工业及医药用。

⑥ 白皮松（白骨松、虎皮松）*Pinus bungeana* Zucc.

【形态】常绿乔木，树冠阔圆锥形、卵形或圆头形；树皮淡灰绿色或粉白色，呈不规则鳞片状剥落；大枝自近地面处斜出，一年生小枝灰绿色，光滑无毛；冬芽卵形，赤褐色。叶3针1束。球果圆锥状卵形，熟时淡黄褐色，近无柄。花期4～5月，果翌年9～11月成熟。

【分布】为中国特产，东亚唯一的3针松。山东、山西、河北、陕西、河南、四川、湖北、甘肃等省均有分布。北京、南京、上海等地均有栽培。

【习性】阳性树种，喜光，幼树稍耐阴，较耐寒，耐干旱，不择土壤，喜生于排水良好、土层深厚的土壤中。深根性树种，寿命长，对二氧化硫及烟尘污染有较强的抗性。

【繁殖】播种繁殖。播种前应浸种催芽，适当早播，可减少立枯病的发生。

【用途】白皮松高大雄伟，树干斑驳，乳白色，颇具特色，是优美的庭院树种，在我国古典园林中应用广泛。孤植、列植、丛植皆宜，庭园、亭侧、房前屋后均可栽植，尤宜与山石配植在一起。

⑦ 湿地松 *Pinus elliottii* Engelm.

【形态】乔木，原产地高达36m，胸径90cm；树皮灰褐色，纵裂成大鳞片状剥落；枝每年可生长3～4轮，小枝粗壮；冬芽红褐色，粗壮，圆柱形，无树脂。针叶2、3针并存，长18～30cm，粗硬，深绿色，有光泽，腹背两面均有气孔线，叶缘具细锯齿，叶鞘长约1.2cm。球果常2～4个聚生，稀单生，圆锥形，有梗，种鳞平直或稍反曲，鳞盾肥厚，鳞脐疣状，先端急尖。种子卵圆形，略具3棱，种翅易脱落。花期2～3月，果次年9月成熟。（图10-19）

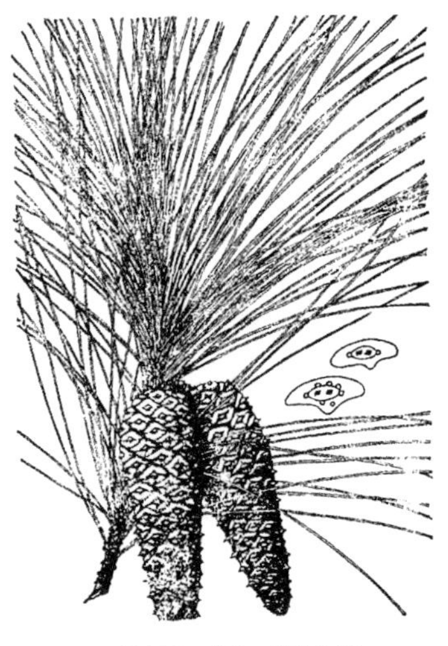

图10-19　湿地松

【分布】原产美国南部暖热潮湿的低海拔地区。中国山东至海南，东至台湾地区，西至成都，均表现良好。

【习性】性喜夏雨冬旱的亚热带气候，对气温的适应性强，在中性至强酸性红壤丘陵地区生长良好，而在低洼沼泽地边缘生长更佳，故得名。也耐旱，抗风力较强。强阳性树种。

【繁殖】播种繁殖或扦插育苗。

【用途】湿地松苍劲而速生，适应性强，材质好，在长江以南的园林和自然风景区中作为重要树种应用，也可应用于海滨。

⑧ 火炬松 *Pinus taeda* L.

【形态】乔木，高达30m；树冠呈紧密的圆头状；小枝黄褐色，冬芽长圆形，有松脂，淡褐色，芽鳞分离而端反曲。叶3针1束，稀2针1束，叶细而硬，亮绿色，长16～25cm。球果常对称着生，无柄，果长圆形，浅红褐色，鳞脐小，具反曲刺。

【分布】原产美国东南部。中国驯化成功的国外松树之一，长江流域以南生长良好。

【习性】耐干旱瘠薄，适应性强，生长速度较马尾松快，对松毛虫有一定抗性。

【繁殖】播种繁殖。种子应浸种催芽。

【用途】火炬松干形通直圆满，生长迅速，可在江浙一带营造风景林，是重要的速生用材树种。

⑨ 红松 *Pinus koraiensis* Sieb.et Zucc.

【形态】常绿乔木，树冠卵状圆锥形；树皮灰褐色，呈不规则长方形裂片；小枝密生黄褐色或红褐色柔毛。针叶长6～12cm，5针1束，粗硬且直，深绿色，叶缘有细锯齿，树脂道中生。球果熟时黄褐色。花期6月，果期9～10月。

【分布】产于东北三省。朝鲜、俄罗斯、日本北部也有分布。

【习性】中等喜光，喜凉爽气候，耐寒性强，根系浅，喜深厚肥沃、排水良好的微酸性山地棕色森林土壤。对有害气体抗性较弱。浅根性，水平根系发达，抗风力较弱。

【繁殖】播种繁殖，因种壳坚硬，播前需催芽。

【用途】红松树形高大壮丽，宜作北方风景林区植物材料，或配植于庭院中，也是北方优良的用材树种。

⑩ 华山松 *Pinus armandii* Franch.

【形态】常绿乔木，树冠广圆锥形；老时裂成方形厚块固着树上，幼树树皮灰绿色；大枝开展，轮生现象明显，小枝平滑无毛；冬芽小，圆柱形，栗褐色。叶5针1束，质柔软，边缘有细锯齿，叶鞘早落。球果圆锥状长卵形，成熟时种鳞张开，种子脱落，种子无翅有棱。花期4～5月，球果翌年9～10月成熟。

【分布】原产山西、河南、甘肃、湖北及西南各省，现各地均有栽培。

【习性】喜光，幼苗须适当庇荫。喜温凉湿润气候，耐寒力强，不耐炎热和盐碱。能适应多种土壤，最宜深厚、湿润、疏松的中性或微酸性壤土。对二氧化硫抗性较强。

【繁殖】播种繁殖，幼苗稍耐阴，也可在全光下生长。

【用途】华山松高大挺拔，针叶苍翠，树形优美，生长迅速，是优良的庭院绿化树种。在园林中可用作园景树、庭阴树、行道树及林带树，并为高山风景区之优良树种。

（11）日本五针松 *Pinus parvifolia* Sieb. et Zucc.

【形态】常绿乔木，高达30m，胸径1.5m；树冠圆锥形；树皮幼时淡灰色，光滑，老时橙黄色，呈不规则鳞片状剥落，内皮赤褐色；一年生小枝淡褐色，密生淡黄色柔毛；冬芽长椭圆形，黄褐色。叶细短，长3～6cm，5针1束，簇生枝端，蓝绿色，内侧两面有白色气孔线，钝头，边缘有细锯齿，在枝上生存3～4年；树脂道2，边生。球果卵圆形或卵状椭圆形，长4～7.5cm，径3～4.5cm，成熟时淡褐色。

【品种】a“银尖”五针松‘Albo-terminata’叶先端黄白色。

b“短针”五针松‘Brevifolia’直立窄冠形，枝少而短，叶细而硬，密生而极短，长2～3cm。

c“矮丛”五针松‘Nana’矮生品种，枝短而少，直立，叶较短、较细，密生。

d“龙爪”五针松‘Tortursa’叶呈螺旋状弯曲。

e“斑叶”五针松‘Variegata’全株上混生有绿叶及斑叶二种针叶，斑叶中既有仅一部分具黄白斑者，亦有全叶呈黄白色者。

【分布】原产日本。长江流域部分城市及青岛等地园林中有栽培。各地也常栽为盆景。

【习性】阳性树，但比赤松及黑松耐阴。喜生于土壤深厚、排水良好、适当湿润之处，在阴湿之处生长不良。虽对海风有较强抗性，但不适于砂地生长。生长速度缓慢，耐整形，移栽成活较难。

【繁殖】播种、嫁接或扦插繁殖。

【用途】日本五针松姿态苍劲秀丽，针叶葱郁纤秀，是名贵的观赏树种之一。可孤植配奇峰怪石，也可在公园、庭院作点景树，还可作园路树，亦适作盆景、桩景等用。

5. 杉科 Taxodiaceae

常绿或落叶乔木。叶披针形、钻形、线形或鳞片状，螺旋状排列，水杉属交互对生。球花单性，雌雄同株；雄球花小，单生或簇生枝顶或排成圆锥花序状，雄蕊具2～9个花药，花粉无气囊；雌球花珠鳞和苞鳞合生，每珠鳞腹面有2～9个直立或倒生胚珠。球果当年成熟、开裂、木质或革质；种子有窄翅。

约10属，16种；我国有5属，7种。

分属检索表

1. 叶和种鳞均合生 ……………………………………………………………金松属
1. 叶和种鳞非合生 …………………………………………………………………… 2
2. 叶和种鳞均螺旋状散生 ………………………………………………………… 3
2. 叶和种鳞均对生 ……………………………………………………………水杉属
3. 球果的种鳞（或苞鳞）扁平 ……………………………………………………… 4
3. 球果的种鳞盾形，木质 ……………………………………………………………… 6
4. 半常绿，冬季条形叶小枝脱落，鳞形叶小枝不脱落；种鳞革质，种子下端有1长翅 …………………………………………………………………水松属
4. 常绿；种鳞或苞鳞革质，种子两侧具翅 ………………………………………… 5
5. 叶条状披针形，有锯齿；球果的苞鳞大，边缘有锯齿，每种鳞有3种子 ………杉木属
5. 叶鳞状锥形或锥形，全缘；球果的苞鳞甚小，种鳞近全缘，每种鳞有2种子 ………秃杉属
6. 常绿；叶锥形；苞鳞与珠鳞合生，先端分裂，种鳞上部有3～7裂齿，种子两侧有窄翅 ………………………………………………………………柳杉属
6. 落叶或半常绿，侧生小枝冬季与叶俱落；叶条形或锥形；种子三棱形，棱脊上有厚翅 …………………………………………………………………落羽杉属

（1）金松属 *Sciadopitys* Sieb. et Zucc.

有分类学家将其列为一科。1种，原产日本，我国引入栽培作庭园树。

金松 *Sciadopitys verticillata* Sieb. et Zucc.

【形态】常绿乔木，原产地高达40m；枝近轮生，水平开展，树冠尖圆塔形。叶二型；鳞状叶小，膜质苞片状，螺旋状散生于枝上或簇生枝顶，完全叶扁平条状，每二叶合生，长5～16cm，宽2～3mm，两面均有沟槽，表面亮绿色，背面有2条白色气孔线，聚簇枝梢，呈轮生状，每轮20～30。雌雄同株；雄球花约30个聚生枝端，呈圆锥花序状，黄褐色；雌球花单生枝顶，珠鳞内有胚珠5～9，苞鳞半合生于珠鳞背面，先端离生。球果卵状长圆形，长6～10cm，种鳞木质，阔楔形或扇形，边缘向外反卷，第二年成熟。种子扁平有狭翅，长圆形或椭圆形，长1.2cm；子叶2。

【分布】原产日本。中国青岛、庐山、南京、上海、杭州、武汉等地有栽培。

【习性】阴性树，有一定的抗寒能力，在庐山、青岛及华北等地均可露地过冬，喜生于肥沃深厚壤土上，不适于过湿及石灰质土壤。日本金松生长缓慢，但达10年生以上可略快。至40年生为生长最速期。

【繁殖】播种、扦插、分株繁殖。种子发芽率极低。移栽成活较易，病虫害也较少。

【用途】为世界五大公园观赏树之一，又是著名的防火树种。

（2）**杉木属** *Cunninghamia* R. Br.

常绿乔木。叶坚挺，螺旋排列，线形或线状披针形。球花单性同株，簇生于枝顶；雄球花圆柱状，每一雄蕊有3个倒垂、一室的花药生于鳞片状药隔的下面；雌球花球形，由螺旋状排列的珠鳞与苞鳞组成，二者中下部合生；珠鳞小，先端3裂，内面有胚珠3；苞鳞革质，扁平，宽卵形，或三角状卵形，结实时苞鳞增大，不脱落；种子有窄翅；子叶2。

2种，原产秦岭以南，但主产长江以南各省区。

杉木 *Cunninghamia lanceolata* Hook.

【形态】常绿乔木，高达30m；树冠幼年尖塔形，大树广圆锥形；树皮褐色，裂成长条片状脱落。叶披针形或条状披针形，常略弯而呈镰状，革质，坚硬，深绿而有光泽，长2～6cm，宽3～5mm，枯叶常反卷宿存不落。球果卵圆至圆球形，长2.5～5cm，径2～4cm，熟时苞鳞革质，棕黄色，种子长卵或圆形，扁平，长6～8mm，暗褐色，两侧有狭翅，每果内约含种子200粒；子叶2，发芽时出土。花期4月，果10月下旬成熟。（图10-20）

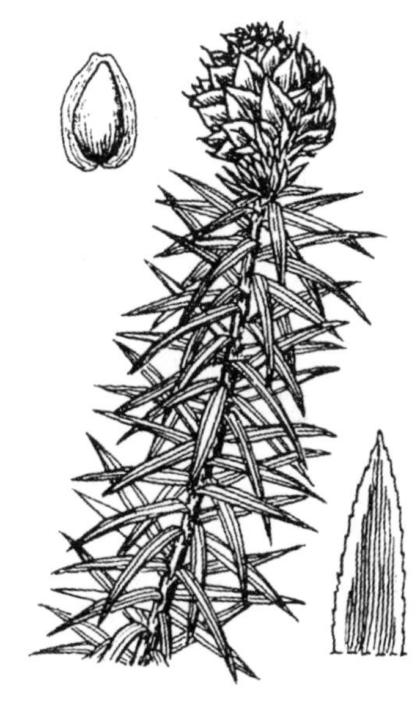

图10-20 杉木

【分布】原产于我国，分布广，淮河以南至雷州半岛均有分布。

【习性】阳性树，喜温暖湿润气候，不耐寒，不低于-9℃为宜，但亦可抗-15℃短期低温。喜肥。雨量以1800mm以上为佳，但在600mm以上处亦可生长，耐寒性大于其耐旱力。根系强大，易生不定根，萌芽力强，干性强，自然整枝良好。

【繁殖】播种、扦插繁殖。

【用途】杉木主干端直，最适于园林中群植成林丛或列植道旁。在山谷、溪边、村缘群植，宜在建筑物附近成丛点缀或山岩、亭台之后片植。

（3）**柳杉属** *Cryptomeria* D. Don.

常绿乔木。叶锥尖，螺旋状排列，基部下延。球花单性同株；雄球花顶生短穗状，雄蕊多数，螺旋状排列，每雄蕊具花药3～5个；雌球花单生或数个集生于小枝之侧，球状，由多数螺旋状排列的珠鳞组成，每一珠鳞内有胚珠3～5颗，苞鳞与珠鳞合生。果球形，成熟时珠鳞发育增大为木质盾状种鳞，近顶部有尖刺3～7；种子有狭翅；子叶2。

2种，1种产中国；另一种产日本，中国引栽。

分种检索表

1. 叶微内弯；种鳞20，发育2种子，先端裂齿较短………柳杉
1. 叶直伸；种鳞20～30，发育2～5种子，
先端裂齿较长 ………………………………………日本柳杉

① 柳杉 *Cryptomeria fortunei* Hooibrenk

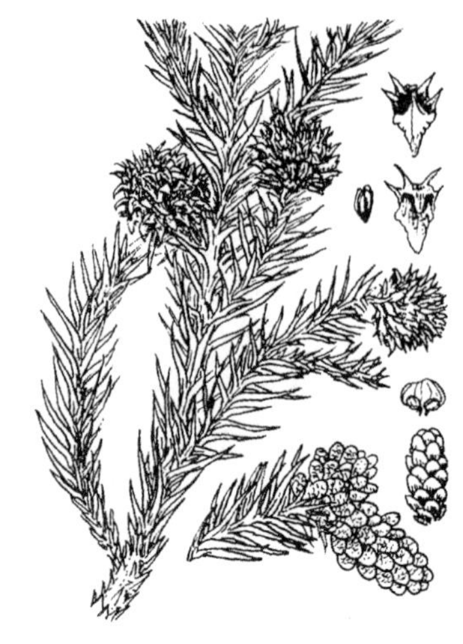
图10-21 柳杉

【形态】常绿乔木，高达40m；干皮棕灰色，长条状脱落。叶钻形，螺旋状成5列覆盖于小枝上，叶先端尖，四面具白色气孔线，叶尖略向内弯，果枝上的叶长不足1cm。雌雄同株；雄球花单生于小枝叶腋呈短穗状，长0.5cm，黄色；雌花球形，单生枝顶，淡绿色。球果近球形，径1.8～2cm，深褐色；种鳞约20片，苞鳞的尖头和种鳞顶端的缺齿较短，每片鳞有2种子；种子三角状长圆形，长约4mm。花期4月，球果10～11月成熟。（图10-21）

【分布】我国特有树种，产于浙江、福建及江西，江苏、云南、四川、贵州等地有栽培。

【习性】为暖温带树种。喜温暖湿润的气候和深厚肥沃的沙质壤土，不耐严寒、干旱和积水。根系较浅，抗风力差。对二氧化硫、氯气、氟化氢等有较好的抗性。

【繁殖】播种、扦插繁殖。柳杉不耐移植，故移植时要带土球且保持土球湿润。

【用途】柳杉树形圆整高大，极为雄伟，适宜独植、对植，亦宜丛植或群植。在江南习俗中，自古以来多用作墓道树，亦宜作风景林栽植。

② 日本柳杉 *Cryptomeria japonica*（L.f.）D.Don.

【形态】常绿乔木，树冠圆锥形；树皮暗褐色，侧枝密生。叶锥形，形状与柳杉相似，但其叶直伸，先端不内曲，略短，而且其叶片在冬季绿色不变。球花单性同株，花期3～4月，雄球花长圆形，集生于枝顶，雌球花近球形，单生于小枝顶端。球果11月成熟。

【分布】原产日本，山东、河南以南至长江流域广泛栽培，北京卧佛寺有少量栽培。

【习性】为略喜光树种，稍耐阴。喜温暖湿润气候，略耐寒，畏高温炎热。忌干旱，积水时易烂根。对二氧化硫等有毒气体比柳杉具更强的吸收能力。

【繁殖】以播种繁殖为主，在10～11月采集球果，阴干取出种子干藏，翌春播种。

【用途】日本柳杉树形圆满丰盈，高大雄伟，孤植 、对植、行列种植与丛植皆宜。园艺品种很多，有呈灌木状的观赏用品种。

（4）**秃杉属** *Taiwania* Hayata

常绿大乔木。叶螺旋排列，2型，老树上的叶鳞状钻形，横切面三角形或四棱形，有气孔线，幼树上的叶与萌芽枝上的叶铲状钻形，大而扁平。雌雄同株；雄球花5～7个着生于枝顶，有雄蕊15，每一雄蕊有花药2～4个，药隔鳞片状；雌球花小，亦着生于枝顶，椭圆形，有覆瓦状排列的珠鳞多枚，每一珠鳞内有胚珠2，苞鳞退化。球果椭圆形，较小，种鳞革质；种子2～1颗，围绕以狭翅，子叶2。

我国特有属，2种，产我国台湾、贵州和云南。

分种检索表

1. 果枝叶较窄，横切面四菱形，长宽近等，先端微内曲或直；球果种鳞21～39片 ………秃杉
1. 果枝叶较宽，横切面三角形，长小于宽，先端内曲；球果种鳞通常15～21片 ………台湾杉

秃杉 *Taiwania flousiana* Gaussen

【形态】常绿大乔木，高达75m；树皮淡褐灰色，裂成不规则的长条片，内皮红褐色；树冠圆锥形。大树叶长2～3cm，横切面四菱形，高宽几乎相等，四面有气孔线；幼树及萌芽枝叶镰状锥形，长0.5～1.5cm；直伸或微向内弯，两面有气孔线。球果10～11月成熟。（图10–22）

【分布】产于我国云南，湖北，贵州。常与铁杉、乔松、杉木等树种或常绿阔叶树种混生。上海、杭州植物园有栽培，生长正常。

【习性】喜光，稍耐阴，空旷地可以飞籽成林，林冠下天然更新不良。性喜凉爽湿润，夏秋多雨，冬春稍干燥的气候。适生于偏酸性的红壤、黄壤的森林土地带。

【繁殖】播种繁殖，亦可扦插。移植容易成活。

【用途】秃杉高大挺拔，侧枝轮生平展，小枝下垂，四季常青，挺拔如雪松，而又透出几分秀色，具有很高的观赏价值。在分布区是优良风景林树种，也是台湾的主要造林树种，为我国一类保护植物。

（5）**水松属** *Glyptostrobus* Endl.

仅有1种，我国特产。

水松 *Glyptostrobus pensilis*（Staunt.）Koch.

图10–22 秃杉

【形态】半常绿大乔木，高达25m；树皮褐色或灰褐色，不规则条裂，内皮淡红褐色；枝稀疏，平展，上部枝斜伸。叶下延，鳞形、线状钻形及线形，常二者生于同一枝上；在宿存枝上的叶甚小，鳞形，螺旋状排列；在脱落枝上的叶较长，长9～20（30）mm，线状钻形或线形，开展或斜展成二列或三列，有棱或两侧扁平。雌雄同株，球花单生枝顶；雄球花有15～20枚螺旋状排列的雄蕊，雄蕊通常有5～7花药；雌球花卵球形，有15～20枚具2胚珠的珠鳞，托以较大的苞鳞。球果倒卵圆形，长2～2.5cm，直径1.3～1.5cm，直立；种鳞木质，与苞鳞近结合而生，扁平，倒卵形，背面接近上部边缘有6～9个微反曲的三角状尖齿，近中部有1反曲的尖头；种子下部有膜质长翅。（图10–23）

【分布】特产于我国福建、广东。为低海拔热带及亚热带树种。

【习性】喜光，喜温暖湿润的气候和水湿环境。不耐低温和干旱。除重盐碱土外，其他各种土壤都能生长。萌芽更新能力比较强，可按需要修剪树形。

【繁殖】用种子繁殖。

图10–23 水松

【用途】水松春叶鲜绿色，入秋后转为红褐色，并有奇特的膝

状根，故有较高的观赏价值。适用于暖地的园林绿化，最宜于低湿地造林，或用于固堤、护岸、防风。

（6）落羽杉属 ***Taxodium*** **Rich.**

落叶或半常绿乔木；具主枝及脱落性侧生短枝；球形冬芽小。叶螺旋状排列，基部下延，条形叶在侧生短枝上排成二列，冬季与侧生短枝一同脱落，锥形叶在主枝上宿存。雄球花排成总状或圆锥状，生于枝顶，花药4～9；雌球花单生去年生枝顶，珠鳞螺旋状排列，胚珠2，与苞鳞几乎全部合生。球果球形或卵状球形；种鳞木质，盾形，顶部具三角状突起的苞鳞尖头；每种鳞具2种子，种子呈不规则三角形，具厚翅，子叶4～9，出土。

3种，原产北美及墨西哥，我国均有引种。

分种检索表

1.叶锥形，不成二列；大枝向上伸展……………………………………………………池杉
1.条形，扁平，羽状二列；大枝水平开展…………………………………………………2
2.落叶；叶长1～1.5cm，排列较疏，侧生短枝排成二列……………………………落羽杉
2.半常绿或常绿；叶长约1cm，排列较密，侧生短枝不为二列………………墨西哥落羽杉

① 落羽杉 *Taxodium distichum*（L）Rich.

【形态】落叶乔木，原产地高达50m；树干基部膨大，地面常有屈膝状呼吸根；树皮为长条状脱落，棕色；枝水平开展；嫩枝绿色，秋季变为棕色。叶线形，扁平，基部扭曲在小枝上为2列羽状，长1～1.5cm，先端尖，背面中脉隆起，每边有4～8条气孔线，落前变成红褐色。球果卵圆形，有短梗，下垂，成熟后淡褐黄色，有白粉，直径约2.5cm；种鳞木质，盾形，顶部有沟槽，种子褐色三角形，有短棱，长15cm。花期4月，球果熟期10月。（图10-24）

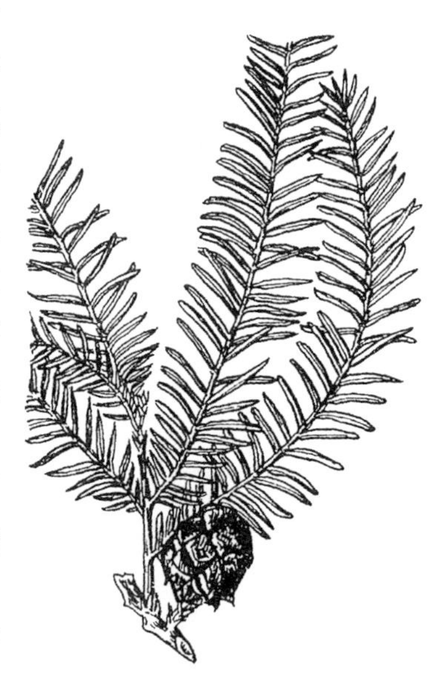

图10-24　落羽杉

【分布】原产北美，世界各地引种普遍。我国20世纪初开始引种，较池杉更耐寒。以河南鸡公山及广东佛山地区栽培最多，广州、南京、杭州、上海、庐山等地都有引种。

【习性】古老的“孑遗植物”，耐低温、耐盐碱、耐水淹、耐干旱瘠薄、抗风、抗污染、抗病虫害。酸性土到盐碱地都可生长。

【繁殖】播种为主，亦可扦插。

【用途】枝叶茂盛，秋季落叶较迟，冠形雄伟秀丽，是优美的庭园、道路绿化树种。我国大部分地区都可做工业用树林和生态保护林。其种子是鸟雀、松鼠等野生动物喜食的饲料，对加强森林公园、维护自然保护区生物链，水土保持，涵养水源等均起到很好的作用。

② 池杉 *Taxodium ascendens* Brongn.

【形态】落叶乔木；树干基部膨大，在低湿地生长者“膝根”尤为显著；树皮褐色，纵裂，成长条状脱落；枝向上展，树冠常较窄，呈尖塔形；当年生小枝绿色，细长，常略向下

弯垂。叶多钻形，略内曲，常在枝上螺旋状伸展，下部多贴近小枝，基部下延。球果圆球形或长圆状球形，有短梗，熟时黄褐色，种子不规则三角形，略扁，红褐色，边缘有锐脊。花期3～4月，球果10月成熟。

【分布】原产美国东南部及墨西哥沿海地带，生于沼泽地。我国20世纪初引至南京等地，目前江苏、浙江、河南南部、湖北、广西等地引种栽培，在低湿地生长良好。

【习性】喜光，喜温暖湿润的气候，较耐寒，能耐短暂-17℃低温。抗风力强。喜深厚肥沃湿润的酸性土壤。

【繁殖】播种繁殖为主，亦可扦插繁殖。

【用途】树形优美，枝叶青翠秀丽，秋叶棕褐色，是观赏价值很高的园林树种，常与水杉、落羽杉通用。特别适合水边湿地成片栽植。

（7）水杉属 *Metasequoia* Miki ex Hu et Cheng.

本属1种。

水杉 *Metasequoia glyptostroboides* Hu et Cheng.

【形态】落叶乔木，高达40m；树皮灰褐色，裂成条片状脱落。叶交互对生，排成羽状二列，线形柔软，几无柄，通常长1.3～2cm，中脉凹下，背面中脉两侧有4～8条气孔线。雌雄同株；雄球花单生叶腋，卵圆形，交互对生排成总状或圆锥花序状，雄蕊交互对生，约20枚；雌球花单生侧枝顶端，由22～28枚交互对生的苞鳞和珠鳞组成，各有5～9胚珠。球果下垂，当年成熟，近球形或长圆状球形，长1.8～2.5cm；种鳞极薄，透明；苞鳞木质，盾形，背面横菱形，熟时深褐色；种子倒卵形，扁平，周围有窄翅。（图10-25）

图10-25 水杉

【分布】我国特产稀有树种。天然分布在湖北利川，四川石柱以及湖南龙山等地。当地气候温和，是夏秋多雨的酸性黄壤地区。自1948年定名公布以来广泛栽培。北至北京、辽宁，南到广州，东起沿海，西到成都均有分布。

【习性】喜光树种，能耐侧方遮阴。喜湿润气候，能耐-25℃低温，北京1～2年生小苗冬季有冻害。对二氧化硫有一定的抵抗性。

【繁殖】播种、扦插繁殖。

【用途】水杉树干通直挺拔，树形壮丽，叶色翠绿，是著名的庭院观赏树。水杉可于公园、庭院、草坪、绿地中孤植、列植或群植。也可成片栽植营造风景林，并适配常绿地被植物；还可栽于建筑物前或用作行道树，效果均佳，也是工矿区绿化的好树种。

6．柏科 Cupressaceae

常绿乔木或灌木。叶小，鳞形或刺形，在枝上交叉对生或3枚轮生，有时在一株树上兼有鳞叶和刺叶。球花单性，雌雄同株或异株，单生于枝顶或叶腋；雄球花具3～8对交叉对生的雄蕊，每个雄蕊具2～6花药，花粉无气囊；雌球花有3～16枚交叉对生或3～4枚轮生的珠鳞，胚珠直生，珠鳞与苞鳞完全合生。球果球形，成熟开裂或肉质合生成浆果状，发育种鳞有1至多个种子；种子周围具窄翅或无翅。

22属150种，分布南北两半球。我国8属33种7变种，分布全国。引入3属19种。

分属检索表

1. 种鳞木质或近革质，熟时开裂，种子常有翅，稀无翅 …… 2
1. 种鳞肉质，熟时不张开或微张开，具1～2无翅种子 …… 6
2. 种鳞扁平或鳞背隆起，仍不为盾形。球果当年成熟 …… 3
2. 种鳞木质，盾形，球果翌年或当年成熟 …… 4
3. 鳞叶小，长1～2mm；种鳞4对，背部具一尖头，种子无翅 ……侧柏属
3. 鳞叶较大，长2～4mm；种鳞2～3对，较薄；种子有薄翅 ……崖柏属
4. 鳞叶小，长2mm以内；球果具4～8对种鳞，种子两侧有翅 …… 5
4. 鳞叶大，两侧鳞叶长4～6mm；球果具6～8对种鳞，种子具翅 ……福建柏属
5. 鳞叶小枝四棱形或圆形，不排成平面，稀扁平，排成平面；球果翌年成熟 ……柏木属
5. 鳞叶小枝扁平，排成平面（某些栽培变种例外）；球果当年成熟 ……扁柏属
6. 刺叶或鳞叶，刺叶基部下延无关节；冬芽不明显，球花单生枝顶 ……圆柏属
6. 全为刺叶，基部有关节，不下延；冬芽显著；球花单生叶腋 ……刺柏属

（1）侧柏属 *Platycladus* Spach.

乔木；小枝排成一平面，扁平，两面同型。鳞叶形小，背面有腺点。雌雄同株，球花单生枝顶；雄球花有雄蕊6对，各具2～4花药；雌球花具4对珠鳞，仅中间的2对珠鳞各生1～2胚珠。球果当年成熟，熟时张开，卵状椭圆形；种鳞木质，扁平，背部顶端的下方有一弯曲的钩状尖头，中部的种鳞各有1～2种子；种子长卵圆形，无翅，子叶2。

1种，产南北各省及朝鲜，现多作庭院观赏树种，淮河以北及华北可选作造林树种。

侧柏 *Platycladus orientalis*（L.）Franco.

【形态】常绿乔木，高达20m；干皮淡灰褐色，条状纵裂。鳞叶二型，中央叶倒卵状菱形，背面有腺槽，两侧叶船形，两种叶交互对生。球果阔卵形，熟时蓝绿色被白粉，种鳞木质，红褐色，种鳞4对，熟时张开，背部有一反曲尖头；种子卵形，灰褐色，无翅，有棱脊。花期3～4月，种熟期9～10月。（图10-26）

图10-26　侧柏

【品种】a 千头柏‘Sieboldii’灌木，无主干，枝条丛生密集生长，树冠扫帚状；

b 金叶千头柏‘Semperaurescens’植株矮小，近圆球形，全年保持金黄色。

【分布】中国特产种，华北地区有野生。除青海、新疆外，全国均有分布。

【习性】喜光，幼时稍耐阴，适应性强，对土壤要求不严，在

酸性、中性、石灰性和轻盐碱土壤中均可生长，以在石灰性土上生长良好。耐干旱瘠薄，在土壤深厚肥沃的地方生长较快。萌芽能力强，在山东只分布于海拔900m以下，以海拔400m以下者生长良好。

【繁殖】播种繁殖为主，也可扦插或嫁接。

【用途】侧柏树姿优美，枝叶苍翠，是我国古老也是应用广泛的园林树种之一，常栽为庭园观赏树。用于陵园、墓地、庙宇作基础材料，常列植、丛植或群植。

（2）**崖柏属** *Thuja* L.

常绿乔木，有树脂；小枝扁平。叶鳞片状，幼叶针状。球花小，单生于枝顶；雄球花黄色，有6～12个交互对生的雄蕊，每雄蕊有4个花药；雌球花有珠鳞8～12，珠鳞成对对生，仅下面2～3对的珠鳞内面有胚珠2颗。球果卵状长椭圆形，直立；种鳞薄革质，扁平；背面有厚脊或顶端有脐凸；种子有翅或无翅。

约6种，分布于北美和东亚，我国2种，各地广为栽植供观赏用。

香柏（美国侧柏）*Thuja occidentalis* L.

【形态】枝开展，树冠圆锥形。鳞叶先端突尖，表面暗绿色，背面黄绿色，有透明的圆形腺点，鳞叶揉碎有芳香。球果长椭圆形。（图10–27）

【分布】原产北美。我国青岛、庐山、南京、上海、杭州等地有栽培。

【习性】阳性树种，适生于土层深厚、质地疏松而含石灰质的湿润地。浅根性，侧根发达，耐瘠薄。

图10–27　香柏

【繁殖】采用播种或扦插繁殖。苗木移栽带土球，成活容易。

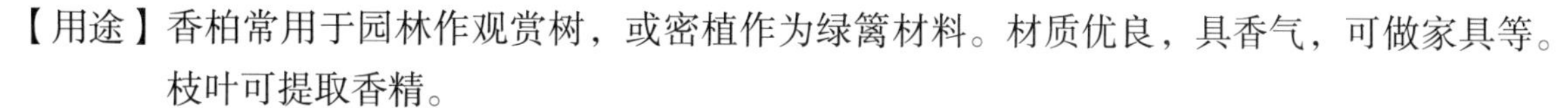

【用途】香柏常用于园林作观赏树，或密植作为绿篱材料。材质优良，具香气，可做家具等。枝叶可提取香精。

（3）**扁柏属** *Chamaecyparis* Spach.

常绿乔木；树皮鳞片状或有纵槽；小枝扁平。叶鳞片状，交互对生，密覆小枝，侧边鳞叶对折，幼苗上的交互针状。球花小，雌雄同株，单生枝顶；雄球花长椭圆形，有3～4对交互对生的雄蕊，每雄蕊有3～5花药；雌球花球形，珠鳞3～6对，交互对生，每珠鳞内有直立的胚珠2颗，稀5颗。球果直立，当年成熟，有盾状的种鳞3～6对，木质；种子有翅。本属和*Cupressus*属很相近，唯小枝扁平，果于当年成熟，且每一种鳞内有种子1～5（通常3）粒。

6种，分布于北美、日本和我国台湾，我国台湾产红桧*C.formosensis* Matsum.和台湾扁柏*C.obtusa* var. *formosana*（Hayata）Behd.2种，为重要的材用树种，另引入栽培4种。

分种检索表

1. 鳞叶先端锐尖，球果球形，长5～6mm，种鳞5～6对 ………………………………日本花柏

1. 鳞叶先端钝；球果圆球形，长8～10mm，种鳞4对 ………………………………日本扁柏

① 日本花柏 *Chamaecyparis pisifera* Endl.

图10-28　日本花柏

【形态】常绿乔木，高达20m；树皮深灰色或暗红褐色，成狭条状纵裂；近基部的大枝平展，上部逐渐斜上。叶深绿色，2型，刺叶通常3叶轮生，排列疏松，鳞形叶交互对生或3叶轮生，排列紧密。雌雄异株，少同株。鳞叶先端锐尖，侧面之叶较中间之叶稍长。球果球形，径5～6mm；种鳞5～6对，顶部的中央微凹，内有突起的小尖头；发育种鳞具1～2种子，种子直径2～3mm。（图10-28）

【品种】a 绒柏‘Squarrosa’常绿小乔木；树皮褐色，粗糙，纵裂，小枝羽状。叶条状刺形，针叶细，柔软，不扎手，长5～6mm，表面鲜绿色，背面有两条白色的气孔线。

b 线柏‘Filifera’常绿灌木或小乔木。叶似鳞片与枝紧贴，小枝细长，下垂如线，树形别致，多作盆栽观赏，也适于花坛和庭院绿化。

【分布】原产日本，为日本最主要的造林树种之一。我国青岛、南京、上海、庐山、桂林、杭州、长沙等地引种栽培。

【习性】中性较耐阴，小苗要遮阴。喜温暖湿润气候，耐寒性不强。喜湿润、肥沃、深厚的沙壤土。浅根性树种，不耐干旱。耐修剪。

【繁殖】播种繁殖，扦插繁殖成活率亦很高，亦可嫁接。

【用途】小枝扁平，树冠塔形，可以孤植观赏，也可以在草坪一隅、坡地丛植几株，丛外点缀数株观叶灌木，可增加层次，相映成趣。亦可密植作绿篱或整修成绿墙、绿门。适应性强，在长江流域普遍用作基础种植材料、营造风景林。观赏效果好，栽培容易。

② 日本扁柏 *Chamaecyparis obtusa* Endl.

【形态】常绿乔木，原产地高40m；树冠尖塔形；树皮红褐色，纵裂成薄片；小枝背面有白线或微被白粉。鳞叶先端钝，肥厚。球果径近1cm，熟时红褐色；种鳞4对，顶部五边形或四方形，平或中央微凹，中间有小尖头。种子近圆形，翅窄。花期4月；球果10～11月成熟。（图10-29）

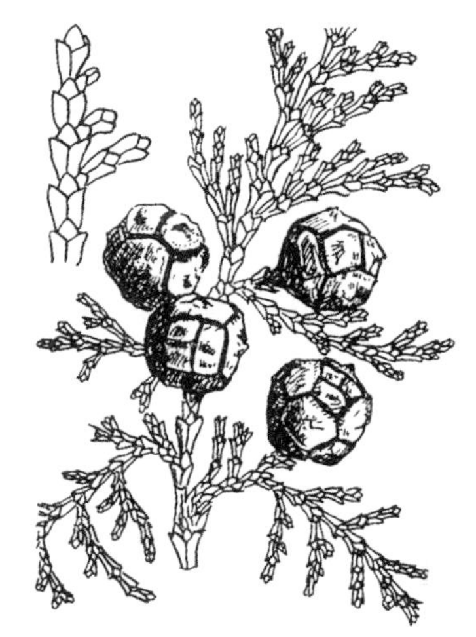
图10-29　日本扁柏

【品种】a 云片柏‘Breviramea’树冠窄塔形，小枝片先端圆钝，片片如云。

b 孔雀柏‘Tetragona’叶密集翠绿，排列似孔雀之尾，美观怡人。

c 金孔雀柏‘Tetragona Aurea’叶金色密集。

d 凤尾柏‘Filicoides’灌木，小枝外形颇似凤尾蕨。

【分布】原产日本中南部，和日本花柏混生。我国青岛、南京、上海、庐山、安徽、黄山、杭州、河南鸡公山、桂林、广州等地引种栽培。

【习性】较耐阴，喜温暖湿润的气候，能耐-20℃低温，喜肥沃、排水良好的土壤。

【繁殖】播种繁殖，栽培变种以扦插繁殖为主，亦可嫁接。

【用途】可作园景树、行道树、树丛、绿篱、基础种植材料及风景林用。木材坚韧耐腐芳香，供建筑、造纸等用。

（4）柏木属 *Cupressus* L.

常绿乔木；小枝四棱形或圆柱形，稀扁平。叶鳞形，交互对生，或生于幼苗上或老树壮枝上的叶刺形。球花雌雄同株，单生枝顶；雄球花长椭圆形，黄色，有小孢子叶6～12，每小孢子叶有花药2～6，药隔显著，鳞片状。球果球形，第2年成熟，种鳞木质开裂；种子有翅；子叶2～5。

约20种，分布于北美、东南欧及东、南亚，我国有5种，产秦岭以南及长江流域以南各省，另引入栽培4种。

柏木 *Cupressus funebris* Endl.

【形态】常绿乔木，高达35m，胸径2m；树冠圆锥形，树皮淡褐灰色；小枝扁平下垂，排成平面，两面相似。鳞叶先端锐尖，中央之叶背面有条状腺点，偶有刺形叶。球果球形，直径约1cm，种鳞4对，发育种鳞有种子5～6；种子近圆形，淡褐色，有光泽。花期3～5月，球果翌年5～6月成熟。（图10-30）

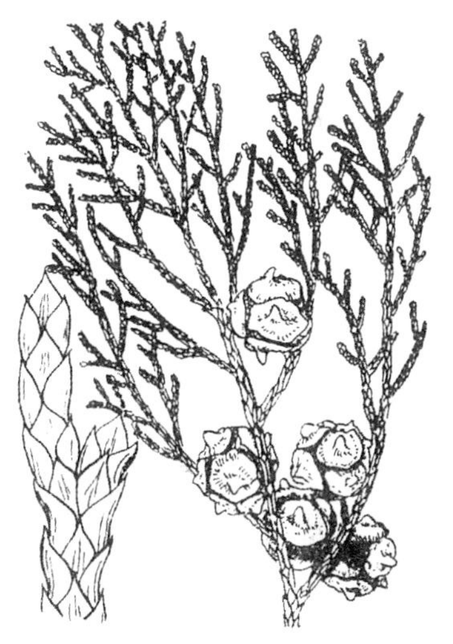

图10-30 柏木

【分布】我国特有树种，分布很广，是亚热带代表性的针叶树种之一,四川、湖北、贵州最多。

【习性】喜光，稍耐侧方遮阴。喜温暖湿润的气候，对土壤适应性强，喜深厚肥沃的钙质土壤，是中亚热带钙质土的指示树种。耐干旱瘠薄，也耐水湿。抗有害气体能力强。

【繁殖】播种繁殖。种子沙藏后可以提高发芽率。扦插繁殖常在冬季进行。

【用途】树冠浓密，枝叶纤细下垂，树体高耸，可以成丛成片配植在草坪边缘、风景区、森林公园等处，形成柏木森森的景色。在西南地区最为普遍，是长江以南石灰岩山地的造林树种，似北方之侧柏。

（5）福建柏属 *Fokienia* Henry et Thomas

1种，产越南及我国西南部、南部至东部。福建柏 *Fokienia hodginsii* Henry.

【形态】常绿乔木，高达30m；树皮紫褐色，近平滑或不规则长条片开裂；小枝三出羽状分枝，并成一平面。叶鳞片状，交互对生,4列，小枝上面的叶微拱凸，深绿色，背面的叶具有凹陷的白色气孔带。雌雄同株，球花单生小枝顶端；雄球花卵形至长椭圆形，雄蕊5～6对交互对生；雌球花顶生，由6～8对珠鳞组成，每一珠鳞

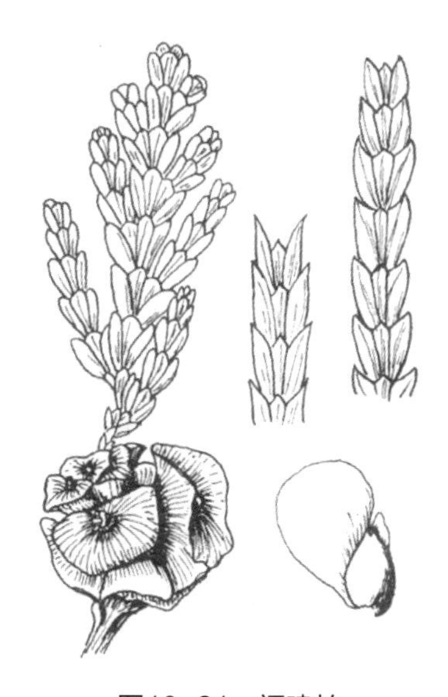

图10-31 福建柏

内有胚珠2颗。球果翌年成熟，近球形，直径 1.7～2.5cm，熟时褐色。种鳞盾状；种子有翅；子叶2。（图10-31）

【分布】分布于中国福建、江西、浙江和湖南南部、广东和广西北部、四川和贵州东南部等，以福建中部最多。

【习性】喜光，幼年耐庇荫。要求温凉润湿以至潮湿的山地气候。适生于微酸性至酸性的黄壤和黄棕壤，在有机质多的疏松壤土上生长良好。浅根性。

【繁殖】播种繁殖。

【用途】树形优美，树干通直，是我国南方重要用材树种，又是庭园绿化的优良树种。木材可供建筑、家具等用材，又是优良的胶合板材。

（6）圆柏属 *Sabina* Mill.

常绿乔木或灌木。幼树之叶全为刺形，老树之叶刺形或鳞形或二者兼有；刺形叶常3枚轮生，稀交互对生，基部下延，无关节，表面凹下，有气孔带；鳞叶交互对生，稀三叶轮生，菱形；球花雌雄异株或同株，单生短枝顶。雄球花长圆形或卵圆形，雄蕊4～8对，交互对生；雌球花有4～8对交互对生的珠鳞，或3枚轮生的珠鳞，胚珠1～6，生于珠鳞内面的基部。球果当年、翌年或三年成熟，不开裂；种鳞肉质，种子1～6粒，无翅；子叶2～6。

约50种，分布于北半球，我国产15种5变种，另引入栽培2种。

① 圆柏 *Sabina chinensis* Antoine.

【形态】常绿乔木，高达20m；树冠尖塔形或广圆形，枝常向上直展，幼年树冠狭圆锥形；树皮呈深灰色，树干表面有纵裂纹。叶有两型，在幼树或基部萌蘖枝上全为刺形叶，三叶交叉轮生，上面有2条气孔线，叶基部无关节而向下延伸；随着树龄的增长，刺叶逐渐被鳞形叶代替，鳞形叶排列紧密并交互对生，先端钝。雌雄异株，雌花与雄花均着生于枝的顶端，花期4月。翌年11月果熟，球果近圆形，被白粉，熟时褐色。内有种子1～4粒，呈卵圆形。（图10-32）

图10-32 圆柏

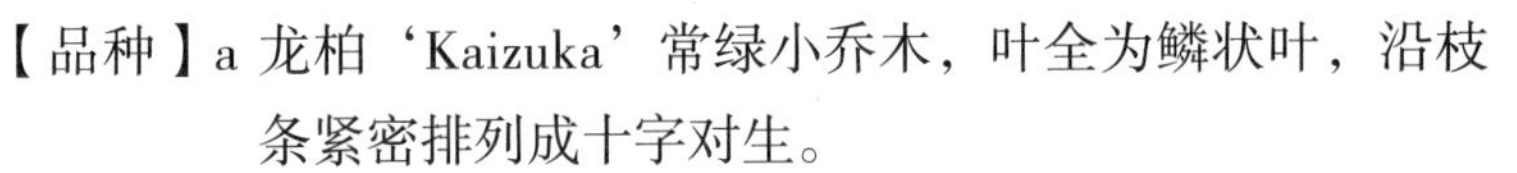

【品种】a 龙柏‘Kaizuka’常绿小乔木，叶全为鳞状叶，沿枝条紧密排列成十字对生。

b 塔柏‘Pyramidalis’树冠幼时为锥状，大树则为尖塔形，枝向上直展，密生。幼树多为刺叶，叶色深绿。雄花球长椭圆形。

c 鹿角柏‘Pfitzeriana’丛生状，干向四周斜展，针叶灰绿色。

【分布】原产于我国内蒙古及沈阳以南，南达两广北部，西南至四川省西部、云南、贵州等省，西北至陕西、甘肃南部均有分布。西藏有栽培。朝鲜、日本也有分布。

【习性】喜光树种，较耐阴。喜凉爽温暖气候，耐寒、耐旱，耐热。对土壤要求不严。深根性树种，忌积水。耐修剪，易整形。对二氧化硫、氯气和氟化氢抗性强。

【繁殖】播种繁殖。各品种常用扦插、嫁接繁殖。种子有隔年发芽的习性。

【用途】圆柏幼龄树树冠整齐圆锥形，树形优美，大树干枝扭曲，姿态奇古，可以独树成景，是我国传统的园林树种。古庭院、古寺庙等风景名胜区多有千年古柏，“清”

"奇""古""怪"各具幽趣。可以群植草坪边缘作背景，或丛植片林、镶嵌树丛的边缘、建筑附近。

② 铅笔柏（北美圆柏）*Sabina virginiana* Ant.

【形态】常绿乔木，高可达30m；树冠柱状圆锥形；枝直立或斜展。叶两型，刺叶交互对生，被有白粉；鳞叶着生在四棱状小枝上，菱状卵形，先端急尖或渐尖，叶背中下部有凹腺体。雌雄异株，花期3月。球果近球形，10～11月成熟，内有种子1～2粒。（图10-33）

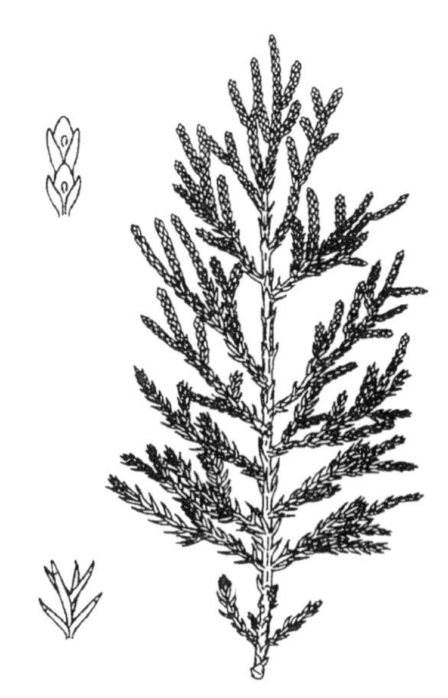
图10-33 铅笔柏

【分布】原产北美洲的东、中部，广泛分布于加拿大和美国。各地有栽培。

【习性】阳性，适应性强，抗污染，能耐干旱，又耐低湿，既耐寒还能抗热，抗瘠薄，在各种土壤上均能生长。

【繁殖】播种繁殖，亦可用扦插和嫁接法繁殖。嫁接法砧木用侧柏。

【用途】园景树、行道树。性耐修剪又有很强的耐阴性，故作绿篱比侧柏优良，下枝不易枯，冬季颜色不变褐色或黄色，且可植于建筑之北侧阴处。我国古来多配植于庙宇陵墓作墓道树或柏林。

③ 铺地柏 *Sabina procumbens* Iwata et Kusaka.

【形态】匍匐小灌木，高达75cm，冠幅逾2m，贴近地面伏生。叶全为刺叶，3叶交叉轮生，叶上面有2条白色气孔线，背面基部有2白色斑点，叶基下延生长，叶长6～8mm。球果球形，内含种子2～3粒。

【分布】原产日本，我国各地园林中常见栽培，亦为习见桩景材料之一。

【习性】阳性树，能在干燥的砂地上生长良好，喜石灰质的肥沃土壤，忌低湿地点。

【繁殖】用扦插法易繁殖。

【用途】岩石园、地被、盆景。在园林中可配植于岩石园或草坪角隅，又为缓土坡的良好地被植物，各地亦经常盆栽观赏。日本庭院中的传统配植技法"流枝"，即用本种造就。栽培变种有"银枝""金枝"及"多枝"等。

④ 沙地柏 *Sabina vulgalis* Ant.

【形态】常绿低矮匍匐灌木；主枝铺地平卧，枝密集成片，稍上伸，侧枝向上伸展；老枝棕红色，片状剥落，嫩枝淡绿色。幼龄树上常为刺叶，柔和，叶长6mm；壮龄树上多为鳞叶，鳞叶交互对生，斜方形，先端微钝或急尖，背面中部有明显腺体。多雌雄异株。球果生于下弯的小枝顶端，倒三角状球形，成熟时黑褐色、紫蓝或黑色，稍有白粉。花期4～5月，果熟第3年10月。（图10-34）

图10-34 沙地柏

【分布】分布于新疆、宁夏、甘肃、内蒙古等西北地区，北京、郑州等地多有栽培。

【习性】喜光，亦能耐一定的庇荫。耐寒，耐干旱，不耐水湿。

适应性强，抗病虫能力强。山坡或沙地、林下都能生长，砂壤土生长最好，胶黏土生长不良。

【繁殖】种子或扦插繁殖。

【用途】砂地柏可做优良的地被植物，是防风、固沙、水土保持的好树种，同时可做护坡植物，亦可配植于草坪、路缘处，街旁绿化效果也不错。

（7）**刺柏属** *Juniperus* L.

常绿乔木或灌木，小枝圆柱形或四棱形。叶刺形，3枚轮生，基部有关节，不下延生长，上面平或凹下，有1～2条气孔带，背面有纵脊。球花雌雄同株或异株，单生叶腋；雄球花长椭圆形，雄蕊5对，交互对生；雌球花卵状，由3枚轮生的珠鳞组成，全部或部分珠鳞有直立胚珠1～3颗。浆果状的球果，2～3年成熟，种鳞肉质，种子通常3粒，无翅。

约10种，分布于北温带。我国3种，引入栽培1种，分布极广，为很好的庭园观赏树。

① 刺柏 *Juniperus formosana* Hayata

【形态】高达12m；树皮褐色，纵裂，呈长条薄片脱落；树冠塔形，大枝斜展或直伸，小枝下垂，三棱形。叶全部刺形，坚硬且尖锐，长1.2～2cm，宽1.2～2mm，表面平凹，中脉绿色而隆起，两侧各有1条白色气孔带，较绿色的边带宽。雌雄同株或异株。球果近圆球形，肉质，直径6～10mm，顶端有3条皱纹和三角状钝尖突起，淡红色或淡红褐色，成熟后顶稍开裂，有种子1～3粒；种子半月形，有3棱。花期4月，果两年成熟。（图10-35）

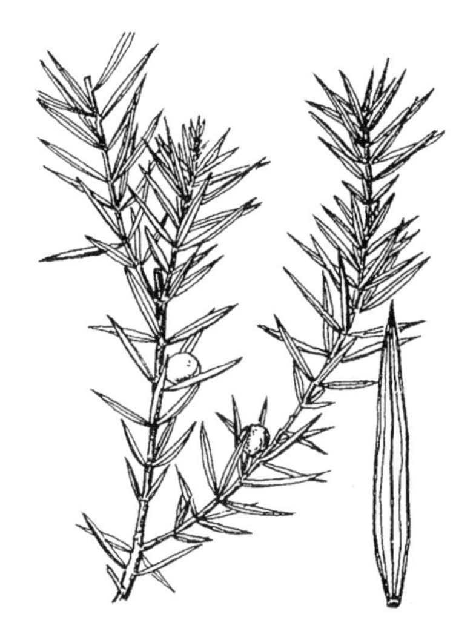
图10-35 刺柏

【分布】中国特有树种，自温带至寒带均有分布，我国台湾地区也有，南京、上海等地庭园中栽培。

【习性】喜光，耐寒，耐旱，主侧根均甚发达，在干旱沙地、向阳山坡以及岩石缝隙处均可生长，作为石园点缀树种最佳。

【繁殖】以种子繁育为主，也可扦插繁育。

【用途】优良的园林绿化树种，树形美丽，叶片苍翠，冬夏常青，可孤植、列植形成特殊景观。心材红褐色，纹理直，结构细，有香气，并耐水湿。

② 杜松 *Juniperus rigida* Sieb.et Zucc.

【形态】常绿乔木，高12m；树冠圆柱形，老时圆头形；大枝直立，小枝下垂。刺形叶条状、质坚硬、端尖，表面凹下成深槽，槽内有一条窄白粉带，背面有明显的纵脊。球果熟时呈淡褐黄色或蓝黑色，被白粉；种子近卵形顶端尖，有四条不显著的棱。花期5月，球果翌年10月成熟。（图10-36）

图10-36 杜松

【分布】产于我国黑龙江、吉林、辽宁、内蒙古、河北北部、山西、陕西、甘肃及宁夏等省区。朝鲜、日本也有分布。

【习性】喜光树种，耐阴。喜冷凉气候，耐寒。对土壤的适应性强，喜石灰岩形成的栗钙土或黄土形成的灰钙土，可以在海边干燥的岩缝间或沙砾地生长。深根性树种，主根长，侧根发达。抗潮风能力强。是梨锈病的中间寄主。

【繁殖】播种、扦插繁殖。

【用途】杜松枝叶浓密下垂，树姿优美，北方各地栽植为庭园树、风景树、行道树和海崖绿化树种，还可以栽植绿篱，盆栽或制作盆景，供室内装饰。

7. 罗汉松科 Podocarpaceae

常绿乔木或灌木。叶互生或有时对生。单性异株或同株；雄球花顶生或腋生，基部有鳞片或缺；雄蕊多数，花药2室；雌球花腋生或生于枝顶，有苞片（大孢子叶）多枚或数枚，通常下部苞片腋内无胚珠，顶端1或数枚苞片成囊状或杯状的珠套，内有1胚珠，珠套与珠被合生或离生，花后珠套增厚成假种皮。种子当年成熟，核果状或坚果状，全部或部分为肉质或薄的假种皮所包。

约7属，130余种，分布于热带、亚热带及温带地区，尤以南半球最盛。我国有2属，14种，产长江以南各省区。

罗汉松属 *Podocarpus* L’Her. ex Persoon

叶线形、披针形、椭圆形或鳞形，螺旋状互生，近对生，基部扭转成两列。雌雄异株；雄球花穗状或分枝，单生或簇生叶腋；雌球花通常单生叶腋或苞腋，有数枚螺旋状着生或交互对生的苞片，最上部的苞腋有1套被生1倒生胚珠，套被与珠被合生，花后套被增厚成肉质假种皮，苞片发育成肥厚或稍肥厚的肉质种托。种子核果状，全部为肉质假种皮所包，生于肉质种托上或梗端。

约100种，主要分布于南半球。我国有13种，3变种，分布于长江以南各省和台湾地区。

分种检索表

1. 叶无明显的中脉，具多数平行细脉，对生或近对生；种托不肥厚 ……………………竹柏
1. 条形叶具明显的中脉，螺旋状排列，稀近对生；种子着生于肥厚种托上 ……………罗汉松

①罗汉松 *Podocarpus macrophyllus* D.Don.

【形态】常绿乔木，高达20m；树冠广卵形；树皮灰褐色，呈薄片状脱落。叶线状披针形，螺旋状互生，两面中脉明显而隆起，背面有时被白粉。花期5月，雄球花穗状，单生或2～3簇生叶腋，有短梗；种子单生叶腋，种子呈广卵圆形或球形，8～9月成熟，深绿色有白粉，着生于肉质的种托上，种托紫红色；成熟时在肉质的种皮上显现出紫色或紫红色，上披白霜，宛如披着袈裟打坐参禅的罗汉，因而得名罗汉松。（图10-37）

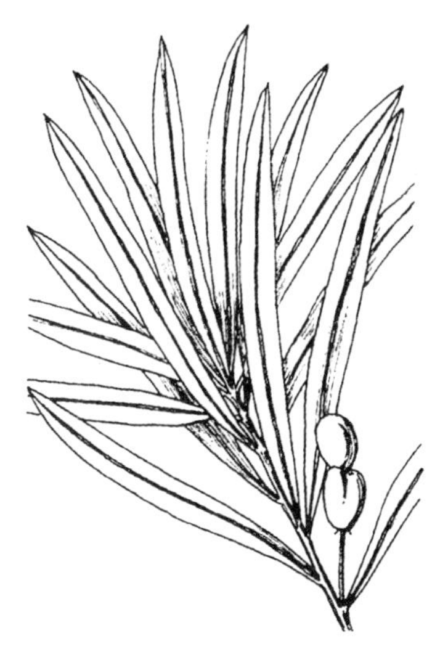

图10-37 罗汉松

【品种】短叶罗汉松 *var.maki f.condensatus* Makino叶为短条带状披针形。

【分布】产于江苏、浙江、福建、安徽、江西、湖南、四川、云南、贵州、广西、广东等省区，在长江以南各省均有栽培。日本也有分布。

【习性】喜光，能耐半阴。喜温暖、湿润环境，耐寒力稍弱。耐修剪。适生于排水良好、深厚肥沃的湿润土壤。

【繁殖】可用播种及扦插法繁殖。

【用途】罗汉松树形优美，秀丽葱郁，夏、秋季果实累累，惹人喜爱，是广泛用于庭园绿化的优良树种。适于整形，也可盆栽或制作树桩盆景供室内陈设。

② 竹柏 *Podocarpus nagi* Zoll.et Mor.ex Zoll.

【形态】高30m；树冠广圆锥形，树干通直，树皮褐色，平滑，薄片状脱落。叶为变态的枝条，交互对生，叶基扭曲排成两列，厚革质，椭圆状披针形，无中脉，有多数平行细脉，长8～18cm，宽2～5cm，先端渐尖，基部窄成扁平短柄，表面深绿光洁，背面有多条气孔线。雌雄异株。种子核果状，圆球形，单生叶腋，为肉质假种皮所包。花期3～4月，种子10月成熟，紫黑色有白粉。（图10–38）

图10–38　竹柏

【分布】我国广东、广西、湖南、浙江、福建、台湾、四川、江西等省区有分布。

【习性】耐阴树种，气候温和湿润之地生长较好。对土壤要求较严，深厚、疏松、湿润、腐殖质层厚、呈酸性的沙壤土至轻黏土上能生长，尤以砂质壤土上生长迅速，低洼积水不宜生长。不耐修剪。

【繁殖】播种为主，随采随播为好。

【用途】竹柏枝叶翠绿，四季常青，树形美观，耐阴，又是优良的油料作物；是今后园林中应逐步试种的优良树种之一。宜盆栽作室内观叶树种。

8．三尖杉科 Cephalotaxaceae

常绿乔木，稀呈灌木状；髓心中部具树脂道；枝叶对生，小枝基部有宿存芽鳞。叶线形或线状披针形，在侧枝上基部扭转而排成2列，中脉表面凸起。雌雄异株，稀同株；雄球花6～11聚成头状花序生于叶腋，雄蕊具2～4（多为3）个背腹面排列的花药，药室纵裂；雌球花具长梗，生枝顶或一年生枝基部的苞腋，花轴上具数对交叉对生的苞片，每一苞片的腋部生有2直立的胚珠。种子翌年成熟，常数粒集生于轴上，核果状，全部包于由珠被发育的肉质假种皮中。

1属，9种，分布于东亚南部及中南半岛，主产中国。我国产7种3变种，其中5种为特有种。

三尖杉属 *Cephalotaxus* Sieb. et Zucc. ex Endl.

分种检索表

1. 叶较长，长4～13cm，披针形或条状披针形，基部楔形或宽楔形 ……………………三尖杉

1. 叶长不及5cm，质地厚；基部圆或圆截形；种子卵圆形 ……………………………粗榧

① 三尖杉 *Cephalotaxus fortunei* Hook. f.

【形态】常绿乔木，树皮红褐色，片状脱落，小枝细长稍下垂。叶条形，稍镰状弯曲，长5～10cm，叶背中脉两侧各有1条白色气孔带。雄球花8～10聚生成头状，生于叶腋，每个雄球花有雄蕊6～16，生于一苞片上；雌球花有长梗，生于小枝基部，有数对交互

对生的苞片，每苞片基部着生2粒胚珠。种子核果状长卵形，熟时紫色。

【分布】分布于我国陕西南部、甘肃南部、华东、华南、西南地区。生于山坡疏林、溪谷湿润而排水良好的地方。

【习性】喜温暖、湿润气候，耐阴，不耐寒。

【繁殖】播种及扦插繁殖。幼苗期应搭设阴棚。

【用途】树冠优美，可作庭园树种。木材宜作扁担、农具柄。

② 粗榧 *Cephalotaxus sinensis* L.

【形态】常绿灌木或小乔木，树冠广圆锥形，高达12m；树皮灰色或灰褐色，呈薄片状脱落。叶条形，通常直，端渐尖，长3.5cm，宽约3mm，先端有短尖头，基部近圆或广楔形，几无柄，表面绿色，背面气孔带白色，较绿色边带宽3～4倍。花期4月，种子次年10月成熟。（图10–39）

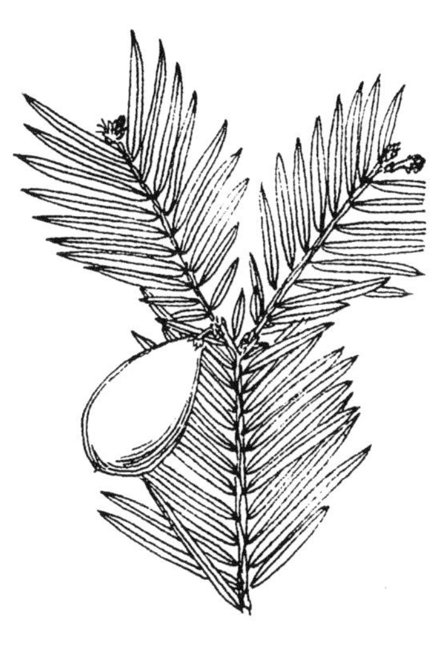

图10–39 粗榧

【分布】我国特有树种，产于长江流域及以南地区，多生于海拔600～2200m的花岗岩、沙岩或石灰岩山地。

【习性】阴性树，耐阴。较耐寒，北京有引种。喜生于富含有机质之壤土中，抗病虫害能力强，少有发生病虫害者。生长缓慢，但有较强的萌芽力，耐修剪，但不耐移植。

【繁殖】播种或扦插繁殖。

【用途】四季常青，枝叶浓绿，树冠开张整齐，制成盆景，姿态优美，观赏期长。通常多与其他树配植，作基础种植用，或植于草坪边缘大乔木之下。又宜供作切花装饰材料用。此外也可作庭阴树和绿篱。

9. 红豆杉科 Taxaceae

常绿。叶条形或披针形，螺旋状排列或交互对生。单性异株，稀同株；小孢子叶球单生叶腋，或组成穗状之球花集生于枝顶，小孢子叶各有3～9个小孢子囊，小孢子球形无气囊；大孢子叶球通常单生，或少数2～3对组成球序，生于叶腋或苞腋，基部具数枚覆瓦状或交互对生的苞片，胚珠1，基部具盘状或漏斗状珠托。成熟种子核果状或坚果状，包于肉质而鲜艳的假种皮中。

5属，约23种，主要分布于北半球。我国有4属，12种及1栽培种。

分属检索表

1. 叶螺旋状排列；表面中脉明显，背面有2条淡黄绿色气孔带；雌球花单生叶腋或苞腋，种子生于杯状或囊状红色假种皮中，上部或顶端露出 ………………………………红豆杉属
1. 叶表面中脉不明显或微明显；雌球花成对生于叶腋，雄球花单生叶腋；种子全包于肉质假种皮中 ……………………………………………………………………………………榧树属

（1）红豆杉属 *Taxus* L.

常绿乔木或灌木；小枝不规则互生。叶条形，螺旋状着生，背面有两条淡黄色或淡灰绿色的气孔带，叶内无树脂道。孢子叶球单生叶腋。种子当年成熟，坚果状，生于杯状肉质的假种皮中，上

部露出，成熟时肉质假种皮红色。

约11种，分布于北半球。我国有4种，广布全国。

① 红豆杉 *Taxus chinensis*（pilger）Rehd.

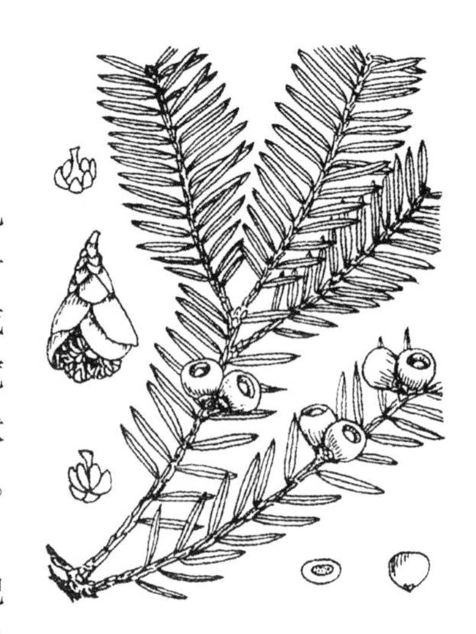

图10-40 红豆杉

【形态】常绿乔木，高30m，栽培种灌丛状；树皮灰、红褐色或暗褐色，裂成条片；一年生枝绿色或淡黄绿色。叶条形，长1～3cm，宽2～4mm，排成二列，微弯或直，先端微急尖，稀急尖或渐尖，叶下表面有2条宽黄色条纹，中脉上密生均匀而微小的圆形角状乳头状突起。种子卵圆形，先端有突起的短钝尖头，红色。（图10-40）

【分布】为我国特有树种，分布于我国大部分地区，为第三纪孑遗植物，产于秦岭以南，东至安徽，西达四川、贵州、云南。

【习性】喜阴、耐旱、抗寒的特点，要求土壤pH在5.5～7.0。

【繁殖】种子繁殖为主。

【用途】园林庭阴树。心材橘红色，边材淡黄褐色，纹理直，极坚实耐用，供高档家具、钢琴外壳、细木工等用，民间视为珍品。

② 紫杉 *Taxus cuspidata* Sieb.et Zucc.

图10-41 紫杉

【形态】常绿乔木，高达25m，世界珍稀树种。雌雄异株、异花授粉；球花小，单生于叶腋内；雄球花为具柄、基部有鳞片的头状，有雄蕊 6～14，盾状，每一雄蕊有花药 4～9个；雌球花有一顶生的胚珠，基部托以盘状珠托，下部有苞片数枚。种子坚果状，球形，着生于红色肉质杯状假种皮中，当年成熟。（图10-41）

【变种】矮紫杉var. *umbraculifera*半球状密纵常绿灌木，植株较矮，枝密而宽。叶螺旋状着生，呈不规则两列，与小枝约成45° 斜展，条形，基部窄，有短柄，先端凸尖，表面绿色有光泽，背面有两条灰绿色气孔线。

【分布】在我国云南、西藏、黑龙江、吉林、湖北、四川、广西、江西等省区有少量分布。

【习性】耐寒、耐阴。喜冷凉、湿润气候，成年树能耐一定高温。浅根性，忌低洼积水，生长缓慢。干燥温暖地区移植困难。可修剪整形。病虫害较少。

【繁殖】播种或软材扦插繁殖。

【用途】枝叶浓密深绿，假种皮殷红，形态美丽，可用于风景区、公园、庭院中，宜孤植、列植、丛植，也可作绿篱，适合整剪为各种雕塑物式样，在园林上广为应用。

（2）**榧树属** ***Torreya*** **Arn.**

枝轮生；小枝近对生或近轮生，基部无宿存芽鳞。叶交互对生或近对生，先端有刺状尖头；中脉不明显，背面有两条较窄的气孔带。小孢子叶球单生叶腋；大孢子叶球对生于叶腋，胚珠1个，生于漏斗状的珠托上。种子第二年成熟，核果状，全部包于肉质假种皮中，基部有宿存的苞片。

共7种，分布于我国、日本及北美。我国产4种，引入栽培1种。

榧树 *Torreya grandis* Fort. Ex Lindl.

【形态】常绿乔木，高达25m，胸径1m；树皮灰褐色纵裂；一年生小枝绿色，2～3年生小枝黄绿色，冬芽卵圆形。叶条形，通常直，长1～2.5cm，宽3mm，先端突尖成刺状短尖头，表面光绿色有两条稍明显的纵脊，背面黄绿色的气孔带与绿色中脉及边带等宽。种子椭圆形或倒卵形。

【分布】产于江苏、浙江、福建、安徽、江西至湖南、贵州等地。

【习性】中等喜光树种，能耐阴，喜温暖湿润环境，稍耐寒，冬季气温急降至-15℃没有冻害。土壤适应性较强，忌积水。

【繁殖】嫁接、扦插、播种繁殖。

【用途】树冠整齐，枝叶浓郁蔚然成荫。大树宜孤植作庭阴树或与石榴、海棠等花灌木配植作背景树，色彩优美，是绿化用途广、经济价值高的园林树种。

10．麻黄科 Ephedraceae

1属，约40种，分布于亚洲、美洲、欧洲东南部及非洲北部干旱、荒漠地区。我国有12种及4变种，分布较广，以西北各省区及云南、四川、内蒙古等地种类较多。

麻黄属 *Ephedra* Tourn. ex L.

灌木或亚灌木，多分枝，小枝对生或轮生，绿色，圆筒形，具节，节间有多条细纵纹。叶退化呈膜质，对生或轮生，基部多少合生，通常退化为膜质的鞘。球花单性异株，很少同株；球花卵圆形或椭圆形，生枝顶或叶腋，具2～8对交互对生或轮生（每轮3枚）膜质苞片。

约40种，我国有12种，产西北、华北、东北及西南部，生干旱山地与荒漠中。

木贼麻黄 *Ephedra equisetina* Bunge.

【形态】直立或斜生小灌木，高达1m；木质茎明显，小枝细，径约1mm，灰绿色或蓝绿色；节间短，长约2cm。叶膜质鞘状，裂片2。花序腋生，雄球花无梗，雌球花常2个对生节上，成熟时苞片变为红色，肉质，含1粒种子；种子圆形，不露出。花期4～5月，种子7～8月成熟。（图10-42）

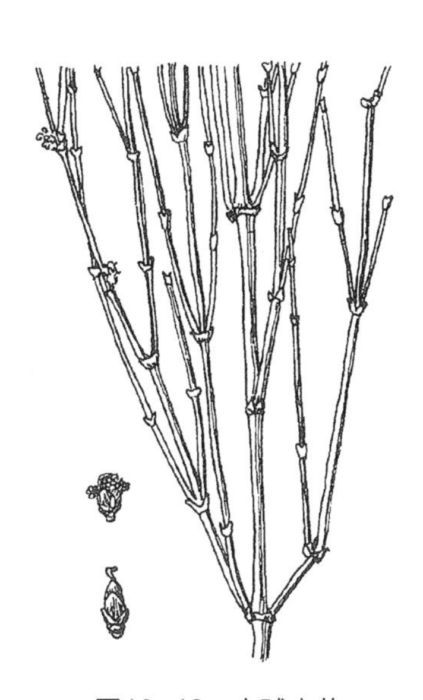

图10-42 木贼麻黄

【分布】产于内蒙古、河北、山西、陕西、甘肃及新疆等地，习见于干旱地山区。

【习性】喜光，性强健，耐寒，畏热；喜生于干旱的山地及沟崖边；忌湿，深根性，根蘖性强。

【繁殖】扦插繁殖。

【用途】可作岩石园、干旱地绿化用。

复习思考题

1. 简述重点科属种的形态特征。
2. 简述重点科属种、相近科属种的区别。
3. 简述名称相近种的形态区别。
4. 简述当地重点树种的园林观赏特征和应用方式。
5. 简述当地重点树种的文化内涵。
6. 简述重点树种的重点变种和品种特征。
7. 举例说明重点树种在当地园林应用中存在的问题。
8. 世界著名五大庭院观赏树是什么?

第十一章　被子植物

（一）双子叶植物

1. 木兰科 Magnoliaceae

常绿或落叶，乔木或灌木。单叶互生，全缘，稀有分裂，羽状脉；托叶大，脱落后在枝上留下环状痕迹。花单生，大而艳丽；花被片6～12，每轮3片；花托隆起成圆锥状，雄蕊着生于花托下部，花药2室，纵裂；雌蕊离生心皮着生于花托上部，边缘胎座，胚珠1～6。聚合蓇葖果或翅果。

15属约260种，中国产11属约140种，主要分布于云南、广西、广东、海南等省区。

分属检索表

1. 叶常不裂；花药药室内向或侧向开裂；聚合蓇葖果 ………………………………… 2
1. 叶常4～6裂；花药药室外向开裂；聚合坚果 ……………………………………鹅掌楸属
2. 花顶生，雌蕊群无柄或具短柄（聚合果与雄蕊群之间无间隔） …………………… 3
2. 花腋生，雌蕊群具显著的柄（聚合果与雄蕊群之间有长的柄状间隔） ……………含笑属
3. 每心皮具4～14胚珠；聚合果常为球形或近球形……………………………………木莲属
3. 每心皮具2胚珠；聚合果常为长圆柱形 ……………………………………………木兰属

（1）木兰属 *Magnolia* L.

常绿或落叶，乔木或灌木。叶全缘。花顶生，雌蕊无柄。蓇葖果，背缝线开裂；种子具红色假种皮，成熟时悬挂于丝状种柄上。

90种，分布东南亚、北美至中美。中国有30余种。

分种检索表

1. 花先叶开放；聚合果常弯弓，有部分小果不育，蓇葖近球形或扁圆，无喙 ……………… 2
1. 花后叶开放，花被片近等大；聚合果整齐，蓇葖全部发育，先端具喙 …………………… 3
2. 叶宽倒卵形，宽6～10cm，先端有突出的小尖头；花被片白色 ………………………白玉兰
2. 灌木；叶椭圆状倒卵形，先端尖或渐尖；花被片红色或紫色，外轮花被片较窄小，
   萼片状 ……………………………………………………………………………………紫玉兰
3. 老叶背面密被锈褐色毛，叶柄不具托叶痕 …………………………………………广玉兰
3. 老叶背面无毛或被柔毛，但绝非褐色绒毛，叶柄内侧有托叶痕 ………………………… 4

4. 叶小，长9～13cm，膜质 ……………………………………………………天女花
4. 叶大，长15cm以上，革质或近革质 ………………………………………… 5
5. 叶常绿；托叶痕几达叶柄顶端 ……………………………………………山玉兰
5. 落叶树；托叶痕为叶柄的2/3……………………………………………………厚朴

① 紫玉兰 *Magnolia liliflora* Desr.

【形态】落叶灌木，高3～5m；芽具灰褐色细毛；小枝紫褐色。叶倒卵形或椭圆状卵形，长10～18cm，宽4～10cm，顶端急或渐尖，基部楔形，背面沿脉有柔毛。花先叶开放或与叶同放，大型；萼片3，披针形，淡紫褐色，长2～3cm；花瓣6，长圆状倒卵形，长8～10cm，外面紫或紫红色，内面白色；花丝和心皮紫红色；花柱顶端尖，微弯。聚合果长圆形，长7～10cm，淡褐色。花期4～5月。（图11-1）

图11-1 紫玉兰

【分布】原产我国湖北、四川、云南，现长江流域各省广为栽培。北京小气候条件适宜处可露地种植。

【习性】喜光，较耐寒。

【繁殖】扦插、压条，分株或播种繁殖。

【用途】紫玉兰花大而艳，“外料料似凝紫，内英英而积雪”，是传统的名贵春季花木。可配植在庭园的窗前和门厅两旁，丛植草坪边缘，或与常绿乔、灌木配植。与木兰科其他观花树木配植组成玉兰园。

② 白玉兰 *Magnolia denudata* Desr.

【形态】落叶乔木，高可达25m；树冠卵形，小枝淡灰褐色；冬芽大，密生灰绿色或灰绿黄色长绒毛。叶互生，宽倒卵形至倒卵形，先端圆宽，具短突尖，中部以下渐狭楔形，全缘。3月先叶开大型花，花顶生直立，花被片9个，花瓣状，白色，有清香。聚合果呈不规则圆柱形，9月果熟。种皮鲜红色。（图11-2）

【品种】二乔玉兰 *Magnolia X soulangeana*（Lindl.）Soul.—Bod. 花先叶开放，花被9片，近等长，花瓣状，外面淡紫色，内面白色，有时绿色。

图11-2 白玉兰

【分布】产于中国中部山野中，现国内外庭园常见栽培。为我国著名的传统观赏花卉，已有2500多年的栽培历史。上海市市花。

【习性】喜光，稍耐阴，具较强的抗寒性。不耐盐碱，土壤贫瘠时生长不良，畏涝忌湿。对二氧化硫、氯和氟化氢等有毒气体有较强的抗性。寿命长，可达千年以上。

【繁殖】可用播种、扦插、压条及嫁接等法繁殖。

【用途】白玉兰先花后叶，花洁白、美丽且清香，早春开花时犹如雪涛云海，蔚为壮观。古时常在住宅的厅前院后配植，名为“玉兰堂”。亦可在庭园路边、草坪角隅、亭台前后或漏窗内外、洞门两旁等处种植，孤植、对植、丛植或群植均可。

③ 广玉兰 *Magnolia grandiflora* L.

【形态】常绿乔木，高达16m；树冠阔圆锥形，树皮暗灰色，不裂；小枝、叶背面、叶柄密被褐色短绒毛。单叶，互生，厚革质，椭圆形或长圆状椭圆形，先端钝圆，表面深绿而有光泽，背面被锈色绒毛，叶缘略反卷。花白色，芳香，径15～20cm，花被片6～12，厚肉质，倒卵形。花期5～6月，果期10月。（图11-3）

【变种】披针叶广玉兰var. *lanceolata* Ait.叶长椭圆状披针形，叶背毛稀少。

【分布】原产于美洲，我国长江以南多栽培，北京亦可栽培。

【习性】喜光，喜温暖湿润气候及肥沃土壤，不耐碱土。对多种有毒气体及烟尘抗性强，很少有病害。

【繁殖】嫁接，以望春玉兰和紫玉兰为砧，亦可播种。

【用途】树形高大，树姿雄伟壮丽，枝叶浓密，叶大质厚而有光泽，花大而芳香，初夏开放，为优良的环保庭院树，可孤植草坪中，或列植于通道两旁。

图11-3 广玉兰

④ 天女花 *Magnolia sieboldii* K.Koch.

【形态】落叶小乔木，高达10m。叶宽椭圆形或倒卵状长圆形，长6～15cm，表面绿色，背面苍白色，被白粉和短柔毛，侧脉6～8对。花单生枝顶，花柄颇长，先叶后花，花瓣白色，略呈杯状。花期6～7月，果熟9月。（图11-4）

【分布】产于我国辽宁、安徽、浙江、江西、广西北部及日本。

【习性】喜凉爽、湿润的环境和深厚、肥沃的土壤。适生于阴坡和湿润山谷。畏高温、干旱和碱性土壤。

【繁殖】用播种繁殖。

【用途】株形美观，枝叶茂盛，花色美丽，具长花梗，随风招展，犹如天女散花。为著名的庭园观赏树种。花可入药。

图11-4 天女花

⑤ 厚朴 *Magnolia officinalis* Rehd.et Wils.

【形态】落叶乔木；树皮厚，紫褐色，有辛辣味；幼枝淡黄色，有细毛；顶芽大，窄卵状圆锥形，长4～5cm，密被淡黄褐色绢毛。叶革质，倒卵形或倒卵状椭圆形，长20～45cm，宽12～25cm，背面有白霜，幼时密被灰色毛。花叶同放，白色芳香；花被片厚肉质，花丝红色。聚合蓇葖果长椭圆状卵形，木质，顶有外弯喙；种子倒卵圆形，有鲜红色外种皮。（图11-5）

【变种】凹叶厚朴var.*biloba* Law叶先端凹缺，成两钝圆的浅裂片，聚合果基部窄。

【分布】我国特有的珍贵树种，在北亚热带地区分布较广，分

图11-5 厚朴

布于长江流域和河南、陕西、甘肃南部。

【习性】性喜光，但能耐侧方庇荫，喜湿温、排水良好的酸性土壤。

【繁殖】可用播种法繁殖，亦可用分蘖法繁殖。

【用途】叶大阴浓，花大而美丽，可作庭阴树、观赏树、行道树栽培。

（2）**木莲属** *Manglietia* Bl.

常绿乔木。叶互生，全缘。花两性，顶生；花被片9～12，3片1轮；雄蕊多数，花药内向开裂；雌蕊群无柄；心皮多数，螺旋排列于延长的花托上，每心皮有胚珠4～14颗，成熟时背裂为2瓣。

30余种，产于印度、马来西亚，我国至少有20余种，大部分产于西南部和南部。

木莲 *Manglietia fordiana*（Hemsl.）Oliv.

【形态】常绿乔木，高达20m；树冠椭圆形至半球形；树皮灰褐色，平滑，皮孔明显；幼枝及芽有红褐色短毛，有皮孔和环状纹。叶互生，全缘，厚革质，窄倒卵形或倒披针形，先端急尖或短渐尖，基部楔形，绿色有光泽，背面苍绿色或有白粉。花单生枝顶，白色，肉质，似莲花而具清香。聚合果红色，卵圆形。花期5月，果期9月。（图11-6）

图11-6　木莲

【分布】产于长江以南。长江中下游各省有栽培，在郑州表现良好。

【习性】中性偏阴树种，幼年喜阴，大树可忍受全光，但在侧方庇荫处生长最佳，喜温暖湿润气候及肥沃的酸性土壤，不耐寒。

【繁殖】播种育苗为主，扦插、嫁接辅之。

【用途】树干通直高大，树冠混圆，枝叶并茂，绿荫如盖，典雅清秀，初夏盛开白色花朵，秀丽动人，聚合果深红色，具有较高的观赏价值。于草坪、庭园或名胜古迹处孤植、群植，能起到绿荫庇夏，寒冬如春的效果。

（3）**含笑属** *Michelia* L.

灌木或乔木。花腋生，雌蕊群有明显的柄，每室通常含胚珠2颗以上。

约50余种，分布于亚洲热带、亚热带及温带。我国32种，产西南至东部，南部尤盛。

分种检索表

1. 托叶部分与叶柄连生，叶柄内侧有托叶痕 ……………………………………………… 2
1. 托叶与叶柄离生，叶柄无托叶痕；枝、叶无毛；芽、幼枝、叶背面有白粉 ………深山含笑
2. 乔木，叶柄长1cm以上，叶卵状长圆形；各部基本无毛或有疏柔毛 ………………………白兰花
2. 灌木或小乔木；叶柄长2～4mm；小枝、叶柄、花梗有褐色绒毛下 ………………………含笑

① 含笑 *Michelia figo*（Lour.）Spreng.

【形态】常绿灌木或小乔木，高达3～5m；树冠圆，树皮灰褐色，小枝有环状托叶痕；嫩枝、芽、叶、柄、花梗均密生锈色绒毛。叶革质全缘，椭圆形或倒卵形，先端渐尖或尾尖，

基部楔形，叶面有光泽，叶背淡绿色，中脉上有黄褐色毛。花单生，4～5月开花，花乳黄色，瓣缘常具紫色，有香蕉型芳香。（图11-7）

【分布】原产于华南广东、福建等亚热带地区。现在从华南至长江流域各省均有栽培。

【习性】喜阴，喜温暖湿润环境，不甚耐寒。不耐干燥贫瘠，喜排水良好、肥沃深厚的微酸性土壤，在碱性土中生长不良，易发生黄化病。

【繁殖】以扦插为主，也可用播种、分株、压条等。

【用途】自然长成圆形，枝密叶茂，四季常青。本种为名贵芳香花木，可陈设于室内或阳台、庭院等较大空间内。亦可适于在小游园、花园、公园或街道上成丛种植，可配植于草坪边缘或稀疏林丛之下，使游人在休息之中常得芳香气味的享受。

图11-7 含笑

② 深山含笑 *Michelia maudiae* Dunn.

【形态】常绿乔木，高20m；树皮浅灰或灰褐色，平滑不裂；芽、幼枝、叶背均被白粉。叶革质全缘，深绿色，叶背淡绿色，长椭圆形，先端急尖。早春开花，单生于枝梢叶腋；花白色，有芳香，直径10～12cm。果期9～10月，聚合果7～15cm；种子红色。（图11-8）

【分布】产于长江流域。

【习性】喜温暖、湿润环境，有一定耐寒力。喜光，幼时较耐阴，生长快，适应性广，对二氧化硫的抗性较强。根系发达，萌芽力强，病虫害少。

【繁殖】种子繁殖、扦插、压条或以木兰为砧木用靠接法繁殖。

【用途】其枝叶茂密，冬季翠绿不凋，树形美观。是早春优良观花树种，也是优良的园林和四旁绿化树种。

图11-8 深山含笑

③ 白兰花 *Michelia alba* DC.

【形态】落叶乔木，高达20m；树皮灰白，幼枝常绿。单叶互生，长椭圆形，青绿色，革质有光泽。其花蕾好像毛笔的笔头，花瓣9，花瓣肥厚，长披针形，有浓香，白色或略带黄色；花期长，6～10月开花不断。（图11-9）

【分布】原产于喜马拉雅地区。现华南有栽培，北京及黄河流域以南均有盆栽。

【习性】喜光不耐阴，喜温暖湿润和通风良好的环境。不耐干又不耐湿。喜富含腐殖质，排水良好，疏松肥沃，微酸性的沙质土壤。肉质根，怕积水，冬季温度不低于5℃。

图11-9 白兰花

【繁殖】常用压条和嫁接繁殖，很少采用扦插，播种繁殖。

【用途】白兰花花叶齐观，南方园林中的骨干树种，可作庭阴树，行道树栽植。北方盆栽，因其惧怕烟熏，应放在空气流通处。还可兼做香料和药用。

（4）鹅掌楸属 *Liriodendron* L.

落叶乔木。叶大，顶端截形或宽凹缺，两侧有裂片，具长柄；托叶与叶柄离生。单花顶生，萼片3，花瓣6，聚合翅果，翅果不开裂，成熟时自中轴脱落。

2种，中国产1种，美国南部产1种。

分种检索表

1. 叶两侧常1深裂；老叶背面具乳头状白粉点；花丝长0.5cm ……………………………鹅掌楸

1. 叶两侧1～3浅裂；老叶背面无白粉；花丝长1～1.2cm ……………………………美国鹅掌楸

① 鹅掌楸 *Liriodendron chinense* Sarg.

【形态】落叶乔木，高达40m，胸径1m；树冠阔卵形；树皮灰色，浅纵裂；小枝灰褐色。叶互生，具长柄，叶片长12～15cm，近基部有1对侧裂片，上部平截，似马褂状，叶背苍白色，有乳头状白粉点。花杯状，黄绿色，外面绿色较多而内方黄色较多；花被片9，清香。聚合果纺锤形，翅状小坚果钝尖。花期5～6月，果熟期10～11月。（图11–10）

【分布】主要分布在长江流域以南。

【习性】中性偏阴。喜温暖湿润气候，可耐–15℃的低温。在湿润深厚肥沃疏松的酸性、微酸性土上生长良好，不耐干旱贫瘠，忌积水。树干大枝易受雪压、日灼危害，对二氧化硫有一定抗性。生长较快，寿命较长。

【繁殖】播种，扦插繁殖。

【用途】叶形奇特，秋叶金黄，树形端正挺拔，是珍贵的庭阴树和很有发展前途的行道树。可丛植草坪、列植园路，或与常绿针、阔叶树混交成风景林效果都好。也可在居民区、街头绿地配植各种花灌木点缀秋景。

图11–10　鹅掌楸

② 北美鹅掌楸 *Liriodendron tulipifera* L.

【形态】落叶大乔木，株高60m，胸径3m；树冠广圆锥状，干皮光滑，小枝褐色。叶鹅掌形，或称马褂状，两侧各有1～3浅裂，先端近截形。花浅黄绿色，郁金香状，在内方近基部有显著的佛焰状橙黄色斑。（图11–11）

【品种】杂种鹅掌楸 *L.tulipifera X L.chinense* 两侧各有1～3浅裂，先端近截形。花浅黄绿色，郁金香状。

【分布】原产于北美，华东地区有栽培。

【习性】以深厚、肥沃、排水良好的酸性和微酸性土壤为宜，喜温暖湿润和阳光充足的环境。耐寒、耐半阴，不耐干旱和水湿，冬季能耐–17℃低温。

【繁殖】常用播种、扦插、压条繁殖。

图11–11　北美鹅掌楸

【用途】树形端正雄伟，叶形奇特典雅，花大而美丽，为世界珍贵树种之一，其黄色花朵形似杯状的郁金香，故欧洲人称之为“郁金香树”，是城市中极佳的行道树、庭阴树种。无论丛植、列植或片植于草坪、公园入口处，均有独特的景观效果，对有害气体的抗性较强，也是工矿区绿化的优良树种之一。

2．蜡梅科 Calycanthaceae

落叶或常绿灌木。单叶对生，全缘，羽状脉，无托叶。花两性，单生，芳香，花被片多数，无萼片与花瓣之分，螺旋状排列；雄蕊5～30，心皮离生多数，着生于杯状花托内；胚珠1～2。花托发育为坛状果托，小瘦果着生其中；种子无胚乳，子叶旋卷。

本科共2属，7种，产于东亚和北美。中国2属4种。

分属检索表

1. 花直径约2.5cm；雄蕊5～6；冬芽有鳞片 ……………………………………………………蜡梅属
1. 花直径5～7cm；雄蕊多数；冬芽为叶柄基部所包围 …………………………………夏蜡梅属

（1）蜡梅属 *Chimonanthus* Lindl.

灌木；鳞芽。叶前开花；雄蕊5～6。果托坛状。

本属共3种，中国特产。

蜡梅（黄梅花，香梅）*Chimonanthus praecox*（L）Link.

【形态】落叶丛生灌木，在暖地半常绿，高达3m；小枝近方形。叶半革质，椭圆状卵形至卵状披针形，长7～15cm，叶端渐尖，叶基圆形或广楔形，叶表有硬毛，叶背光滑。花单生，径约2.5cm，花被片由外向内渐大呈蜡黄色，有的具紫色条纹，有浓香。果托坛状；小瘦果种子状，栗褐色，有光泽。花期12月至来年3月，远在叶前开放；果8月成熟。（图11–12）

【变种】a 狗牙蜡梅（狗蝇梅）var. *intermedius* Mak.花小，香淡，花瓣狭长而尖，中心花瓣呈紫色；

b 素心蜡梅var. *concolor* Mak.花被片纯黄色，花径2.6～3cm，香味稍淡；

c 磬口蜡梅var. *grandiflora* Mak.花较大，径3～3.5cm，花被片近圆形，深鲜黄色，红心；花期早而长；叶也较大，长可达20cm；

d 小花蜡梅var. *parviflorus* Turrill花特小，径长不足1cm，外轮花被片淡黄色，内轮花被片具紫色斑纹。

【分布】产于湖北、陕西等省，现各地有栽培。

【习性】喜光，也能耐阴，较耐寒，耐旱，素有“旱不死的蜡梅”之说，怕风，忌水湿，宜种在向阳避风处。忌黏土和盐碱土；病虫害较少，但对二氧化硫抵抗力较弱。蜡梅发枝力强，耐修剪。树体寿命较长，达百年以上。

【繁殖】常用播种、分株、压条、嫁接等方法。

图11–12 蜡梅

【用途】蜡梅花黄似蜡，在寒冬银装素裹的时节，气傲冰雪，冒寒怒放，清香四溢，是颇具中国园林特色的冬季典型花木。一般以自然式种植。蜡梅与南天竹配植，隆冬呈现“红果、黄花、绿叶”交相辉映的景色，是江南园林很早就采用的手法。蜡梅可作冬季切花、盆栽观赏。

（2）**夏蜡梅属** *Calycanthus* L.

落叶灌木；芽包于叶柄基部。叶纸质，两面粗糙。花单生枝顶，花被片15～30，多少带红色；雄蕊10～20，退化雄蕊11～25；单心皮雌蕊11～35。果托梨形或钟形。

共4种，1种产于我国，其余分布于北美。世界各地引种栽培。

夏蜡梅 *Calycanthus chinensis* Cheng et S.Y.Chang.

【形态】落叶灌木，高达3m；叶柄内芽。单叶对生，卵状椭圆形至倒卵形，长13～27cm，近全缘或具不显细齿。花单生枝顶，径4.5～7cm。花瓣白色，边带紫红色，无香气。花期5～6月，果期10月。（图11–13）

【分布】本种于20世纪50年代在浙江昌化天台海拔600～800m处发现。

【习性】喜阴，喜温暖湿润气候及排水良好的湿润沙壤土。

【用途】花大而美丽，可栽培供观赏。

图11–13　夏蜡梅

3．樟科 Lauraceae

乔木或灌木，具油细胞，有香气。单叶多互生，全缘；无托叶。花小，两性或单性，呈伞形、总状或圆锥花序；花多为3基数，花被片常为6，2轮；雄蕊3～4轮，第4轮雄蕊通常退化，花药瓣裂；单雌蕊，子房上位，1室1胚珠。核果或浆果；种子无胚乳。

约45属，近2000种，主产东南亚和巴西。中国约产20属，近400种，多分布于长江流域及其以南地区。

分属检索表

1. 圆锥花序，花两性；常绿 …… 2
1. 伞形花序或总状花序；花单性；常绿或落叶 …… 4
2. 花被片脱落；叶三出脉或羽状脉；果生于肥厚果托上 …… 樟属
2. 花被片宿存；叶为羽状脉；花托不增粗 …… 3
3. 花被片薄而长，向外开展或反曲 …… 润楠属
3. 花被片厚而短，直立或紧抱果实基部 …… 楠木属
4. 花药4室，总状花序；落叶性 …… 5
4. 花药2室，伞形花序，花雌雄异株 …… 6
5. 果柄被褐色柔毛 …… 檫木属
5. 果柄无毛 …… 木姜子属
6. 花被片6，发育雄蕊9；常绿或落叶 …… 山胡椒属

6. 花被片4，发育雄蕊常为12；常绿……………………………………………………………月桂属

（1）樟属 *Cinnamomum* Bl.

常绿乔木或灌木。叶互生，稀对生，全缘，三出脉、离基三出脉或羽状脉，脉腋常有腺体。圆锥花序，花两性，稀单性，花被片早落。浆果状核果，基部果托盘状。

约250种，中国约产50种。

① 樟树 *Cinnamomum camphora*（L.）Presl.

图11–14 樟树

【形态】常绿乔木，高30m；树冠广卵形，树皮灰褐色，纵裂。叶互生，卵状椭圆形，长5～8cm，全缘，薄革质，离基三出脉，脉腋有腺体，两面无毛，背面灰绿色。圆锥花序腋生于新枝顶端；花被淡黄绿色，6片。核果球形，径约6mm，熟时紫黑色，果托盘状。花期5月，果9～11月成熟。（图11–14）

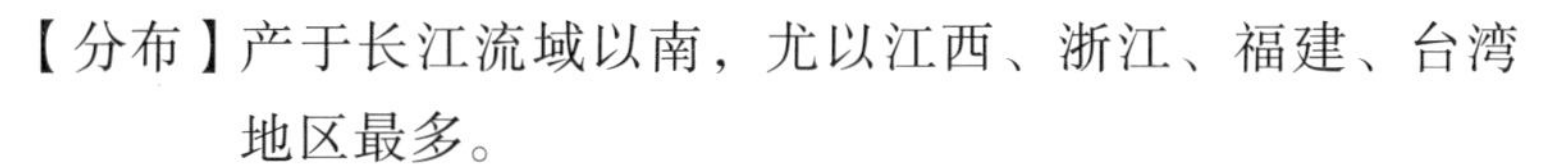

【分布】产于长江流域以南，尤以江西、浙江、福建、台湾地区最多。

【习性】喜光，稍耐阴，喜温暖湿润气候，耐寒性不强，对土壤要求不严，以深厚、肥沃、湿润的微酸性黏质土最好，较耐水湿，不耐干旱、瘠薄和盐碱土。主根发达，深根性，能抗风。萌芽力强，耐修剪，寿命长。有一定耐烟尘和有毒气体的能力，并能吸收多种有毒气体，较能适应城市环境。

【繁殖】播种为主。

【用途】枝叶茂密，冠大阴浓，树姿雄伟，是城市绿化的优良树种，广泛用作庭阴树、行道树、防护林及风景林，也可作工矿区绿化树种。

② 大叶樟 *Cinnamomum parthenoxylon*（Jack）Nees.

【形态】常绿乔木；树皮黄褐色或灰褐色，不规则纵裂。叶互生，薄革质，卵形或卵状椭圆形，长4.5～8cm，宽2.5～5.5cm，先端急尖，基部宽楔形至近圆形，全缘，微呈波状，两面无毛，近叶基1～2对侧脉长而显著，上部每边有侧脉1～3条；脉腋有明显的腺窝；叶柄长2～3cm，无毛。果近卵圆形，径6～8mm，熟时紫黑色；果托杯状，顶端平截。花期4～5月，果熟8～11月。

【分布】主要产于台湾地区、福建、江西、广东、广西、湖南、湖北、云南、浙江等省区。

【习性】喜温暖气候，喜光，稍耐阴，深根性，萌芽性强，寿命长达数百年。

【繁殖】种子繁殖。

【用途】中国南方珍贵用材和特用经济树种。因其寿命长、冠幅大、树姿雄伟、四季常青，自古以来就深受广大人民喜爱，唐宋时寺庙、庭院、村落、溪畔等广泛种植。

③ 天竺桂（浙江樟、天竹桂、山肉桂）*Cinnamomuna japonicum* Sieb.

【形态】常绿乔木。与樟树的主要区别在于叶卵形、卵状披针形，背面有白粉，有毛，离基3出脉，在表面显著隆起。花期4～5月，果期9～10月。（图11–15）

【分布】分布于浙江、安徽等省。生于山坡、谷地较阴湿的杂木林中。

【习性】中性树种。幼年期耐阴。喜温暖湿润气候，在排水良好的微酸性土壤上生长最好，中

性土壤亦能适应。不耐水湿。移植时必须带土球，还需适当修剪枝叶。对二氧化硫抗性强。

【繁殖】播种为主。

【用途】厂矿区绿化及防护林带。

图11-15　天竺桂

（2）润楠属 *Machilus* Nees.

常绿乔木，稀落叶或灌木状；顶芽大，有多数覆瓦状鳞片。叶互生全缘，羽状脉。花两性，呈腋生圆锥花序；花被片薄而长，宿存并开展或反曲。浆果状核果，果柄顶端不肥大。

共约100种，产于东南亚及东亚之热带和亚热带。我国产68种，分布于西南、中南至台湾地区，多属优良用材树种。

分种检索表

1. 树皮淡棕灰色；叶先端突钝尖，两面无毛 ……………………………………………………红楠
1. 树皮灰褐色；叶先端短渐尖，幼时背面被银白色绢毛 ………………………………大叶楠

① 红楠 *Machilus thunbergii* Sieb.et Zucc.

【形态】常绿乔木，高达20m，胸径1m；树皮幼时灰白色，平滑，后渐变淡棕灰色；小枝无毛。叶革质，长椭圆状倒卵形至椭圆形，长5～10cm，全缘，先端突钝尖，基部楔形，两面无毛，背面有白粉，侧脉7～10对；叶柄长1～2.5cm。果球形，径约1cm，熟时蓝黑色。花期4月，果9～10月成熟。（图11-16）

【分布】产于山东、江苏、浙江、江西、福建、台湾地区、湖南、广东、广西等地。

【习性】喜温暖湿润气候，稍耐阴，有一定的耐寒能力，是楠木中最耐寒者。喜肥沃湿润的中性或微酸性土壤，有较强的耐盐性及抗海潮风能力。生长较快，寿命长达600年。

【繁殖】播种或分株繁殖。

【用途】叶色光亮，树形优美，红色，观赏价值高，值得开发利用。

② 大叶楠 *Machilus leptophylla* Hand.-Mazz.

【形态】常绿乔木，高达28m；树皮灰褐色，小枝无毛。叶互生或轮生状，坚纸质，倒卵状长圆形，先端短渐尖，幼时背面被银白色绢毛，老叶表面无毛。花序6～10集生小枝基部，被灰色微柔毛。果球形。花期4～5月，果熟期7～8月。

【分布】我国台湾特有树种，多生于山坡、山谷、溪沟常绿阔叶林中。

【习性】弱阳性，喜温暖湿润气候，生长较快。

【繁殖】播种或分株繁殖。

【用途】同上。

图11-16　红楠

（3）楠木属 *Phoebe* Nees.

常绿乔灌木。叶互生全缘，羽状脉。花两性或杂性，圆锥花序，花被片6，短而厚，宿存，直立或紧抱果实基部。果卵形或椭圆形。

共约80种，我国约30种，多为珍贵用材树种。

分种检索表

1. 小枝密生锈色绒毛；叶先端突短尖，背面密被锈色绒毛，果熟时蓝黑色 ………………… 紫楠
1. 小枝密被灰黑色柔毛；叶先端或长渐尖，背面密被灰褐色柔毛，果熟时黑褐色 …… 浙江楠

① 紫楠 *Phoebe sheareri* Gamble.

【形态】常绿乔木，高达20m；树皮灰褐色，小枝密生锈色绒毛。叶倒卵状椭圆形，革质，长8～22cm，先端突短尖或突渐尖，基部楔形，背面网脉甚隆起并密被锈色绒毛，叶柄长1～2cm。聚伞状圆锥花序，腋生。果卵状椭圆形，宿存花被片较大，果熟时蓝黑色，种皮有黑斑。花期5～6月，果10～11月成熟。（图11-17）

【分布】广泛分布于长江流域及其以南和西南各地，多生于海拔1000m以下的阴湿山谷和杂木林中。

【习性】耐阴树种，喜温暖湿润的气候及深厚、肥沃、湿润而排水良好的微酸性及中性土壤，有一定的耐寒能力。深根性，萌芽力强，生长较慢。

【繁殖】播种或扦插繁殖。

【用途】树形端正美观，叶大阴浓，宜作庭阴树及风景树。在草坪孤植、丛植，或在大型建筑物前后配植作为背景。还有较好的防风、防火效能，可栽作防护林带。

图11-17 紫楠

② 浙江楠 *Phoebe chekiangense* C.B Shang.

【形态】常绿乔木，树干通直，高达20m；小枝有棱，密被褐或灰色柔毛。叶革质，倒卵状椭圆形或倒卵状披针形，长8～13cm，宽4～5cm，先端渐尖，基部楔形，背面被灰褐色柔毛，中侧脉在表面下陷，背面明显隆起；叶柄长1～1.5 cm，密被黄褐色柔毛。圆锥花序腋生，长5～10cm，密被黄褐色柔毛；花长约4mm；花被片卵形，两面被毛；子房卵圆形，花柱细，柱头盘状。核果椭圆状卵形，熟时黑褐色，外被白粉。花期5～6月，果熟11月。

【分布】我国东部浙江、江西、福建三省的局部地区有分布。

【习性】喜温暖湿润气候；耐阴，但壮龄期要求适当的光照条件；深根性，抗风性强。

【繁殖】种子繁殖。种子多油、寿命短，一般秋季播种或混湿沙储藏至次年3月播种。

【用途】我国特有珍稀树种。浙江楠主干挺直，树冠整齐，枝叶繁茂，是优良的园林绿化树种。木材坚韧，结构致密，具光泽和香气，是楠木类中材质较优的一种。

（4）檫木属 *Sassafras* Trew.

落叶乔木。叶互生，全缘或3裂，羽状脉或离基三出脉。花杂性，花序总状或短圆锥状，能育雄蕊9，花药通常为4室，花被片6。肉质核果近球形；果柄顶端肥大，橙红色。

3种，亚洲，北美间断分布。中国2种，1种产台湾地区，1种产淮河以南。

檫木 *Sassafras tzumu* Hemsl.

图11-18 檫木

【形态】落叶乔木，高达35m；树冠广卵形或椭圆形；树皮幼时绿色不裂，老时深灰色，不规则纵裂，小枝绿色，无毛。叶多集生枝端，卵形，长8～20cm，全缘或常3裂，背面有白粉。花黄色，有香气。果熟时蓝黑色，外被白粉；果柄红色。花期2～3月，叶前开放，果7～8月成熟。（图11-18）

【分布】秦岭淮河以南至华南及西南均有分布，垂直分布多在海拔800m以下。

【习性】喜光，不耐庇荫，喜温暖湿润的气候及深厚而排水良好的酸性土壤，在水湿低洼处不能生长。深根性，萌芽力强，生长快。

【繁殖】播种或分株繁殖。

【用途】树干通直，叶片宽大而奇特，深秋叶变红黄色，春天又有小黄花于叶前开放，颇为秀丽，是良好的城乡绿化树种。

（5）**木姜子属** *Litsea* Lam.

乔木或灌木。叶多为羽状脉。伞形或聚伞花序，药4室，内向，萼6片。

约200种，多分布于亚洲热带和亚热带地区。我国约64种，主要分布于长江以南省区。

天目木姜子 *Litsea auriculata* Chien et Cheng.

图11-19 天目木姜子

【形态】落叶乔木，高达25m；树干通直，树皮灰白，鳞片状剥落；一年生枝栗褐色。叶互生，纸质，常聚生新枝顶端，倒卵状椭圆形，先端钝尖或钝圆，基部耳形或阔楔形，全缘，被淡褐色柔毛。花两性，雌雄异株，伞形花序；雄花先叶开放，雌花与叶同放；花被片6，黄色。果椭圆形无毛，熟时紫黑色，果托杯状，果梗粗壮被褐色柔毛。花期3～4月，果熟期9月。（图11-19）

【分布】我国特有种，分布狭窄，数量稀少，分布于浙江、安徽、江西等个别山区。

【习性】喜空气湿润，分布区内云雾多，湿度大，气温低。

【繁殖】种子繁殖。

【用途】树体壮观，树干端直，树皮美丽，材质优良，是一种值得发展的用材和园林绿化树种。

（6）**山胡椒属** *Lindera* Thunb.

落叶或常绿乔木或灌木。叶互生，全缘稀3裂。花单性异株兼杂性，花序伞形或簇生状，具4枚脱落性总苞；能育雄蕊常为9，花药2室，花被片6。浆果状核果球形，果托盘状。

约100余种，分布于亚洲及北美温热带地区。我国有42种，广布各地。

山胡椒 *Lindera glauca*（Sieb.et Zucc.）Bl.

【形态】落叶小乔木或为灌木状；树皮平滑，小枝灰白色。叶厚纸质椭圆形，长5～9cm，端尖，基楔形，背面灰绿色，被灰黄色柔毛，叶缘波状，叶柄有毛，冬季叶枯而不落。伞形花序腋生，具花3～8朵，花被片有柔毛。果球形，果梗长1.5cm。花期3～4月，果期7～8月。（图11-20）

【分布】产于我国各地。日本、朝鲜、越南也有分布。

【习性】喜光，稍耐寒，耐干旱瘠薄土壤。萌芽性强。

【用途】叶秋季变为黄色或红色，经冬不落，形成特殊景观，可作为香花树孤植或丛植，也可与其他乔、灌木共同组成风景林。

图11-20　山胡椒

（7）月桂属 *Laurus* L.

常绿小乔木。叶互生，羽状脉。花雌雄异株或两性，伞形花序呈球形，具4枚总苞片；花被片4，发育雄蕊常为12，花药2室。果卵球形，有宿存花被筒。

共2种，产大西洋加拿利群岛、马德拉岛及地中海沿岸地区。我国引入栽培1种。

月桂 *Laurus nobilis* L.

【形态】常绿小乔木，高可达12m；树冠卵形，小枝绿色。叶长椭圆形至广披针形，长4～10cm，先端渐尖，基部楔形，革质全缘，常呈波状，表面暗绿色有光泽，背面淡绿色，揉碎有醇香；叶柄带紫色。花小，黄色，成聚伞状花序簇生于叶腋，4月开放。核果椭圆形，9～10月成熟，黑色或暗紫色。（图11-21）

【分布】为亚热带树种，原产地中海一带，我国黄河以南多有栽培。

图11-21　月桂

【习性】喜温暖湿润气候，喜光耐阴，稍耐寒，耐干旱，怕水涝。适生于土层深厚，排水良好的肥沃湿润的沙质壤土，不耐盐碱，萌生力强，耐修剪。

【繁殖】以扦插、播种繁殖为主。

【用途】月桂四季常青，树姿优美，有浓郁香气，适于在庭院、建筑物前栽植，其斑叶者，尤为美观。

4．五味子科 Schisandraceae

木质藤本。单叶互生，常有腺点；叶柄细长无托叶。花单性，通常单生叶腋，有时数朵集生于叶腋或短枝上，雌雄异株或同株；花被片6至多数，里外较中间的稍小；雄蕊多数，花丝短至无；心皮多数，离生，花托肉质，胚珠2～5。聚合浆果穗状或球状；种子1～5。

2属约50种，产于亚洲东南部和北美洲东南部。我国2属约30种，分布于东北至西南各地。

分属检索表

（1）**南五味子属** *Kadsura* Kaempf. ex Juss.

常绿或半常绿藤本。叶全缘或有齿；无托叶。花单性异株或同株，单生叶腋，有长柄；雄蕊多数，离生或集为头状；心皮多数，集为头状。聚合浆果，近球形。

24种，产于亚洲东部和东南部。我国8种。产于东部至西南部。

南五味子 *Kadsura longipedunculata* Fin.et Gagn.

【形态】常绿藤本，长4m，全体无毛。叶革质椭圆形或倒卵状长椭圆形，长5～10cm，先端渐尖，基部楔形；叶缘有疏浅齿。雌雄异株，花淡黄色芳香，径约1.5cm，花被片8～17，花梗细长。浆果深红色至暗蓝色，聚合成球状。花期6～7月，果期9～12月。（图11-22）

图11-22　南五味子

【分布】产于中国江西、安徽、浙江、福建、广东、四川、湖北等地。

【习性】喜温暖湿润气候。

【用途】南五味子枝叶繁茂，夏有香花、秋有红果，是庭园和公园垂直绿化良好树种。

（2）**北五味子属** *Schisandra* Michx.

落叶或常绿藤本；芽有数枚覆瓦状鳞片。雌雄异株；花数朵腋生于当年嫩枝；萼片及花瓣不易区分，共7～12；雄蕊5～15，略连合；心皮多数，在花内呈密覆瓦状排列，各发育成浆果而排列于伸长之花托上，形成下垂的穗状。

25种，产于亚洲东南部和美国东南部。我国19种，产于东北至西南、东南各地。

五味子 *Schisandra chinensis* Baill.

【形态】落叶藤本，长达8m；树皮褐色，小枝无毛稍有棱。叶互生，倒卵形或椭圆形，长5～10cm，先端渐尖，基部楔形，叶缘疏生细齿，叶表有光泽，叶背淡绿色，叶柄及叶脉常带红色，网脉下凹在叶背凸起。花乳白或带粉红色，芳香，径约1.5cm；雄蕊5。浆果球形，熟时深红色，聚合成下垂之穗状。花期5～6月，果8～9月成熟。（图11-23）

图11-23　五味子

【分布】主产于辽宁、吉林、黑龙江、河北、内蒙古等地。东北、华北等地都有野生或栽培。

【习性】耐寒性强，较耐阴，喜肥沃湿润、排水良好的土壤。

【繁殖】压条、分株、播种或扦插繁殖。

【用途】叶片秀丽，花朵淡雅而芳香，果实红艳，是优良的垂直绿化材料，可作篱笆、棚架、门厅绿化材料或缠绕大树、点缀山石。

5．毛茛科 Ranunculaceae

草本，稀为木质藤本或灌木。花多两性，辐射或两侧对称，单生或成总状、圆锥状花序；雄蕊、雌蕊常多数，离生，螺旋状排列。聚合蓇葖果或聚合瘦果，稀为浆果或蒴果。

50属，分布于温带地区。我国40属，多为草本植物，含木本植物的仅有铁线莲属。

铁线莲属 *Clematis* L.

多年生草本或木本，攀缘或直立。叶对生，单叶或羽状复叶。花常呈聚伞或圆锥状花序，稀单生，多为两性花；花被片花瓣状，大而呈各种颜色，4～8；雄蕊多数；心皮多数、离生；瘦果，通常有宿存之羽毛状花柱。

约300种，分布于全球。我国110余种，广布于全国，以西南地区最多。

分种检索表

1. 叶全缘或有少数浅缺刻；花被片6，白色 ……………………………………………铁线莲
1. 叶缘有锯齿；花被片4，紫红色 ……………………………………………………小木通

① 铁线莲 *Clematis florida* Thunb.

【形态】落叶或半常绿藤本。叶常为2回羽状复叶，小叶卵形或卵状披针形，长2～5cm，全缘或有少数浅缺刻，叶背疏生短毛或近无毛，网脉明显。花单生于叶腋；花梗细长，于近中部处有2枚对生的叶状苞片；花被片花瓣状，常6，乳白色，背有绿色条纹，直径5～8cm；雄蕊暗紫色无毛；子房有柔毛，花柱上部无毛。花期夏季。（图11–24）

【分布】产于我国河南、山东至华南地区。日本及欧美多有栽培。

【习性】喜光，侧方庇荫生长更好；喜疏松、排水良好的石灰质土壤。耐寒性较差。

【繁殖】播种、压条、分株或扦插繁殖。

图11–24 铁线莲

【用途】花大而美丽，叶色浓绿，花期长，是优美的垂直绿化材料，适宜于点缀园墙、棚架、凉亭、门廊、假山等处，效果甚佳。

② 小木通（毛蕊铁线莲、过山龙）*Clematis armandii* Franch.

【形态】藤本；茎节稍膨大。叶对生，2回羽状复叶；羽叶通常2对，最下部的具3小叶；小叶卵形至披针形，先端渐尖，边缘有锯齿。聚伞花序1～3花，苞片披针形；花钟形，紫红色，花被片4，狭卵形，外面无毛，边缘有短绒毛；雄蕊多数，与花被片等长；花丝条形，密生长柔毛；花柱密被向上长毛。椭圆形瘦果扁，有短毛。花期8～9月。

【分布】分布长江流域，南达广东北部，北达甘肃、陕西，生于山地灌丛中。

繁殖、用途同铁线莲。

6．小檗科 Berberidaceae

灌木或多年生草本。单叶或复叶，多互生。花两性，整齐，单生或成总状，聚伞或圆锥花序；花萼花瓣相似，2至多轮，每轮3，花瓣常具蜜腺；雄蕊与花瓣同数对生，稀为其2倍，花药瓣裂或

纵裂；子房上位，心皮1（稀数个）1室。浆果或蒴果。

共12属约650种；我国11属200种，各地均有分布，其中可供庭园观赏的种类很多。

分属检索表

1. 单叶，在短枝上簇生；枝有刺 ……………………………………………………小檗属
1. 羽状复叶，互生；枝无刺 ………………………………………………………… 2
2.1 回羽状复叶，小叶边缘常有刺齿 ……………………………………………十大功劳属
2.2～3 回状羽状复叶，小叶全缘 ……………………………………………………南天竹属

（1）小檗属 *Berberis* L.

落叶或常绿灌木；枝具针刺。单叶在短枝上簇生，在长枝上互生。花黄色，单生、簇生或成总状、伞形及圆锥花序；萼片6～9，花瓣6，雄蕊6，胚珠1至多数。浆果红色或黑色。

本属约500种，广布于亚、欧、美、非洲。我国约有200种，多分布于西部及西南部。

分种检索表

1. 常绿灌木，羽状复叶革质互生；叶刺三叉 …………………………………………豪猪刺
1. 落叶灌木 ……………………………………………………………………………… 2
2. 簇生状伞形花序，叶刺通常不分叉 ………………………………………………小檗
2. 总状花序，叶刺分叉 ………………………………………………………………… 3
3. 小枝紫红色，刺掌状3～7裂 ……………………………………………………掌刺小檗
3. 小枝灰黄色，刺常为3叉 ………………………………………………………阿穆尔小檗

① 小檗（日本小檗）*Berberis thumbergii* DC.

【形态】落叶灌木，高2～3m；小枝常通红褐色，有沟槽；刺通常不分叉。叶倒卵形或匙形，全缘，长0.5～2cm，先端钝，基部急狭，表面暗绿色，背面灰绿色。花浅黄色，1～5朵成簇生状伞形花序。浆果椭圆形，长约7mm，熟时亮红色。花期5月，果9月成熟。（图11–25）

【变种】紫叶小檗 f. *atropurea* Rehd.叶深紫色或红色，幼枝紫红色。

【分布】原产于中国及日本，各大城市有栽培。

【习性】喜光，稍耐阴，耐寒，对土壤要求不严，在肥沃而排水良好的沙质壤土上生长最好。萌芽力强，耐修剪。

【繁殖】分株、播种或扦插。

【用途】枝细密而有刺，春季开小黄花，入秋叶色变红，果熟后红艳美丽。是良好的观果、观叶和绿篱材料。也可制作盆景。

图11–25　小檗

② 阿穆尔小檗（黄芦木）*Berberis amurensis* Rupr.

【形态】落叶灌木，高达3m；小枝有沟槽，灰黄色；刺常为3叉，长1～2cm。叶椭圆形或倒卵形，长5～10cm，先端急尖或圆钝，基部渐狭，叶缘有刺毛状细锯齿，背面网脉明显，有时具白粉。花淡黄色，10～25朵排成下垂的总状花序。果椭圆形，长约1cm，亮红色，常

被白粉。（图11-26）

【分布】产于我国东北及华北山地。俄罗斯、日本也有分布。

【习性】喜光稍耐阴；喜凉爽湿润环境，耐寒性强；较耐旱，在肥沃湿润、排水良好的土壤上生长良好。萌芽力强，耐修剪。

【繁殖】播种或扦插繁殖。

【用途】花朵黄色密集、秋果红艳且挂果期长，可栽培观赏。

③ 豪猪刺 *Berberis julianae* Scheid.

【形态】常绿灌木，高2～3m；枝密集丛生，叶刺粗壮，三叉。叶簇生，厚革质，坚硬，具光泽，暗绿色，边缘具刺毛状锯齿，中脉明显，形似豪猪刺。花黄色，簇生刺腋，春末至初夏开放。浆果卵状椭圆形，蓝黑色，8～10月成熟。

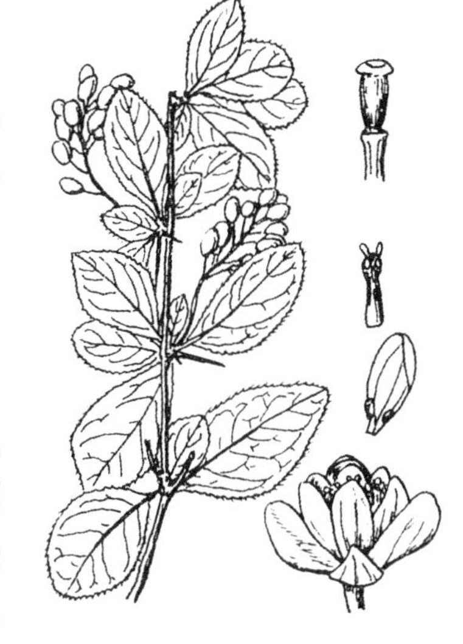

图11-26 阿穆尔小檗

【分布】产于湖北、四川、贵州、湖南、广西等地山坡林下、林缘或沟边。

繁殖、用途同小檗。

（2）十大功劳属 *Mahonia* Nutt.

常绿灌木。奇数羽状复叶互生，小叶叶缘具刺齿。花黄色，总状花序数条簇生；萼片9，3轮；花瓣6, 2轮；雄蕊6；胚珠少数。浆果暗蓝色，外被白粉。

本属约100种，产于亚洲和美洲；我国约40种。

分种检索表

1. 小叶狭披针形，边缘有6～13对刺齿……………… 十大功劳
1. 小叶卵形或卵状椭圆形，
   边缘有2～5对刺齿 ……………………………… 阔叶十大功劳

① 十大功劳 *Mahonia fortunei*（Lindl.）Fedde.

【形态】常绿灌木，高达2m，全体无毛。小叶5～9，狭披针形，长8～12cm，革质而有光泽，叶缘有刺齿6～13对，小叶柄无。花黄色，总状花序4～8条簇生。浆果近球形，蓝黑色，被白粉。（图11-27）

【分布】产于长江流域以南地区。

【习性】耐阴，喜温暖气候及肥沃、湿润、排水良好的土壤，耐寒性不强。

【繁殖】播种、插枝、插根或分株繁殖。

【用途】常植于庭院、林缘及草地边缘，或作绿篱及基础种植。华北常温室盆栽观赏。

② 阔叶十大功劳 *Mahonia bealei*（Fort.）Carr.

【形态】常绿灌木，高达4m。小叶9～15，卵形至卵状椭圆形，

图11-27 十大功劳

长5～12cm，叶缘反卷，具大刺齿2～5对，侧生小叶基部歪斜，表面光泽，背面有白粉，坚硬革质。花黄色有香气，直立总状花序6～9条簇生。浆果卵形，蓝黑色。花期4～5月，果期9～10月。（图11-28）

【分布】产于甘肃、河南、浙江、安徽等地。

【习性】性强健，半耐阴，喜温暖气候。

【繁殖】播种、插枝、插根或分株繁殖。

【用途】宜植于建筑物附近或林阴下，丛植或孤植皆可，也适于盆栽。宜布置会场或室内绿化装饰。

图11-28　阔叶十大功劳

（3）南天竹属 *Nandina* Tunb.

本属仅1种，产于中国及日本。

南天竹 *Nandina domestica* Thunb.

【形态】常绿灌木，高达2m，丛生而少分枝。2～3回羽状复叶，互生，中轴有关节，小叶椭圆状披针形，长3～10cm，先端渐尖，基部楔形，全缘，两面无毛。花小而白色，顶生圆锥花序，花期5～7月。浆果球形，鲜红色，果9～10月成熟。（图11-29）

【分布】分布于长江流域及浙江、福建、广西、陕西等地，山东、河北有栽培。

【习性】喜温暖湿润及通风良好的环境，较耐寒，对土壤要求不严，不耐积水。

图11-29　南天竹

【繁殖】分株繁殖，亦可播种。

【用途】茎干丛生，枝叶扶疏，秋冬叶色变红，更有红果累累，经冬不落，为美丽的观果、观叶佳品。宜丛植于庭前、假山石旁或小径转弯处、漏窗前后。也可制作盆景和桩景。全株入药。

7．木通科 Lardizabalaceae

藤本，稀灌木。掌状（稀羽状）复叶互生，无托叶。花单性或两性，单生或成总状花序，花被片通常6，花瓣状，2轮，常具蜜腺；雄蕊6；心皮3或6～9（12），离生，胚珠通常多数。果呈浆果状；种子富含胚乳。

共9属50余种，分布于亚洲东部，少数分布于南美洲。中国约7属40种，主产于黄河流域以南各省区。

分属检索表

1. 掌状复叶；萼片3；心皮3～12 ……………………………………………………………木通属

1. 三出复叶；萼片6；心皮3 ………………………………………………………………串果藤属

（1）木通属 *Akebia* Decne.

落叶或半常绿藤本。掌状复叶互生。花单性同株，腋生总状花序；雌花大，生于花序基部，雄花较小，生于花序上部；萼片3；雄蕊6，几无花丝；心皮3～12。浆果肉质，熟时沿腹缝线开裂；种子多数，黑色。

约5种，分布于亚洲东部。我国均产，分布于黄河流域以南各地。

分种检索表

1. 小叶5，倒卵形或长倒卵形，全缘 ……………………………………………………木通

1. 小叶3，卵圆形、宽卵圆形或长卵形，边缘呈波状 ……………………………三叶木通

① 木通 *Akebia quinata*（Thunb.）Decne.

【形态】落叶藤本，长约9m，全体无毛。掌状复叶，小叶5，倒卵形或椭圆形，先端钝或微凹，全缘。花淡紫色，芳香；雌花径2.5～3cm，雄花径1.5cm。果熟时紫色，长椭圆形，长6～8cm；种子多数。花期4月，果10月成熟。

【分布】产于我国长江流域及东南、华南各省（区）。朝鲜、日本也有分布。

【习性】喜光，稍耐阴；喜温暖、湿润环境，在北京以南可露地越冬；适生于肥沃湿润而排水良好的土壤。

【繁殖】播种、压条或分株繁殖。

【用途】叶片秀丽，花朵淡雅而芳香，果实初为翠绿，后变紫红，观赏价值高，是垂直绿化的良好材料，可用于篱垣、花架、凉亭、门廊的绿化，或令其缠绕树木、点缀山石。

② 三叶木通 *Akebia trifoliata*（Thunb.）Koidz.

【形态】落叶藤本，长达6m，无毛。小叶3，卵形，叶缘有波状齿。花较小，雌花褐红色，雄花紫色。果熟时略带紫色。花期4～6月，果期7～9月。（图11-30）

【分布】产于我国华北至长江流域。

【习性】喜阴湿，较耐寒；常生长于低海拔山坡林下草丛中，在微酸性、多腐殖质的黄壤中生长良好，也能适应中性土壤。

图11-30 三叶木通

繁殖、用途同木通。

（2）串果藤属 *Sinofranchetia* Hemsl.

中国特有孑遗单种属植物。

串果藤 *Sinofranchetia chinensis* Hemsl.

【形态】落叶大藤本；冬芽具多枚鳞片。三出复叶具长柄，侧生小叶偏斜。雌雄同株或异株；总状花序腋生，下垂，萼片6，倒卵形；花瓣蜜腺状6，白色，有紫色条纹；雄蕊6，分离，花药顶无突出的药隔；心皮3，每心皮有胚珠多数，排成2纵列生于侧膜胎座上。浆果椭圆状、蓝色，串状悬垂，肉质可食，但有涩味。

【分布】云南、四川、湖北、甘肃、陕西等地。

繁殖、用途同木通。

8．连香树科 Cercidiphyllaceae

落叶乔木；具长短枝，无顶芽，侧芽具2芽鳞。单叶对生。花单性异株，腋生；萼4片，膜质，无花瓣；雄花近无梗，雄蕊15～20，花丝细，药2室、纵裂；雌花具梗，离心皮雌蕊2～6，胚珠多数，花柱宿存。聚合蓇葖果沿腹缝开裂，种子有翅。

1属，1种1变种，分布于我国和日本。为古老孑遗植物。

连香树 *Cercidiphyllum japonicum* Sieb.et Zucc.

【形态】树高达25m，树皮纵裂。叶圆形、扁圆形或卵圆形，长3～7.5cm，先端圆或钝，基部心形或圆形，两面无毛。花先叶开放或与叶同放。蓇葖果圆柱状披针形，暗紫褐色。花期4～5月，果期8～9月。（图11-31）

【分布】星散分布于皖、浙、赣、鄂、川、陕、甘、豫及晋东南地区。日本也有分布。

【习性】喜光，喜温凉湿润气候和肥沃土壤，不耐干旱瘠薄。

【繁殖】播种、扦插或压条繁殖。

【用途】秋叶黄红、鲜艳，可在庭园栽培，供观赏。

图11-31　连香树

9．悬铃木科 Platanaceae

落叶乔木。掌状单叶互生，柄下芽，托叶早落。雌雄同株，花密集成头状花序，下垂；萼片3～8，花瓣与萼片同数；雄花有3～8雄蕊，花丝近无，药隔顶部扩大呈盾形；雌花有3～8分离心皮，花柱伸长，子房上位，1室，有1～2胚珠。聚花果球形，小坚果有棱角，基部有褐色长毛，内有种子1粒。

本科仅1属，10种，分布于北温带和亚热带地区；我国引入栽培3种。

分种检索表

1. 头状果序2个生于1个果序轴上或单生 ……………………… 2
1. 头状果序3～6个生于1个果序轴上……………… 三球悬铃木
2. 头状花序单生 ……………………………………… 一球悬铃木
2. 头状花序常2个生于1个果序轴上 ……………… 二球悬铃木

① 二球悬铃木（英桐）*Platanus acerifolia* Willd.

【形态】落叶大乔木，树高35m；枝条开展，幼枝密生绒毛；干皮呈片状剥落。叶广卵形至三角状广卵形，宽12～25cm，3～5裂，裂片三角形，叶裂深度约达全叶的1／2，叶柄长3～10cm。球果通常为2球1串，果径约3cm，有由宿存花柱形成的刺毛。花期4～5月，果熟9～10月。（图11-32）

【分布】三球、一球悬铃木的杂交种，广植于世界各地。中国栽培的以本种为多。

【习性】阳性树，喜温暖气候，有一定抗寒力。对土壤的适应

图11-32　二球悬铃木

能力极强，能耐干旱、瘠薄，又耐水湿。萌芽性强，很耐重剪，抗烟性强，对二氧化硫及氯气等有毒气体有较强的抗性，生长迅速，长寿树种。

【繁殖】以扦插为主，亦可播种繁殖。

【用途】树形雄伟端正，叶大阴浓，树冠广阔，干皮光洁，繁殖容易，生长迅速，对城市环境的适应能力极强，故世界各国广为应用，有“行道树之王”的美称。唯果毛污染环境，现选育有少果毛品种克服了其缺点。

② 一球悬铃木（美桐）*Platanus occidentalis* L.

大乔木，高40～50m；树冠圆形或卵圆形。叶3～5浅裂，宽度大于长度，裂片呈广三角形，托叶圆领状。球果多数单生，但亦偶有2球一串的，宿存的花柱短，故球面较平滑；小坚果之间无突伸毛。

原产于美洲。我国有引种栽培。

③ 三球悬铃木（法桐）*Platanus orientalis* L.

大乔木，高20～30m，树冠阔钟形；干皮灰褐绿色至灰白色，呈薄片状剥落；幼枝、幼叶密生褐色星状毛。叶掌状5～7深裂，裂片长大于宽，叶基阔楔形或截形，叶缘有齿牙，掌状脉。花序头状，黄绿色。多数坚果聚合呈球形，3～6球成一串，宿存花柱长，呈刺毛状，果柄长而下垂。花期4～5月，果9～10月成熟。

原产于欧洲东南部及亚洲西部。我国西北及山东、河南等地有栽培。

10．金缕梅科 Hamamelidaceae

乔木或灌木。单叶互生，稀对生，常有托叶。花较小，单性或两性，成头状、穗状或总状花序；萼片、花瓣、雄蕊通常均为4～5，有时无花瓣，雌蕊有2心皮组成，子房下位、半下位，2室，分离。蒴果木质，2或4裂。

约27属，140种，主产东亚的亚热带，我国有17属，76种。

分属检索表

1. 花无花冠 ………………………………………………………… 2
1. 花有花冠；叶羽状脉 ……………………………………………… 3
2. 落叶性，叶脉掌状，叶有裂；头状花序 …………………………枫香属
2. 常绿性，叶羽状脉，叶不分裂；总状花序 ………………………蚊母树属
3. 花簇生或呈头状花序；花瓣4，长条形 ……………………………… 4
3. 总状花序；花瓣5，较宽而有爪，蒴果端钝，无皮孔 ……………蜡瓣花属
4. 叶较大，长7～14 cm；萼明显，花药2室，药隔不突出……………金缕梅属
4. 叶较小，长6 cm以下；萼不显，花药4室，药隔突出呈尖头状…………檵木属

（1）金缕梅属 *Hamamelis* Gronov. ex L.

落叶灌木或小乔木，有星状毛；裸芽有柄。叶互生，有波状齿；托叶大而早落。花两性，数朵簇生于叶腋；花萼4；花瓣4，长条形，雄蕊4，花药2室，分离。蒴果2瓣裂，每瓣又2浅裂，花萼宿存。

6～8种，产于北美和东亚；中国产2种。

金缕梅 *Hamamelis mollis* Oliv.

【形态】落叶灌木或小乔木，高达9m；幼枝密生星状绒毛。叶倒卵圆形，长8～15cm，先端

急尖，基部歪心形，叶缘有波状齿，表面略粗糙，背面密生绒毛。花瓣4片，狭长如带，长1.5～2cm，淡黄色，基部带红色，芳香；萼被有锈色绒毛。蒴果卵球形，长约1.2cm。2～3月叶前开花，果10月成熟。（图11–33）

【分布】产于安徽、浙江、江西、湖北、湖南、广西等省区，多生于山地次生林中。

【习性】喜光，耐半阴，喜温暖湿润气候，畏炎热，较耐寒；喜酸性、中性土壤。

【繁殖】主要用播种繁殖，也可用压条/嫁接法繁殖。

【用途】本种花于早春先叶开放，花瓣黄色细长宛如金缕，缀满枝头。常用于庭院栽培，也适于角隅、池边、溪畔、山石间及树丛外缘配植。

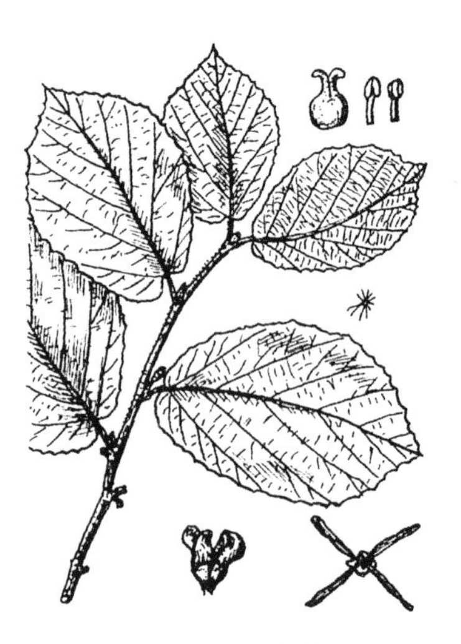

图11–33　金缕梅

（2）**蜡瓣花属** *Corylopsis* Sieb. et Zucc.

落叶灌木。单叶互生，有锯齿；具托叶。花两性，先叶开放，黄色，成下垂之总状花序，花瓣5，雄蕊5，子房半下位。蒴果木质，2或4瓣裂，内有2黑色种子。

约30种，主产东亚；中国有20种，产西南部至东南部。

蜡瓣花（中华蜡瓣花）*Corylopsis sinensis* Hemsl.

【形态】落叶灌木或小乔木，高5m；小枝密被短柔毛。叶倒卵状椭圆形，长5～9cm，先端短尖或稍钝，基部歪心形，叶缘具锐尖齿，背面有星状毛，侧脉7～9对。花黄色，10～18朵呈下垂总状花序，长3～5cm。蒴果卵球形，有毛，熟时2或4裂，种子黑色光亮。花期3月，叶前开放，果9～10月成熟。（图11–34）

【分布】产于长江流域及以南各省区山地；多生于坡谷灌木丛中。

图11–34　蜡瓣花

【习性】喜光耐半阴，喜温暖湿润气候及肥沃湿润的酸性土壤，较耐寒，忌土壤干燥。

【繁殖】可用播种、硬枝扦插、压条、分株等方法繁殖。

【用途】本种花期早而芳香，早春枝上黄花成串下垂，滑泽如蜡，甚为秀丽。丛植于草地、林缘、路边，或作基础种植，或点缀于假山、岩石间。

（3）**檵木属** *Loropetalum* R. Br.

常绿灌木或小乔木。叶互生较小，全缘。萼不显，花瓣4，带状线形；雄蕊4，花药4室，子房半下位。蒴果木质，熟时2瓣裂，有种子2个。

约4种，分布于亚热带地区，我国有3种。

檵木（檵花）*Loropetalum chinense*（R.Br.）Oliv.

图11-35 檵木

【形态】常绿灌木或小乔木，高4～12m。叶卵形或椭圆形，长2～5cm，先端锐尖，全缘，背面密生星状柔毛。花3～8朵生于小枝端，花瓣带状线形，浅白色，长1～2cm，苞片线形。蒴果褐色，近卵形，长约1cm，有星状毛。花期5月，果实8月成熟。（图11-35）

【变种】红檵木var. *rubrum* Yieh 叶暗紫，花鲜紫红色。

【分布】产于长江流域中、下游地区，印度北部也有分布。郑州栽培表现尚可，半常绿。

【习性】耐半阴，喜温暖湿润气候及酸性土壤，适应性较强。

【繁殖】用播种或嫁接法（嫁接在金缕梅属植物上）进行繁殖。

【用途】可丛植于草地、林缘或与山石相配，也可作风景林下木。

（4）**蚊母属** *Distylium* Sieb. et Zucc.

常绿乔灌木。单叶互生，全缘，托叶早落。花单性或杂性，总状花序腋生，花小无瓣，萼片1～5或无，雄蕊2～8；子房上位，2室2花柱，自基部离生。蒴果木质，每室1种子。

共8种，我国产4种。

图11-36 蚊母树

蚊母树 *Distylium racemosum* Sieb.et Zucc.

【形态】常绿乔木，栽培常呈灌木状；树冠开展，呈球形；小枝略呈“之”字形曲折，嫩枝具星状鳞毛；顶芽歪桃形，暗褐色。叶倒卵状长椭圆形，长3～7cm，先端钝或稍圆，全缘，厚革质，光滑无毛，侧脉5～6对，表面不显著，背面略隆起。总状花序长约2cm，花药红色。蒴果卵形，长约1cm，密生星状毛，顶端有2宿存花柱。花期4月，果9月成熟。（图11-36）

【分布】产于我国广东、福建、台湾、浙江等省，日本亦有分布。

【习性】喜光，稍耐阴，喜温暖湿润气候，喜酸性、中性土壤。

【繁殖】可用播种和扦插法繁殖。

【用途】树冠紧凑，叶色浓绿，是理想的城市及工矿区绿化及观赏树种。

（5）**枫香属** *Liquidambar* L.

落叶乔木。叶互生，叶缘有齿；托叶线形，早落。花单性同株，雄花无花被，头状花序常数个排成总状；雌花常具刺状萼片，头状花序单生，子房半下位，2室，每室具数个胚珠。果序球形，由木质蒴果集成，果内有1～2粒具翅发育种子，其余为无翅的不育种子。

共约6种，产于北美及亚洲；我国产2种。

枫香（枫树）*Liquidambar formosana* Hance

【形态】乔木，高可达40m，胸径1.5m；树冠广卵形，树皮灰色，浅纵裂，老时不规则深裂。叶常为掌状3裂（萌芽枝的叶常为5～7裂），长6～12cm，基部心形或截形。果序较大，径3～4cm，宿存花柱长达1.5cm；刺状萼片宿存。花期3～4月，果10月成熟。（图11–37）

【分布】产于我国长江流域及其以南地区；日本亦有分布。

【习性】喜光，幼树稍耐阴，喜温暖湿润气候及深厚湿润的土壤，较耐干旱瘠薄。

【繁殖】用播种和扦插繁殖。

【用途】著名的南方秋色叶树种，用于丘陵、山地营造风景林。也可以作庭阴树或植于草地、池边。

图11–37　枫香

11．杜仲科 Eucommiaceae

落叶乔木；树体各部均具胶质。单叶互生，羽状脉，有锯齿；无托叶。花单性异株，无花被，簇生或单生；雄蕊4～10；雌蕊由2心皮组成，子房上位，1室。翅果，含1粒种子。

本科仅1属1种，我国特产。

杜仲 *Eucommia ulmoides* Oliv.

【形态】落叶乔木，高达20m，胸茎1m；树冠圆球形，小枝光滑，无顶芽，具片状髓。叶椭圆状卵形，长7～14cm，先端渐尖，基部圆形或广楔形，叶缘有锯齿。翅果狭长椭圆形，扁平，长约3.5cm，顶端2裂。本种枝、叶、果及树皮断裂后均有白色弹性丝相连。花期4月，叶前开放，果10～11月成熟。（图11–38）

图11–38　杜仲

【分布】原产于中国中部及西部，四川、贵州、湖北为集中产区。

【习性】喜光，不耐庇荫；喜温暖湿润气候及肥沃、湿润、深厚而排水良好之土壤。

【繁殖】主要用播种法繁殖，扦插、压条及分蘖或根插也可。

【用途】杜仲多作庭阴树及行道树。也可作一般的绿化造林树种。

12．榆科 Ulmaceae

落叶乔木或灌木；小枝细，无顶芽。单叶互生，常二列状，托叶早落。花小、单被花，单性或两性；雄蕊4～8，与萼片同数且对生；雌蕊由2心皮合成，子房上位，1～2室，柱头2裂，羽状。翅果、坚果或核果；种子通常无胚乳。

约16属230种，主产于北半球温带。我国产8属58种7变种，广布于全国各地。

分属检索表

1. 叶具羽状脉，侧脉7对以上 ………………………………………… 2
1. 叶三出脉，侧脉6对以下 ………………………………………… 3
2. 花两性；翅果，翅在扁平果核周围；叶缘常为重锯齿 ……………………榆属

2. 花单性；坚果无翅，小而歪斜；叶缘具整齐之单锯齿 ……………………………榉属
3. 核果球形 ………………………………………………………………………………… 4
3. 坚果周围有翅；叶之侧脉向上弯，不直达齿端 ……………………………………青檀属
4. 叶基部全缘，常歪斜，侧脉不深入齿端 ………………………………………………朴属
4. 叶基部全缘，不歪斜，侧脉直达齿端 …………………………………………糙叶树属

（1）榆属 *Ulmus* L.

落叶或常绿乔木，稀灌木；芽鳞紫褐色；花芽近球形。叶多为重锯齿，羽状脉。花两性，簇生或成短总状花序。翅果扁平，翅在果核周围，顶端有缺口。

约45种，广布于北半球。我国约25种，南北均产；适应性强，多生于石灰岩山地。

分种检索表

1. 花在秋季开放，生于当年生枝上 ……………………………………………………榔榆
1. 花在早春展叶前开放，生于去年生枝上 …………………………………………… 2
2. 果核位于翅果上部或接近缺口 ……………………………………………………黑榆
2. 果核位于翅果中部或近中部，不接近缺口 ………………………………………… 3
3. 翅果较小，长1～2cm，无毛；小枝无木栓翅；叶具单锯齿 ……………………白榆
3. 翅果较大，长2～3.5cm，有毛；小枝有时具木栓翅；叶具重锯齿 ……………大果榆

① 白榆（家榆、榆树）*Ulmus pumila* L.

【形态】落叶乔木，高达25m，胸径1m；树冠圆球形，树皮暗灰包，纵裂，粗糙；小枝灰色，细长，排成二列状。叶卵状长椭圆形，长2～6cm，先端尖，基部稍歪，叶缘有不规则之单锯齿。早春叶前开花，簇生于去年生枝上。翅果近圆形，种于位于翅果中部。花期3～4月，果4～5月成熟。（图11-39）

【变种】垂枝榆var. *pendula* Loud.小枝柔弱下垂，树冠呈伞状。

【分布】产于华东、华北、东北、西北等地区，华北、淮北平原常见。

【习性】喜光，耐寒，对土壤要求不严，耐干旱瘠薄，耐轻度盐碱，根系发达，抗风，萌芽力强，耐修剪，生长迅速，寿命可达百年以上。对烟尘和有毒气体的抗性较强。

【繁殖】播种繁殖，也可分蘖繁殖。

【用途】树干通直，树形高大，树冠浓阴，在城乡绿化中宜作行道树、庭阴树、防护林及“四旁”绿化，掘取残桩可制作树桩盆景。也是营造防风林、水土保持林和盐碱地造林的主要树种之一。幼叶及幼果可食。

图11-39 白榆

② 大果榆 *Ulmus macrocarpa* Hance.

【形态】落叶乔木，高达10m；树冠扁球形，小枝淡黄色，有时具有2（4）条规则木栓翅，有毛。叶倒卵形，先端突尖，基部偏斜，叶缘具不规则重锯齿。翅果具黄褐

色长毛。花期3～4月，果5～6月成熟。

【分布】主产于我国东北、华北及西北海拔1800m以下地区。

【习性】喜光，耐寒，稍耐盐碱。耐干旱瘠薄，根系发达，萌蘖性强，寿命长。

【用途】叶在深秋变为红褐色，是北方秋色叶树种之一。

③ 黑榆 *Ulmus davidiana* Planch.

【形态】落叶乔木，高达15m；树冠开展，树皮褐灰色，纵裂；小枝褐色，幼时有毛，后脱落；二年生以上小枝有时具木栓翅。叶倒卵形，长5～10cm，先端突尖，基部一边楔形，另一边圆形，线有重锯齿，表面粗糙，背面脉腋有毛，叶柄密被丝状柔毛。花簇生。翅果倒卵形，长1～1.4cm，疏生毛，种子接近缺口处。花期3～4月，果5月上旬成熟。

【分布】产于辽宁、河北、山西等省，常生于石灰岩山地或谷地。

【习性】喜光，耐寒，耐干旱。深根性，萌蘖力强。

繁殖及用途与榆树相似。

④ 榔榆 *Ulmus parvifolia* Jacq.

【形态】落叶或半常绿乔木，高达25m，胸径1m；树冠扁球形至卵圆形，树皮灰褐色，不规则薄鳞片状剥落。叶较小而质厚，长椭圆形至卵状椭圆形，长2～5cm，先端尖，基部歪斜，叶缘具单锯齿（萌芽枝之叶常有重锯齿）。花簇生叶腋。翅果长椭圆形至卵形，长1cm，种子位于翅果中央，无毛。花期8～9月，果10～11月成熟。（图11-40）

【分布】主产于长江流域及其以南地区，北至河北、山东、山西、河南等省。

【习性】喜光稍耐阴。喜温暖气候，也能耐寒，喜肥沃湿润土壤，亦有一定耐干旱瘠薄能力。生长速度中等，寿命长。深根性，萌芽力强，对烟尘及有毒气体的抗性较强。

图11-40　榔榆

【繁殖】播种繁殖。

【用途】树形优美，姿态潇洒，树皮斑驳可爱，枝叶细密，观赏价值较高。在园林中孤植、丛植，或与亭、榭、山石配植都十分合适，也可栽作行道树、庭阴树或制作盆景，并适合作厂矿区绿化树种。

（2）榉树属 *Zelkova* Spach.

落叶乔木；冬芽卵形，先端不贴近小枝。单叶互生，羽状脉，具整齐之单锯齿。花单性同株，雄花簇生于新枝下部，雌花单生或簇生于新枝上部，柱头偏生。坚果小而歪斜，无翅。

共6种，产亚洲各地；我国产4种。

分种检索表

1. 小枝密被白色柔毛，叶缘桃形锯齿内曲 ……………………………………………榉树
1. 小枝无毛，叶缘桃形锯齿向外斜张 ……………………………………………光叶榉

① 榉树 *Zelkova schneideriana* Hand. –Mazz.

【形态】落叶乔木，高达25m；树冠倒卵状伞形，树皮深灰色，不裂，老时薄鳞片状剥落后仍光滑；小枝细，有毛。叶卵状长椭圆形，长2～8cm，先端尖，基部广楔形，锯齿整齐，近桃形，侧脉10～14对，表面粗糙，背面密生淡灰色柔毛。坚果小，径2.5～4mm，歪斜且有皱纹。花期3～4月，果10～11月成熟。（图11–41）

图11–41 榉树

【分布】产于黄河流域以南。山东、北京有栽培，生长良好。

【习性】喜光略耐阴。喜温暖湿润气候，喜深厚、肥沃、湿润的土壤，耐轻度盐碱，不耐干瘠。深根性，抗风强。耐烟尘，抗污染，寿命长。

【繁殖】播种繁殖。

【用途】树姿雄伟，树冠开阔，枝细叶美，绿荫浓密，秋叶红艳。可作庭园秋季观叶树。列植入行道、公路旁作行道树，也可林植、群植作风景林。居民区、农村"四旁"绿化都可应用，也是长江中下游各地的造林树种。

② 光叶榉（台湾榉）*Zelkova serrata* Makino.

【形态】乔木，高达30m；小枝无毛。叶卵形、椭圆状卵形或卵状披针形，厚纸质，小桃尖形锯齿锐尖，齿尖向外斜张，表面微粗糙，背面淡绿色，无毛或稍有疏毛。（图11–42）

图11–42 光叶榉

【分布】产于东北南部、陕西、甘肃、湖南、湖北、东部沿海和西南各地。

【习性】喜光，较耐寒，耐瘠薄土壤。

繁殖及用途同榉树。

（3）朴属 *Celtis* L.

乔木，稀灌木；树皮不裂，冬芽小，卵形，先端贴枝。单叶互生，基部全缘，3主脉，侧脉弧曲向上，不伸入齿端。花杂性同株。核果近球形。

约80种，产北温带至热带；我国产21种，南北各地均有分布。

分种检索表

1. 一至两年生枝无毛；果紫黑色，果柄较细，无毛 ……………………………… 小叶朴
1. 一至两年生枝密被毛；果橙黄色，果柄被毛或后脱落 ……………………………… 2
2. 叶背面沿脉及脉腋有毛；果柄与叶柄近等长 ……………………………… 朴树
2. 叶背面密被黄色茸毛；果柄粗壮，较叶柄长 ……………………………… 珊瑚朴

① 朴树 *Celtis sinensis* Pers.

【形态】落叶乔木，高达20m，胸径1m；树冠扁球形，小枝幼时有毛，后渐脱落。叶卵状椭圆形，长4～8cm，先端短尖，基部不对称，锯齿钝，表面有光泽，背脉隆起并疏生

毛。果熟时橙红色，径4～5mm，果柄与叶柄近等长，果核表面有凹点及棱脊。花期4月，果9～10月成熟。（图11-43）

【分布】产于我国淮河、秦岭以南。山东有栽培，沈阳有引种，生长良好。

【习性】喜光，稍耐阴。喜温暖气候和深厚、湿润、疏松土壤，耐干瘠和轻度盐碱。适应性强，深根性，抗风。耐烟尘，抗污染。萌芽力强，寿命长。

【繁殖】播种繁殖。

【用途】树冠圆满宽阔，树阴浓郁，适合公园、庭园作庭阴树，也可作行道树，是工矿绿化、农村"四旁"绿化及防风固堤的好树种。亦可作桩景树料。

图11-43　朴树

② 珊瑚朴 *Celtis julianae* Schneid.

【形态】落叶乔木，高达30m，胸径1m；树冠圆球形，树皮灰色，平滑；小枝、叶背、叶柄均密被黄褐色绒毛。叶较宽大，广卵形、卵状椭圆形或倒卵状椭圆形，长6～14cm，先端短尖，基部近圆形，锯齿钝。核果大，径1～1.3cm，熟时橙红色，味甜可食。花期4月，10月果熟。

【分布】主产于长江流域及四川、贵州、陕西等地。

【繁殖】播种繁殖。

【用途】树势高大，冠圆阴浓，早春满树丛生红褐色肥大之花，状若珊瑚，秋季果球形橙红色，颇美观：观赏效果良好。

③ 小叶朴（黑弹树）*Celtis bungeana* Bl.

【形态】落叶乔木，高达20m；树冠倒广卵形至扁球形，树皮灰褐色，平滑。叶长卵形，长4～8cm：先端渐长尖，锯齿浅钝，两面无毛，或仅幼树及萌芽枝之叶背面沿脉有毛；叶柄长0.3～1cm。核果近球形，径4～7mm，果柄较叶柄长2倍，熟时紫黑色，果核长，平滑。花期5～6月，果9～10月成熟。

（4）青檀属 *Pteroceltis* Maxim.

本属仅1种，我国特产。

青檀 *Pteroceltis tatarinowii* Maxim.

【形态】落叶乔木，高达20m，胸径1.7m；干皮暗灰色，长薄片状剥落。单叶互生，卵形，长4～13cm，基部全缘，3主脉，侧脉不直达齿端，先端长尖或渐尖，基部广楔形或近圆形，背面脉腋有簇毛。花单性同株。小坚果周围有薄翅。花期4月，果8～9月成熟。（图11-44）

【分布】主产于我国黄河流域以南，南达华南及西南各地。

【习性】喜光，稍耐阴。对土壤要求不严，耐干旱瘠薄，喜石灰岩山地，为石灰岩山地指示树种。根系发达，萌芽力强，寿命长。

图11-44　青檀

【繁殖】播种繁殖。

【用途】树体高大，树冠开阔，宜作庭阴树、行道树。国家三级重点保护树种。木材坚硬，纹理直，结构细，可作建筑、家具等用材。树皮纤维优良，为著名的宣纸原料。

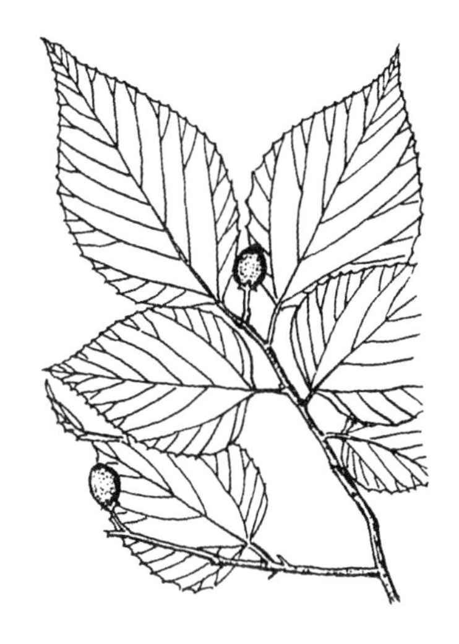
图11-45 糙叶树

（5）**糙叶树属** *Aphananthe* Planch.

乔木或灌木；冬芽卵形，先端尖且贴近小枝。叶基部以上有锯齿，三出脉，侧脉直达齿端。花单性同株，雄花总状或伞房花序，生于新枝基部；雌花单生新枝上部叶腋。核果球形。

共5种，产东亚及澳大利亚。我国产1种。

糙叶树 *Aphananthe aspera* Planch.

【形态】落叶乔木，高达22m，胸径1m余；树冠圆球形，树皮棕灰色，老时浅纵裂。单叶互生，卵形至椭圆状卵形，长5～12cm，基部3主脉，两侧主脉外又有平行支脉，侧脉直达齿端，两面有平伏硬毛，粗糙。核果近球形，径约8mm，熟时黑色。花期4～5月，果9～10月成熟。（图11-45）

【分布】产于长江流域及其以南地区。

【习性】喜光，较耐阴。喜温暖湿润气候及潮湿、肥沃而深厚的土壤。寿命长。

【繁殖】播种繁殖。种子采后需堆放后熟。

【用途】树干挺拔，树冠广阔，枝叶茂密，是良好的庭阴树及谷地、溪边绿化树种。

13．桑科 Moraceae

常为木本，稀草本；常有乳汁。单叶互生，稀对生。花小，单性同株或异株，常集成头状花序、柔荑花序或隐头花序；花被4片，子房上位，稀下位，花柱2。小瘦果或核果，再组成聚花果，或隐花果。

约70属，1800种，主产热带、亚热带，我国有17属，160余种。

分属检索表

1. 隐头花序；小枝有环状托叶痕 ……………………………………………………榕树属
1. 柔荑花序或头状花序 ………………………………………………………………… 2
2. 至少雄花序为柔荑花序；叶缘有锯齿 ……………………………………………… 3
2. 雌、雄花序均为头状花序；叶全缘或3裂 …………………………………………… 4
3. 雌、雄花序均为柔荑花序；聚花果圆柱形 ……………………………………………桑属
3. 雄花序为柔荑花序；雌花成头状花序 …………………………………………………构属
4. 枝有刺，花雌雄异株，雄蕊4 ……………………………………………………………柘属
4. 枝无刺，花雌雄同异株，雄蕊1 ………………………………………………………桂木属

（1）**桑属** *Morus* L.

落叶乔灌木；无顶芽，芽鳞3～6。叶互生，有锯齿或缺裂，托叶披针形，早落。雌雄同株或异

株，柔荑花序；花被4，雄蕊4。小瘦果包藏于肉质花被内，聚花果圆柱形。

约12种，我国9种，各地均有分布。

分种检索表

1. 叶缘有粗钝锯齿，表面疏生糙伏毛，背面密生短柔毛 ……………………………………华桑
1. 叶缘锯齿尖或钝 ………………………………………………………………………………… 2
2. 叶表面近光滑，背面脉腋有毛；花柱极短，柱头2裂 ……………………………………桑
2. 叶表面粗糙，背面有短柔毛；花柱长约4mm，柱头2裂，与花柱等长 ……………………鸡桑

① 桑树（家桑、白桑、桑）*Morus alba* L.

【形态】落叶乔木，高达16m，胸径1m；树冠倒广卵形，树皮黄褐色，根鲜黄色。叶卵形或卵圆形，长6～15cm，先端尖，基部圆形或心形，锯齿粗钝，幼树之叶有时分裂，表皮光滑，背部脉叶有簇毛。雌雄异株，花柱极短或无，柱头2宿存。聚花果（桑葚）长卵形至圆柱形，成熟时红色、紫黑色或白色。花期4月，果5～6月成熟。（图11–46）

【变种】a 垂枝桑‘Pendula’枝条下垂。

b 龙桑‘Tortuosa’枝条扭曲，状如游龙。

【分布】原产于中国中部，现南北各地广泛栽培，尤以长江中下游为多。

【习性】喜光，喜温暖气候，适应性强，耐寒，耐干旱瘠薄和水湿，适合微酸性、中性、石灰质和轻盐酸土壤。

【繁殖】可用播种、扦插、压条、分根、嫁接等方法繁殖。

【用途】适合于城市和工矿区及农村四旁绿化。桑树的叶可饲养家蚕的好材料。

图11–46 桑树

② 鸡桑 *Morus australis* Poir.

【形态】落叶灌木或小乔木。叶卵形，长6～17cm，先端急尖或渐尖，基部截形或近心形，叶缘具粗齿，有时3～5裂，表面粗糙，背面有毛。雌雄异株，花柱明显，长约4mm，柱头2裂，与花柱等长，宿存。聚花果长1～1.5cm，熟时暗紫色。（图11–47）

【分布】主产于华北，中南及西南，朝鲜、日本、印度及印度尼西亚亦有分布。

【习性】喜光，喜温暖湿润气候，适应于酸性土壤，耐寒，耐干旱瘠薄。

【繁殖】可用播种、扦插、压条等方法繁殖。

【用途】适合于城市和工矿区及农村四旁绿化。果实可以生食、酿酒、制醋等。叶也可养蚕。

图11–47 鸡桑

③ 华桑（葫芦桑）*Morus cathayana* Hemsl.

【形态】落叶小乔木，高达8m。叶互生，纸质，卵形或阔卵形，长5～10（20）cm，先端短尖或长尖，基部截形或心形，边缘有粗钝锯齿，表面疏生糙伏毛，背面

生密短柔毛。叶柄长1.5～5cm。花单性，雌雄同株或异株，花序腋生穗状，雄花序长3～5cm，雌花序长2cm，花被片4，雌花花柱短，柱头2裂。聚花果窄圆柱形，长2～3cm，白色，红色或黑色。

【分布】分布于长江流域各省区。

【习性】适应性强，耐寒，耐干旱瘠薄。适应于酸性、石灰质及轻碱性土壤。

【繁殖】用播种、扦插、压条等方法繁殖。

【用途】适合于分布区域山坡、丘陵和工矿区绿化。叶也可养蚕。茎皮纤维可制蜡纸、绝缘纸，皮纸和人造棉，果可酿酒。

（2）构属 *Broussonetia* L' Her. ex. Vent

落叶乔灌木；有乳汁，无顶芽，侧芽小。单叶互生，有锯齿；托叶早落。雌雄异株，雄花为柔荑花序，雄蕊4；雌花呈头状花序，花柱线形。聚花果球形，熟时橙红色。

约4种，产东亚地区及太平洋岛屿；我国有3种，南北均有分布。

构树（楮）*Broussonetia papyrifera* L' Her.ex.Vent

【形态】落叶乔木，高达16m，胸径60cm；树皮浅灰色，不易裂，小枝密被丝状刚毛。叶互生，有时近对生，卵形，长7～20cm，先端渐尖，基部圆形或近心形，叶缘有锯齿，不裂或有不规则2～5裂，两面密生柔毛。聚花果球形，径2～2.5cm，熟时橙红色。花期4～5月，果8～9月成熟。（图11-48）

【分布】北自华北、西北，南到华南，西南各省均有。日本、越南、印度等国有分布。

【习性】适应性强，耐干旱瘠薄，也能生长在水边，喜钙质土壤。

【繁殖】利用扦插、压条、分蘖等方法繁殖。

【用途】是城乡绿化的主要树种，尤其适合于工矿区及荒山坡地绿化，也可作庭阴树及防护林用。

图11-48 构树

（3）柘树属 *Cudrania* Trec.

乔木或灌木，有时攀缘状；常具枝刺，有乳汁。单叶互生，全缘3裂；托叶早落。雌雄异株，雌雄花均为腋生头状花序。聚花果球形，肉质。

共约10种，我国产8种。

柘树（柘刺 柘桑）*Cudrania tricuspidata*（Carr.）Bur.

【形态】落叶小乔木，常呈灌木状；树皮灰褐色，小枝常有枝刺。叶卵形至倒卵形，长3.5～11cm，全缘，有时3裂。聚花果近球形，径约2.5cm，成熟时红色，肉质。花期5月，果实9～10月成熟。（图11-49）

【分布】主产于华北、中南及西南地区，山东、河南、陕西均

图11-49 柘树

有分布。

【习性】喜光，耐干旱瘠薄。多生于山野或石缝中，喜钙质土壤。

【繁殖】用播种、扦插或分蘖法繁殖均可。

【用途】可作绿篱、刺篱、荒山绿化及水土保持树种。叶可养蚕，果实可食用、酿酒，根皮可入药，有清热、凉血之功效。

（4）**榕属** *Ficus* L.

常绿乔木、灌木或藤木；常具气根，含乳汁。托叶合生，叶多互生，全缘。雌雄同株，花小，生于肉质花序的花托内，形成隐头花序。隐花果肉质，内具小瘦果。

1000余种，我国有120种，主产长江流域以南各省区。

分种检索表

1. 常绿藤木；叶基3主脉，先端圆钝 ……………………薜荔
1. 乔木或灌木 …………………………………………… 2
2. 叶有锯齿及分裂，叶表面粗糙；隐花果较大，
   直径3～5cm ……………………………………………无花果
2. 叶全缘，不裂，叶面光滑；隐花果较小 …………………… 3
3. 叶较小，长4～8cm，侧脉5～6对，常有下垂气生根 ……榕树
3. 叶较大，长8～30 cm，侧脉7对以上………………………… 4
4. 叶厚革质，侧脉多数，平行而直伸 ……………印度橡皮树
4. 叶近革质，三角状长卵圆形，先端骤尖，
   延长成尾状 ……………………………………………菩提树

① 榕树（细叶榕、小叶榕）*Ficus microcarpa* L.

【形态】常绿乔木，枝具下垂须状气生根。叶椭圆形至倒卵形，长4～10cm，先端钝尖，基部楔形，全缘或浅波状，羽状脉，侧脉5～6对，革质，无毛。隐花果腋生，近扁球形，径约8mm。广州花期5月，果实7～9月成熟。（图11–50）

图11–50　榕树

【分布】产于华南地区；印度、越南、缅甸、马来西亚、菲律宾等国亦有分布。

【习性】喜暖热多雨气候及酸性土壤。

【繁殖】用播种或扦插法繁殖均容易，大枝扦插亦易成活。

【用途】是华南地区主要的行道树及遮阴树，北方温室栽培。

② 印度橡皮树 *Ficus elastica* Roxb.

【形态】常绿乔木，高达45m；含乳汁，全体无毛。叶厚革质，有光泽，长椭圆形，长10～30cm，全缘，中脉显著，羽状侧脉多而细，且平行直伸；托叶大，淡红色，包被幼芽。（图11–51）

【分布】原产于印度、缅甸。

图11–51　印度橡皮树

【习性】喜暖热多雨气候及酸性土壤，比较耐阴，不耐寒。

【繁殖】用压条、扦插法繁殖易成活。

【用途】我国长江流域及北方各大城市多作盆栽观赏，温室越冬。华南暖地也可露地栽培，作庭阴树及观赏树。有各种斑叶的品种，颇为美观。

③ 无花果 *Ficus carica* L.

【形态】落叶小乔木，高可达10m，或成灌木状；小枝粗壮。叶广卵形或近圆形，长10～20cm，常3～5掌状裂，边缘波状或成粗齿，表面粗糙，背面有柔毛。隐花果梨形，长5～8cm，绿黄色。（图11-52）

图11-52 无花果

【分布】原产地中海沿岸，约在4000年前在叙利亚即有栽培。我国各地均有栽培。

【习性】喜光，喜温湿气候，适于酸性土壤，较耐阴，不耐寒。

【繁殖】用分株、压条、扦插等方法繁殖极易成活。

【用途】黄河以南地区常用于庭院及公共绿地；华北多盆栽观赏，需在温室越冬。果可生食或制成罐头，根、叶亦可入药。

④ 菩提树（印度菩提树、思维树、觉悟树）*Ficus religiosa* L.

【形态】常绿乔木；树皮平滑，树冠圆形或倒卵形，气生根下垂如须。叶近革质互生，三角状卵形；先端长尾状，基部宽楔形至浅心形，全缘或波状。花腋生无总梗，扁球形；雌雄同株。隐花果，扁平圆形，冬季成熟，紫黑色，花期3～4月，果熟8～9月。（图11-53）

图11-53 菩提树

【分布】原产于印度，华南有栽培，北方温室盆栽观赏。

【习性】喜光，喜温暖气候，适于酸性土和中性土。

【繁殖】播种繁殖。

【用途】菩提树树姿美观，叶片绮丽，是一种常绿风景树。适于街道、公园、寺院作行道树或庭阴树。我国大部分用于盆景观赏。

⑤ 薜荔 *Ficus pumila* L.

【形态】常绿藤木，借气根攀缘；小枝有褐色绒毛。叶互生，椭圆形，长4～10cm，全缘，基部3主脉，革质，表面光滑，背面网脉隆起并构成显著小凹眼；同株上常有异形小叶，柄短而基歪。隐花果梨形或倒卵形，径3～5cm。（图11-54）

图11-54 薜荔

【分布】原产于华东、华中及西南；日本、印度也有分布。

【习性】喜温暖湿润气候，耐阴，耐旱，不耐寒；在酸性、中性土壤中能生长良好。

【繁殖】可用播种、扦插和压条等方法繁殖。

【用途】在园林中是点缀假山石及绿化墙垣和树干的好材料。果实可制凉粉食用。全株入药。

14．胡桃科 Juglandaceae

多为落叶乔木。羽状复叶，互生，无托叶。花单性同株，单被或无被；雄花为柔荑花序；雌蕊有两心皮组成，子房下位，1室，基生1胚珠。核果或坚果；种子无胚乳。

8属，约50种，我国7属，25种。

分属检索表

1. 枝髓片状 …… 2
1. 枝髓充实 …… 4
2. 鳞芽；肉质核果 …… 胡桃属
2. 裸芽或鳞芽；坚果有翅 …… 3
3. 果为坚果状，果翅两侧伸展；雄花序单生叶腋，雄花花被不整齐 …… 枫杨属
3. 果具近圆形的果翅；雄花序数个集生叶腋，雄花花被整齐 …… 青钱柳属
4. 雄花序下垂；核果，外果皮木质，4瓣裂 …… 山核桃属
4. 雄花序直立；坚果有翅，果序球果状 …… 化香属

（1）胡桃属 *Juglans* L.

落叶乔木；小枝粗壮，具片状髓；鳞芽。奇数羽状复叶，互生，有香气。雄蕊8～40；子房不完全2～4室。核果大形，肉质，果核具不规则皱沟。

共约16种，产北温带；中国产4种，引入栽培2种。

分种检索表

1. 小枝无毛；小叶全缘近全缘，背面仅脉腋有簇毛；雌花序有1～3花 …… 胡桃
1. 小枝有毛；小叶有锯齿，，背面有毛；雌花序有5～10花 …… 2
2. 幼叶有腺毛，沿脉有星状毛，老叶仅叶脉有星状毛；雄花序长约10cm …… 胡桃楸
2. 幼叶密被星状毛，老叶散生星状毛，沿叶脉较密；雄花序长20～30cm …… 野胡桃

① 胡桃（核桃）*Juglans regia* L.

【形态】落叶大乔木，树冠广卵形。小叶5～9，椭圆形、卵状椭圆形至倒卵形，长6～14cm，基部钝圆或偏斜，全缘，幼树叶有锯齿，侧脉常15对以下，表面光滑，背面脉腋有簇毛，幼叶背面有油腺点。雄花为柔荑花序，侧生于去年枝，花被6裂，雄蕊20；雌花1～3（5）朵成顶生穗状花序，花被4裂。核果球形，径4～5cm。花期4～5月，果熟9～11月。（图11–55）

图11–55　胡桃

【分布】原产于我国新疆及阿富汗、伊朗，东北南部到华南均有栽培，以西北、华北最多。

【习性】喜光；喜温暖凉爽气候，耐干冷，不耐湿热。喜深厚、肥沃、湿润微酸性至微碱性土壤。

【繁殖】胡桃一般用播种和嫁接法繁殖。

【用途】胡桃是良好的庭阴树，可以孤植、丛植于草地和花园中，也可成片种植于风景疗养区。

② 野胡桃（野核桃）*Juglans cathayensis* Dode.

【形态】乔木，高达25m；树皮灰褐色，浅纵裂；小枝、叶柄、果实均密被褐色腺毛。小叶15～19，无柄，卵状长椭圆形，长8～15cm，先端渐尖，基部圆形或近心形，叶缘有细齿，有时全缘，两面有灰色星状毛，背面尤密。雄花序长20～30cm；雌花序具花5～10朵。核果卵形，先端尖，有腺毛；果核具6～8钝纵脊。花期4～5月，果熟期9～10月。（图11-56）

图11-56 野胡桃

【分布】产于陕西、甘肃、安徽、江苏、浙江、湖北、湖南、四川、云南等省。

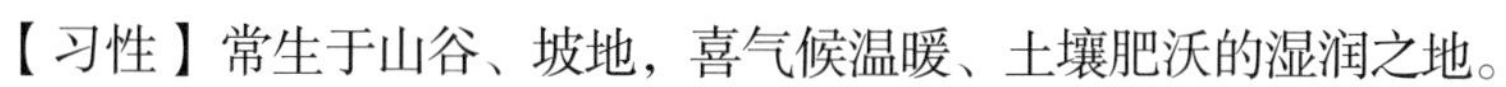

【习性】常生于山谷、坡地，喜气候温暖、土壤肥沃的湿润之地。

【繁殖】种子繁殖。

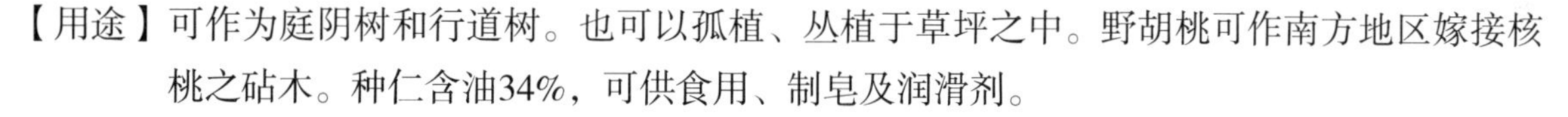

【用途】可作为庭阴树和行道树。也可以孤植、丛植于草坪之中。野胡桃可作南方地区嫁接核桃之砧木。种仁含油34%，可供食用、制皂及润滑剂。

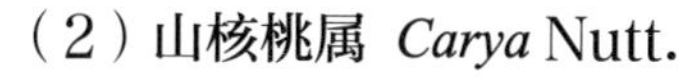

（2）**山核桃属** *Carya* Nutt.

落叶乔木。奇数羽状复叶互生，小叶有锯齿。雄花为3出下垂柔荑花序，花腋生于3裂苞片内，花萼3～6裂，雄蕊3～10；雌花2～10朵成穗状花序，无花萼，子房1室，外有4裂之总苞。核果，外果皮近木质，熟时开裂成4瓣，果核有纵棱脊。

约21种，产北美及东亚；中国产3种。

分种检索表

1. 裸芽，密被黄褐色腺鳞；小叶5～7个，背面密被黄褐色腺鳞；果卵圆形 ……………山核桃
1. 鳞芽，有毛；小叶11～17，无腺鳞，有毛；果长圆形 ……………………………薄壳山核桃

① 山核桃 *Carya cathayensis* Sarg.

【形态】落叶乔木，高达25～30m，胸径70cm；树冠开展，呈扁球形；干皮光滑，灰白色；裸芽、幼枝、叶被及果实均密被褐黄色腺鳞。小叶5～7，长椭圆状倒披针形，长7.5～22cm，锯齿细尖。果卵圆形，核壳较厚。花期4月，果熟期9月。（图11-57）

图11-57 山核桃

【分布】中国特产，分布于长江以南、南岭以北的广大山区和丘陵。

【习性】喜光，但较耐庇荫。喜温暖湿润、夏季凉爽、雨量充沛的山区环境；不耐寒，对土壤要求不严，较耐瘠薄。

【繁殖】播种或嫁接繁殖。

【用途】山核桃为中国南方山区重要木本油料和干果树种。果

核炒熟后可供食用，味香美；榨油为最好食用油之一。

② 薄壳山核桃 *Carya illinoensis* K.Koch.

图11-58　薄壳山核桃

【形态】落叶乔木，在原产地高达55m，胸径2.5m；树冠初为圆锥形，后变长圆形至广卵形；鳞芽被黄色短软毛。小叶11～17，为不对称之卵状披针形，常镰状弯曲，长9～13cm，无腺鳞。果长圆形，较大，核壳较薄。5月开花，10～11月果熟。（图11-58）

【分布】原产于美国及墨西哥；20世纪初引入我国，各地均有栽培，江浙一带较多。

【习性】喜光，喜温暖湿润气候，有一定的耐寒性，适于平原、河谷疏松质的沙质土及冲积土；耐水湿，不耐干燥瘠薄。对土壤酸碱度适应范围较广。

【繁殖】可用播种、嫁接、分根、扦插等方法繁殖。

【用途】是很好的城乡绿化树种，在长江中下游地区可栽作行道树、庭阴树或大片造林，是优良的木本油料和干果树种。

（3）枫杨属 *Pterocarya* Kunth.

落叶乔木；枝髓片状；冬芽有柄，裸露或具数个脱落鳞片。奇数羽状复叶，小叶有锯齿。雄花序单生于去年生枝，雄花具苞片，萼片1～4，雄蕊6～18；雌花序单生于新枝顶端，雌花有1苞片和2小苞片。果序下垂，坚果由2小苞片发育而成的翅。子叶2，4裂，出土。

共约9种，分布于北温带，我国产7种。

枫杨 *Pterocarya stenoptera* C.DC.

图11-59　枫杨

【形态】乔木，高达30m，胸径1.5m；枝具片状髓；裸芽密被褐色毛，下有叠生无柄潜芽。羽状复叶互生，小叶

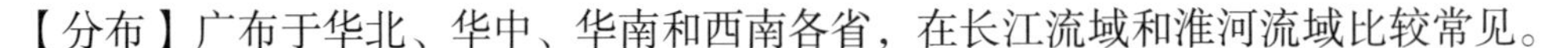

9～23，长椭圆形，长5～10cm，叶缘有细锯齿，顶生小叶有时不发育，叶轴有翼翅。果序下垂，长20～30cm；坚果近球形，具2长圆形果翅，长2～3cm。花期4～5月，果熟期8～9月。（图11-59）

【分布】广布于华北、华中、华南和西南各省，在长江流域和淮河流域比较常见。

【习性】喜光，喜温暖湿润气候，也较耐寒；耐湿性强，对土壤要求不严。

【繁殖】种子繁殖，9月果实成熟后采下晒干，去杂后藏至11月播种。

【用途】在长江流域、淮河流域多用于庭阴树或行道树。常作水边护岸固堤和防风林树种，也可以作工厂绿化用。

（4）青钱柳属 *Cyclocarya* Iljinsk.

仅1种，产于长江流域以南各省区。

青钱柳（青钱李、山麻柳、铜子柳）*Cyclocarya paliurus*（Batal.）Iljinskaja

图11-60 青钱柳

【形态】落叶乔木，高可达30m，奇数羽状复叶互生，具小叶7～9，革质，长5～14cm，宽2～6cm，无托叶。花单性，雌雄同株；雄花柔荑花序长7～18cm，常2～4条集生在短总梗上，雄蕊20～30；雌柔荑花序单独顶生，花被片4，生于子房上端，子房1室，花柱短，柱头2个。果序轴长25～30cm，果为坚果，周围有圆盘状翅，直径4～6cm，密生褐色细毛，翅上具有鳞状腺体。花期5～6月，9月果熟。（图11-60）

【分布】分布于广东、广西、贵州、四川、江西、浙江、安徽、陕西、河南等地。

【习性】生于山谷、丛林中，喜温暖湿润气候，偏酸性土壤。

【繁殖】常以种子繁殖。

【用途】适于山区、丘陵和南方城市绿化。树皮可用于造纸，可制取栲胶。

（5）**化香属** *Platycarya* Sieb. et Zucc.

落叶乔木；枝髓充实，鳞芽。奇数羽状复叶，小叶有齿。花无花被，雄花成直立腋生柔荑花序，雌花序球果状，顶生。小坚果有翅，生于苞腋内成一球状体。

共2种，产于我国和日本。

化香（化香树）*Platycarya strobilacea* Sieb.et Zucc.

图11-61 化香

【形态】落叶乔木；树皮灰色，浅纵裂。小叶7～19，卵状长椭圆形，长5～14cm，叶缘有重锯齿，基部歪斜。果序球果状，果苞内生扁平有翅小坚果。花期5～6月，果熟10月。（图11-61）

【分布】主要分布于长江流域及西南各省区，是低山丘陵常见树种。

【繁殖】常用种子繁殖。

【用途】在长江流域以南各省区及西南地区，常用于庭阴树或丘陵山区绿化树。可作为嫁接胡桃、山核桃和薄壳山核桃之砧木。

15. 杨梅科 Myricaceae

常绿或落叶，灌木或乔木。单叶互生，具芳香味，无托叶。花单性，雌雄同株或异株，无花被，柔荑花序；雄蕊4～8（2～16）；雌蕊2心皮，子房上位，1室1直生胚珠，柱头2。核果。

2属，约50种。

杨梅属 *Myrica* L.

常绿乔灌木。叶脉羽状，叶柄短。花常雌雄异株，雄花序圆柱形，雌花序卵圆形。

约50种，分布于温带至亚热带；中国有4种。

杨梅 *Myrica rubra* Sieb.et Zucc.

图11-62　杨梅

【形态】常绿乔木，高达12m；树冠整齐，近球形，树皮暗灰黄色，老时浅纵裂；幼枝及叶背有黄色小油腺点。叶倒披针形，长4～12cm，先端较钝，基部狭楔形，全缘或近端部有浅齿；叶柄长0.5～1cm。雌雄异株，雄花序紫红色。核果球形，径1.5～2cm，深红色或紫、白色。花期3～4月，果熟期6～7月。（图11-62）

【分布】产于长江以南各省区，以江、浙栽培最多；日本、朝鲜及菲律宾也有分布。

【习性】中性树，稍耐阴，不耐烈日直射；喜温暖湿润气候；适于在酸性土壤、中性和微碱性土中生长。

【繁殖】用播种、压条及嫁接等方法繁殖。

【用途】杨梅枝叶繁茂，初夏红果累累，是园林绿化结合生产的优良树种。适于孤植、丛植于庭院，也可作行道树。

16．山毛榉科（壳斗科）Fagaceae

落叶或常绿乔木。单叶互生，侧脉羽状，托叶早落。花单性同株，单被花，雄花序多为柔荑花序；雌花1～3朵生于总苞中，子房下位3～6室，每室内有1～2个胚珠；总苞在果实成熟时木质化，形成盘状、杯状或球形之壳斗，外有刺或鳞片。每壳斗有1～3个坚果。

8属，约900种，主产于北半球温带、亚热带和热带。我国产6属，约300种。

分属检索表

1. 雄花序为头状花序；总苞3～4裂；小坚果横断面三棱形 ……………………………水青冈属
1. 雄花序为直立或斜伸之葇荑花序 ………………………………………………………… 2
2. 雄花序为直立葇荑花序；雄花具退化雌蕊；总苞内含1～3坚果 ……………………… 3
2. 雄花序为下垂葇荑花序；雄花无退化雌蕊；总苞内含1坚果 ………………………… 5
3. 落叶，枝无顶芽；总苞球状，密被分叉针刺，内含1～3坚果 ……………………………栗属
3. 常绿，枝具顶芽 ……………………………………………………………………………… 4
4. 总苞球状，稀杯状，内含1～3坚果；叶2裂，全缘或有齿，果脐隆起……………………栲属
4. 总苞成盘状或杯状，稀球状，内含1坚果；叶不为2裂，全缘，，果脐凹陷…………石栎属
5. 总苞的鳞片结合成多条环状；常绿 ……………………………………………………青冈栎属
5. 总苞之鳞片分离，不结合成环状；多为落叶性 ……………………………………………栎属

（1）栗属 *Castanea* Mill.

落叶乔木，稀灌木；枝无顶芽，芽鳞2～3。叶二列，叶缘有芒状锯齿。雄花序维直立或斜伸成柔荑花序；雌花生于雄花之基部或单独成花序；总苞（壳斗）球形，密被长针刺，熟时开裂，内含有1～3大形褐色坚果。

约12种，分布于北温带；中国产3种。

分种检索表

1. 坚果单生于总苞内，卵圆形，先端尖；雌花单独成花序，小枝无毛 ……………………锥栗

1. 总苞内含1～3坚果，坚果一侧扁平，雌花常生于雄花序基部；小枝至少幼时有毛 ………………………………… 2
2. 总苞较大，直径6～8 cm，叶柄长1.2～2 cm，叶被有灰白色柔毛 ……………………………………………………… 板栗
2. 总苞较小，直径3～4 cm，叶柄长不到1 cm，叶被有鳞片状腺点 ……………………………………………………… 茅栗

① 板栗 *Cagtanea mollissima* Blume

【形态】乔木，高达20m；树冠扁球形，树皮灰褐色，交错纵深裂。叶椭圆形至椭圆状披针形，长9～18cm，先端渐尖，基部圆形或广楔形，叶缘齿尖芒状，背面常有灰白色柔毛。雄花序直立；总苞球形，直径6～8cm，密被长针刺，内含1～3坚果。花期5～6月，果熟期9～10月。（图11–63）

图11–63 板栗

【分布】东北至两广、云南等省区均有栽培，以华北和长江流域栽培较集中，其中河北省是著名产区。

【习性】喜光树种，北方品种较耐寒、耐旱；南方品种则喜温暖而不怕炎热。适于土层深厚湿润、含有机质多的酸性或中性沙质土壤。

【繁殖】主要用播种、嫁接法繁殖，分蘖亦可。

【用途】板栗在公园、草坪孤植或群植均适宜，是山区、坡地绿化的优良树种。栗果营养丰富，是优良的副食品，被称为“铁杆庄稼”。板栗叶可养蚕，树皮、果苞可提取栲胶。

② 茅栗 *Castanea seguinii* Dode

【形态】小乔木，常呈灌木状，高达15m；小枝有灰色绒毛。叶长椭圆形至倒卵状长椭圆形，长6～14cm，齿端尖锐或短芒状，叶背有鳞片状黄褐色腺点；叶柄长0.6～1cm。总苞较小，径3～4cm，内含有2～3坚果。花期5月，果9～10月成熟。

【分布】主要分布于长江流域及其以南地区，山野荒坡习见，多呈灌木状。

【习性】喜温，抗旱，病虫少。

【繁殖】播种繁殖。

【用途】茅栗在公园孤植或群植均适宜，是丘陵、坡地绿化的优良树种，是嫁接板栗的优良砧木。果小，香甜可食。木材可制家具；树皮可提制栲胶。

（2）栲属（苦槠属）*Castanopsis* Spaach

常绿乔木；枝具顶芽，芽鳞多数。叶二列，革质。雄花序细长直立，雄花常3朵聚生，萼片5～6，雄蕊10～12个；子房3室，总苞多近球形，外部具刺。坚果1～3个，翌年或当年成熟。

约130种，主产亚洲，以东亚和亚热带为分布中心；我国产70种。

分种检索表

1. 叶长椭圆形，叶长7～14cm，中上部有齿，背面有灰白色或浅褐色蜡层 ……………… 苦槠
1. 叶卵形、卵状长椭圆形至披针形，叶长5～13cm，全缘或顶端有疏钝齿，无毛 ……… 甜槠

图11-64　苦槠

① 苦槠（苦槠栲、苦栗）*Castanopsis sclerophylla*（Lindl.）Shott.

【形态】常绿乔木，高达20m；树冠圆球形，树皮暗灰色，纵裂；小枝绿色，无毛，常有棱沟。叶长椭圆形，长7～14cm，中上部有齿，背面有灰白色或浅褐色蜡质，革质。雄花序穗状，直立。坚果单生于球形总苞内，总苞外有环列状瘤状苞片；果苞成串生于枝上。花期5月，果实10月成熟。（图11-64）

【分布】主产于长江以南各省区，多生于海拔1000m以下的丘陵地区。

【习性】喜雨量充沛和温暖气候，耐阴，喜中性和酸性土，较耐干旱和瘠薄。

【繁殖】播种繁殖，10月采种，秋播或春化处理后到2～3月播种。

【用途】本种枝叶繁茂，树冠圆浑，适于孤植、丛植、坡地成片栽植。可作为风景林或花木的背景林。适宜作工厂绿化及防护林带。果实富含淀粉、糖、蛋白质和脂肪，含单宁较多，浸提后可以食用，果苞可提取栲胶。

② 甜槠（甜槠栲、石栗）*Castanopsis eyrei*（Camp.exbenth.）Tutch.

【形态】常绿乔木，高达20m。叶卵状椭圆形至披针形，长5～13cm，宽1.5～5.5cm，先端渐尖或尾尖，基部楔形至圆形，无毛，侧脉12～14对。雄花序穗状；雌花单生于总苞内。壳斗卵形至球形，3瓣裂，直径1.5～2.5cm；苞片刺形，长5～7mm，基部合生成束，有时单生，排成间断的4～6环，坚果宽卵形至球形，直径1～1.4cm，无毛。

【分布】除云南和海南外，广布长江以南各省区，多生于海拔200～1300m的混交林中。

【习性】喜光，适于雨量充沛的温暖气候，喜中性土和酸性土，亦耐干旱和瘠薄。

【繁殖】播种繁殖。

【用途】甜槠枝叶繁茂，冠形美观，适于长江以南地区平原、丘陵、山区种植。果实可以生食。

（3）**石栎属** ***Lithocarpus*** **Bl.**

常绿乔木。叶螺旋状互生，全缘，稀锯齿。雄花序直立；雌花在雄花序的下部，子房下位，3室，每室2胚珠。总苞盘状或杯状，稀球形；内含1坚果，翌年成熟。

约300种，主产东南亚；我国有100种，分布于长江以南各省区。

石栎（柯）*Lithocarpus glaber*（Thunb.）Nakai.

【形态】常绿乔木，高达20m；树冠半球形，树皮青灰色，不裂；小枝密生灰黄色绒毛。叶卵长椭圆形，长8～12cm，宽1.5～5.5cm，先端尾状尖，基部楔形，全缘或近顶端略有钝齿，厚革质，背面有灰白色蜡质，侧脉6～10对，叶脉粗壮。总苞浅碗状，鳞片三角形，坚果椭圆形，具白粉。花期8～9月，果实翌年9～10月成熟。（图11-65）

图11-65　石栎

【分布】产于长江流域各省区，常生于500m以下的丘陵地区。
【习性】喜光稍耐阴，喜温暖湿润气候，耐干旱和瘠薄。
【繁殖】种子繁殖。
【用途】适宜作庭阴树，在草坪中孤植、丛植、在丘陵、山坡片植；也可作其他花木的背景树。

图11-66 青冈栎

（4）**青冈栎属** *Cyclobalanopsis* Oerst.

常绿乔木；小枝有顶芽，侧芽常集生于近端处，芽鳞多数。雄花序下垂；雌花花柱3～6个。总苞杯状或盘状，鳞片结合成数条环带。坚果当年或翌年成熟。

约150余种，主产亚洲热带和亚热带；我国70余种，多分布于淮河以南各省区。

青冈栎 *Cyclobalanopsis glauca*（Thunb.）Oerst.

【形态】常绿乔木，高达22m；树皮平滑不裂；小枝青褐色无棱，幼时有毛。叶圆形或倒卵状长椭圆形，长6～13cm，先端渐尖，基部广楔形，边缘上半部有疏齿，背面灰绿色，有平伏毛，侧脉8～12对，叶柄长1～2.5cm。总苞单生或2～3个集生，杯状，鳞片结合成5～8条环带。坚果卵形或近球形，无毛。花期4～5月，果实10～11月成熟。（图11-66）
【分布】主产于长江流域各省区，北至河南、陕西及甘肃南部。
【习性】喜光稍耐阴，喜温暖多雨气候，喜生于山地，深根性，耐修剪。
【繁殖】播种繁殖。
【用途】本种枝叶繁茂，树姿优美，终年常青，是良好的绿化、观赏及造林树种。

（5）**栎属** *Quercus* L.

落叶或常绿乔木，稀灌木；枝有顶芽，芽鳞多数。叶缘有锯齿或波状，稀全缘，雄花序为下垂柔荑花序。坚果单生，总苞盘状或杯状，其鳞片离生，不结合成环状。

共约350种，主要分布在北半球温带、亚热带，我国有110种。

分种检索表

1. 叶卵形披针形，锯齿尖芒状；总苞鳞片粗刺状；果翌年成熟 ………………………… 2
1. 叶倒卵形，边缘波状或波状裂，无芒齿；果当年或翌年成熟 ……………………… 3
2. 叶背密被灰白色毛；小枝无毛；树皮有厚木栓层 ……………………………………栓皮栎
2. 叶背淡绿色，无毛或略有毛；小枝幼时有毛；树皮坚硬，深纵裂 ……………………麻栎
3. 小枝及叶背密被毛，叶无柄或极短；总苞鳞片披针形，显著反卷 ……………………槲树
3. 小枝及叶背无毛或疏生毛，叶有柄；总苞鳞片细鳞状或小瘤状 ………………………… 4
4. 叶背面有毛 ……………………………………………………………………………………… 5
4. 叶背无毛，或仅沿叶脉有疏毛 ……………………………………………………………… 6
5. 小枝密生绒毛；叶柄短，长3～5mm，被黄褐色绒毛 …………………………………白栎
5. 小枝无毛；叶柄长1～3cm，无毛；叶端钝或微凹 ……………………………………槲栎

6. 叶之侧脉8～15对；叶柄无毛；总苞鳞片背部呈瘤状突起……………………………蒙古栎
6. 叶之侧脉5～10对；小枝有灰色星状短绒毛，果翌年成熟……………………………乌冈栎

① 栓皮栎（花栎树、粗皮栎、橡树）*Quercus variabilis* Blume.

【形态】落叶乔木，高达25m；树皮灰褐色，纵深裂，木栓层特厚，小枝淡黄褐色，无毛；冬芽圆锥形。叶长椭圆形或长椭圆状披针形，长8～15cm，先端渐尖，基部楔形，叶缘有刺芒状锯齿，背面有灰白色星状毛。雄花序单生或双生于当年生枝叶腋。总苞杯状，鳞片反卷，有毛，坚果卵球形或椭圆形。花期5月，果实翌年9～10月成熟。

【分布】分布很广，辽宁至两广、云南、贵州。鄂西、秦岭、大别山区为其分布中心。

【习性】本种喜光，常生于山地阳坡，对气候和土壤适应性强，耐旱、耐瘠薄，

【繁殖】播种或分蘖法繁殖。

【用途】是良好的观赏树种。孤植、丛植，或与其他树混交成林，树皮不易燃烧，是营造防风林和防火林的优良树种。种子富含淀粉，总苞可以提取单宁和黑色染料。

② 麻栎（细皮栎、橡树）*Quercus acutissima* Carr.

【形态】落叶乔木，高达25m，胸径1m；树皮交错纵裂；小枝黄褐色，幼时有毛，后脱落。叶长椭圆状披针形，长8～18cm，先端渐尖，基部近圆形，边缘上半部有刺芒状锐锯齿，背面绿色，无毛或近无毛。坚果球形；总苞碗状，鳞片木质刺状，反卷。花期5月，果实翌年10月成熟。（图11–67）

图11–67 麻栎

【分布】在我国分布很广，南至两广，北至东北南部，西至甘肃、四川、云南等省区。

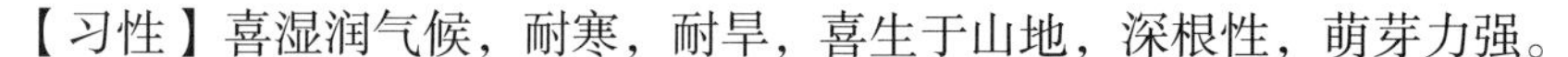

【习性】喜湿润气候，耐寒，耐旱，喜生于山地，深根性，萌芽力强。

【繁殖】播种繁殖或萌芽更新。

【用途】绿化用途同栓皮栎。叶子可养柞蚕，种子富含淀粉，可入药、作饲料或酿酒。

③ 白栎 *Quercus fabri* Hance

【形态】落叶乔木，高达20m；小枝密生灰色至灰褐色绒毛。叶倒卵形至椭圆状倒卵形，长7～15cm，先端钝或短渐尖，基部楔形至窄圆形，叶缘有波状粗锯齿，背面灰白色，密被星状毛，网脉明显，侧脉8～12对，叶柄短，仅3～5mm，被黄褐色绒毛。总苞碗状，鳞片形小，坚果长椭圆形。花期5月，果实10月成熟。

【分布】广布于淮河以南、长江流域及西南各省区，多生于山坡杂木林中。

【习性】喜光，喜温暖气候，在肥沃湿润处生长良好，萌芽力强，耐干旱瘠薄。

【繁殖】播种繁殖或萌芽更新繁殖。

【用途】本种是淮河以南地区良好的观赏树种。孤植、丛植，或与其他树混交成林。种子含淀粉，树皮及总苞含单宁，可提取栲胶。

④ 槲栎 *Quercus aliena* Blmne

【形态】落叶乔木，高达25m，胸径1m；树冠广卵形，小枝无毛，芽有灰毛。叶倒卵形至椭圆形，长10～22cm，先端钝圆，基部耳或圆形，叶缘有波状缺刻，侧脉10～14对，背面

灰绿色，有星状毛，叶柄长1～3cm。总苞碗状，鳞片短小，坚果长椭圆形。花期4～5月，果实10月成熟。

【分布】广布于辽宁、华北、华中、华南及西南各省区。

【习性】喜光，稍耐阴，耐寒、耐瘠薄，喜酸性和中性的潮湿土壤。

【繁殖】播种繁殖。

【用途】是良好的观赏树种，是暖温带落叶阔叶林的主要树种之一。幼叶可饲养柞蚕。

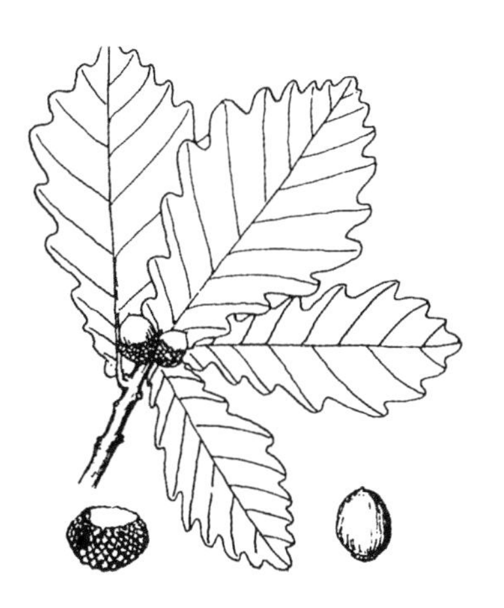

图11-68 蒙古栎

⑤ 蒙古栎（柞树）*Quercus mongolica* Fisch.

【形态】落叶乔木，高达30m；小枝粗壮，栗褐色，无毛。叶常集生于枝顶，倒卵形，长7～20cm，先端钝圆，基部窄或近耳形，叶缘有深波状缺刻，侧脉8～15对，仅背面脉上有毛；叶柄短，仅2～5mm，疏生绒毛。坚果卵形，总苞浅碗状，鳞片呈瘤状。花期5～6月，果实9～10月成熟。（图11-68）

【分布】广布东北、内蒙古、华北、西北地区，在华中有少量分布。

【习性】本种喜光，耐寒性强，喜凉爽气候，耐干旱、瘠薄，喜酸性和中性土。

【繁殖】播种繁殖。

【用途】是华北地区主要的荒山造林树种。幼叶可饲养柞蚕，种子含淀粉，可作饲料。

图11-69 乌冈栎

⑥ 乌冈栎 *Quercus phillyraeoides* A.Gray.

【形态】落叶灌木至小乔木，高4～7m；小枝幼时有灰色星状短绒毛。叶卵形至长椭圆状倒卵形，长2.5～6cm，宽1.5～3cm，先端钝圆，叶柄长3～5mm，被粗绒毛。壳斗杯状，包围坚果1/3～1/2，直径1～1.2cm，高约8 mm；苞片宽卵形，有灰色细绒毛；坚果两年成熟，果脐隆起。（图11-69）

【分布】分布于长江中下游和南部各省区，陕西也有分布。

【习性】喜光，喜温暖湿润气候，在肥沃偏酸性土壤中生长良好。

【繁殖】播种繁殖。

【用途】荒山造林、绿化树种。种子含淀粉；壳斗和树皮含鞣质。

（6）**水青冈属** ***Fagus*** **L.**

落叶乔木。叶缘波状或有锯齿，脉直伸。雄花序头状，柄细长，花被钟状，5～7裂，雄蕊8～16个，雌花每朵生于1个具长柄的总苞中，花被5～6裂，与子房合生，子房下位，3室，柱头3裂。坚果三棱形，栗褐色，常2个包于1总苞中。

约16种，分布于北半球温带。我国有10种和1变种。

分种检索表

1. 叶卵形或卵状披针形；叶柄长1～2.5cm；壳斗4瓣裂，长1.8～3cm，密被灰褐色绒毛；苞片钻形，极短 ……………………………………………………………………………水青冈
1. 叶倒卵形或椭圆形；叶柄长4～12mm；壳斗4瓣裂，长1～1.5cm；苞片稀疏，条形，绿色，具脉 ……………………………………………………………………………米心水青冈

① 水青冈（长柄水青冈、长柄山毛榉）*Fagus longipetiolata* Seem.

【形态】落叶乔木，高达25m。叶薄革质，卵形或卵状披针形，长6～15cm，宽3～6.5 cm，先端渐尖，基部宽楔形或近圆形，边缘疏有锯齿，表面无毛，背面幼时有近伏贴的绒毛，侧脉9～14对，直达齿端，叶柄长1～2.5cm。雄花序头状，下垂。壳斗4瓣裂，长1.8～3cm，密被灰褐色绒毛；苞片钻形，长4～7mm，下弯成S形，总梗细，长1.5～7cm，无毛。坚果具3棱，有黄褐色微柔毛。花期4～5月，果熟期8～9月。

【分布】广布于云、贵、两广、江西、安徽和陕西，生于1000～2000m的阴湿山坡上。

【习性】喜光，喜温暖湿润气候，在偏酸性土壤的丘陵、山地生长良好。

【繁殖】播种繁殖。

【用途】树叶优雅，树形美观，是在分布区域内的主要荒山造林和绿化树种。

② 米心水青冈（米心树）*Fagus engleriana* Seem.

【形态】落叶乔木，高达23m；有黄褐色微柔毛。叶纸质，倒卵形或椭圆形，长5～9 cm，宽2～4.5cm，先端渐尖，基部钝楔形或圆形，边缘有波状圆齿，背面幼时有长绒毛，侧脉10～13对，近叶缘处上弯；叶柄长4～12mm。雄花序头状下垂；雌花两朵生于总苞内；壳斗4瓣裂，裂片较薄，长1～1.5cm；苞片稀疏，条形，有时2～3叉，基部呈匙形，绿色具脉，有时2浅裂，或不具绿色苞片；总梗长3～5cm。坚果具3棱，被有黄褐色微柔毛。花期4月，果熟期8～10月。

【分布】分布于云南东北部、四川、陕西秦岭以南、湖北西部和安徽黄山。

【习性】喜光，喜温暖湿润气候，在肥沃阴湿的丘陵、山坡生长良好。

【繁殖】播种繁殖。

【用途】本种是在分布区域内的主要荒山造林树种。

17．桦木科 Betulaceae

落叶乔木或灌木。单叶互生，托叶早落。花单性同株；雄花为下垂柔荑花序，1～3朵生于苞腋，雄蕊2～14；雌花为球状、穗状或柔荑状，2～3朵生于苞腋，雌蕊有2心皮组成，子房下位，2室，每室有1倒生胚珠。

6属，约200种，主产于北半球温带及较冷地区。

分属检索表

1. 小坚果扁平，具翅，包藏于木质鳞片状果苞内，组成球状或柔荑状果序；雄花萼片4裂，雄蕊2～4 ……………………………………………………………………………2
1. 坚果卵形或圆形，无翅，包藏于叶状或囊状草质总苞内，组成簇生或穗状花序；雄序无被，雄蕊3～4 ……………………………………………………………………………3
2. 果苞薄，3裂，脱落；冬芽无柄 ……………………………………………桦木属

2. 果苞厚，木质，5裂，宿存；冬芽常有柄 ……………………………………………赤杨属
3. 果实小而多数，集生成下垂之穗状，总苞叶状 ……………………………………鹅耳枥属
3. 果实较大，直径1cm，囊状或刺状总苞 ……………………………………………榛属

（1）桦木属 *Betula* L.

落叶乔木；树皮光滑。叶片三角形。雄花有花萼，1～4齿裂，雄蕊2，花丝2深裂，各具1花药；雌花无花被，每3朵生于苞腋。小坚果较扁，常具膜质翅；果苞革质3裂，脱落。

约100种，只产北半球；我国有26种。

分种检索表

1. 树皮白色；小枝具腺毛；叶三角状卵形，无毛，侧脉5～8对：果翅宽于坚果 …………白桦
1. 树皮橘红或肉红色，层裂；冬芽常无毛，叶具侧脉9～14对：果翅与坚果等宽…………红桦

① 白桦 *Betula platyphylla* Suk.

【形态】落叶乔木，高25m；树冠卵圆形，树皮白色，纸状剥离，皮孔黄色；小枝无毛，红褐色，外被白色蜡层。叶三角状或菱状卵形，长2.5～6cm，宽1.5～3cm，先端钝圆，急尖至短渐尖，基部广楔形，叶缘有不规则的重锯齿，侧脉5～8对，无毛或脉腋有毛。果序单生，下垂，圆柱形，坚果小，两侧具有宽翅。花期5～6月，8～10月成熟。（图11-70）

图11-70 白桦

【分布】分布在东北及华北地区；垂直分布在东北海拔1000m以下的山坡上。

【习性】强阳性，耐严寒，喜酸性土，耐瘠薄，适应性强，能在沼泽地、干燥阳坡、湿润阴坡生长良好。

【繁殖】播种繁殖。

【用途】本种可孤植、丛植于庭院、公园、草坪、湖滨，也可在丘陵坡地成片栽培，组成风景林。树皮可提取桦油，可做化妆品香料用。

② 红桦（纸皮桦）*Betula albo-sinensis* Bunk.

【形态】落叶乔木，高30m；树皮橘红色或红褐色，纸状多层剥离，小枝紫褐色，无毛。叶卵形或椭圆状卵形，长5～10cm，先端渐尖，基部广楔形，叶缘具不规则重锯齿，侧脉9～14对，沿脉常有毛，果穗单生，稀两个并生，短圆柱形，直立，果翅较坚果稍窄，约为2/3～1/2。（图11-71）

图11-71 红桦

【分布】分布于河北、山西、甘肃、湖北、四川及云南等省。

【习性】较耐阴，耐寒冷，喜湿润，多生于高山阴坡及半阴坡。

【繁殖】播种繁殖。

【用途】本种是分布区域内的主要荒山造林树种。

（2）赤杨属 *Alnus* B. Ehrh.

落叶乔木或灌木；树皮鳞状开裂，冬芽有柄。单叶互生，多具单锯齿。雄花具4深裂的花萼；雄花无花被，每2朵生于苞腋。果序球果状，坚果小而扁，两侧有窄翅。

约30种，产北半球寒温带至亚热带。我国有10种。

分种检索表

1. 小枝无树脂点；果序单生；叶倒卵形至椭圆形 ……………………………………………桤木
1. 小枝有树脂点；果序2～6个集生；叶狭椭圆形至椭圆状披针形 …………………………赤杨

① 桤木 *Alnus cremastogyne* Burkill.

【形态】落叶乔木，高25m；树皮褐色，幼时光滑，老时斑状开裂；小枝较细，幼时被灰白色毛，后渐脱落。叶倒卵形至到卵状椭圆形，长6～17cm，基部楔形或近圆形，叶缘疏生细齿，雌雄花序均单生。果序下垂，果梗长2～8cm，果翅膜质宽为果之1/2。花期3月，果熟期8～10月。（图11-72）

图11-72　桤木

【分布】分布于四川、贵州和陕西等地。

【习性】喜光，喜温湿气候，耐水湿，对土壤的适应性强，在较干燥的荒山、荒地及酸性、中性土壤中生长良好。

【繁殖】播种繁殖。

【用途】是分布区域内优良护岸固堤树种，又是丘陵、山地的绿化速生用材树种。

② 赤杨 *Alnus japonica* Sieb.et Zucc.

【形态】落叶乔木，高25m，胸径60cm；小枝无毛，具树脂点。叶长椭圆披针形，长3～10cm，先端渐尖，基部楔形，叶缘具细尖单锯齿，背脉隆起并有腺点。果序椭圆形或卵圆形，长1.5～2cm，2～6个集生于一总柄上。花期3月，果熟期7～8月。（图11-73）

图11-73　赤杨

【分布】产中国东北南部及山东，江苏、安徽等省，日本亦产之。

【习性】喜光，耐水湿，生长快。多生于沟谷及河岸低湿处。

【繁殖】播种或分蘖繁殖。

【用途】本种适于湿地、河岸、湖畔绿化用，能起到护岸、固土及改良土壤的作用。

（3）榛属 *Corylaceae* L.

落叶乔灌木。单叶互生，具不规则重锯齿或缺裂。雄花簇生或单生，无花被，雄蕊4～8，花丝2叉，花药有毛。坚果较大，球形或卵形，被囊状或刺状总苞包被。

约20种，分布于北温带，中国产7种。

分种检索表

1\. 总苞钟状，坚果外露，叶短带有小浅裂，并呈平截状 …… 榛
1\. 总苞管状或瓶状，坚果藏于其内，总苞上部深裂；叶无小裂片 ………………………………………………………… 华榛

图11-74 榛

① 榛（平榛）*Corylus heterophylla* Fisch.ex Bess.

【形态】灌木或小乔木，高达7m；树皮灰褐色，有光泽，小枝有腺毛。叶形多变，卵圆形至广卵形，长4～13cm，先端突尖，近截形或有凹缺及缺裂，基部心形，叶缘有不规则重锯齿，背面有毛。坚果常3枚簇生，总苞钟状，端部6～9裂。花期4～5月，果熟9月。（图11-74）

【分布】产中国东北、内蒙古、华北、西北山地，俄罗斯、朝鲜、日本亦有分布。

【习性】喜光，耐寒，喜肥沃及酸性土壤，在钙质土、轻度盐碱土及干燥瘠薄之地均可生长。

【繁殖】播种或分蘖繁殖。

【用途】本种是北方山区绿化及水土保持的主要树种，种子可食用，榨油及药用。

② 华榛 *Corylus chinensis* Franch.

【形态】落叶大乔木，高达30～40m，胸径2m；幼枝密被毛及腺毛。叶广卵形至卵状椭圆形，长8～18cm，先端渐尖，基部心形，略偏斜，叶缘有不规则钝齿，背面叶脉上密生淡黄色短柔毛。坚果常3枚聚生，总苞瓶状，上部深裂。（图11-75）

图11-75 华榛

【分布】产云南、四川、湖北、甘肃、河南等省山地。

【习性】喜温湿润气候及深厚肥沃的中性或酸性土壤。

【繁殖】用种子、压条或分根法繁殖。

【用途】本种用于园林中栽培观赏，适于溪边、草坪及坡地种植。

（4）**鹅耳枥属** *Carpinus* L.

落叶乔灌木。单叶互生，叶缘常具细尖重锯齿，羽状脉整齐。雄花无花被，雄蕊3～13，花丝2叉，花药有毛。小坚果卵圆形，有纵纹，每2枚着生于叶状果苞基部，果序穗状，下垂，果苞不对称，浅绿色，有锯齿。

约60种，分布于北温带，主产东亚，中国约产30种，广布南北各省区。

分种检索表

1\. 小枝细，有毛，冬芽红褐色；叶卵形，侧脉8～12对；坚果卵圆形 ………………………………………………… 鹅耳枥

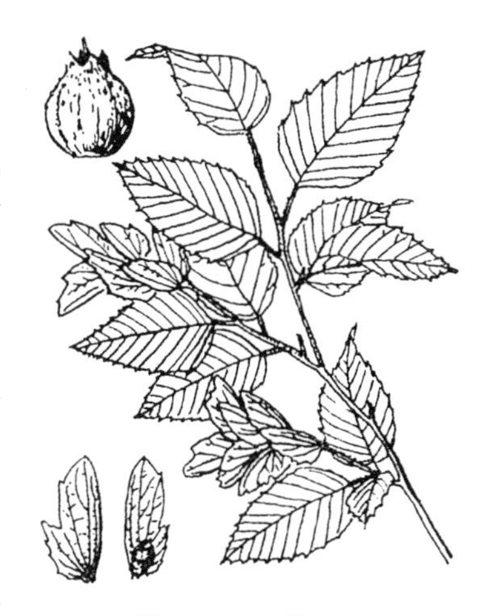

图11-76 鹅耳枥

1. 小枝疏被长柔毛；叶矩圆形卵状，侧脉15～20对；果苞无毛，小坚果矩圆形 ………千金榆

① 鹅耳枥 *Carpinus turczaninowii* Hance.

【形态】灌木状或小乔木，高达5m；树冠紧密而不整齐，树皮灰褐色，浅裂，小枝细，有毛，冬芽红褐色。叶卵形，长3～5cm，先端渐尖，基部圆形或近心形，叶缘有重锯齿，表面光亮，背面脉腋及叶柄有毛，侧脉8～12对。果穗稀疏，下垂，果苞叶状，偏长卵形，一边全缘，一边有齿，坚果卵圆形，具肋条，疏生油腺点。花期4～5月，果熟期9～10月。（图11-76）

【分布】广布于东北南部、河北及西南各省。

【习性】稍耐阴，喜生于背阴之山坡及沟谷中，喜中性及石灰质土壤，耐干旱瘠薄。

【繁殖】种子繁殖或萌蘖更新繁殖。

【用途】本种枝叶茂密，叶形秀丽，幼叶亮红色，可植于庭院观赏，尤宜制作盆景。

② 千金榆 *Carpinus cordata* Bl.

【形态】乔木；小枝疏被长柔毛。叶卵形至矩圆形卵状，稀倒卵形，长8～15cm，边缘具重锯齿，侧脉15～20对。果序长5～12cm，宽4cm，果苞宽卵状矩圆形，无毛，内缘上部具有不规则疏锯齿，外缘大部分内侧折，内缘基部具有1大而内折的裂片，裂片包着小坚果，小坚果矩圆形，棕色，长4～6mm，具肋多条。（图11-77）

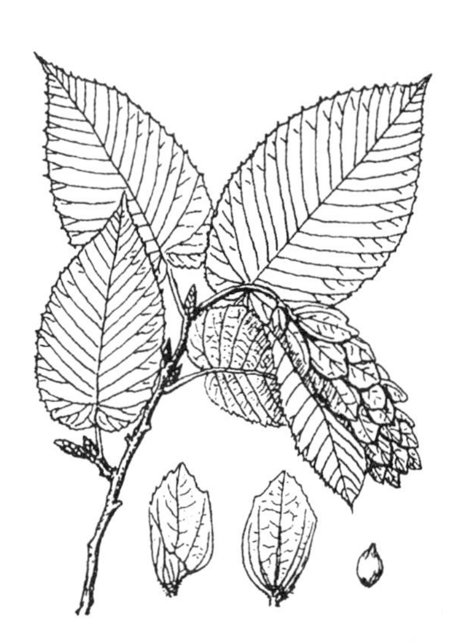

图11-77 千金榆

【分布】分布于东北、华北，朝鲜和日本也有分布。

【习性】稍耐阴，喜生于山地阴坡或山谷杂林种，喜中性及石灰质土壤，耐干旱瘠薄。

【繁殖】种子繁殖。

【用途】本种是分布区域的丘陵、山地的造林树种。种子可榨油，又可制作润滑油。

18．紫茉莉科 Nyctaginaceae

草本、灌木或乔木。单叶全缘，无托叶。花两性，辐射对称，单生、簇生或成聚伞花序；苞片、萼片5裂或离生，常宿存，稀无苞；花被单层，花瓣状，3～5裂，花被筒部钟形、管形或高脚碟片；雄蕊3～30个，分离或基部合生；子房上位，1室，有基生直立胚珠1个。瘦果，有时具翅，包于花被内。

约30属，300余种。

图11-78 叶子花

叶子花属 *Bougainvillea* Comm.

藤状灌木；茎多具枝刺。叶互生。花常3朵聚生，为红色、紫色的叶状大苞片所包围，花被管状，5～6裂，雄蕊5～10，子房具柄。瘦果具5棱。

约12种，分布于拉丁美洲。我国引种有2种及数个变种。

叶子花（红花九重葛、三角花、毛宝巾）*Bougainvillea spectabilis* Willd.

【形态】藤本；枝密生柔毛；刺生于叶腋。叶椭圆形，密生柔毛，叶柄长1～2.5cm。顶生或腋生花序圆锥状，花常3朵聚生，各有一枚叶形大苞片，椭圆状卵形，长3～3.5cm，鲜红色；花被管状，先端5～6裂，长1.5～2cm，密生柔毛，淡绿色。瘦果有5棱。华南多于冬春开花，长江流域花期6～12月。（图11-78）

【变种】砖红叶子花var. *lateritia* Lem.苞片为砖红色。

【分布】原产于巴西，后引进我国种植。

【习性】喜温暖湿润气候及深厚肥沃的中性或酸性土壤。

【繁殖】种子繁殖。

【用途】优美庭院观赏植物，在华中、华南各城市公园均有栽培，北方温室栽培。

19．芍药科 Paeoniaceae

宿根草本或落叶灌木。叶互生，2回羽状复叶或分裂。花大，单生或数朵，红色、白色或黄色；花萼5，雄蕊多数，心皮2～5，离生。蓇葖果成熟时开裂，具数枚大粒种子。

芍药属（牡丹属）*Paeonia* L.

芍药属的形态特征同芍药科。

分种检索表

1. 花瓣无紫斑；叶背面无毛 ……………………………………………………………………牡丹
1. 花瓣内面基部有紫斑；叶背面散生柔毛 ……………………………………………紫斑牡丹

① 牡丹（富贵花、木本芍药、洛阳花）*Paeonia suffruticosa* Andr.

【形态】落叶灌木，枝多而粗壮，高2m。2回羽状复叶，顶生小叶倒卵形，长4.5～8cm，3裂至中部，侧生小叶狭卵形，2～3浅裂或不裂，叶背有白粉，平滑无毛。花大，单生于枝顶，直径10～30cm，单瓣或重瓣，花型有多种，花色丰富，雄蕊多数，心皮5，有毛，其周围为花托所包。果长圆形，密生黄褐色硬毛。花期4～5月，果期9月。（图11-79）

牡丹花型花色丰富，品种繁多，已达500多个，以花型为主分为单瓣类、半重瓣类、重瓣类3类11个花型。以河南洛阳、山东菏泽的牡丹最著名，有“洛阳牡丹甲天下”之美誉。

【分布】原产我国西部及北部。全国各地均有栽培。

【习性】喜光但忌曝晒，喜温暖湿润而不酷热的气候，在弱阴下生长良好。适于肥沃的中性或微碱性土壤。

【繁殖】可用播种、分株和嫁接法繁殖。

【用途】牡丹国色天香，雍容华贵，多用于公园栽培，可孤植、丛植、片植于庭院中，或与山石配植，也可以作盆栽观赏或作切花栽培。牡丹根可入药称丹皮，有清热、凉血散瘀之功能。

图11-79 牡丹

② 紫斑牡丹 *Paeonia papaveracea* Andr.

【形态】灌木，高2m。2回羽状复叶，小叶长2.5～4cm，不裂或少3裂，叶背沿叶脉疏生黄色柔毛。花直径约15cm，单瓣型，白或粉色，在花瓣基部有紫红色斑点；子房密生黄色短毛。

【分布】分布于四川北部、陕西南部及甘肃，常生于山野。

【习性】喜温暖湿润气候，适于丘陵、山地的中性或偏酸性土壤，在荫蔽条件下生长良好。

【繁殖】可用播种、分株和嫁接法繁殖。

【用途】紫斑牡丹多用于丘陵、山地的风景区栽培；也适于公园栽培，可孤植、丛植、片植于庭院中，或与山石配植。

20．山茶科 Theaceae

乔木或灌木，多常绿。单叶互生，羽状脉，无托叶。花常两性，芽鳞状苞片2至多枚，萼片5～7，覆瓦状排列，脱落或宿存；花瓣5至多枚，基部常连生；雄蕊多数，排成多轮；子房上位，2～10室，柱头与心皮同数。蒴果、核果或浆果。

约36属700种，广布于热带和亚热带。我国15属500余种，主产长江流域以南。

分属检索表

1. 蒴果，开裂 ………………………………………… 2
1. 果实不开裂 ………………………………………… 3
2. 种子大，球形，无翅；芽鳞5枚以上 ………………………………山茶属
2. 种子小而扁，有翅 ………………………………………木荷属
3. 花两性；叶簇生于枝端，侧脉不明显 ……………………………厚皮香属
3. 花单性；叶排成两列 ………………………………………柃木属

（1）山茶属 *Camellia* L.

常绿乔灌木。叶革质，叶缘有锯齿。花常单生，苞片2～6；萼片5～6，有时较多，脱落或宿存；花瓣5～12，覆瓦状排列；花药2室纵裂，背部着生；子房3～5室，花柱分离或连生成单花柱，每室胚珠数个。木质蒴果，种皮角质。

约220种，主产于东亚；我国产190种。

分种检索表

1. 花黄色，苞片5～10，宿存……………………………………金花茶
1. 花不为黄色，苞片2或于萼片区分不明显 ………………………… 2
2. 花小，白色，花梗下弯；萼片宿存 ………………………………茶
2. 花较大，无梗或近无梗；萼片脱落 ……………………………… 3
3. 花径6～20cm；枝叶无毛 ………………………………………… 4
3. 花径4～7cm；芽鳞、叶柄、子房、果皮均有毛 ……………………… 5
4. 叶表面有光泽，网脉不显著 ………………………………………山茶
4. 叶表面无光泽，网脉显著 ……………………………………云南山茶
5. 芽鳞表面有倒生柔毛，叶椭圆形至长椭圆状卵形 ……………………茶梅
5. 芽鳞表面有粗长毛，叶卵状椭圆形 ……………………………………油茶

① 山茶（耐冬、海石榴）*Camellia japonica* L.

【形态】常绿灌木或小乔木，高3～15m；嫩枝淡褐色，全株无毛。叶厚革质，卵形、椭圆形或倒卵形，长5～11cm，宽3～5cm，先端渐尖或钝，基部楔形，表面深绿色具光泽。花单生或对生于叶腋或枝顶，无柄，红色，径6～12cm；苞片与萼片7～10，花瓣5～7；柱头3裂。果近球形，径2～3cm；种子有光泽。花期2～4月，果期9～10月。（图11-80）

图11-80　山茶

【分布】原产于我国东部、日本、朝鲜。现我国各地均有栽培。

【习性】喜温暖湿润、排水良好的酸性土壤。深根性。忌强光直射，不耐酷热严寒。

【繁殖】播种、扦插、压条、嫁接等法繁殖。

【用途】株形优美，四季常青，叶光亮浓绿；花色艳丽，花朵硕大，花期较长，为我国栽培历史悠久的名贵观赏植物，园艺品种多达3000个，北方常盆栽。

② 茶梅 *Camellia sasangua* Thunb.

【形态】常绿灌木或小乔木，高3～13m；树皮粗糙，条状剥落，幼枝有毛。叶椭圆形、卵圆形至倒卵形，长3～8cm，先端渐尖或急尖，叶缘有齿，基部楔形或钝圆，表面绿色有光泽。花白色，直径3～7cm，顶生或腋生，无柄，萼片内部有毛，脱落，花瓣6～8，有香气，子房密生白色丝状毛。蒴果球形，直径2cm。花期10月至翌年1月。（图11-81）

图11-81　茶梅

【分布】分布于我国东南各省；日本有栽培。

【习性】性强健，喜温暖湿润、富腐殖质的酸性土，喜光稍耐阴，有一定的抗旱性。

【繁殖】播种、扦插或嫁接繁殖。

【用途】花小但繁，且有香气，宜作花篱或基础种植。

③ 油茶（白花茶）*Camellia oleifera* Abel.

【形态】灌木至小乔木；嫩枝略有长毛。叶革质，椭圆形或倒卵形，长4～10cm，宽2～4cm，先端尖，基部楔形，叶面光亮，表面中脉和背面常有毛，边缘有细锯齿。花白色顶生，无柄；苞片与萼片8～12，宽卵形，被绢毛，脱落；花瓣5～7，先端凹，近离生；子房有毛。蒴果球形，木质。因栽培，花、果形态常有很多变化。（图11-82）

图11-82　油茶

【分布】分布于我国秦岭、淮河以南。印度、越南也有栽培。

【习性】喜温暖湿润的气候环境和肥沃疏松、微酸性的壤土或腐殖土，喜半阴、亦耐寒。深根性，生长慢，寿命长。

【繁殖】播种、扦插、嫁接繁殖。

【用途】油茶枝叶密茂，繁花洁白，观赏与经济价值都具备，也常作盆栽，是防火优良树种。

④ 茶（茶树）*Camellia sinensis*（L.）O.Ktze.

【形态】乔木，常呈丛生灌木状；嫩枝无毛或微有毛。叶革质，长圆形或椭圆形，长5～12cm，宽2～4cm，表面有光泽；叶缘有锯齿，叶柄2～5mm。花常1～3朵腋生，白色，直径2～4cm，花梗长6～10mm，下弯；苞片2，早落；萼片5～7，宿存；花瓣5～9，长1～2cm；子房有毛，花柱3裂。蒴果三角状球形。花期10月至翌年2月。（图11-83）

图11-83　茶

【分布】我国长江流域及其以南各省区有栽培。日本、印度、越南等国均有栽培。

【习性】喜温暖气候和肥沃疏松的酸性黄壤土，喜光。深根性，生长慢，寿命长。

【繁殖】播种、扦插或嫁接繁殖。

【用途】枝叶茂密，终年常绿，作绿化观赏，也可盆栽。嫩叶制茶，为世界著名饮料。

⑤ 云南山茶（滇山茶）*Camellia reticulata* Lindl.

【形态】常绿乔木或大灌木，高15m；树皮灰褐色，嫩枝棕褐色，无毛。叶革质，椭圆状卵形或卵状披针形，长7～12cm，宽2～5cm，表面深绿色无光泽，网脉显著，背面淡绿色。花2～3朵生于叶腋，无柄，径8～19cm；花淡红至深紫，花瓣15～20；子房密被柔毛。蒴果扁球形木质，无宿萼，熟时褐色。花期12月至翌年4月。

图11-84　金花茶

【分布】原产于我国云南。现江浙、华南有栽培。

【习性】喜温暖湿润、排水良好的酸性土壤。深根性。忌强光直射，不耐酷热严寒。

【繁殖】播种、嫁接、压条、扦插等法繁殖。

【用途】四季常绿，花色艳丽，繁密如锦，花期较长，为我国特有的名贵观赏植物。种子可榨油。

⑥ 金花茶 *Camellia chrysantha*（Hu）Tuyama.

【形态】常绿灌木至小乔木，高2～6m。叶长圆形至长圆状披针形，长11～16cm，宽2～5cm，先端尾状渐尖或急尖，基部楔形至宽楔形，表面侧脉显著下陷。花单生叶腋或近顶生，径6～8cm，花瓣8～10，肉质，金黄色，带有蜡质光彩；花柱3，完全分离，无毛。蒴果扁球形，径4～5cm，每室有种子1～2粒。（图11-84）

【分布】特产于我国广西；近年各地有引种栽培。

【习性】性喜温暖湿润、排水良好的肥沃酸性土壤，耐半阴。

【繁殖】播种、扦插或嫁接繁殖。

【用途】金花茶是我国最早发现开黄花的茶花，特别稀有名贵，被誉为“茶族皇后”，富有观赏及育种价值。

（2）**木荷属** *Schima* Reinw. ex Bl.

常绿乔木。两性花大，有长梗，单生叶腋；苞片2～7；早落；革质萼片5，宿存；离生花瓣5，蕾时1枚近帽状包被其他花瓣；雄蕊多数，花丝扁平，花药2室；子房5室，每室胚珠2～6。木质蒴果近球形，室背开裂，中轴宿存；肾形种子扁平，周围有薄翅。

约30种。分布于东南亚，我国20种。

木荷（荷树）*Schima superba* Gardn.et Champ.

【形态】常绿乔木，高达30m；枝无毛。叶薄革质或革质，椭圆形，长6～15cm，宽4～6cm，先端尖，基部楔形，侧脉7～9对，叶缘有钝齿，叶柄1～2cm。花白色，生于枝顶叶腋，直径3cm，花梗1～2.5cm；子房有毛。蒴果直径1～2cm。花期6～8月，果期9～11月。（图11-85）

图11-85　木荷

【分布】分布于我国浙江、福建、江西、湖南及贵州等地。

【习性】喜湿润暖热气候，喜光稍耐阴，较耐寒耐旱，深根性，寿命长，对有害气体有一定抗性。

【繁殖】播种繁殖。幼苗极需庇荫且忌水湿。

【用途】木荷树干端直，树冠宽广，树姿雄伟，白花芳香，入冬叶色渐红，十分可爱。可作防火树种。

（3）**厚皮香属** *Ternstroemia* Mutis ex L. f.

常绿乔灌木。叶革质全缘，常簇生于枝顶，有腺点。花通常两性有柄；苞片2，宿存；萼片5，宿存，花瓣5，覆瓦状排列；雄蕊30～45个，1～2轮，基生花药2室，于房上位，2～5室，每室胚珠2～4个，花柱1，柱头2～5裂。果为浆果状，种子扁，有胚乳。

约150种，产于中南美及亚洲热带和亚热带地区。我国20余种。

图11-86　厚皮香

厚皮香 *Ternstroemia gymnanthera*（Wight et Arn.）Sprague

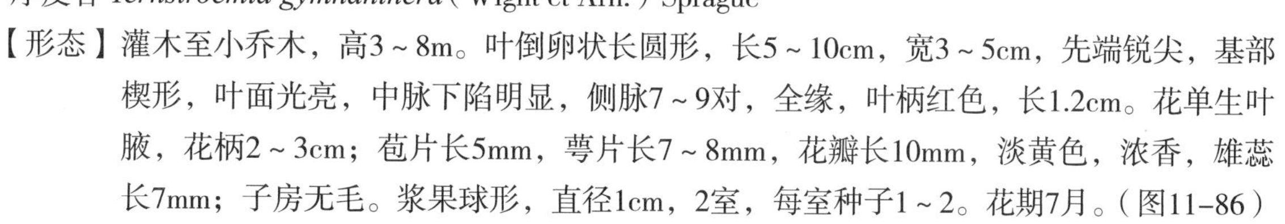

【形态】灌木至小乔木，高3～8m。叶倒卵状长圆形，长5～10cm，宽3～5cm，先端锐尖，基部楔形，叶面光亮，中脉下陷明显，侧脉7～9对，全缘，叶柄红色，长1.2cm。花单生叶腋，花柄2～3cm；苞片长5mm，萼片长7～8mm，花瓣长10mm，淡黄色，浓香，雄蕊长7mm；子房无毛。浆果球形，直径1cm，2室，每室种子1～2。花期7月。（图11-86）

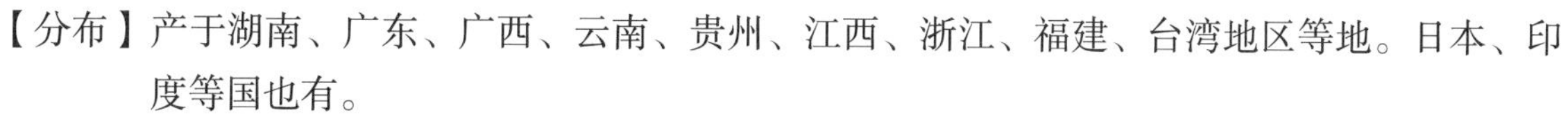

【分布】产于湖南、广东、广西、云南、贵州、江西、浙江、福建、台湾地区等地。日本、印度等国也有。

【习性】性喜温热湿润气候，喜光耐阴不耐寒。

【繁殖】播种繁殖。

【用途】叶色浓绿，树冠整齐，四季常青，可作庭园风景树用。

21．猕猴桃科 Actinidiaceae

攀缘性藤本。单叶互生无托叶。花两性，有时杂性或单性异株，常成腋生聚伞或圆锥花序，萼片、花瓣常为5，覆瓦状排列；雄蕊多数，或10；子房由1至多数心皮组成，花柱与心皮同数，离生或合生。浆果或蒴果。

2属，80余种，分布于东亚热带及亚热带。我国2属，70余种。

猕猴桃属 *Actinidia* Lindl.

落叶藤木；冬芽小，包被于叶柄内。叶互生具长柄，叶缘常有齿。花杂性或单性异株，单生或聚伞花序腋生；雄蕊多数；子房上位多室；花柱多为放射状。浆果；种子细小且多。

54种，主产东亚；我国产52种，主产黄河流域以南地区。

分种检索表

1. 小枝及叶背密被毛 ……………………………………………… 猕猴桃
1. 小枝及叶背无毛或仅背脉有毛 ……………………………………… 2
2. 小枝髓部片状，褐色；花药暗紫色 ………………………………… 猕猴梨
2. 小枝髓部充实，白色；叶具白斑或黄斑，花药黄色 ……………… 葛枣猕猴桃

① 猕猴桃（中华猕猴桃、羊桃）*Actinidia chinensis* Planch.

【形态】落叶缠绕藤本；小枝幼时密生灰棕色柔毛，髓大，白色片状。叶纸质，圆形、卵圆形或倒卵形，长5～17cm，宽7～15cm，叶缘有刺毛状细齿，表面仅脉上有疏毛，背面密生灰棕色星状毛。花乳白色，后变黄色，径4cm，1～3朵成聚伞花序。浆果椭圆形黄褐色，长3～6cm，密被棕色绒毛。花期5～6月，果熟期8～10月。（图11–87）

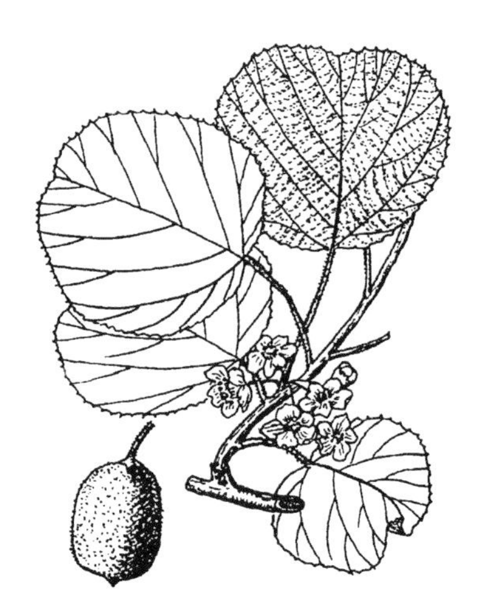

图11–87　猕猴桃

【分布】产于陕西、河南等省以南。

【习性】喜光，略耐阴；喜温暖气候，喜深厚肥沃、湿润而排水良好的土壤。

【繁殖】常播种，亦可扦插繁殖。

【用途】花大，美丽，芳香，是良好的棚架材料。果实富含维生素C，为优质果品。

② 软枣猕猴桃（猕猴梨、软枣子）*Actinidia arguta* Planch.

【形态】落叶大藤本；小枝通常无毛，髓褐色片状。叶卵圆形或椭圆形，长6～13cm，叶基圆形或近心形，叶端突尖或短尾尖，叶缘有锐齿，仅背面脉腋有毛；叶柄及叶脉干后常带黑色。花白色，径2cm，花药暗紫色，3～6朵成聚伞花序。浆果椭圆形黄绿色，径约2.5cm，无毛。花期5～6月，果熟期8～10月。（图11–88）

图11–88　软枣猕猴桃

【分布】产于东北、西北至长江流域。

【习性】喜光，略耐阴；喜温暖气候，喜深厚肥沃、湿润而排水良好的土壤。

【繁殖】常播种，亦可扦插繁殖。

【用途】良好的棚架材料。果可食用。

③ 葛枣猕猴桃（木天蓼）*Actinidia polygama* Miq.

【形态】落叶藤本；幼枝稍有柔毛，髓实心白色。叶广卵形或卵状椭圆形，长8～14cm，叶基圆形或近心形，叶端渐尖，叶缘有贴生细齿，背脉有疏毛，部分叶黄色或银白色。花白色，径2cm，花药黄色，子房瓶状无毛，1～3朵成聚伞花序腋生。浆果卵圆形黄色，长2～3cm，具尖头。花期7月，果熟期9月。（图11–89）

【分布】产于中国东北、西北、华中、西南等地。

【习性】喜光，略耐阴；喜温暖气候和深厚肥沃、湿润而排水良好的土壤，耐寒性强。

【繁殖】常播种，亦可扦插繁殖。

【用途】叶色美丽，是良好的棚架和坡地绿化材料。果可食用。

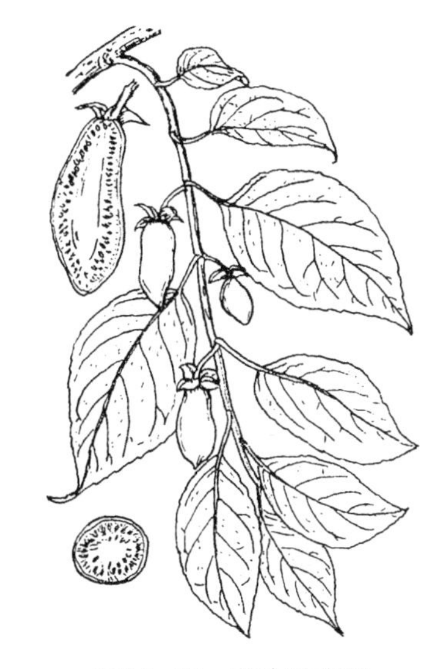

图11–89 葛枣猕猴桃

22．藤黄科 Clusiaceae

草本、灌木或乔木；常含树脂道或油腺。单叶全缘，对生或轮生，无托叶。各式花序或单生；萼片、花瓣各4～5，雄蕊多数，离生或成束；子房上位，1至多室，胚珠多数。蒴果、浆果或核果。

40属，约1000种，分布于亚洲热带至温带地区。我国8属87种。

金丝桃属 *Hypericum* L.

草本或灌木。叶无柄或具短柄，有透明或黑色腺点。花黄色，两性，单生或聚伞花序；萼、瓣各5或4；雄蕊分离或合生为3～5束；花柱3～5，胚珠极多数。蒴果，室间开裂。

约400种，分布于亚热带至温带地区。我国55种。

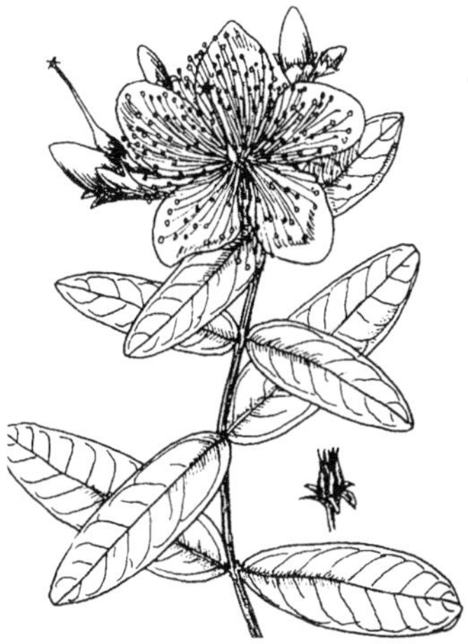

图11–90 金丝桃

分种检索表

1. 花丝长于花瓣；花柱合生，柱头5裂 ……………………………………………………金丝桃
1. 花丝短于花瓣；花柱离生，5 ……………………………………………………………金丝梅

① 金丝桃 *Hypericum monogynum* L.

【形态】半常绿或落叶灌木；小枝圆柱形，红褐色，光滑无毛。叶长椭圆形，长4～8cm，先端钝，表面绿色、背面粉绿色，无柄。花鲜黄色，单生或3～7朵聚伞花序，5萼片，卵状矩圆形；花瓣5，宽倒卵形；雄蕊5束，较花瓣长；花柱细长，顶端5裂。蒴果卵圆形。花期6～7月，果熟期8～9月。（图11–90）

【分布】分布于河北、黄河流域以南。日本也有分布。

【习性】喜生于半阴、湿润的沙壤地上，耐寒性不强。

【繁殖】分株、扦插或播种繁殖。

【用途】枝叶茂密，株形丰满，花叶秀丽，花色金黄，为优良的园林绿化树种。

② 金丝梅 *Hypericum patulum* Thunb.

【形态】半常绿或常绿灌木；小枝拱曲，有两棱，红或暗褐色。叶卵状长椭圆形或广披针形，先端圆钝，基部渐窄或圆形，叶背散布油点，叶柄极短。花金黄色；雄蕊5束，较花瓣短；花柱5，离生。蒴果卵形，具宿萼。花期4～8月，果熟期6～10月。（图11-91）

【分布】分布于黄河流域以南。应用类同于金丝桃。

繁殖、用途同金丝桃。

图11-91　金丝梅

23．杜英科 Elaeocarpaceae

常绿或半常绿乔木或灌木。单叶有托叶。花两性，稀杂性；总状或圆锥状花序，有时单生；萼片4～5，镊合状排列；花瓣4～5或缺，镊合状或复瓦状排列；雄蕊多数，生于花盘上或花盘外，花药2室，常顶孔开裂或短纵裂；花盘环状或分裂；子房上位，2至多室，每室2至多数胚珠。核果或蒴果。

12属，约400种，分布于热带和亚热带地区。我国2属，51种。

分属检索表

1. 果实核果状，内果皮硬骨质，表面常有沟纹 ……………………………………杜英属
1. 蒴果，具刺，外果皮木质，内果皮薄革质 ……………………………………猴欢喜属

（1）杜英属 *Elaeocarpus* L.

常绿乔木。叶互生，落前常变成红色。总状花序腋生；萼片5；花瓣5，先端常撕裂状；花丝短，花药顶孔开裂，药隔突出；花盘常有腺体5～10；花柱线形。核果，内果皮骨质，常有沟纹。

约200种，分布于东亚、东南亚和大洋洲。我国38种，6变种。

山杜英 *Elaeocarpus sylvestris*（Lour.）Poir.

【形态】嫩枝无毛。叶倒卵形或倒卵状披针形，长4～8cm，宽2～4cm，先端钝，无毛，侧脉5～6对，具波状锯齿；叶柄长1.5cm。花序长4～6cm；花5萼片，无毛；花瓣倒卵形，上部10（～14）裂，外面被毛；雄蕊无芒状药膈；花盘5裂，分离；子房无毛，2～3室。果椭圆形，长1cm，核具3纵沟。（图11-92）

图11-92　山杜英

【分布】分布于长江以南。越南、老挝、泰国也有分布。

【习性】喜温暖湿润气候。较耐寒，忌积水。根系发达，耐修剪。抗二氧化硫能力强。

【繁殖】播种繁殖。

【用途】枝叶茂密，郁郁葱葱，老叶落前绯红，红绿相间，颇为悦目，为优良庭院观赏树种，亦适于工矿厂区绿化。

（2）**猴欢喜属** *Sloanea* L.

乔木。互生叶具长柄。花两性，单生、簇生或呈圆锥花序；萼片4～5，花瓣4～5或缺；子房具沟纹，有毛。蒴果具刺，室背3～7裂，外果皮木质，内果皮薄革质；种子常具假种皮，包被种子下半部。

约120种，分布于热带、亚热带。我国13种。

猴欢喜 *Sloanea sinensis* Hemsl.

【形态】高大乔木，树皮灰色。叶近倒卵形或椭圆形，长6～12cm，宽3～5cm，先端聚渐尖，无毛，侧脉5～7对，全缘或上部具疏齿；叶柄长1～4cm。花腋生，萼4，瓣4，上端撕裂。果径2～5cm，针刺长1～1.5cm，种子黑色。花期5～6月，果熟期10月。（图11-93）

图11-93 猴欢喜

【分布】分布于长江以南。

【习性】喜温暖湿润气候，不耐寒，喜深厚肥沃土壤。

【繁殖】播种繁殖。

【用途】枝叶茂密，郁郁葱葱，为优良庭院观赏树种，宜作行道树、庭阴树。

24．椴树科 Tiliaceae

乔木或灌木；常具星状毛，茎皮富含纤维。单叶互生，基出脉。整齐花两性，聚伞花序，或再组成圆锥状花序；萼片4～5，镊合状排列；花瓣4～5或无；雄蕊5、10或更多，花丝基部常合生成多束，花药2室，纵裂或孔裂；子房上位，2～10室，每室具1至数个胚珠，中轴胎座。蒴果、核果、坚果或浆果。

约60属，400种，多广布于热带、亚热带地区；我国9属，约80余种。

分属检索表

1. 花盘无，子房无柄；花瓣基部无腺体；花序梗贴生大形舌状苞片；叶柄长 …………椴树属
1. 花盘发达，子房有柄；花瓣基部有腺体；花序梗上无舌状苞片；叶柄短 …………扁担杆属

（1）**椴树属** *Tilia* L.

落叶乔木。叶有长柄，基部不对称。聚伞花序下垂，总梗约有一半与舌状苞片合生；花小，萼片、花瓣各5；有时具花瓣状退化雄蕊，雄蕊多数，花丝常在顶端分叉；子房5室，每室2胚珠，柱头5裂。坚果状核果不开裂。

约50种，主产于北温带；我国约35种，南北均有分布。

分种检索表

1. 叶片背面仅脉腋有毛，表面无毛 ……………………………………………………… 2
1. 叶片背面密被星状毛 …………………………………………………………………… 3
2. 叶片先端不分裂或偶分裂，锯齿有芒尖；无退化雄蕊 …………………………………紫椴
2. 叶片先端常3裂，锯齿粗而疏；有退化雄蕊 ……………………………………………蒙椴

3. 叶缘锯齿先端短尖；果无棱脊，有疣状突起 ········· 南京椴
3. 叶缘锯齿有芒状尖头；果5棱脊 ································ 4
4. 叶缘齿芒1～2mm；花序有花15朵以下 ····················· 糠椴
4. 叶缘齿芒3～5mm；花序有花30朵以上 ··················· 糯米椴

图11-94 紫椴

① 紫椴 *Tilia amurensis* Rupr.

【形态】高达25m；树皮平滑或浅纵裂，小枝呈之字曲折。叶宽卵形，长4～6cm，先端尾尖，基部心形，叶缘具细锯齿，表面无毛；背面脉腋簇生黄褐色毛。花黄白色，3～20朵成下垂聚伞花序，无退化雄蕊。果近球形，径8mm，密被灰褐色星状毛。花期6～7月，果成熟8～9月。（图11-94）

【分布】产于我国东北三省、山西、河北、山东等地；俄罗斯、朝鲜亦有分布。

【习性】喜光，耐阴；耐寒性强，深根性，萌蘖性强，寿命长。不耐烟尘。

【繁殖】多用播种法繁殖，也可用分株、压条繁殖。

【用途】树体高大，树冠整齐，夏季黄花芳香，秋季叶色变黄，是北方优良的庭阴树及行道树。花内含蜜，亦是良好的蜜源树种。

图11-95 蒙椴

② 蒙椴 *Tilia mongolica* Maxim.

【形态】落叶小乔木；树皮红褐色，小枝光滑无毛。叶宽卵形至三角状卵形，长3～10cm，叶缘具不整齐粗锯齿，有时3浅裂，仅背面脉腋有簇毛，侧脉4～5对；叶柄细，长3cm。花6～12朵排成聚伞花序；苞片长5cm，花黄色。坚果倒卵形，长6mm，外被黄色绒毛，具退化雄蕊。花期6～7月，果熟期8～9月。（图11-95）

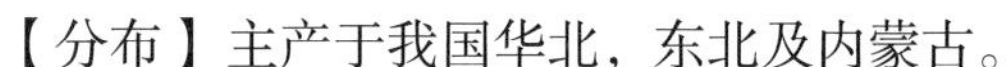
【分布】主产于我国华北，东北及内蒙古。

其他特性和用途与紫椴相似，唯因树体较矮，不适作行道树。

③ 南京椴（米格椴、密克椴）*Tilia miqueliana* Maxim.

【形态】树皮灰白色。小枝密被星状毛。叶阔卵形，长3～8cm，宽3～10cm，先端急锐尖，基部近平齐，表面无毛，背面被灰色或黄色星状毛，边缘密生锯齿；叶柄长3～5cm，几无毛。聚伞花序有6～15花，苞片窄倒披针形，长6～10cm，宽1～2cm，表面中脉有毛。果实椭圆形，被毛，具棱或仅下部具棱。花期6～7月；果熟期8～9月。

【分布】分布于甘肃、陕西、四川、湖北、湖南、江西、江苏、浙江。

繁殖、用途同紫椴。

④ 糠椴（大叶椴、辽椴）*Tilia mandshurica* Rupr.et Maxim.

【形态】高达20m，树皮暗灰色浅纵裂，一年生枝黄绿色密生星状毛：两年生枝紫褐色无毛。叶宽卵形，长7～15cm，先端短尖，叶缘锯齿粗且凸出尖头，表面光亮无毛；背面密生灰色星状毛，叶柄长4～8cm，有毛。花黄色，7～12朵成下垂聚伞花序，苞片倒披

针形。果近球形，径8mm，密被黄褐色星状毛，有不明显5纵脊。花期7～8月；果成熟9～10月。（图11–96）

【分布】产于我国东北、内蒙古、河北、山东等地；朝鲜亦有分布。

其他特性和用途同紫椴。

⑤ 糯米椴 *Tilia henryana* Szyszvl.

【形态】幼枝被黄色星状茸毛。叶近圆形，直径6～10cm，先端有短尾尖，基部心形，背面被黄色柔毛或星状茸毛，边缘具3～5mm的芒刺，叶柄3～5cm。聚伞花序有花30朵以上；苞片窄倒披针形，长7～10cm，宽1～1.3cm，两面被黄色星状毛，萼片外面有毛。果实倒卵形，长7～9mm，被星状毛，具5棱。花期6月；果熟期8月。（图11–97）

图11–96　糠椴

【变种】光叶糯米椴var. *subglabra* V.Engl. 除叶背面脉腋有簇毛外，幼枝及芽均无毛或近无毛。苞片背面星状毛稀疏。

【分布】陕、豫、鄂、湘及赣等省区。

繁殖、用途同紫椴。

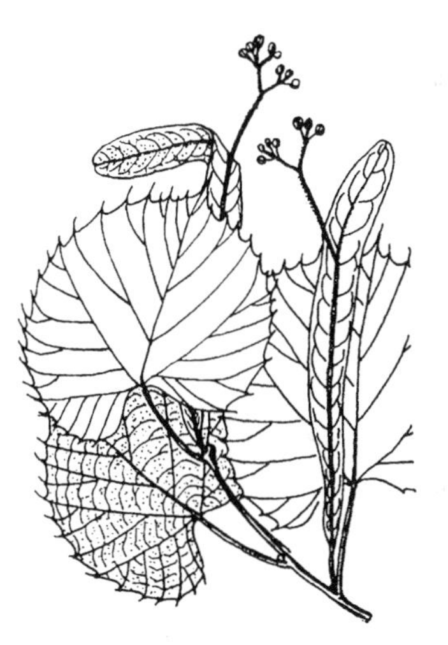

图11–97　糯米椴

（2）**扁担杆属** ***Grewia*** **L.**

落叶乔木或灌木；有星状毛，冬芽小。单叶互生，基出脉3～5条。花单生或聚伞花序；花萼明显，花瓣基部有腺体，雄蕊多数，子房5室。核果，2～4裂。

约150种，产于亚洲、非洲的热带和亚热带。我国约30种。

扁担杆（棉筋条）*Grewia biloba* G.Don.

【形态】灌木，小枝有星状毛。叶狭菱状卵形，长4～10cm，先端尖，基部3出脉，叶缘有细重锯齿，表面有糙毛，背面具星状毛，叶柄顶端膨大呈关节状。花序与叶对生；花淡黄绿色，径不足1cm。果橙黄至橙红色，径约1cm，无毛，2裂，每裂有2核。花期6～7月，果熟9～10月。（图11–98）

【变种】扁担木var. *parviflora* Hand–Mazz.叶较宽大，背面毛密；花大，径约2cm。

【分布】自辽宁经华北至华南、西南各省区均有分布。

【习性】性强健，耐干旱瘠薄。根系发达，耐修剪。

【繁殖】播种或分株繁殖。

【用途】果实橙红美丽，宿存枝头达数月之久，是良好的观果树种。

图11–98　扁担杆

25．梧桐科 Sterculiaceae

乔木或灌木；幼嫩部分常具星状毛；树皮常有黏液和富有纤维。单叶互生，圆锥花序或聚伞花序，稀单生；花单性、两性或杂性；萼片3～5，多少合生；花瓣5或无，分离或基部与雌雄蕊柄合生；雄蕊5或多数，花丝常合生成管状，花药2室纵裂；子房上位，由2至多枚略合生的心皮或离生心皮组成，每室2或多数胚珠。多为蒴果或蓇葖果。

68属1100种左右，多分布于热带和亚热带地区。我国19属82种，主要在华南和西南。

梧桐属 *Firmiana* Mars.

落叶乔木。单叶，掌状3～5裂，或全缘。圆锥花序顶生，花单性同株，萼5深裂，反卷，无花瓣；雄花雄蕊10～15，集生成筒状；雌花5心皮，基部离生，花柱合生，子房有柄。蓇葖果，沿腹缝线开裂呈叶状。种子球形。

约15种，分布于亚洲和非洲东部；我国3种，主产于广东、广西和云南。

梧桐（青桐）*Firmiana simplex* W.F.Wight.

【形态】落叶乔木，树皮青绿平滑。叶心形，长达15～25cm，掌状3～5裂，裂片三角形，全缘，基出脉7条；叶柄与叶片近等长。圆锥花序顶生，长20～50cm；花淡黄绿色，萼片线形反卷，长10mm；子房圆球形，被毛。蓇葖果果皮革质，匙形，长6～11cm，宽2cm，网脉显著。种子2～4粒，球形，径约7mm，着生于果皮内缘，熟时褐色，有皱纹。花期6月，果期10～11月。（图11–99）

图11–99　梧桐

【分布】分布于我国黄河流域以南，日本也有。

【习性】喜光，耐旱，喜温暖湿润气候，耐寒性较差。喜肥沃、深厚而排水良好的钙质土壤，忌水湿及盐碱地。生长快，寿命长，对多种有毒气体有较强的抗性。

【繁殖】播种繁殖，也可扦插或分根。

【用途】梧桐树冠圆满，干直皮绿，叶大形美，果皮奇特，具有悠久的栽植历史，为著名庭园观赏树种。民间云“凤凰非梧桐不栖”，“栽下梧桐树，引来金凤凰”。入秋落叶早，“梧桐一叶落，天下尽知秋”。

26．木棉科 Bombacaceae

乔木。掌状复叶或单叶互生，托叶早落。花两性，大而美丽，单生或簇生，具副萼，花瓣5；雄蕊5至多数，合生成短管或分离；子房上位，胚珠多数。蒴果，内有棉毛。

约20属150种，广布于热带；我国1属2种，引入6属10种。

分属检索表

1. 落叶乔木，茎常具粗皮刺，花瓣倒卵形 ……………………………………木棉属
1. 常绿乔木，茎常无刺，花瓣长圆形或线形 ……………………………………瓜栗属

木棉属 ***Bombax*** **L.**

落叶大乔木；茎具皮刺，髓大而疏松。掌状复叶，小叶全缘无毛。萼革质、厚，花后常与花瓣、雄蕊一起脱落；雄蕊排成多轮，最外轮集生为5束；子房5室，柱头5裂。蒴果5瓣裂；种子小，黑色。

约50种，主要分布于美洲热带。我国2种，产华南。

木棉（攀枝花）*Bombax malabaricum* DC.

【形态】高达40m；树干粗大端直，大枝轮生，平展；皮刺圆锥形。小叶5～7，卵状长椭圆形，长7～18cm，先端近尾尖，基部楔形，小叶柄长1.5～3.5cm。花红色，径约10cm，簇生枝端；花萼杯状，长3～4.5cm，5浅裂；花瓣5；雄蕊排成3轮。蒴果长椭圆形，长10～15cm，木质；种子倒卵形，光滑。花期2～3月，先叶开放，果6～7月成熟。（图11-100）

图11-100 木棉

【分布】分布于云南、贵州、广西、广东等省区。产亚洲南部至大洋洲。

【习性】喜光，喜暖热，较耐干旱，不耐寒。深根性，萌芽性强。树皮厚，耐火烧。

【繁殖】可用播种、分蘖、扦插法繁殖。

【用途】树形高大雄伟，树冠整齐，早春先叶开花，如火如荼，十分红艳美丽。在华南常作行道树、庭阴树及庭园观赏树栽培。杨万里有“即是南中春色别，满城都是木棉花”的诗句，陈恭尹云“粤江二月三月天，千树万树朱花开”。广州市市花。

27. 锦葵科 Malvaceae

草本、灌木或乔木；常被星状毛，韧皮纤维发达。掌状单叶互生，有托叶。花两性，辐射对称，单生、簇生或聚伞花序，常具副萼，萼片3～5；花瓣5，螺旋状排列；单体雄蕊多数，花药1室，纵裂；子房上位，3至多枚心皮，中轴胎座。分果、蒴果或浆果。

约50属1000种。广布于世界各地。我国产18属，约80余种。

木槿属 ***Hibiscus*** **L.**

叶全缘或具缺刻，或3～5掌状分裂，托叶2枚早落。花常单朵腋生，副萼常宿存；花萼钟状或碟状，5裂，宿存；花冠大，花瓣5；具雄蕊管；子房5室或具假隔膜而呈10室，每室具2至多枚胚珠。柱头5裂。蒴果室背开裂；种子肾形或球形。

约250种，分布于热带、亚热带地区，主产于非洲。我国20余种，主产长江以南。

分属检索表

1. 叶全缘或近全缘；副萼基部合生，上部9～10齿裂，花黄色……………………………黄槿
1. 叶有锯齿；副萼全部离生 ……………………………………………………………… 2
2. 花瓣细裂如流苏状；副萼长不过2mm ……………………………………………吊灯花
2. 花瓣浅裂；副萼长达5mm以上 ………………………………………………………… 3
3. 叶卵状心形，掌状3～5裂，密被星状毛或短柔毛 ……………………………木芙蓉

3. 叶卵形或菱状卵形，不裂或端部3浅裂 ………………………………………………… 4
4. 叶菱状卵形，端部常3浅裂；蒴果密被星状绒毛 ……………………………………木槿
4. 叶卵形，不裂；蒴果无毛 …………………………………………………………………扶桑

① 木芙蓉 *Hibiscus mutabilis* L.

【形态】落叶灌木；小枝密被星状灰色短柔毛。叶大，互生，宽卵形至卵状圆形，掌状5～7裂，边缘有钝锯齿，两面均被黄褐色星状毛。花径8cm，单生枝端叶腋，单瓣或重瓣，初放时白色或粉红色，后变为深红色，花梗长5～8cm，副萼由8小苞片组成，萼短，钟形。蒴果球形，直径2.5cm，果瓣5；种子肾形。花期10～11月，果熟12月。（图11-101）

图11-101 木芙蓉

【分布】秦岭淮河以南常栽培，尤以成都（市花）最盛，历史悠久，有“蓉城”之称。

【习性】喜光，略耐阴，性喜温暖湿润的气候，对土壤要求不严，适应性较强。

【繁殖】播种、扦插、压条和分株繁殖。

【用途】花朵颇大，深秋开花，多栽于池畔、水滨或庭园观赏，有“照水芙蓉”之说；苏东坡亦有“溪边野芙蓉，花水相媚好”之诗句。

② 木槿 *Hibiscus syriacus* L.

【形态】落叶灌木；茎直立，嫩枝密被绒毛，小枝灰褐色。叶多为菱状卵形，长3～6cm，先端有时三浅裂，基部楔形，边缘有缺刻。花单生叶腋，钟状，直径5～8cm，单瓣或重瓣，有白、粉、红、紫等色，雄蕊多数，心皮多数。蒴果卵圆形，直径2cm，有短缘，密被星状绒毛；种子熟时黑褐色。花期6～9月，果10～11月成熟。（图11-102）

图11-102 木槿

【分布】原产于亚洲东部，我国长江流域各省区盛产，各地广为栽培。

【习性】喜光，喜温暖湿润气候和深厚、富于腐殖质的酸性土壤，稍耐阴和低温，适应性强，不耐水湿。萌蘖力强，耐修剪。抗烟尘和有害气体能力强。

【繁殖】常用扦插繁殖，播种、压条亦可。

【用途】枝繁叶茂，夏、秋开花，满树花朵，花大有香气，花期长，为良好园林观赏树种。韩国国花。

③ 扶桑（大红花）*Hibiscus rosa-sinensis* L.

【形态】常绿灌木；直立多分枝，树冠椭圆形。叶互生，长卵形，长4～9cm，边缘有粗齿，基部全缘，3出脉，表面有光泽。花腋生，副萼6～7，线状分离；萼绿色，长约2cm，裂片卵形或披针形；花冠直径10cm，花瓣倒卵形，通常玫红、淡红、淡黄、白色等，有

时重瓣，雄蕊柱及花柱超出花冠外，花梗长而有关节。蒴果卵形，有喙。花期5～11月。（图11-103）

【分布】分布于我国南部，现各地栽培。

【习性】喜光，喜温暖湿润气候。不耐阴、不耐寒、不耐旱，耐修剪。

【繁殖】多以扦插繁殖，也可进行嫁接。

【用途】花大色艳，花期长，是著名的观赏花卉。北方多盆栽观赏。马来西亚国花。

图11-103 扶桑

④ 吊灯花（拱手花篮）*Hibiscus schizopetalus* Hook.f.

【形态】灌木；枝叶均无毛。叶卵形或椭圆形，长4～7cm，叶缘具锯齿；托叶线形。花单生叶腋，长10～14cm，花梗下垂，中部具关节；小苞片7～8，线形，花萼筒状，长约1.5cm，2～3浅裂；花冠红色，花瓣长5～7cm，先端流苏状，外卷；雄蕊及花柱伸出花冠之外，长9～11cm，花丝上半部分离；花柱5，柱头头状。蒴果圆柱状。花期3～11月。（图11-104）

【分布】原产于热带非洲。我国华南一带可露地栽培。

【习性】喜高温、不耐寒，需在高温温室越冬。不耐阴。

【繁殖】扦插繁殖。

【用途】花形奇特、美丽，几乎全年开花，北方温室栽培。

图11-104 吊灯花

⑤ 黄槿 *Hibiscus tiliaceus* L.

【形态】常绿小乔木；树皮灰白色，小枝近无毛。广卵形叶革质，背面灰白色，密生星状绒毛，叶柄长3～8cm；托叶早落。花顶生或腋生，常数朵排成聚伞花序；小苞片7～10，线状披针形，中部以下连合成杯状；萼长1～3cm，基部合生，裂片5，披针形，花冠黄色，直径6～10cm。蒴果卵圆，长约2cm，5瓣裂，果瓣木质；种子多数。花期6～8月。（图11-105）

【分布】分布于我国台湾、广东；日本、印度、马来西亚和大洋洲也有。

【习性】对土壤要求不严，耐瘠薄和干旱。深根性，耐水湿。

【繁殖】播种或扦插法。

【用途】树冠球形，整齐，枝叶浓密。黄槿生活力极强，宜于庭院、绿地栽植观赏，可作为海岸防护树种。

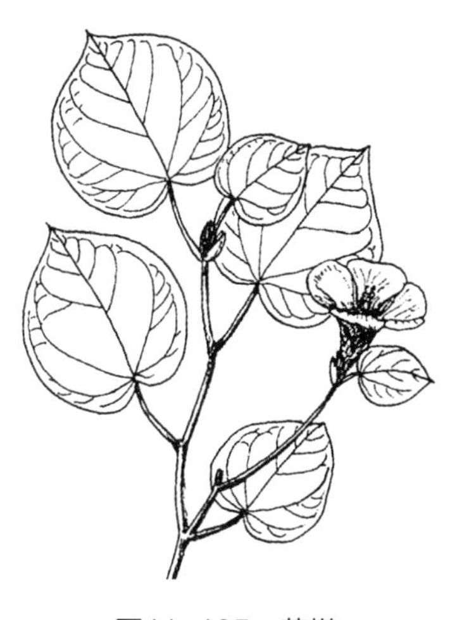

图11-105 黄槿

28．大风子科 Flacourtiaceae

乔木或灌木。单叶互生；花两性或单性，辐射对称；萼片4～5个，宿存；花瓣小；雄蕊多数；雌蕊心皮2～12个；子房上位，胚珠多数。蒴果、浆果或核果；种子有胚乳。

约93属1000多种，分布热带至亚热带地区。我国15属50多种，主要分布于中南、西南地区。

分属检索表

1. 叶小型，羽状脉，具短柄；总状花序腋生 ……………………………………………柞木属
1. 叶大型，掌状脉，具长柄；圆锥花序顶生 ……………………………………………山桐子属

（1）**柞木属** *Xylosma* G. Forst.

雌雄异株；腋生总状花序，萼片覆瓦状排列，基部合生，花瓣缺；子房1室。

本属约100种，我国3种，分布于秦岭及长江以南地区。

柞木（凿子木）*Xylosma japonicum*（Walp.）A.Gray.

【形态】常绿小乔木，高10m，灌木状；树冠内部枝条上生有许多枝状短刺，幼枝有时有腋生小刺。叶小，长4～8cm，卵形，革质，边缘有稀锯齿，叶柄与嫩叶呈红色，两面无毛。浆果熟时黑色。（图11-106）

【分布】分布于秦岭、长江以南各省。

【习性】喜温暖湿润的气候，也较耐寒，喜光，稍耐阴，喜肥，耐瘠土，耐干旱，不耐水湿。萌发力强，极耐修剪。

【繁殖】种子繁殖，亦可扦插。

【用途】柞木四季常青，茎枝发达，为优良园林树种，亦适宜制作盆景。

图11-106　柞木

（2）**山桐子属** *Idesia* Maxim.

落叶乔木。叶柄与叶片基部常有腺体。大型顶生圆锥花序，花单性异株，无花瓣，萼片常5个，密生细毛，子房上位1室，花柱5，柱头大。浆果；种子卵圆形。

本属1种1变种，分布于我国中西部及日本等。

山桐子（山梧桐、水冬瓜）*Idesia polycarpa* Maxim.

【形态】树皮灰白色光滑。叶卵状心形，长8～16cm，宽6～14cm，缘有疏锯齿。表面无毛，背面被白粉，掌状基出脉，脉腋密生柔毛；叶柄长6～15cm，圆柱形，有2～4个腺体。圆锥花序长12～20cm，下垂；花黄绿色，芳香；萼片长卵形，被毛；雌花具退花雄蕊；3～6个侧膜胎座。浆果球形，红色，直径6～8mm。花期5～6月，果熟期9～10月。（图11-107）

【分布】分布于浙、赣、台湾地区、陕、鄂、粤、桂、云川贵等省区。日本、朝鲜也产。

【习性】喜光、喜温暖湿润的气候，较耐寒。侧枝生长旺盛，栽培时注意去枝留干。

【繁殖】种子繁殖。

【用途】山桐子秋季红果晶莹剔透，甚为美观可爱，可作行道

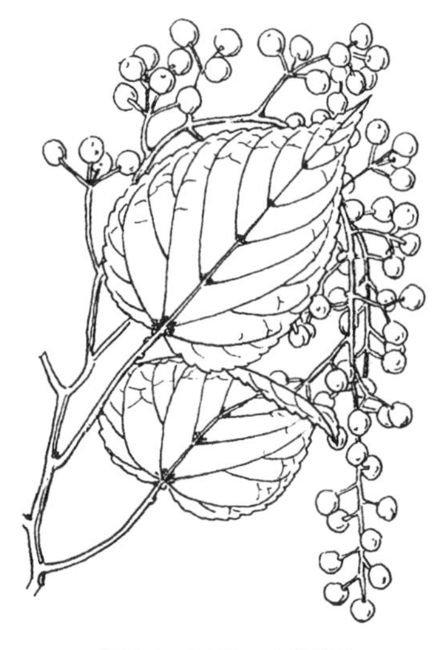

图11-107　山桐子

树及庭院观赏树。

29．柽柳科 Tamaricaceae

落叶小乔木、灌木或草本；小枝纤细。单叶互生，多鳞形，无托叶。花小，两性，整齐，萼、瓣各4~5；雄蕊与花瓣同数或为其二倍，或多数成群，有花盘；子房上位，侧膜或基底胎座，胚珠通常多数，花柱2~5。蒴果；种子有毛或翅。

4属120种，主产于欧亚非。我国3属32种，多分布于温带至亚热带草原、荒漠地区。

柽柳属 *Tamarix* L.

落叶小乔木、灌木，小枝纤细。叶鳞形抱茎。总状或圆锥花序，雄蕊4~5；花盘具缺裂；雌蕊花柱3~4。蒴果；种子多数，顶部有束毛。

本属约90种，我国18种，各地均有分布或栽培。

柽柳（三春柳、红荆条）*Tamarix chinensis* Lour.

【形态】小乔木，高10m；树冠圆球形，老枝红褐色，幼枝红褐或淡棕色。叶小，钻形，长1~3mm。总状花序复成圆锥状，多柔弱下垂；花粉红至紫红，苞片线状披针形，雄蕊5；花柱3。蒴果长3mm。花期4~9月。（图11-108）

图11-108 柽柳

【分布】分布广，主产于黄河中下游地区。

【习性】喜光，耐寒，耐干旱、盐碱瘠土，亦耐水湿。萌芽力强，极耐修剪。

【繁殖】种子繁殖，亦可扦插、分株、压条。

【用途】柽柳古干柔枝，婀娜多姿，紫穗红英，花期甚长，秋叶尽红，是优良的园林树种，尤其耐盐碱适应荒漠环境更为可贵，亦适宜制作盆景。

30．杨柳科 Salicaceae

落叶乔木或灌木。单叶常互生，有托叶，常早落。花单性，柔荑花序，花无被，常先叶开放，生于苞腋，具杯状花盘或腺体，雄蕊2~5，柱头2~4裂。蒴果，2~4瓣裂；种子细小，多数，基部有白色丝状长毛。

3属，约500余种，产于亚热带至寒带。中国产3属310种，全国各地分布。

分属检索表

1. 有顶芽，芽鳞多数；髓心五角形；叶柄较长，叶片较宽；花序下垂，苞片有缺裂，具花盘，风媒传粉……………………………………………………………………杨属
1. 无顶芽，芽鳞1；髓心圆形；叶柄较短，叶片较窄；花序直立，苞片全缘，无花盘，有腺体，虫媒传粉……………………………………………………………………柳属

（1）杨属 *Populus* L.

乔木；小枝粗壮，髓心五角形，有顶芽，芽鳞多数，常有树脂。花序下垂，苞片不规则缺刻，杯状花盘。

约100余种，我国约60种。各地广泛分布作行道树、防护林及速生用材树种。

分种检索表

1. 叶两面为灰蓝色，叶形多样，有披针形、卵形、扁圆形、肾形 ……………………胡杨
1. 叶两面不为灰蓝色 …………………………………………………………………… 2
2. 长枝的叶片背面密被白色或灰白色绒毛；芽有柔毛 ……………………………… 3
2. 叶背无毛或仅有短柔毛；芽无毛 …………………………………………………… 4
3. 长枝叶不裂，叶缘粗锯齿 ……………………………………………………毛白杨
3. 长枝叶掌状3～5裂，叶缘波状齿或浅裂 ……………………………………银白杨
4. 叶柄圆柱形 ………………………………………………………………………… 5
4. 叶柄扁形 …………………………………………………………………………… 6
5. 小枝有棱脊；叶菱状倒卵形，叶缘不透明 …………………………………小叶杨
5. 小枝圆或幼时有棱脊；叶卵形 ………………………………………………青杨
6. 叶圆形或卵圆形，叶柄端无腺体 ……………………………………………山杨
6. 叶三角形或三角状卵形，叶基或叶柄端有腺体 …………………………………… 7
7. 叶近正三角形，基部有时具2腺体，叶缘半透明具圆钝锯齿 ……………………加杨
7. 叶三角状卵形，叶柄端具2大腺体，叶缘不透明，具腺质浅钝锯齿 ……………响叶杨

① 胡杨 *Populus caphratica* Oliv.

【形态】乔木，稀成灌木状；树冠球形，树皮厚，淡黄色，基部条裂。叶形多变化，幼树和萌条叶披针形，全缘或1～2疏齿；成年树上的叶卵圆形、扁圆形或肾形，先端有粗齿牙，基部楔形或平截，有2腺点，两面同为灰蓝或灰绿色。花期5月；果期6～7月。（图11-109）

【分布】产于内蒙古西部、甘肃、青海、宁夏、新疆等地。常生于荒漠、河滩沿岸。

【习性】喜光，耐热，耐盐碱，喜砂质土壤，抗大气干旱，抗风。根萌蘖性强。

【繁殖】扦插、播种繁殖。

【用途】沙荒地、盐碱地的重要绿化树种，是沙漠绿洲地区的主要树种。

图11-109　胡杨

② 毛白杨 *Populus tomentosa* Carr.

【形态】落叶乔木，高可达30m；树冠卵圆形或卵形，树皮青白色，皮孔菱形；老树基部灰黑色，纵裂；嫩枝密被灰白色绒毛，逐渐脱落。长枝上叶三角状卵形，先端渐尖，基部心形或截形，叶缘缺刻或锯齿；叶柄扁平，先端常具腺体。短枝上叶三角状卵圆形，叶缘波状缺刻，叶背初被短绒毛，后近无毛；叶柄常无腺体。花期3月，果期4～5月。（图11-110）

【分布】我国特有，北起辽宁南部，南到江苏、浙江，西至甘肃东部，西南至云南均有。主要分布在黄河流域。

【习性】喜光，喜凉爽气候，对土壤要求不严，适于排水良好的中性至微碱性土壤，但深厚、肥沃、湿润的土壤生长最好，寿命较长，可达200年。抗烟尘和污染能力强。

【繁殖】营养繁殖，主要采用埋条、扦插、嫁接、留根、分蘖等方法繁殖。

【用途】树干灰白端直，树形高大宽阔，气势雄伟，大形的叶片在微风吹拂时能发出欢快的响声。园林中适宜作行道树、庭阴树，可孤植于草坪上，列植广场、干道两侧，也是厂区绿化、"四旁"绿化及防护林、用材林的重要树种。

图11-110 毛白杨

③ 银白杨 *Populus alba* L.

【形态】乔木，高达30m；树冠广卵形或圆球形，树皮灰白色，光滑，老时基部纵深裂；幼枝叶及芽密被白色绒毛。长枝之叶广卵形至三角状卵形，掌状3～5裂，叶缘有粗齿或缺刻；基部截形或近心形；短枝之叶较小，卵形或椭圆状卵形，叶缘有不规则波状钝齿；叶柄微扁，老叶背面及叶柄密被白色绒毛。花期3～4月；果熟期4～5月，蒴果长圆锥形，2裂。（图11-111）

图11-111 银白杨

【分布】东北南部、华北、西北等地。

【习性】喜光，不耐阴；抗寒性强，耐干旱，不耐湿热。喜湿润、肥沃、排水良好的沙质土壤，也能在较贫瘠的沙荒及轻碱地上生长。深根性，根系发达，根萌蘖力强。

【繁殖】播种、分蘖、扦插等方法繁殖。

【用途】银白色的叶片在微风中飘动有特殊的闪烁效果，树干灰白，树形高大，可用作庭阴树、行道树、或于草坪上孤植、丛植均适宜。也可用作固沙、保土、护岸固堤及荒沙造林树种。

④ 加杨（加拿大杨）*Populus canadensis* Moench.

【形态】乔木，高达30m；树冠开阔，树皮灰褐色，粗糙，纵裂；小枝在叶柄下具3条棱脊。叶近正三角形，长7～10cm，先端渐尖，基部截形，具圆钝锯齿；叶柄扁平而长，顶端有时具1～2个腺体。花期4月，果熟期5月。（图11-112）

【分布】本种为美洲黑杨与欧洲黑杨的杂交种，现广植于欧、亚、美各洲。19世纪引入我国，南岭以北普遍栽培，而以华北、东北及长江流域最多。

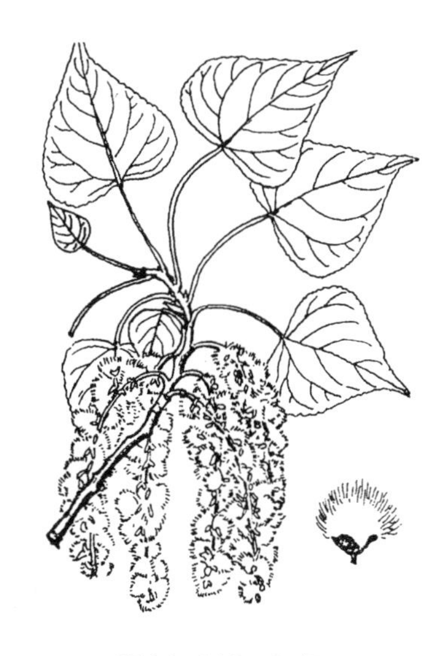
图11-112 加杨

【习性】杂种优势明显，生长势和适应性都较强。喜光，较耐寒，喜湿润而排水良好的土壤，对水涝、盐碱和瘠薄土壤均有一定耐性，对二氧化硫抗性强。

【繁殖】扦插繁殖为主，多选用雄株以免飞絮产生污染。

【用途】枝叶茂密，适应力强，适作行道树、庭阴树和防护林带。也是厂矿区和“四旁”绿化的良好树种。由于生长快，已成为我国华北及江淮平原最常见的绿化树种之一。

（2）柳属 *Salix* L.

乔木或灌木；芽鳞1，无顶芽。叶互生。花序直立，苞片全缘，花基部具腺体1～2。

约350种，主产北半球；我国约有260种，各地均产。

分种检索表

1. 灌木；雄花序粗大，密被白色光泽绢毛 ……………………………………银芽柳
1. 乔木 …………………………………………………………………………… 2
2. 枝条直立或斜伸；苞片卵形；雌花有2腺体 ……………………………旱柳
2. 枝条下垂；苞片卵状披针形；雌花仅有1腺体 …………………………垂柳

① 旱柳（柳树、立柳）*Salix matsudana* Koidz.

【形态】乔木，高达20m；树冠卵圆形，树皮灰黑色，纵列；枝条直伸或斜展。叶披针形或狭披针形，长5～10cm，先端渐尖，基部楔形，叶缘具细锯齿，背面微被白粉；叶柄长2～4mm。雌、雄花各具2个腺体。花期2～3月，果期4月。（图11-113）

【品种】a 龙爪柳（龙须柳）‘Tortuosa’枝条扭曲向上，如游龙，各地常见栽培观赏，树体较小，易衰老，寿命短。

b 馒头柳‘Pendula’分枝密，端梢整齐，形成半圆形树冠，状如馒头。

【分布】中国分布甚广，三北至淮河流域，以黄河流域为分布中心，是北方平原地区最常见的乡土树种。

【习性】喜光，耐寒性强，耐水湿又耐干旱。对土壤要求不严。萌芽力强，耐修剪，深根性，固土、抗风力强。

【繁殖】以扦插繁殖为主，播种亦可。柳树扦插极易成活。

图11-113 旱柳

【用途】柳树历来为我国人民所喜爱，其柔软嫩绿的枝叶，丰满的树冠，还有许多的栽培变种，都给人以亲切婀娜之感，是北方园林最常用的庭阴树、行道树、最宜沿河岸及低湿处或草地上栽植。也可作防护林和沙荒造林。庭阴树、行道树最好选用雄株，以避免柳絮（种子）污染。

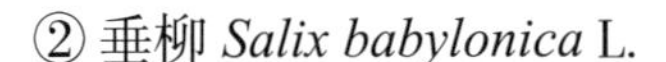

② 垂柳 *Salix babylonica* L.

【形态】乔木，高达18m；树冠倒广卵形，小枝细长下垂。叶狭披针形至线状披针形，长8～16cm，有细锯齿，表面绿色，背面有白粉，灰绿色；叶柄长约1cm。苞片卵状椭圆形，雄花具2腺体，雌花仅子房腹面具1腺体。花期2～3月，果期4月。（图11-114）

【分布】主要分布在长江流域及其以南，华北、东北亦有栽培，是平原水边常见树种。

【习性】喜光，喜温暖湿润气候及潮湿深厚酸性及中性土壤。较耐寒，生长迅速特耐水湿，土壤深厚的高燥地区也可生长。萌芽力强，根系发达，寿命较短，30年后渐趋衰老。对有毒气体抗性较强，并能吸收二氧化硫。

【繁殖】以扦插为主，亦可用种子繁殖。

【用途】垂柳枝条细长，柔软下垂，随风飘舞，姿态优美潇洒，植于河岸及湖池边最为理想，柔条依依浮水，别有风致，自古即为重要的庭院观赏树。亦可用作行道树、庭阴树、固岸护堤树及平原造林树种，也适用于厂区绿化。

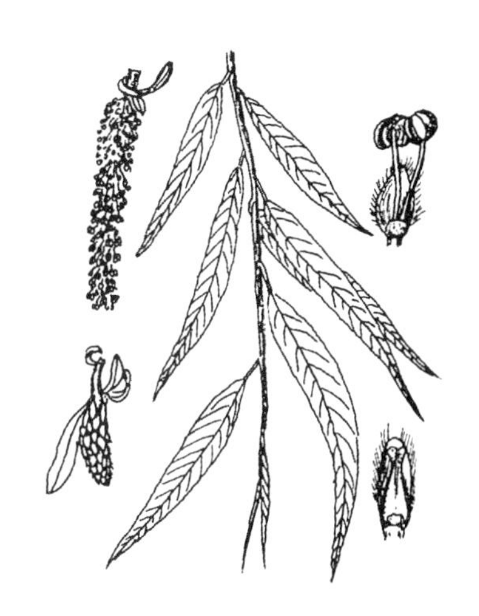

图11-114 垂柳

③ 银芽柳（棉花柳）*Salix leucopithecia* Kimura.

【形态】灌木，高2～3m；分枝稀疏，枝条绿褐色，具红晕，幼时有毛，老时脱落；冬芽红紫色，有光泽。叶长椭圆形，叶缘有细浅齿，表面微皱，深绿色，背面密被白毛，半革质。雄花序椭圆状圆柱形，早春叶前开放，初开时芽鳞疏展，包被于花序基部，红色而有光泽，盛开时花序密被银白色绢毛，颇为美观。（图11-115）

【分布】原产于日本；上海、南京、杭州、郑州等地有栽培。

【习性】喜光，喜湿润，较耐寒，北京可露地越冬。

【繁殖】用扦插法繁殖，栽培后每年需重剪，促使萌发多数长枝条。

【用途】可植于草地林缘。其花芽萌发成花序时十分美观，供春节前后瓶插观赏，或制作干花。

图11-115 银芽柳

31. 杜鹃花科 Ericaceae

灌木，稀小乔木。单叶，常互生，无托叶。花两性，通常整齐，成伞形花序、总状花序或圆锥花序；花萼宿存，先端通常5裂；花冠钟形、漏斗形或壶形，先端通常5裂；雄蕊多为花冠裂片的二倍，花药2室，顶孔开裂；子房上位，中轴胎座，胚珠通常多数，花柱单生。蒴果，稀浆果或核果；种子微小多数。

约70属，1500种，主产于温带和寒带，少数分布于热带高山。我国约20属，800种，主产于西南高山。

分属检索表

1. 子房下位；浆果；花冠坛状 ……………………………………………越橘属
1. 子房上位；蒴果 …………………………………………………………… 2
2. 蒴果室间开裂；花大，花冠钟形、漏斗状或管状，伞形总状花序 ………杜鹃花属
2. 蒴果室背开裂；花小，花冠裂片辐射对称 ……………………………… 3
3. 常绿；圆锥花序；花冠卵状坛形；花药背面的芒下弯 ……………马醉木属
3. 落叶；伞形或伞房状花序；花冠钟形；花药背面的芒向上 ……………吊钟花属

（1）**杜鹃花属** ***Rhododendron*** **L.**

常绿或落叶灌木。叶常全缘互生。花常组成顶生的伞形花序或伞形式总状花序；花萼5裂，宿存；花冠钟形、漏斗形或管状，通常5裂；雄蕊5～10，花药背着，顶孔开裂；花盘厚，子房上位，多5～10室，每室有多数胚珠，花柱细长，柱头头状。蒴果室间开裂。

约800种，主要分布于北半球。我国约650种，主要分布于西南部高山地区。

分种检索表

1. 落叶或半常绿灌木 ………………………………………………………………… 2
1. 常绿灌木或小乔木 ………………………………………………………………… 6
2. 半常绿灌木；花1～3朵顶生，花梗、幼枝和叶两面有软毛 ………………白花杜鹃
2. 落叶灌木 …………………………………………………………………………… 3
3. 雄蕊5；花全黄色，顶生伞形总状花序；叶矩圆形，叶缘有睫毛 ……………羊踯躅
3. 雄蕊10 ……………………………………………………………………………… 4
4. 叶常3枚轮生枝顶；花双生枝顶；子房及蒴果密生长柔毛 …………………满山红
4. 叶散生；花2～6朵簇生枝顶；子房及蒴果具糙毛或腺鳞 ………………………… 5
5. 枝有褐色扁平糙毛；叶、子房、蒴果被糙毛，花玫红至深红色 ………………映山红
5. 枝疏生鳞片；叶、子房、蒴果被腺鳞，花淡紫红色 ……………………………迎红杜鹃
6. 雄蕊5 ………………………………………………………………………………… 7
6. 雄蕊10或更多 ……………………………………………………………………… 8
7. 花单生叶腋；花冠盘状，白或淡紫色，有粉色斑点；叶全缘 ……………………马银花
7. 花2～6朵与新梢发自顶芽；花冠漏斗状，橙红或亮红色，有深红色斑点；
   叶具睫毛 ……………………………………………………………………………石岩杜鹃
8. 雄蕊14；花6～12朵顶生伞形总状花序；花粉红色；幼枝绿色粗壮……………云锦杜鹃
8. 雄蕊10 ……………………………………………………………………………… 9
9. 花径1cm，乳白色，密总状花序；叶厚革质，
   倒披针形 ……………………………………………………………………………照山白
9. 花径4～6cm，伞形花序或1～3朵 ………………………………………………10
10. 伞形花序，花10～20朵，径4～5cm，深红色；
    叶厚革质 ………………………………………马缨杜鹃
10. 花1～3朵，花径6cm，蔷薇紫色；春叶纸质 ……锦绣杜鹃

① 映山红（杜鹃、红花杜鹃）*Rhododendron simsii* Planch.

【形态】落叶灌木，高3m；枝干细直光滑，淡红至灰白色，质坚而脆；分枝多，近轮生，小枝和叶被棕色糙毛。叶纸质全缘，椭圆状卵形或倒卵形，春叶阔而薄，长3～5cm，夏叶小而厚。2～6朵总状花序顶生，花冠宽漏斗形，5裂，长宽约4cm，红至深红色；雄蕊10，花药紫色；花柱伸出花冠之外。蒴果卵圆形，密被毛。花期4～6月，果期9～10月。（图11-116）

图11-116　映山红

【分布】分布范围广，河南、山东以南均产。本种有许多栽培

图11-117 满山红

品种，花色上有白、红、粉红、紫、朱红、洋红等，花瓣有单瓣、重瓣之别。

【习性】喜疏松肥沃酸性的土壤。耐热不耐寒，耐瘠薄不耐积水。

【繁殖】可分株、压条、扦插、播种等。

【用途】映山红花色红艳灿烂，适用于园林坡地、花境、花坛、花篱及盆栽等。1850年由Robert Fortune引入欧洲，是目前普遍栽培"比利时杜鹃"的亲本之一。

② 满山红（山石榴、三叶杜鹃）*Rhododendron mariesii* Hemsl. et Wils.

【形态】落叶灌木，高2m；幼枝和叶被黄褐色毛，枝假轮生。叶革质或厚纸质，常3片聚生枝端，椭圆形或宽卵形，长4～8cm，宽约3cm，端短尖，基宽楔形，边缘外卷，叶柄4～14mm。花序常2朵，先叶开放，萼小5裂，花冠淡紫红色，歪斜漏斗状，长3cm，径4～5cm，裂片5，上部裂片有紫红斑，雄蕊10，短于3cm长的花柱。蒴果圆柱形，长1.5cm，密被毛，果梗直立。花期2～3月，果期8～10月。（图11-117）

【分布】分布于我国长江以南。

繁殖、用处同映山红。

图11-118 石岩杜鹃

③ 石岩杜鹃（朱砂杜鹃）*Rhododendron obtusum* Planch.

【形态】常绿或半常绿灌木，有时平卧状，高3m；分枝多，幼枝上密生褐色毛。叶椭圆形，先端钝，基楔形，边缘有睫毛，叶两面均有毛；秋叶狭长，质厚而有光泽。花2～3朵与新梢发自顶芽，卵形萼片小，有细毛，花冠橙红至亮红色，上瓣有浓红色斑，漏斗形，径2.5～4cm；雄蕊5，药黄色。蒴果卵形，长0.6～0.7cm。花期5月。（图11-118）

【分布】本种为日本育成的栽培杂交种，我国各地常见栽培，有多数变种和大量的园艺品种。

繁殖、用处同映山红。

图11-119 羊踯躅

④ 羊踯躅（黄杜鹃、闹羊花）*Rhododendron molle* G. Don.

【形态】落叶灌木，小枝柔弱稀疏，被柔毛和刚毛。叶片纸质，淡绿色，长椭圆状披针形，长6～12cm，宽2～5cm，先端钝，有凸尖头，基部楔形，两面及叶柄均被柔毛。顶生总状伞形花序，5～9朵，花冠宽钟形，5裂，直径5cm，金黄或橙黄，雄蕊5，基部有柔毛，花柱光滑；子房5室，有柔毛。蒴果圆柱形。花期5月，果熟9～10月。（图11-119）

【分布】产于我国江苏、浙江、安徽、福建、江西、湖南、湖北、广东、贵州等省。

【用途】先叶后花，花朵大而密集，其金黄鲜亮的花朵于葱翠嫩绿的叶片中鲜艳夺目，在杜鹃花属中十分特殊，具较高的园林观赏价值。全株具毒。

⑤ 马银花（清明花）*Rhododendron ovatum* Planch.

【形态】常绿灌木，高4m；枝叶光滑无毛。叶革质，光亮浓绿，卵圆形，长5cm，先端尖，基部圆。花单生叶腋，花萼小，在萼筒外及花柄有腺体和白粉，花冠宽漏斗状，径4.5cm，5裂，花瓣圆而阔，花色淡紫至紫白色，喉部有粉红色斑点和柔毛；雄蕊5，子房5室。蒴果宽卵形，长不及1cm。花期4～5月，果期8～10月。（图11–120）

图11–120　马银花

【分布】产于长江以南、华东各省。

繁殖、用途同映山红。

（2）马醉木属 ***Pieris*** **D. Don.**

常绿灌木或小乔木。叶多互生无柄，有锯齿。多顶生圆锥花序；萼片分离；花冠壶状，有5个短裂片；雄蕊10，内藏，花药在背面有一对下弯的芒。蒴果近球形，室背开裂为5个果瓣；种子小，多数。

约8种，分布于北美、东亚和喜马拉雅山区，中国6种，产东部至西南部。

美丽马醉木 *Pieris formosa*（Wall.）D.Don.

【形态】常绿灌木，高5m；老枝灰绿色无毛。叶簇生枝顶，革质，披针形，长5～12cm，叶缘有锯齿，两面网脉明显。圆锥花序顶生，长13cm，花冠坛状下垂，白色或粉色。蒴果球形。花期5～6月，果期7～9月。（图11–121）

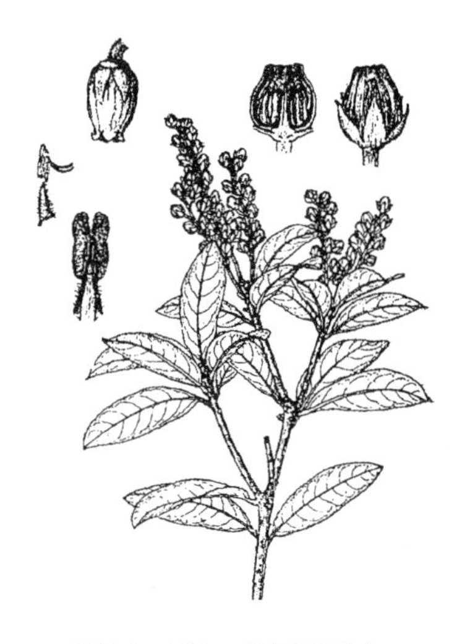
图11–121　美丽马醉木

【分布】分布于长江以南省区。

【习性】性喜温暖气候和半阴地点，喜生于富含腐殖质，排水良好的沙质土壤。

【繁殖】可用扦插、压条法，亦可播种。

【用途】马醉木花如风铃，花色素雅，为优良的园林坡地、石地树种。

（3）吊钟花属 ***Enkianthus*** **Lour.**

图11–122　吊钟花

落叶或半常绿灌木；枝轮生。叶互生，常聚枝顶。伞形或总状花序顶生，花两性，辐射对称，萼5裂宿存，花冠钟形，5裂，雄蕊

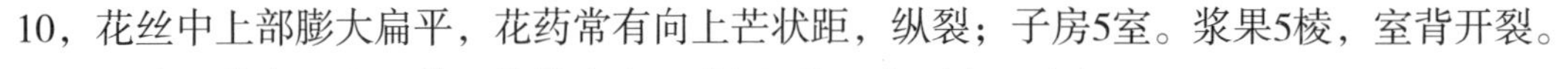
10，花丝中上部膨大扁平，花药常有向上芒状距，纵裂；子房5室。浆果5棱，室背开裂。

13种，分布于北温带至热带高山。我国9种，产西南至中部。

吊钟花 *Enkianthus quinqueflorus* Lour.

【形态】落叶或半常绿灌木，高2m；全体无毛。叶革质，长圆形或倒卵状椭圆形，长5～10cm，宽2～4cm，网脉两面突起，端部叶缘有疏齿，叶缘反卷。伞形花序5～8花，苞片红色；花冠粉或红色，钟形约1.2cm。蒴果椭圆形，约1cm，果柄直立。花期冬末至次年早春，果熟8～10月。（图11-122）

【分布】广布于华南至西南。

【习性】喜光、喜温暖湿润气候及酸性沙质土壤，不耐夏季炎热和积水。萌蘖力强。

【繁殖】播种或扦插繁殖，也可分株、压条。

【用途】花朵繁茂，花色优美，花期较长，且正值少花季节，是华南重要地被和盆花、切花植物，被称“吉庆花”、“中国新年花”。

（4）**越橘属** *Vaccinium* L.

常绿或落叶灌木。叶互生。花单生或总状花序，顶生或腋生，花两性，辐射对称；花萼、花冠4～5浅裂，雄蕊5～10，花药常有芒状距，顶孔开裂；子房下位，4～5室或假8～10室。浆果球形，顶端有宿存萼片。

400余种，分布于北温带至热带高山。我国90余种，南北均产。

分种检索表

1. 植株矮小，叶先端微凹，叶背有腺点，果实红色 ……………………………………………越橘
1. 植株较大，叶先端短尖，叶背中脉略有刺毛，果紫黑色 ……………………………乌饭树

越橘 *Vaccinium vitis-idaea* L.

【形态】常绿匍匐性灌木。叶革质，椭圆形至倒卵形，长1～2cm，宽1cm，先端圆，常微凹，基部楔形，边缘有睫毛，背面具浅绿色腺体，叶柄短。2～8朵总状花序生于去年生枝端；2苞片早落，花梗与总梗均密生毛，萼钟状，4裂；花冠淡红至白色，钟状，雄蕊8，花丝有毛，花药无距。浆果球形，直径7mm，熟时红色。

【分布】分布于东北、内蒙古、新疆。

【习性】性耐寒、喜湿润酸性土地。

【繁殖】播种、扦插或压条繁殖。

【用途】花、果及秋叶均美，可作地被植物。果可食。

32．柿树科 Ebenaceae

乔木或灌木。单叶互生，全缘无托叶。花单性异株或杂性，辐射对称，单生或排成聚伞花序，腋生；萼3～7裂宿存；花冠3～7裂；雄蕊为花冠裂片的2～4倍，稀同数，生于花冠筒基部，花丝短，花药2室、纵裂；雄花具退化雄蕊4～8，子房上位，2～16室，花柱2～8，分离或基部合生，每室有胚珠1～2。浆果，种子具硬质胚乳。

约3属500种，主要分布在热带和亚热带地区。我国1属约57种。

柿树属 *Diospyros* L.

落叶或常绿；无顶芽。叶互生。雌雄异株或杂性，雄花常较雌花小，组成聚伞花序；雌花常单生叶腋；萼4深裂，花后增大宿存；花冠壶形或钟形，4～5裂，白色或黄白色；雄蕊4至多数，常16；子房2～16室，花柱2～5，每室胚珠1～2。浆果肉质，种子扁平较大。

分种检索表

1. 有枝刺，(半)常绿灌木；叶长椭圆形或倒披针形 ……………………………瓶兰
1. 无枝刺 …………………………………………………………………………… 2
2. 叶片两面有灰色或灰黄色毛；果径4cm ……………………………………油柿
2. 叶表面无毛或近无毛 …………………………………………………………… 3
3. 幼枝、叶背有褐黄色毛；冬芽先端钝；果大，橙红色或橙黄色，径3.5～9cm …………柿树
3. 幼枝、叶背有灰色毛；冬芽先端尖；果小，蓝黑色，径1.2～1.8cm ………………君迁子

① 瓶兰 *Diospyros armata* Hemsl.

【形态】半常绿或常绿灌木；枝有刺。叶倒披针形至长椭圆形，叶端钝，叶基楔形，最宽处为叶片的上部。雄花聚伞花序；花冠乳白色，芳香。果近球形，熟时黄色；萼片宿存，略宽。果卵形。

【分布】分布于浙江、湖北。郑州等有栽培。

【习性】较耐阴，可生于稀疏的林下和林缘。

【繁殖】播种法。

【用途】香花和果实都具有观赏价值，也可盆栽和作盆景使用。

② 柿树（猴枣）*Diospyros kaki* Tkunb.

【形态】落叶乔木；树皮灰黑色，成长方形裂纹，树冠球形或半圆形；小枝及叶背面密被黄褐色柔毛。叶片宽椭圆形，近革质，表面深绿色，有光泽，背面淡绿色。花冠钟状，黄白色，多为雌雄同株异花，雄花序3朵排成小聚伞花序，雌花单生叶腋。果扁球形，熟时橙黄色或鲜黄色；萼宿存，称“柿蒂”。花期5～6月，果期9～10月。(图11–123)

图11–123　柿树

【分布】我国特产，从长城以南至长江流域均有栽培，其中华北栽培最多。

【习性】喜光，喜温暖，亦耐寒，能耐–20℃的短期低温。对土壤要求不严。对有毒气体抗性较强。根系发达，寿命长，300年以上果树还可结果。

【繁殖】用嫁接法繁殖。砧木在北方及西南地区多用君迁子，在江南多用油柿、野柿。嫁接时期选在树液刚开始流动时为好。

【用途】树冠广展如伞，叶大阴浓，秋天叶色转红，果实红艳似火，悬于绿茵丛中，至11月落叶后仍可挂于枝头，极为美观。是观叶、观果和结合生产的重要树种。可用于厂矿绿化，也是优良的行道树。久经栽培，品种繁多。

③ 君迁子（黑枣、软枣）*Diospyros lotus* L.

【形态】树皮灰黑色，成长方形裂纹；冬芽先端尖。叶纸质，长

图11–124　君迁子

椭圆形，表面深绿色。花淡橙色或绿白色。果小，球形，蓝黑色，外被白粉。花期4～5月，果期9～10月。（图11–124）

【分布】分布区域同柿树。

【习性】性强健、喜光、耐半阴；耐旱及耐寒性比柿树强；耐湿润。根系发达但较浅；生长较迅速。

【繁殖】播种法。

【用途】树干挺直，树冠圆整，适应性强，可供园林绿化用。果实脱涩后可食用，宜可干制或酿酒制醋；种子可入药。

④ 油柿 *Diospyrus oleifera* Cheng.

【形态】落叶乔木；树皮暗灰色，裂片成大块薄片剥落，内皮白色；幼枝密生柔毛。叶长圆形，较薄，两面密生棕色柔毛，叶端渐尖，基部圆形或阔楔形；叶柄长约1cm。雄花序有3～5花。果扁球形或卵圆形，有4纵槽。花期9月，果期10～11月。

【分布】主要分布于安徽、江苏、浙江、江西、福建等省。

【习性】适应性强，较耐水湿，通常作南方柿树的砧木。

【繁殖】播种法。

【用途】暗灰色树皮与剥落后的白色内皮相间颇有一定的观赏价值，可作庭阴树及行道树。果实皮厚味甜，可食。

33．野茉莉科（安息香科）Styracaceae

乔木或灌木；通体常具星状毛或鳞片。单叶互生无托叶。花辐射对称，两性，稀杂性，总状花序或圆锥花序，很少单生；花萼钟状或管状，4～5裂，宿存；花冠4～8裂，基部常合生；雄蕊为花冠裂片的2倍，稀同数，花丝常合生成筒；子房3～5室。核果或蒴果。

约12属 130多种，多分布于美洲和亚洲的热带和亚热带地区。中国9属60种，大部分产于长江以南地区。

分属检索表

1. 花冠5深裂；子房上位；果为不规则3瓣裂 ……………………………………野茉莉属
1. 花冠钟形，5～7裂；子房下位或半下位；果不裂 ……………………………秤锤树属

（1）野茉莉属 *Styrax* L.

灌木或乔木。叶全缘或稍有锯齿，被星状毛，叶柄较短。花成腋生或顶生的总状或圆锥花序；萼钟状，微5裂，宿存；花冠5深裂；雄蕊10，花丝基部合生；子房上位。核果。

约100种，中国约30种，主产长江以南各地，大部分可供观赏用。

分种检索表

1. 花单生叶腋或2～4朵成总状花序 ……………………………………………野茉莉
1. 总状花序顶生或腋生，具10余朵花 …………………………………………玉铃花

① 野茉莉（安息香）*Styrax japonica* Sieb.et Zucc.

【形态】落叶小乔木；树皮黑褐色，小枝细长，嫩枝及幼叶有星状毛，后脱落。叶椭圆形，端

突尖或渐尖，基部楔形，叶缘有浅齿。花单生叶腋或2～4朵成总状花序，下垂；花萼钟状，花冠白色，5深裂；雄蕊10，等长。核果近球形。花期6～7月。（图11-125）

图11-125 野茉莉

【分布】本种是该属在国内分布最广的一种，主产长江流域。

【习性】喜光，耐瘠薄，生长快。

【繁殖】播种繁殖。

【用途】花、果下垂，白色花朵掩映于绿叶中，独具风趣，宜作庭园栽植观赏，也可作行道树。

② 玉铃花 *Styrax obassia Sieb.*Sieb.et Zuec.

【形态】小乔木，高4～10m；树皮剥裂，枝栗褐色，稍呈“之”字形弯曲。小枝下部的叶较小而对生，上部叶大，互生，叶片椭圆形至广倒卵形。总状花序顶生或腋生，具10余朵花。花下垂，花冠白色，径约2cm，5深裂，裂片长圆形。果实卵形或球状卵形；种子1，卵形。花期在5～6月，果期8月。

【分布】吉林、辽宁、山东、浙江、安徽、江西及湖北等省，朝鲜、日本也有分布。

【习性】喜光，喜温暖湿润气候，较耐寒。

【繁殖】播种繁殖。

【用途】花芳香美丽，可作庭院、公园绿化树种，供观赏及提取芳香油。

（2）**秤锤树属** ***Sinojackia*** **Hu.**

落叶乔木。叶近无柄，具锯齿；无托叶。总状或聚伞花序顶生；花常白色下垂；花梗细长，花梗与花萼间具关节；萼齿5～7，宿存；花冠钟形，5（6～7）裂，雄蕊10～14，着生于花冠基部；花丝下部连成短管；子房下位或半下位，2～4室，每室6～8胚珠，柱头微3裂。果木质不裂，具皮孔，中果皮木栓质，内果皮坚硬；种子长圆状线形，种皮硬骨质。

秤锤树 *Sinojackia xylocarpa* Hu.

【形态】落叶小乔木或灌木，高达7m；枝直立而稍斜展。叶椭圆形，花、果均下垂，果实大，果实卵圆，木质，有白色斑纹，顶端宽圆锥形，下半部倒卵形，形似秤锤。4～5月开花，9～10月果熟。（图11-126）

图11-126 秤锤树

【分布】分布于南京附近局部地区，是江苏省特有植物，各地栽培。

【习性】喜光，幼树不耐阴，抗寒性强，能忍受-16℃的短在极端低温，喜湿润，不耐干旱瘠薄。

【繁殖】播种繁殖。

【用途】优良观赏树种，可用于庭园绿化。为我国特产，属国家二级保护濒危树种。

34．山矾科 Symplocaceae

常绿或落叶，灌木或乔木。单叶互生无托叶。花辐射对称，两性，稀杂性，排成穗状花序、总状花序、圆锥花序、或有时单生；花萼5裂常宿存；花冠裂片3～11，通常5片，裂至基部或中部；雄蕊常为多数，花丝分离或基部合生成束，着生于花冠上；子房下位或上位，2～5室。浆果状核果，果顶具宿存萼，通常基部具宿存的苞片。

1属约300多种，多分布于亚洲、大洋洲和美洲的热带和亚热带地区。中国130种，分产于南部、西南地区。

山矾属 *Symplocos* Jacq.

白檀 *Symplocos paniculata*（Thunb.）Miq.

【形态】落叶灌木或小乔木；嫩枝、叶、叶柄和花序均被柔毛。单叶互生，卵圆形，端急尖或渐尖，基部楔形，边缘有细尖锯齿，纸质。圆锥花序，花小，白色，芳香，5深裂，筒极短。核果卵形，蓝黑色。花期5月。（图11-127）

【分布】分布于东北、华北至江南各地区。

【习性】本属大多数种类不耐寒，南方较多，只本种南北均宜。

【繁殖】种子繁殖或嫩枝扦插繁殖。

【用途】开花繁茂、满树白花，观赏效果较好，可植于林缘、路边，也可作花篱。

图11-127 白檀

35．紫金牛科 Myrsinaceae

乔木或灌木，稀藤本。通常单叶互生，叶缘波状或锯齿状，有腺点无托叶。花两性或单性，辐射对称，排成圆锥花序或伞形花序；常有腺点；萼4～5裂，通常宿存；花冠合生，稀离瓣，4～5裂；雄蕊4～5，与花冠裂片对生，着生于花冠筒上；子房1室；花柱和柱头单生。核果或浆果，稀蒴果。

约30属1000多种，分布于热带及亚热带地区；中国特产6属约100种。

紫金牛属 *Ardisia* Swartz.

小乔木至亚灌木。叶通常互生，也有对生或轮生的。花两性，为腋生或顶生的总状花序、伞形花序或圆锥花序；萼通常5裂，稀4裂；花冠通常5深裂，裂片常外翻，雄蕊花丝极短；子房上位，花柱线形，胚珠3～12颗或更多。核果球形，种子1颗。

400种，分布于热带和亚热带地区；我国约69种，产长江以南地区。

紫金牛（矮地茶、不出林）*Ardisia japonica* Bl.

【形态】常绿小灌木，高10～30cm；具地下匍匐茎，地上茎直立，不分枝。单叶对生或仅轮生，椭圆形，叶片有光泽。花小，白色或粉红色。核果球形，熟时红色，经

图11-128 紫金牛

久不落。（图11-128）

【分布】原产于我国，分布广。

【习性】性喜温暖潮湿气候，多生于林下、溪谷旁之阴湿处。

【繁殖】播种或扦插。

【用途】既可观叶又可观果，是适宜在阴湿环境种植的优良地被植物，也可种植在高层建筑群的绿化带以及立交桥下。

36．海桐科 Pittosporaceae

常绿木本；有时有刺，茎皮有树脂道。单叶互生或轮生，无托叶。花两性，稀单性或杂性，圆锥、总状或伞房花序；萼片、花瓣、雄蕊均为5，雌蕊3～5，心皮合生，子房上位，单一花柱。蒴果或浆果状；种子多数，生于黏质的果肉中。

9属约360种，广布于东半球的热带和亚热带地区。我国1属约40种。

海桐属 *Pittosporum* Banks.

常绿乔灌木。叶全缘或具波状齿。花单性或顶生圆锥或伞房花序；花瓣先端常向外反卷，子房通常为不完全的2室。蒴果，球形至倒卵形，具2至多数种子，种子藏于红色黏质瓤内。

海桐（海桐花）*Pittosporum tobira*（Thunb.）Ait.

图11-129　海桐

【形态】常绿灌木或小乔木，高2～6m；树冠圆球形。叶革质，倒卵状椭圆形，先端微凹，基部楔形，边缘反卷，全缘，无毛，表面深绿而有光泽，常集生枝端。伞房花序顶生，花白色或淡绿色，芳香。蒴果卵球形，有棱角，熟时三瓣裂；种子鲜红色。花期5月，10月果熟。（图11-129）

【分布】黄河以南各地园林习见栽培。

【习性】喜光，喜温暖湿润，对土壤要求不严。萌芽力强，耐修剪。抗海潮风及二氧化硫有毒气体能力较强。

【繁殖】播种繁殖，扦插也容易成活。

【用途】枝叶茂密，树冠球形，下枝覆地；叶色浓绿而有光泽，经冬不落；初夏花朵清丽芳香，入秋果实开裂时露出红色种子，常作房屋基础种植及绿篱材料，可作海岸防潮林、防风林及厂区绿化树种，也可作城市隔噪声和防火林带之下木。华北多盆栽观赏。

37．八仙花科 Hydrangeaceae

灌木或乔木，有时攀缘状。单叶对生或互生，稀轮生，无托叶。花小，两性或杂性；伞房状或圆锥状聚伞花序，有时花序周边具花萼扩大的不孕花，萼4～10，花瓣4～10，雄蕊5至多数；子房半下位至下位，心皮2～5，合生。蒴果，顶部开裂，稀浆果。

共80属约1500种，多分布于北温带。我国27属约400种，南北各地均有。

分属检索表

1\. 花同型，均发育 ………………………………………………………………………………… 2
1\. 花二型，可育花小，不育花大并常位于花序边缘 ……………………………………八仙花属
2\. 萼片、花瓣均为4，雄蕊多数；植物体通常无星状毛 ……………………………………山梅花属
2\. 萼片、花瓣均为5，雄蕊10；植物体有星状毛…………………………………………溲疏属

（1）山梅花属 *Philadelphus* L.

落叶灌木；枝髓白色，茎皮剥落。单叶对生，基部3～5出脉，无托叶。花白色，总状花序或聚伞花序，稀圆锥花序，萼、瓣各4；雄蕊20～40；子房下位或半下位，4室。蒴果。

约75种，产于北温带。我国约18种，产于东北、华北、西北、华东及西南各地。

分种检索表

1\. 萼外及叶背密生灰色柔毛，脉上尤多；总状花序具花7～11朵…………………………山梅花
1\. 萼外、花梗及幼枝均无毛；叶背脉腋有簇毛，叶柄常带紫色，花序具花5～7朵 ……太平花

① 山梅花 *Philadelphus incanus* Koehne.

【形态】落叶灌木；树皮褐色，薄片状剥落；小枝幼时密生柔毛。叶卵形至卵状长椭圆形，叶缘具细尖齿。花白色；萼外有柔毛；7～11朵成总状花序。花期5～7月，果8～9月成熟。（图11–130）

图11–130　山梅花

【分布】分布于陕西、甘肃、四川、湖北及河南等地。

【习性】性强健，喜光，较耐寒，耐旱，怕水湿，不择土壤，生长快。

【繁殖】扦插、播种、分株方法。

【用途】花朵洁白如雪，虽无香气，但花期长。可作庭园及风景区绿化观赏材料，宜成丛、成片栽植于草地、山坡及林缘，也可与建筑、山石等配植。

② 太平花（京山梅花）*Philadelphus pekinensis* Rupr.

【形态】丛生灌木，高达2m；树皮栗褐色，薄片状剥落；小枝光滑无毛，常带紫褐色。叶卵状椭圆形，基部近圆形，三主脉，先端渐尖，叶缘疏生小齿，叶柄带紫色。花5～7朵成总状花序，花白色，微有香气。蒴果陀螺形。花期6月，果实9～10月成熟。（图11–131）

图11–131　太平花

【分布】分布于内蒙古、辽宁、河北、河南、山西、四川等地。

【习性】喜光，稍耐阴，耐寒，不耐积水。

【繁殖】扦插、分株。

【用途】枝叶茂密，花乳白色而有清香，多朵聚集，花期较长。宜丛植于草地、林缘、园路拐角和建筑物前，也可作自然式花篱或大型花坛的中心栽植材料。

（2）**溲疏属** *Deutzia* Thunb.

落叶灌木；常具星状毛，小枝中空。单叶对生无托叶，叶缘有锯齿。花两性，白色或蓝紫色，圆锥或聚伞花序；萼、瓣各5；雄蕊10，花丝顶端常有2尖齿；子房下位，花柱3～5，离生。蒴果3～5裂。

约60种，分布于北温带。我国约50种，各地均有分布，以西部较多。

分种检索表

1. 总状或圆锥花序 …………………………………………… 溲疏
1. 花1～3多成聚伞状 ……………………………… 大花溲疏

① 溲疏 *Deutzia scabra* Thunb.

【形态】灌木；树皮薄片状剥落，小枝红褐色，幼时有星状毛。叶长卵状椭圆形，叶缘有不显小尖齿，两面有星状毛，粗糙。圆锥花序直立；花白色，或外面略带粉红色，萼裂片短于筒部，花柱3，稀为5。蒴果近球形，顶端截形。花期5～6月，果期10～11月。（图11–132）

【分布】产于浙江、江西、江苏、湖南、湖北、四川、贵州及安徽南部。

【习性】喜光，稍耐阴；喜温暖气候，有一定耐寒力。性强健，萌芽力强，耐修剪。

【繁殖】可用播种、扦插、压条或分株法。

【用途】溲疏夏季白花，繁密而素净，有重瓣的变种更为美丽。国内外庭园久经栽培。也适宜丛植于草坪、林缘及山坡，也可作花篱及岩石园种植材料。花枝也可供瓶花观赏。

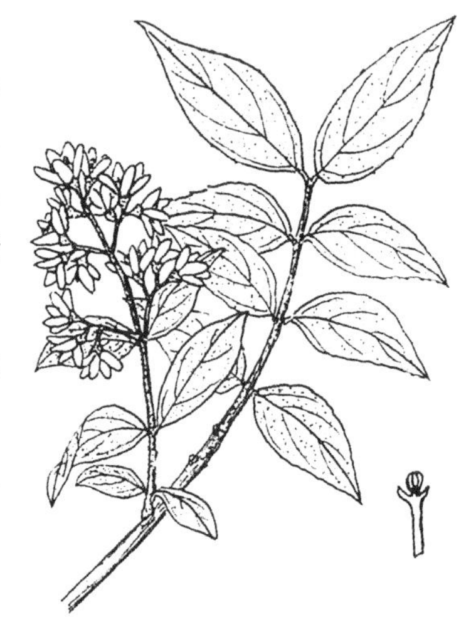

图11–132 溲疏

② 大花溲疏 *Deutzia grandiflora* Bunge.

【形态】灌木；树皮通常灰褐色。叶卵形，先端急尖，基部圆形，叶缘有小齿，表面散生星状毛。花白色，较大，1～3朵聚伞状；萼片线状披针形；雄蕊10；花柱3。花期4月，果6月成熟。（图11–133）

【分布】产于湖北、山东、河北、陕西、内蒙古、辽宁等地。

【习性】喜光，稍耐阴，耐寒耐旱，对土壤要求不严。多生于丘陵或低山山坡灌丛中。

【繁殖】播种、扦插、分株。

【用途】花朵大而开花早，颇为美丽，宜植于庭园观赏；也可作山坡水土保持树种。

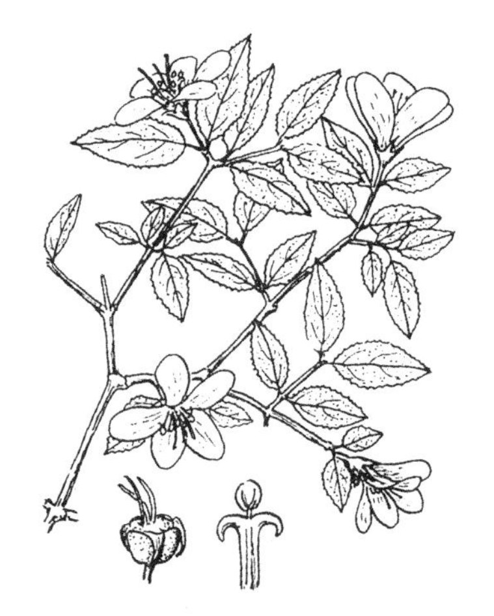

图11–133 大花溲疏

（3）**八仙花属** *Hydrangea* L.

落叶灌木，稀攀缘状；树皮片状剥落，小枝髓白或黄棕色。单叶对生稀轮生，具锯齿，有柄无托叶。顶生聚伞状、伞房状或圆锥状花序；花序边缘常具不育花，不育花具3～5花瓣状萼片，可育花萼、瓣各4～5；雄蕊8～20，通常10；子房下位或半下位，花柱2～5，较短。蒴果，通常具纵肋，顶端孔裂，种子多数细小。

约85种，产东亚及南美洲。我国约45种，主要分布在西部和西南部。

分种检索表

1. 伞房花序，扁平或近半球形 ………………………………… 2
1. 圆锥花序 ……………………………………………圆锥八仙花
2. 叶近光滑无毛；可育花蓝色或近水红色 …………………绣球
2. 叶背密生柔毛；可育花白色 ……………………东陵八仙花

图11-134　绣球

① 绣球（八仙花）*Hydrangea macrophylla*（Thunb.）Ser.

【形态】灌木；小枝粗壮，皮孔明显。叶对生，大而有光泽，倒卵形至椭圆形，叶缘有粗锯齿。顶生伞房花序近球形，几乎全部为不育花，萼片4，卵圆形，全缘，粉红色、蓝色或白色，极美丽。花期6～7月。（图11-134）

【分布】湖北、四川、浙江、江西、广东、云南等省区都有分布。各地庭园习见栽培。

【习性】喜阴，喜温暖，耐旱性不强，华北只能盆栽温室越冬。喜湿润。性将建，少病虫害。

【繁殖】扦插、压条、分株等法。

【用途】花大而美丽，耐阴性强，是极好的观赏花木。可植于林下、路缘、棚架边及建筑物北侧。盆栽八仙花可用于室内装饰和阳台绿化。

图11-135　东陵八仙花

② 东陵八仙花 *Hydrangea bbretschneideri* Dippel.

【形态】灌木；树皮薄片状剥裂，小枝较细，幼时有毛。叶椭圆形，长8～12cm，基部楔形，叶缘有锯齿；叶柄常带红色。伞房花序，其边缘有不育花，先白色，后变浅粉紫色；可育花白色，蒴果具宿存萼。花期6～7月，果实8～9月成熟。（图11-135）

【分布】分布于黄河流域各省之海拔较高处，多生于山区林缘或灌木丛中。

【习性】喜光，稍耐阴，耐寒。

【繁殖】扦插、压条、分株、播种等法。

【用途】开花很美丽，可作庭院、公园或风景区绿化观赏材料，适宜成丛栽植。

图11-136　圆锥八仙花

③ 圆锥八仙花（水亚木）*Hydrangea paniculata* Sieb.

【形态】灌木或小乔木；小枝粗壮，有短柔毛。叶对生，卵状椭圆形，长5～10cm，先端渐尖，基部圆形或广楔形，叶缘有内曲的细锯齿。圆锥花序，不育花具4萼片，全缘，白色，后变淡紫色；可育花白色，芳香。花期

8～9月。（图11-136）

【分布】分布于福建、浙江、江西、安徽、湖南、湖北、广东、广西、贵州、云南等地。

【习性】多生于较湿处，耐寒性不强。

繁殖、用途同八仙花。

38．蔷薇科 Rosaceae

乔、灌、藤本或草本；常有枝刺或皮刺。单叶或复叶，互生，稀对生，有托叶，稀无托叶。花两性，稀单性。花基数5，花萼基部多少于花托愈合成碟状或坛状萼管；雄蕊多数，着生在花托的边缘；心皮1至多数，离生或合生，子房上位或下位。果实有聚合蓇葖果、核果、梨果、瘦果，稀蒴果；种子无胚乳。

四亚科，约124属3300余种，广布于世界各地，尤其北温带居多。我国约有51属1000余种，分布于全国各地。

分亚科检索表

1. 蓇葖果或蒴果，开裂；单叶或复叶，常无托叶 ……………………………绣线菊亚科
1. 果实不开裂，有托叶 …………………………………………………………… 2
2. 子房下位，萼筒与花托在果时变成肉质梨果，有时浆果状 ………………………苹果亚科
2. 子房上位 ………………………………………………………………………… 3
3. 心皮多数，果托膨大，聚合瘦果或小核果，萼宿存，复叶 ………………………蔷薇亚科
3. 心皮常1，稀2或5，核果，萼常脱落，单叶……………………………………………李亚科

Ⅰ．绣线菊亚科 Spiraeoideae

落叶灌木，稀草本。单叶或羽状复叶，叶片全缘或有锯齿，常无托叶。心皮离生或基部合生；子房上位，具2至多数悬垂胚珠。果实成熟时多为开裂的聚合蓇葖果，稀为蒴果。

约100种，广布于北温带。

分属检索表

1. 蒴果，种子有翅，花径约4cm，单叶，无托叶 ……………………………………白鹃梅属
1. 蓇葖果，种子无翅，花径小于或等于2cm ……………………………………… 2
2. 单叶，聚合蓇葖果不膨大，仅沿腹线开裂 ……………………………………绣线菊属
2. 羽状复叶，有托叶 ……………………………………………………………珍珠梅属

（1）白鹃梅属 *Exochorda* Lindl.

落叶灌木。单叶互生，全缘或有齿；托叶无或小而早落。花白色，颇大，呈顶生总状花序；萼、瓣各5；雄蕊15～30；5心皮合生。蒴果5棱，瓣裂，每瓣具1～2粒带翅种子。

白鹃梅（金瓜果、茧子花、九活头）*Exochorda racemosa*（Lindl.）Rehd.

【形态】高达3～5m；全株无毛，枝条细弱开展，小枝微有棱角，幼时红褐色，老时褐色；冬芽三角状卵形，平滑，暗紫红色。叶长椭圆形，全缘，无托叶。总状花序，花瓣倒卵形，白色；雄蕊与花瓣对生，花柱分离。蒴果倒圆锥形，有5脊。花期5月，果期

6～8月。（图11-137）

【分布】原产于中国华中及华东地区，沿黄河、淮河及长江流域均有分布。

【习性】喜温暖湿润的气候，喜光也稍耐阴，耐旱。抗寒力颇强，对土壤要求不严，在排水良好、肥沃而湿润的土壤中长势旺盛。萌芽力强，萌蘖性强。

【繁殖】以播种为主。也可分株、扦插繁殖。

【用途】姿态秀美，叶片光洁，花开时洁白如雪，光彩照人，是良好的优良观赏树木。老树古桩又是制作树桩盆景的材料。

图11-137 白鹃梅

（2）绣线菊属 *Spiraea* L.

落叶灌木；冬芽小。单叶互生；叶缘有齿或分裂，无托叶。花小，排成伞形、伞房或圆锥花序；花瓣5；离生雌蕊。聚合蓇葖果，种子细小无翅。

约100种，中国50余种。

分种检索表

1. 复伞房花序或圆锥花序，花粉红至红色 ………………………… 2
1. 伞形或总状花序，花白色 ………………………… 3
2. 圆锥花序 ………………………… 绣线菊
2. 复伞房花序 ………………………… 粉花绣线菊
3. 伞形总状花序，着生于多叶的小枝上 ………………………… 4
3. 伞形花序，无总梗，有极小的叶状苞位于花序基部 ………………………… 5
4. 叶端尖，菱状长圆形至披针形，羽状脉 ………………………… 麻叶绣线菊
4. 叶端钝，菱状卵形至倒卵形，羽状脉，两面有毛 ………………………… 中华绣线菊
5. 叶椭圆形至卵形，背面常有毛 ………………………… 李叶绣线菊
5. 叶线状披针形，光滑无毛 ………………………… 珍珠绣线菊

① 绣线菊（柳叶绣线菊、空心柳）*Spiraea salicifotia* L.

【形态】直立，高可达2m；枝条密集，小枝有棱及短毛。单叶互生，长圆状披针形，叶缘具细密锐锯齿、缺刻，两面无毛；叶柄短，无毛。花两性，粉红色，伞房或圆锥花序被毛，长6～13cm，花密集；雄蕊50，伸出花瓣外，花有花盘、苞片、花萼和萼片，均被毛。蓇葖果直立，沿腹缝线有毛并具反折萼片。花期6～8月，果熟8～10月。（图11-138）

【分布】分布于北半球温带至亚热带地区，辽宁、内蒙古、山东、山西等地均有栽培分布。

【习性】喜光也稍耐阴，抗寒，抗旱，喜温暖湿润的气候和深厚肥沃的土壤。萌蘖力和萌芽力均强，耐修剪。

图11-138 绣线菊

【繁殖】种子繁殖或扦插繁殖。

【用途】花色艳丽，花序密集，花期亦长，是优良的夏季观花灌木。宜在庭院、池旁、路旁、草坪等处栽植，作整形树颇优美，亦可作花篱，盛花时宛若锦带。

② 粉花绣线菊（日本绣线菊、蚂蝗梢、火烧尖）*Spiraea japonica* L.

【形态】高达1.5m；枝开展，小枝光滑或幼时有细毛。单叶互生，卵状披针形至披针形，边缘具缺刻状重锯齿，叶面散生细毛，叶背略带白粉。花粉红色，复伞房花序生于当年生枝端。蓇葖果，卵状椭圆形。花期6月，果期8月。（图11–139）

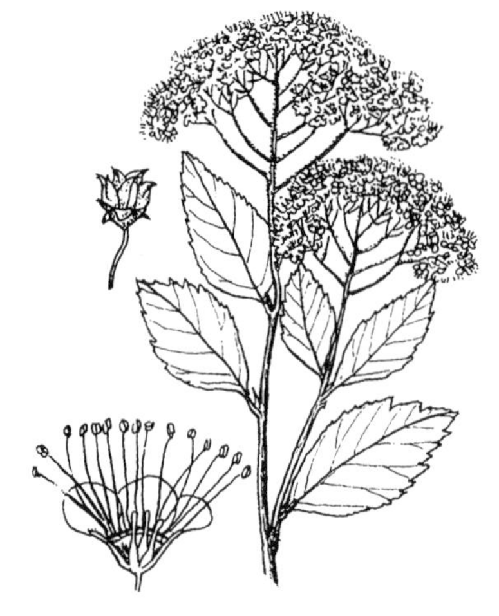

图11–139　粉花绣线菊

【变种】尖叶粉花绣线菊（狭叶绣线菊 *var.acuminata* Franch.），原产我国。生山谷或河沟边。叶椭圆状披针形至宽披针形，边缘有尖锐重锯齿，叶面有皱纹。花红色。

【分布】原产于日本和朝鲜半岛，我国华东地区有引种栽培。

【习性】喜光，略耐阴。喜冷凉，忌高温潮湿。生长适温10～20℃，夏季力求阴凉通风，梅雨季节应避免长期潮湿或排水不良。生长强健，适应性强，耐寒、耐旱、耐瘠薄，分蘖能力强。

【繁殖】分株、扦插或播种。

【用途】枝叶茂密，开花繁盛，可布置草坪及小路角隅等处，或种植于门庭两侧或花坛、花径，也可做花篱。全株入药。

③ 麻叶绣线菊（石棒子、麻叶绣球）*Spiraea contoniensis* Lour.

【形态】直立丛生灌木；小枝密集，皮暗红色。单叶互生，长椭圆形至披针形，中部以上有大锯齿，两面光滑；表面暗绿色，背面青蓝色。花白色，10～30朵密集成顶生半球形伞形花序。花期5月，果期7月。

【分布】原产于我国东部和南部，各地广泛栽培，华北、华东常见。日本亦有栽培。

【习性】性喜光，也稍耐阴，耐干旱瘠薄，怕湿涝。对土壤要求不严，分蘖力强。

【繁殖】以分株、扦插繁殖为主，也可用种子繁殖。

【用途】夏季盛开白色或粉红色鲜艳花朵，可植于庭院、公园、水边、路旁或栽于假山及斜坡上，供观赏。列植路边，形成绿篱极为美观。又为蜜源植物。

④ 中华绣线菊（铁黑汉条、华绣线菊）*Spiraea chinensis* Maxim.

【形态】小枝呈拱形弯曲，红褐色，幼时常被黄色绒毛；冬芽卵形，外被柔毛。单叶菱状卵形至倒卵形，边缘有缺刻状粗锯齿，或具不明显3裂，表面暗绿色，被短柔毛，背面密被黄色绒毛。伞形花序，花梗具短绒毛；苞片线形，被短柔毛；萼筒钟状，外面有稀疏柔毛，内面密被柔毛；花白色，雄蕊短于花瓣或与花瓣等长；花柱短于雄蕊。蓇葖果开张，被短柔毛。花期3～6月，果期6～10月。

【分布】分布于华北以南至云贵两广等广大地区。

【习性】生于山坡、山谷溪边、田野旁边，海拔500～2040m。

【繁殖】种子、分株、扦插繁殖。

【用途】丛植、孤植、群植供观赏。

⑤ 李叶绣线菊（笑靥花）*Spiraea prunifolia* Sieb.et Zucc.

【形态】高达3m；冬芽小，卵形，无毛。叶小，长2.5～5cm，叶缘中部以上有锐锯齿，叶背有细短柔毛或光滑；叶柄短。3～6朵花组成伞形花序，无总梗，基部具少数叶状苞片；花瓣5，白色，重瓣，花朵平展，中心微凹如笑靥，花径约1cm；花梗细长；雄蕊多数，短于花瓣。蓇葖果，顶端具宿存花柱，无毛。花期4～5月，果期7～8月。（图11-140）

图11-140 李叶绣线菊

【变种】单瓣李叶绣线菊 *var.simpliciflora* Nakai. 花单瓣，径约6mm。

【分布】产于我国长江流域，朝鲜、日本也有分布。

【习性】喜光稍耐阴，耐寒，耐旱亦耐湿，耐瘠薄。萌蘖性、萌芽力强，生长健壮，耐修剪。

【繁殖】扦插或分株繁殖。

【用途】花大多重瓣，春天花色洁白，繁密似雪。园林造景、环境绿化用树种。宜丛植池畔、山坡、路旁或树丛之边缘，亦可成片群植于草坪及建筑物角隅。

⑥ 珍珠绣线菊（珍珠花、雪柳、喷雪花）*Spiraea thunbergii* Sieb.et Zucc.

【形态】高达1.5m；枝条纤细开展，弧形弯曲，小枝有棱角，幼时密被柔毛，褐色，老时红褐色。叶条状披针形，叶近无柄。花小而白，径6～8mm，3～5朵呈伞形花序无总梗或有短梗，基部有数枚小叶片；萼筒钟状，萼片三角形，内面有密短柔毛，花瓣宽倒卵形，白色；雄蕊多数，长为花瓣的1/3或更短；花柱与雄蕊近等长。聚合蓇葖果开张，花柱宿存。花期3～4月，果期7月。

【分布】原产于华东地区，主要分布于浙江、江西、云南。陕西、辽宁等省有栽培。

【习性】耐寒、分蘖性强，耐修剪，栽培容易，易管理。在全光照下生长健壮，特别进入秋季，秋叶变色快，与庇荫下树相比，颜色变得更红，更鲜艳，持续时间长。

【繁殖】扦插或播种繁殖。

【用途】叶形似柳，花白如雪，故又称“雪柳”。树姿潇洒，小枝纤细向上倾斜弯曲，花朵小巧密集，布满枝头，在阳光照射下，犹如串串珍珠。是园林绿化中不可多得的观花、观叶的优良花灌木。通常作为彩叶篱多丛植于街道、公园、小区、广场等草坪角隅或作基础种植，亦可作切花用。

（3）珍珠梅属 *Sorbaria* A. Br.

落叶灌木。奇数羽状复叶互生，有小锯齿，具托叶。花两性，小，极多数，排成顶生圆锥花序；萼片5，反折；花瓣5；雄蕊20～50；心皮5，基部合生。蓇葖果。

9种，分布于亚洲。中国有3种，产西南部和东北部。

分种检索表

1. 蓇葖果长圆形，果梗直立 ……………………………………………… 珍珠梅

1. 蓇葖果圆柱形，下垂，果梗弯曲 ……………………………………………高丛珍珠梅

① 珍珠梅（东北珍珠梅、华楸珍珠梅、吉氏绣线菊）*Sorbaria kirilawii*（Regel）Maxim.

【形态】高达2m；枝开展，小枝弯曲，幼时绿色，老时暗黄褐色或暗红褐色；鳞芽卵形紫褐色。奇数羽状复叶，小叶近无柄，披针形至卵状披针形，有尖锐重锯齿，两面近无毛，羽状脉；托叶卵状披针形至三角状披针形。花白色，顶生圆锥花序大，总花梗和花梗均被星状毛或短柔毛，果期逐渐脱落；萼裂片三角状卵形，先端急尖，雄蕊20，与花瓣等长或稍短。果梗直立，蓇葖果长圆形，具顶生弯曲的花柱。花期5～7月，果期9～10月。（图11-141）

图11-141　珍珠梅

【分布】原产于亚洲北部，河北、山西、山东、河南、内蒙古均有分布，现各地栽培。

【习性】喜光又耐阴，性强健，不择土壤，有一定的耐寒性。生长迅速，萌蘖性强、耐修剪。

【繁殖】播种、扦插及分株繁殖。

【用途】花蕾圆形、洁白如珍珠，花开似梅，故此得名。花期长，开时正值少花季节，尤其是其具极强的耐阴性，在避阳之处，仍能生机蓬勃，正常开花。枝叶茂密，姿态秀丽，堪称花叶并美。丛植、散植颇为理想。也是制作桩景和切花的优良材料。

② 高丛珍珠梅（珍珠排、野生珍珠梅）*Sorbaria arborea* Schneid.

【形态】直立丛生灌木，高达6m；小枝微有星状毛。小叶13～17，披针形至矩圆状披针形，边缘有重锯齿，背面稍有星状毛；小叶柄短或近无柄。大形圆锥花序顶生，花白色；萼片稍短于萼筒；雄蕊长于花瓣。蓇葖果圆柱形，下垂，果梗弯曲。花期6～7月，果期9～10月。

【分布】产于陕西、甘肃、湖北、四川、云南、贵州、西藏等地。生于山坡林缘、溪边。

【习性】喜光又耐阴，抗寒耐旱。对土壤要求不严，一般土壤均可栽培，但宜选择排水良好、肥沃、湿润的砂质壤土栽培。

【繁殖】分株和扦插繁殖。

【用途】树形优美，用于观赏。

Ⅱ．苹果亚科 Maloideae

灌木或乔木。单叶或复叶，常有托叶。心皮1～2或2～5，多数与杯状花托内壁连合；子房下位、半下位，1～2或2～5室。果实成熟时为肉质的梨果或浆果状，稀小核果状。

有20属，我国产16属。

分属检索表

1. 心皮成熟时坚硬骨质，果实内含1～5小核 …………………………………… 2
1. 心皮成熟时革质或纸质，梨果1～5室，各室有1或多枚种子…………………… 4
2. 叶全缘；枝条无刺 ……………………………………………………………栒子属

2. 叶有锯齿或裂片，稀全缘；枝条常有刺 ………………………………………………………………… 3
3. 叶常绿；心皮5，各有成熟的胚珠2 ………………………………………………………………火棘属
3. 叶凋落，稀半常绿；心皮1～5，各有成熟的胚珠1…………………………………………山楂属
4. 复伞房花序或圆锥花序，有花多朵 ……………………………………………………………… 5
4. 伞形或总状花序，有时花单生 …………………………………………………………………… 7
5. 心皮全部合生，圆锥花序；常绿 ………………………………………………………………枇杷属
5. 心皮一部分离生，伞房花序或伞房状圆锥花序 ………………………………………………… 6
6. 单叶常绿，稀凋落。总花梗及花梗常有瘤状突起；心皮在果实成熟时仅顶端与萼筒分离，不裂开 ……………………………………………………………………………………………石楠属
6. 单叶或复叶均凋落；总花梗及花梗无瘤状突起；心皮2～5，全部或一部分与萼筒合生，子房下位或半下位；果期萼片宿存或脱落 ……………………………………………………花楸属
7. 各心皮内含4至多数种子；花单生或簇生 ……………………………………………………木瓜属
7. 各心皮内含1～2个种子；伞形总状花序 ……………………………………………………… 8
8. 花柱基部合生；果实多无石细胞 ………………………………………………………………苹果属
8. 花柱离生；果实常有多数石细胞 …………………………………………………………………梨属

（4）**栒子属** *Cotoneaster*（B. Ehrh）Medik.

灌木；各部常被毛，无刺。互生单叶全缘。花白色或粉红，单生或簇生短侧枝之顶；萼管与子房合生，裂片5，宿存；花瓣5；雄蕊约20；子房下位。梨果。

90种，分布于东半球北温带。中国约50余种，分布甚广，但主产地为西南部。

分种检索表

1. 匐匍灌木，小枝在大枝上二列状；花单生或2朵并生 ……………………………………平枝栒子
1. 灌木；花单生或成聚伞花序 ………………………………………………………………………… 2
2. 萼筒有绒毛，花粉色，花瓣近直立，2～5朵聚伞花序，果黑色，具2～3小核 ………灰栒子
2. 萼无毛，花白色，花瓣开展，6～21朵聚伞花序，果红色，具1小核 …………………水栒子

① 平枝栒子（铺地蜈蚣、小叶栒子）*Cotoneaster horizontalis* Dcne.

【形态】落叶或半常绿匐匍灌木，株高不足100cm；枝条水平开张成整齐两列，呈人字形生长，节位不生根。叶近圆形至倒卵形，厚革质，全缘，表面暗绿色，有光泽，入秋后逐渐变为红色。花小，无柄，粉红色，单生或2朵并生，近无梗。果实近球形，鲜红色，常具3小核。花期5～6月，果期9～10月。（图11–142）

图11–142　平枝栒子

【分布】中国特产。原产于我国的四川、云贵、湖南、湖北、秦岭一带。

【习性】喜光耐半阴。较耐寒，亦较耐干旱。对土壤要求不严。

【繁殖】扦插及播种为主，也可秋季压条、分株。

【用途】平枝栒子枝叶横展，叶小而稠密，花密集枝头，晚秋

时叶色红色，远看似一团火球；红果累累，终冬不落，雪天观赏，别有情趣。和假山叠石相伴，在草坪旁、溪水畔点缀，相互映衬，景观绮丽。是布置岩石园、庭院、绿地和墙沿、角隅的优良材料。也可用作绿篱，制作盆景。

② 灰栒子（尖叶栒子、北京栒子）*Cotoneaster acutifolius* Turcz.

【形态】灌木，稀有小乔木状；老枝灰黑色，小枝褐色或紫褐色，嫩枝被长柔毛；冬芽小，芽鳞复瓦状排列。单叶互生，有时排成2列，幼时两面被长柔毛，全缘；叶柄短；托叶细小，早落。花单生或成聚伞花序，腋生或生于短枝顶端；花瓣5，白色、粉红色或红色。梨果小，红色、褐红或紫黑色，萼片宿存。花期6 ~ 7月，果熟期8 ~ 9月。（图11–143）

图11–143　灰栒子

【分布】分布于东北、华北和西北地区。亚洲（日本除外）、欧洲、北非温带地区也有分布。

【习性】多生长于海拔1400 ~ 3700m的高原山区，喜阳，耐干旱，耐贫瘠，耐寒。

【繁殖】分株或扦插繁殖。

【用途】宜植于草坪边缘或树坛内丛植，也可作苹果砧木。

③ 水栒子（多花栒子）*Cotoneaster multiflorus* Bge.

【形态】落叶灌木，高达4m；枝条细长拱形，小枝红褐色或棕褐色，幼时有毛。托叶线形，早落；叶卵形，幼时背面有柔毛，后变光滑。花白色，6 ~ 21朵成聚伞花序，苞片线形，萼筒钟状，萼裂片三角形。果实近球形或倒卵形，红色，具1 ~ 2心皮合成的小核。花期5 ~ 6月，果期8 ~ 9月。（图11–144）

图11–144　水栒子

【分布】产于中国东北、华北、西北和西南，亚洲西部和中部其他地区也有。

【习性】喜光稍耐阴，耐寒。对土壤要求不严，极耐干旱和瘠薄，但不耐水淹。生长势旺，萌芽力强，耐修剪。

【繁殖】播种和扦插为主，也可压条繁殖。

【用途】枝条婀娜，花白色美丽，果实红色，经久不凋，是北方地区常见的观花、观果树种。宜作为观赏灌木或剪成绿篱，还是点缀岩石园和保护堤岸的良好植物材料。

（5）**火棘属** *Pyraeantha* Roem.

常绿有刺灌木。单叶互生，常有钝齿或锯齿。花多数，排成复伞房花序；萼片和花瓣均5；雄蕊多数；子房下位，5室，每室有胚珠2颗。梨果红色或橘红色，内含5小硬核。

约10种，分布于欧洲和亚洲。中国7种，产西南部和西北部，供观赏用。

火棘（火把果、救军粮）*Pyracantha fortuneana*（Maxim.）L.

【形态】高约3m；枝拱形下垂，幼时有锈色短柔毛，短侧枝常成刺状。叶倒卵形至倒卵状长椭圆形，先端圆钝微凹，有时有短尖头，基部楔形，叶缘有圆钝锯齿，齿尖内弯，近基部全缘，两面无毛。花白色，10～22朵成复伞房花序。果近球形，橘红色至深红色。花期4～5月；果熟期9～10月，延至翌年3月。（图11-145）

图11-145 火棘

【分布】产于中国华东、华中及西南地区。

【习性】喜光稍耐阴，有一定耐寒性，耐旱，耐瘠薄，对土壤要求不严。萌芽力强，耐修剪。对氟化氢、二氧化硫抗性较强。

【繁殖】播种、扦插繁殖。

【用途】初夏白花繁密，入秋果红如火，在庭园常作绿篱及修成各种形状作基础种植材料，也可丛植或孤植。果枝还是瓶插的好材料。

（6）**山楂属** *Crataegus* L.

落叶灌木或小乔木；通常具枝刺。单叶互生，常分裂，有托叶。花为顶生伞房花序；萼钟状5裂；花瓣5；雄蕊5～25；子房下位，1～5室，中轴胎座。梨果。

约1000种，分布于北温带，北美最盛。中国约有17种，各省均产，北方常见栽培。

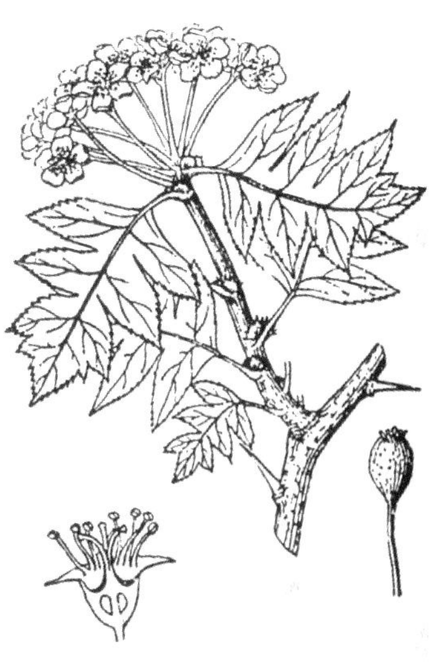

图11-146 山楂

山楂（红果、酸楂、羽裂山楂）*Crataegus pinnatifida* Bge.

【形态】小乔木，高达6m；植株多分枝，树皮暗棕色，枝常具刺，小枝紫褐色。叶三角状卵形或菱状卵形，4～9羽状深裂，裂片卵状披针形，叶面浓绿色有光泽，边缘有稀疏不规则的锯齿；托叶不规则半圆形或卵形，边缘有粗齿。花白色，伞房花序顶生或腋生。梨果近球形，径1.5～2cm，深红色或橘红色、黄色，有较多的浅色小斑点。花期5月，果期9～10月。（图11-146）

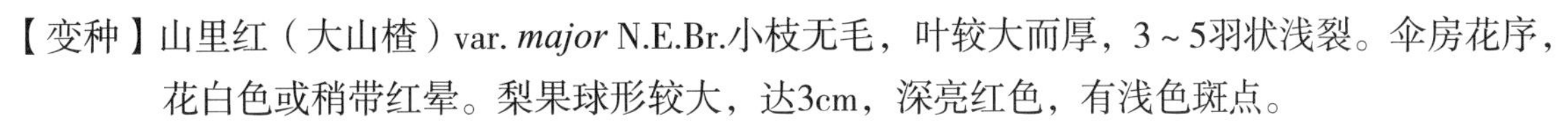

【变种】山里红（大山楂）var. *major* N.E.Br.小枝无毛，叶较大而厚，3～5羽状浅裂。伞房花序，花白色或稍带红晕。梨果球形较大，达3cm，深亮红色，有浅色斑点。

【分布】中国特产，分布于东北牡丹江中南部地区、西北、华北、华东、云南、广西等地。朝鲜半岛及西伯利亚地区也有分布。

【习性】喜光稍耐阴。耐寒、耐旱、耐瘠薄，抗病抗风。在排水良好、湿润的沙质壤土上生长最好。在低洼和碱性地生长不良。根系发达，萌蘖性强，生长旺盛。

【繁殖】播种、分株、扦插、嫁接繁殖。

【用途】树冠整齐，初夏白花点点，秋日红果累累，是观花、观果和园林结合生产的良好绿化树种，可作庭阴树和园路树。还可作为山区绿化造林和水土保持林树种。

（7）**枇杷属** *Eriobotrya* Lindl.

常绿灌木或小乔木。单叶互生。花白色，排成顶生的圆锥花序；萼5裂宿存；花瓣5，有柄；雄蕊约20；雌蕊1；子房下位2～5室，每室有胚珠2颗。梨果，种子1至数颗。

约30种，分布于东亚。中国产13种。

枇杷（无忧扇、卢橘）*Eriobotrya japonica*（Thunb.）Lindl.

【形态】常绿小乔木，高达10m；小枝、叶背及花序均密被锈色绒毛。叶粗大革质，具短柄或无柄，常为倒卵状、长椭圆形，先端尖，基部楔形，锯齿粗钝，侧脉11～21对，表面多皱有光泽。圆锥花序顶生；花小，5瓣，基部有爪，白色芳香。梨果球形或长椭圆形，外面有锈色茸毛，黄色或橙黄色。花期10～12月，翌年5～6月果熟。（图11–147）

【分布】分布于甘肃、陕西、河南及长江流域，南方各地多作果树栽培，浙江塘栖、江苏太湖及福建莆田都是枇杷的有名产地。

图11–147 枇杷

【习性】喜光稍耐侧阴。喜温暖、湿润的环境，较耐寒，冬季花期不低于–5℃。对土壤的适应性很强，但喜排水良好、表土富含腐殖质、地下水位低的微酸性或中性土壤。花期忌风。幼果期畏霜冻。抗二氧化硫及烟尘，深根性，生长慢，寿命长。

【繁殖】播种、嫁接（实生苗或石楠做砧木）繁殖为主，亦可高枝压条。

【用途】树形宽大整齐，叶大阴浓，特别是冬日白花盛开，初夏结果累累，可呈“树繁碧玉簪，柯叠黄金丸”之景，宜单植或丛植于庭园。在庭院中常作绿篱及基础种植材料，也可丛植或孤植。果枝还是瓶插的好材料。叶果可药用。

（8）**石楠属** *Photinia* Lindl.

常绿或落叶，灌木至小乔木。单叶互生，具短柄，常有锯齿；有托叶。花排成顶生伞形、伞房或复伞房花序；萼管钟状，裂片5，宿存；花瓣5；雄蕊约20；子房下位，2～4室，每室有胚珠1颗。梨果浆果状，有种子1～4颗。

60种以上，分布东亚、东南亚和北美。中国约40种，产西南部至中部。

分种检索表

1\. 树干及枝上无刺，叶革质有光泽 ………………………… 石楠

1\. 树干及枝上有刺，叶革质无光泽 ………………… 椤木石楠

① 石楠（千年红）*Photinia serrulata* Lindl.

【形态】常绿灌木或小乔木，高达4～6m；干皮块状剥落，树冠圆球形；枝叶无毛，枝灰褐色。叶长椭圆至倒卵状椭圆形，表面绿色，幼叶红色；边缘疏生具腺细锯齿，近基部全缘。复伞房花序顶生；花径6～8mm，花瓣白色，近圆形。果实球形，红色，后呈褐紫色，光亮，萼宿存，种皮会自裂。花期4～5月，果期10月。（图11–148）

图11–148 石楠

【品种】红叶石楠（*photinia×fraseri*）是石楠属杂交种的统称，也被称为石楠栽培品种群。新梢及新叶鲜红色因而得名，被誉为“红叶绿篱之王”。目前我国常见的有三个品种：红罗宾（Red Robin）、红唇（Red Tip）由石楠（P. *serrulata*）与光叶石楠（P. *glabra*）杂交而成，是当今世界上主要流行品种，分布于华北大部、华东、华南及西南各省区。鲁宾斯（Rubens）从光叶石楠中选育而成，株型较小，一般高3m左右。叶片相对较小，一般为9cm左右。叶片表面的角质层较薄，叶色亮红但亮度程度不如“红罗宾”。耐寒能力强，最低可达-18℃，适合在黄河流域以南的地区栽植。

【分布】产于中国秦岭以南各省，分布于我国淮河以南的平原、丘陵地区，华北地区有少量栽培，多呈灌木状，生长良好。日本、菲律宾、印度尼西亚有分布。

【习性】喜温暖湿润及阳光充足的环境，耐寒，河南、山东等地区能越冬；较耐阴，要求土层深厚、肥沃、排水良好的沙质土壤，也耐干旱瘠薄；不耐水湿。萌芽力强，耐修剪。对烟尘和有毒气体有一定的抗性。

【繁殖】以播种为主，也可扦插、压条、组织培养繁殖。

【用途】石楠树冠球形，枝叶深密。春季新叶鲜红，入夏满树白花，秋冬又现红果红叶，为美丽的观赏树种。适于孤植、丛植或作基础种植。

② 椤木石楠（椤木）*Photinia davidsoniae* Rehd.etWils.

【形态】常绿乔木，高6～15m；幼枝棕色，贴生短柔毛，后紫褐色，老时灰色；树干、枝条有刺。叶革质，长圆形或倒卵状披针形，长5～15cm，宽2～5cm，顶端有短尖头，基部楔形，边缘稍反卷，有带腺的细锯齿，幼时表面沿中脉贴生短柔毛。复伞房花序花多而密；花白色，花瓣近圆形；花序梗、花柄贴生短柔毛，无皮孔。梨果球形或卵形，成熟时紫黑色。花期5月，果期9～10月。

【分布】产于安徽南部、浙江、福建、湖北、湖南、广东、广西、陕西、贵州、四川、云南等省区。

【习性】喜温暖湿润和阳光充足的环境。耐阴，亦耐贫瘠、干旱，不耐水湿。对土壤要求不严，酸质土、钙质土上均能生长。萌芽力强，耐修剪。能耐-10℃低温。

【繁殖】常用播种、扦插和压条繁殖。

【用途】枝繁叶茂，嫩叶鲜红，甚至在整个冬季顶梢还保持着红叶，远看效果尚佳，特别是翌年早春鲜红的嫩叶显得格外醒目，秋冬又有红果，可作刺篱用。

（9）花楸属 *Sorbus* L.

落叶乔灌木。单叶或羽状复叶互生有托叶。花白色，两性，排成顶生伞房花序；萼、瓣各5；雄蕊15～25；心皮2～5；胚珠2颗。梨果。

约80种，中国有50种，产西南、西北至东北，大部供观赏用，有些种类可作果树砧木。

分种检索表

1. 单叶 ……………………………………………………………… 水榆花楸
1. 奇数羽状复叶 …………………………………………………… 百华花楸

① 水榆花楸（水榆）*Sorbus alnifolia*（Sieb.et Zucc.）K.Koch.

【形态】乔木，高达20m；树皮灰色光滑，小枝具灰白色皮孔，幼时微被柔毛，二年生枝暗红褐色，老枝暗灰褐色；鳞芽卵形红褐色。叶卵形至椭圆状卵形，基部广楔形或微心形，先端短渐尖，叶缘具不规则重锯齿，有时微浅裂；幼叶两面具疏柔毛，侧脉直达叶缘齿端；托叶披针形细长有齿，早落。复伞房花序6～25朵；花瓣卵形白色；雄蕊短于花瓣；花柱2，比雄蕊短。果实椭圆形，红或黄色有白粉，残留萼痕圆、明显。花期5月，果期9～10月。（图11–149）

图11–149　水榆花楸

【分布】产于长江流域、黄河流域及东北中南部。朝鲜、日本也有分布。

【习性】耐阴，耐寒。喜湿润排水良好的微酸性或中性土壤。

【繁殖】播种繁殖。

【用途】树体高大，干直光滑，树冠圆锥形，叶形美观，春季开花雪白，秋季叶片变黄后转红，果实累累，红黄相间，为优良观赏树种。

② 百华花楸（红果臭山槐、花楸）*Sorbus pohuashanensis*（Hance）Hedl.

【形态】乔木或大灌木，高可达8m；干皮紫灰褐色，光滑，小枝粗壮，灰褐色，具灰白色细小皮孔，幼时被绒毛；鳞芽形大，红褐色，被绒毛。奇数羽状复叶互生，小叶5～7对，卵状披针形，先端急尖，基部圆钝略偏斜，叶缘中部以上具细锐锯齿，两面多少有毛；托叶纸质，宽卵形，宿存。白色两性花呈顶生复伞房花序，有白色绒毛；雄蕊20，与花瓣近等长。梨果近球形，径6～8mm，红色，直立闭合萼片宿存。花期6月，果熟9～10月。（图11–150）

图11–150　百华花楸

【分布】东北、西北、华北地区均有野生或栽培分布。

【习性】喜光稍耐阴，抗寒力强。根系发达，对土壤要求不严，适应性强。但在高温强光之处生长不良，栽种时应予注意。

【繁殖】以播种为主。

【用途】枝叶秀丽，冠形多姿，初夏白花如雪，入秋叶紫果红，飘雪过后，果实如花朵开放在雪中，冬季果实不落，不萎蔫，是良好的园林观赏树种和最新绿化树种。

（10）**木瓜属** *Chaenomeles* Lindl.

落叶或半常绿灌木或小乔木；常有枝刺。单叶互生，托叶大。花单生或簇生；萼片5，常有颜色；花瓣5，大形；雄蕊20或多数排成两轮；子房下位，5室，有胚珠多数，花柱常宿存。梨果肉质，成熟时心皮革质或纸质。

共5种，产于东亚。中国全产之。

分种检索表

1. 花簇生，2年生枝有疣状突起，黑褐色 ……………………………日本海棠
1. 花单生 ……………………………………………………………………… 2
2. 枝无刺，萼片有细齿，反折 ………………………………………………木瓜
2. 枝有刺，萼片全缘，直立 ……………………………………………………… 3
3. 叶卵形至椭圆形，幼时背面无毛或稍有毛，锯齿尖锐 ……………贴梗海棠
3. 叶长椭圆形至披针形，幼时背面密被褐色绒毛，锯齿刺芒状 ……木瓜海棠

① 木瓜（木梨、降龙木）*Chaenomeles sinensis*（Thouin.）Koehne

【形态】落叶小乔木，高10m；树皮灰色，片状剥落，新皮光滑，黄褐色；小枝紫红色，有棘刺状小枝；冬芽半圆形，先端圆钝无毛，紫褐色。叶长圆状卵形，先端急尖，有刺芒状锐锯齿，齿尖有腺点；嫩叶背面被绒毛；托叶具腺齿。花单生于有叶嫩枝的叶腋，淡红、白色或白色带有红彩，芳香。果实如瓜，长椭圆形，长10～15cm，暗黄色，果皮木质，芳香；果皮干燥后仍光滑不皱缩。花期4月，果熟期9～10月。（图11-151）

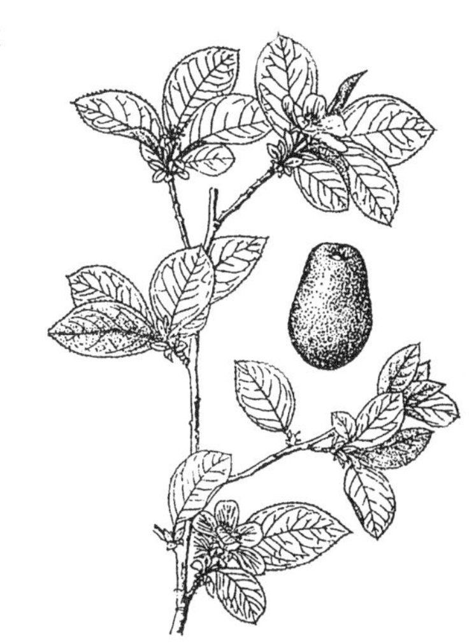

图11-151 木瓜

【分布】主要分布在我国华东及湖北、江西等地，河南、河北也有栽培。

【习性】喜光照充足，耐旱，耐瘠。要求土壤排水良好，不耐盐碱和低湿地。适于山区坡地栽培，常被选为优良的退耕还林树种。生长较慢。

【繁殖】以播种繁殖为主，也可压条、扦插或嫁接繁殖。

【用途】树冠开阔，树皮斑驳可爱，春花烂漫，入秋后金果满树，芳香袭人。宜孤植、对植、丛植，或与其他花木相配植。也可矮化盆栽。果香味独特持久，既可浸酒，又是疗效显著的药材。

② 贴梗海棠（皱皮木瓜）*Chaenomeles spiciosa*（Sweet.）Nakai.

【形态】落叶灌木，高2m；枝干丛生开展有枝刺，紫褐或黑褐色；冬芽小，红色无毛。单叶互生，叶卵状椭圆形，先端尖，有不规则尖锐锯齿；托叶大，肾形或半圆形。花3～5朵簇生，单瓣或重瓣，先叶后花或花叶同放，猩红色、绯红、淡红或白色，花梗极短。梨果球形至卵形，黄绿色，有芳香，果皮干燥皱缩。花期3～4月，9～10月果熟。（图11-152）

图11-152 贴梗海棠

【分布】原产于中国陕西、甘肃、云南、贵州、四川、广东等省，缅甸也有。现南北各地均有栽培。

【习性】喜光，稍耐阴。耐旱，忌水湿。喜温暖，也耐寒，对土壤的要求不严。华北地区能露地过冬。根部有很强的萌生能力，耐修剪。

【繁殖】分株、扦插、压条、播种、嫁接法繁殖。

【用途】树姿婆娑，株丛呈半圆形，常先叶开花，或伴有少量的嫩叶，花色艳丽、株形优美，

烂漫如锦；果实芬芳，供观赏。可丛植或孤植，作为绿篱及基础种植材料。也是盆栽观赏和制作盆景的优良材料。

③ 木瓜海棠（毛叶木瓜）*Chaenomeles cathayensis*（Hemsl.）Schneid.

【形态】落叶灌木，高3m；具枝刺，枝暗褐色。叶互生，长圆状披针形，硬纸质，背面密被棕褐色绒毛。花2～6朵簇生于二年生枝上，叶前或与叶同时开放；花梗粗短；花瓣具短爪，猩红色或淡红色，花柱基部有毛。梨果卵形，黄有红晕。花期4月，10月成熟。

【分布】分布于陕西、甘肃、湖北、湖南、江西、云南、贵州、四川、广西等省区。

【习性】喜阳稍耐阴，既耐严寒又耐酷暑。对土壤要求不严，不耐湿和盐碱。适应性强，具有长势旺盛、直立性强的特点。

【繁殖】播种或分蘖繁殖。

【用途】姿态优美、花色繁多。春季赏花、夏季观果、秋季满园飘香，是园林绿化和制作盆景的优良树种。

④ 日本海棠（倭海棠）*Chaenomeles japonica*（Thunb.）Lindl.

【形态】落叶矮灌木，高常不及1m；枝开展有细刺，小枝粗糙，幼时有绒毛，紫红色，二年生枝有疣突，黑褐色。叶广卵形至倒卵形或匙形，先端钝或短急尖，叶缘具圆钝锯齿，两面无毛；托叶肾形，有圆齿。花砖红色，3～5朵簇生。果近球形，黄色。花期3～4月，果期8～10月。有白花、斑叶和平卧等品种。

【分布】原产日本。中国各地庭园可见栽培。

【习性】喜充足的阳光，亦耐半阴，稍耐寒。

【繁殖】繁殖以扦插为主，也可分株、嫁接繁殖。

【用途】可植于庭院、路边、坡地，也常作盆栽，置阳台、室内观赏。

（11）苹果属 *Malus* Mill.

落叶，稀半常绿乔木或灌木；冬芽具覆瓦状鳞片。叶有锯齿或分裂，在芽中为对折状或席卷状，有托叶。花序成伞形总状，雄蕊15～50，花药黄色；子房下位，2～5室；花柱2～5，常在基部合生。梨果，无或有少量石细胞。

约35种，分布于北温带。中国有23种，产西南、西北、经中部至东北，多数为重要的果树及砧木或观赏树种。

分种检索表

1. 萼片宿存、间或脱落 ………………………………………… 2
1. 萼片脱落 ………………………………………… 5
2. 萼片较萼筒长 ………………………………………… 3
2. 萼片较萼筒短或等长 ………………………………………… 4
3. 叶缘锯齿圆钝，果扁球形或球形，先端常隆起，萼洼下陷，果柄粗短 ……………苹果
3. 叶缘锯齿尖锐；果卵圆形，果梗细长 ……………………………海棠果
4. 萼片脱落，稀宿存；果球形，红色，萼洼，梗洼均下陷；叶缘齿尖细 …………西府海棠
4. 萼片宿存；果近球形，黄色，基部无凹陷 ……………………………海棠花
5. 花粉红色；萼片先端尖，花柱4～5；叶缘锯齿细钝或全缘 ……………………垂丝海棠

5. 花白色，花柱5，罕4；叶缘有细锐锯齿 ……………………………………………山荆子

① 苹果 *Malus pumila* Mill.

【形态】落叶乔木，高达15m；干性较弱，侧枝粗大，小枝幼时密生绒毛，紫褐色。叶椭圆形至卵形，先端尖，叶缘有圆钝锯齿，幼时两面有毛，后表面光滑。伞房花序，花3～7朵，花白色，未开放时粉红至紫红色，开时带红晕；花梗与萼均具灰白色绒毛，萼片长尖，宿存，花柱5。果实近球形，径4cm以上，果梗粗短，成熟时红色、黄色或绿色。花期4月，果期7～11月。（图11-153）

图11-153 苹果

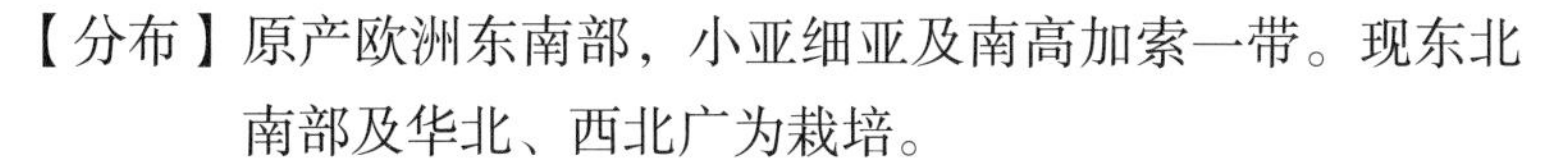

【分布】原产欧洲东南部，小亚细亚及南高加索一带。现东北南部及华北、西北广为栽培。

【习性】喜光照充足。喜夏季空气干燥、冬季气温冷凉的气候，耐-30℃的低温。对土壤要求不严。在富含有机质、土层深厚而排水良好的沙壤土中生长最好，树龄可达百年以上。对氯气及氯化氢气体抗性较差。

【繁殖】嫁接繁殖，北方常用山荆子为砧木，华东则以湖北海棠为主。

【用途】春季观花，白润晕红；秋时赏果，丰富色艳，赏花食果，是园林结合生产的优良树种，可植于公园、绿地、庭园或列植于道路两侧。

② 海棠果（楸子、柰）*Malus prunifolia*（Willd.）Borkh.

【形态】落叶小乔木，高8m；小枝粗壮，幼时密被短柔毛，老枝灰褐色。叶长卵形或椭圆形，先端弯尖，基部广楔形，有细锐锯齿，幼时两面中脉及侧脉有柔毛。近伞形花序4～10朵；萼筒外面被柔毛，萼裂片三角状披针形；花瓣倒卵形或椭圆形，白色，未开放时粉红色，雄蕊20，花丝长短不齐，约为花瓣1/3；花柱4（5）基部有长绒毛，比雄蕊长。果梗细长；果实卵形红色，萼片宿存肥厚。花期4～5月，果期8～9月。（图11-154）

图11-154 海棠果

【分布】主产于华北、东北南部，内蒙古及西北也有。

【习性】适应性强，喜光，抗寒抗旱，耐湿耐碱，对土壤要求不严。深根性，生长快，寿命长。

【繁殖】播种或嫁接繁殖。

【用途】花、果均很美丽，是优良庭院绿化树种。果可鲜食或加工成蜜饯、果干。还是苹果的优良耐寒、耐湿砧木。

③ 山荆子（山定子）*Malus baccata*（L.）Borkh.

【形态】乔木，高达10～14m；树冠阔圆形，小枝细弱。叶、

图11-155 山荆子

叶柄、叶脉、花梗与萼筒均无毛。叶椭圆形或卵形，顶端渐尖，基部楔形或圆形，叶缘有细锐锯齿。花白色，伞形花序，集生于小枝顶端。果近球形，红色或黄色。花期4月，果期9～10月。（图11-155）

【分布】产于华北、东北及内蒙古。生于山坡杂木林中及山谷灌丛中。

【习性】适应性强，耐寒、耐旱力均强。深根性。

【繁殖】播种、扦插、压条繁殖。

【用途】春天白花满树，秋季红果累累，经久不凋，甚为美观，可作庭园观赏树种。可做苹果、花红、海棠等的砧木。

④ 西府海棠（小果海棠）*Malus micromalus* Mak.

【形态】落叶灌木或小乔木，是山荆子和海棠花的杂交种；树姿峭立，枝干平滑，紫褐色或暗褐色；小枝紫色，幼枝有细毛。叶互生，长椭圆形，基部楔形，先端渐尖，叶缘齿尖锐，质薄。花3～7朵生于小枝顶端，花梗略短而不下垂；花初放色浓如胭脂，深粉红色，及开渐淡，多半重瓣。花期2～4月，先叶或与叶同放。梨果球状而小于海棠花，红色，其梗洼和萼洼均不凸起，萼几全部脱落。（图11-156）

图11-156　西府海棠

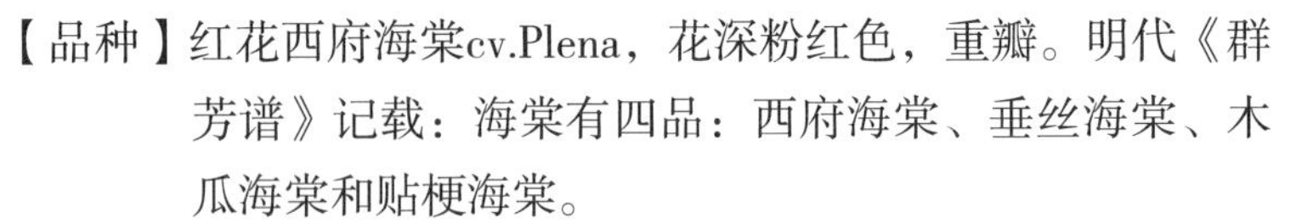

【品种】红花西府海棠cv.Plena，花深粉红色，重瓣。明代《群芳谱》记载：海棠有四品：西府海棠、垂丝海棠、木瓜海棠和贴梗海棠。

【分布】产于我国华东、华北，各地有栽培。

【习性】喜阳稍耐阴，耐寒性强。较耐干旱，但忌水涝。对土壤要求不严，以疏松、富含腐殖质、排水良好的沙质壤土为宜。萌蘖力强。

【繁殖】播种、嫁接、分株、压条、根插繁殖。

【用途】树姿优美，春天花朵艳丽多彩，秋天红果缀满枝头，是著名的观赏树种。孤植、丛植、对植，均相宜。在传统园林中常与玉兰、牡丹、桂花相配植，形成“玉棠富贵”的意境。

⑤ 海棠花（海棠）*Malus spectabilis*（Ait.）Borkh.

【形态】落叶小乔木；树皮灰褐色，光滑。单叶互生，椭圆形至长椭圆形，先端略为渐尖，基部楔形，边缘有平钝齿，表面深绿色而有光泽，背面灰绿色并有短柔毛，叶柄细长，托叶披针形。花5～7朵簇生，伞形总状花序，未开时红色，开后渐变粉红，多为半重瓣；萼片三角状卵形，宿存，花瓣椭圆形或倒卵形，基部具短爪。梨果球形，基部无凹陷，黄绿色。花期4月，果期8～9月。

【变种】我国海棠资源比较丰富，常见栽培的有两个变种：

a 红海棠var. *riversii*花型较大，粉红色，重瓣，叶较宽大。

b 白海棠var. *albi-plena*花白色或微有红晕，重瓣。

【分布】原产于中国，分布于河北、河南、陕西、甘肃、山东、江苏、浙江、云南及四川等省。

【习性】喜阳，耐寒耐旱，但不耐水涝，喜深厚、肥沃及疏松土壤。也适沙滩地栽培。具有抗盐碱耐水湿的特性。对二氧化硫有较强的抗性。

【繁殖】以嫁接为主，砧木多用楸子和山荆子。可压条或分株，播种法仅用于育种。

【用途】春可观花，冬可观果；花团锦簇，是十分悦目的上等花木。

⑥ 垂丝海棠 *Malus halliana* Koehne.

【形态】落叶小乔木，高达5m；树冠疏散，开展，幼枝紫色。叶卵形至长卵形，质较厚，叶缘齿细而钝，叶柄常带紫晕。花4～7朵簇生于小枝顶端，鲜玫瑰红色，花柱4～5；萼片紫色，先端钝；花梗细长下垂，紫色。果倒卵形，稍带紫色。花期4月，果熟期9～10月。（图11-157）

【变种】a 重瓣垂丝海棠‘Parkmanii’花重瓣，色红艳。

b 白花垂丝海棠var. *spontanea* 花朵较小，略近白色。

【分布】原产于中国，山东、四川、浙江、陕西等省均有分布，尤以四川最盛。

【习性】喜温暖湿润气候，喜光、耐寒性不强，在北京地区加以围护可露地栽植，耐旱、忌水涝。

图11-157 垂丝海棠

【繁殖】嫁接或分株繁殖。

【用途】花色艳丽，秋季红黄果实高悬枝间，恰似红灯点点，别具风姿。宜植于小径两旁，或孤植、丛植于草坪上，最宜植于水边。犹如佳人照碧池。另外垂丝海棠还可制桩景。

（12）**梨属** *Pyrus* L.

落叶乔木稀灌木；有时具枝刺；鳞芽圆锥形。单叶互生有托叶。先叶或花叶同放；伞形总状花序；萼片5，花瓣5，具爪；雄蕊15～30，花药深红或紫色；花柱2～5离生，子房2～5室，每室2胚珠。梨果具显著皮孔，果肉多汁，富石细胞，内果皮软骨质；种子黑褐色。

约25种，分布于亚洲、欧洲、北非。我国14种。

分种检索表

1. 叶缘锯齿钝，果褐色，径约1cm，花萼脱落，花柱2或3 ……………………………豆梨
1. 叶缘锯齿尖锐或刺芒状 …………………………………………………… 2
2. 锯齿尖锐，花柱2～3，果小，径约1cm ……………………………………杜梨
2. 锯齿刺芒状，花柱4～5，果较大，径2cm以上 ………………………………… 3
3. 果黄白色，叶基广楔形 ……………………………………………………白梨
3. 果褐色，叶基圆形或近心形 ………………………………………………沙梨

① 豆梨 *Pyrus calleryana* Decne.

【形态】落叶乔木，高6～8m；树皮褐灰色，粗块状裂。小枝粗壮，灰褐色，幼时有绒毛。叶宽卵形或卵形，顶端渐尖，基部宽楔形，质地略厚，叶缘有圆钝锯齿，两面无毛；托叶条状披针形无毛。6～12朵呈伞形总状花序，无毛；披针形萼片外面无毛，内有绒毛；花瓣卵圆形，基部有短爪，白色；花柱2，少数3，无毛。梨果近球形，直径1～1.5cm，无萼凹，萼片脱落，熟时黑褐色，密生白色斑点，有细长果梗。花期4月，果期8～9月。（图11-158）

【分布】分布于山东、安徽、浙江、江西、福建、河南、湖北、湖南、广东、广西等省区。

【习性】耐涝抗旱，并抗腐烂病，在黏重土上生长良好，南方各省多用作砧木，唯幼苗期生长较慢。

【繁殖】播种繁殖。

【用途】早春盛花时节，豆梨满树雪白；秋季叶片渐由绿色变为鲜黄色、橘红色、直至红色亮丽，属于典型的早春观花兼秋相树种。本种抗腐烂病能力较强，常用作梨的砧木。

图11-158　豆梨

② 杜梨（棠梨）*Pyrus betulifolia* Bge.

【形态】落叶乔木，高10m；枝上多棘刺，小枝紫褐色，幼枝、幼叶密生灰白色绒毛。叶菱状卵型至长卵圆形，先端渐尖，基部宽楔形，边缘有粗锐锯齿，幼叶两面具灰白绒毛，老则仅背面有毛。花白色，伞形总状花序，总轴和花梗密被灰白色绒毛；萼片三角状卵形，花柱2～3。梨果卵形，直径约1cm，褐色，有淡色斑点。花期4月，果期9～10月。（图11-159）

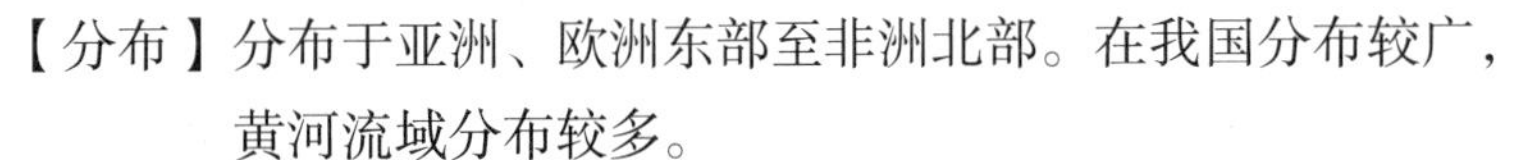

【分布】分布于亚洲、欧洲东部至非洲北部。在我国分布较广，黄河流域分布较多。

【习性】喜光，耐寒，耐旱，耐涝，耐瘠薄，在中性土及盐碱土中性土及盐碱土中均能正常生长。抗病虫害能力强。对二氧化硫有较强的抗性。深根性，生长较慢，寿命长。

【繁殖】播种、压条、分株均可繁殖。

【用途】树形优美，春季花色洁白，是值得推广的用于街道庭院及公园绿化的好树种。果无食用价值。在北方盐碱地区应用较广。

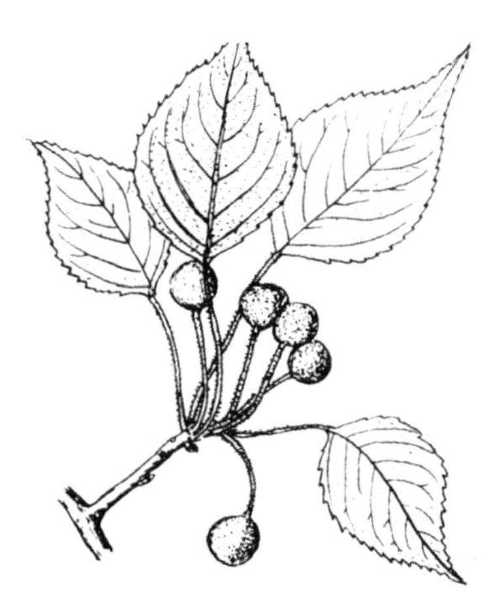

图11-159　杜梨

③ 白梨 *Pyrus bretschneideri* Rehd.

【形态】落叶乔木，高5～8m；小枝粗壮，幼时有毛。叶卵形或卵状椭圆形，叶缘有刺芒状尖锯齿，齿端微向内曲，幼时有毛，后变光滑。花朵大，白色。果卵形或近球形，黄色或黄白色，有细密斑点。花期4～5月，果熟8～9月。北方栽培梨为白梨育成的品系，果肉石细胞较少。（图11-160）

【分布】原产于中国北部，分布于黄河以北地区。栽培遍及华北、东北南部、西北及江苏北部、四川等地。

【习性】喜光，喜干冷气候，耐寒，对土壤要求不严，耐干旱瘠薄，花期忌寒冷阴雨。

【繁殖】嫁接繁殖为主。

【用途】白梨春季“千树万树梨花开”，一片雪白，是园林结合生产的好树种。

图11-160　白梨

④ 沙梨 *Pyrus pyrifolia*（Burm.f.）Nak.

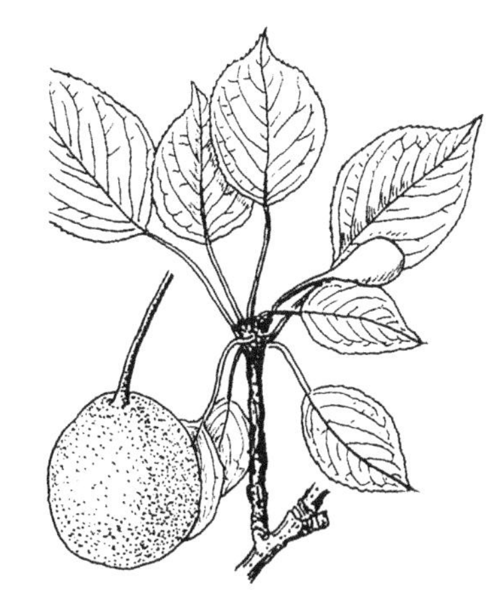

图11-161 沙梨

【形态】落叶乔木，高15m；小枝幼时被黄褐色长柔毛和绒毛，老枝暗褐色，有稀疏浅黄色皮孔。叶卵状椭圆形或长卵形，边缘有短刺芒状锯齿，顶端幼叶鲜紫红色；托叶早落。花白色，6～10朵呈伞房花序，总花梗和花梗被柔毛；萼裂片三角状卵形，先端渐尖，边缘有腺齿；花瓣卵形；雄蕊长约为花瓣1/2；花柱5，稀4，无毛，约与雄蕊等长。果实近球形，浅褐色，有斑点，顶端下陷，萼片脱落；果肉石细胞较多。花期4～5月，果期8月。（图11-161）

【分布】原产于我国。主要分布于长江流域至华南、西南。朝鲜、日本均有栽培。

【习性】喜光，喜温暖湿润气候，耐旱又耐湿，耐热，抗旱力稍弱。幼苗前期生长快，是南方温暖多雨地区的常用砧木。

【繁殖】嫁接、组培繁殖。

【用途】庭院观赏、果树。

Ⅲ. 蔷薇亚科 Rosoideae

灌木或草本；茎上常具皮刺。多为复叶有托叶。花托壶状或中央微凸，离心皮雌蕊生于壶内壁，子房上位，心皮1到多数，每心皮有胚珠1或2。聚合瘦果或聚合小核果。

分属检索表

1. 瘦果或小核果，聚生在扁平或隆起的花托上 ……………………………………悬钩子属
1. 瘦果，生在杯状或坛状花托内 …………………………………………………… 2
2. 有刺灌木或藤本，羽状复叶，瘦果多数，生于坛状花托内 ……………………蔷薇属
2. 无刺落叶灌木，单叶 ………………………………………………………………… 3
3. 叶互生，花黄色，5基数，无副萼，心皮5～8，各1胚珠 …………………棣棠属
3. 叶对生，花白色，4基数，有副萼，心皮4，各2胚珠……………………………鸡麻属

（13）悬钩子属 *Rubus* L.

直立或攀缘状灌木；常有刺。羽状或掌状复叶互生，稀单叶而分裂。花两性，单生或聚伞花序、总状花序或圆锥花序，通常白色，萼5深裂宿存，常有等数副萼；花5瓣下位；雄蕊多数而分离；心皮数至多个，有胚珠1颗，成熟时聚集于花托上而成浆果状聚合果。

约500种，广布于全球，主产地为北温带，中国约150种，南北均有分布，长江以南各省尤盛。

山楂叶悬钩子（牛叠肚）*Rubus crataegifolius* Bge.

【形态】落叶直立灌木，高1～2m；枝黄褐色至紫褐色，具弯曲皮刺，无毛。单叶互生，叶片卵形至长圆状卵形，3～5掌状浅裂至中裂，叶缘有不规则缺刻状锯齿，先端渐尖，基部心形或近截形，表面无毛，背面沿叶脉具疏柔毛或近无毛。花白色，数朵簇生于枝顶或成短总状花序，或1～2朵腋生。聚合果近球形，暗红色，无毛，有光泽。花期5～6月，果

期8～9月。（图11-162）

【分布】分布于东北、内蒙古、河北、山西、河南、山东等省区。

【习性】喜光，耐寒性强，不耐水湿。能耐轻霜及短期0℃左右的低温，忌冰雪。

【繁殖】播种、嫁接繁殖。

【用途】观花、观果，作绿篱。果也可药用。

图11-162　山楂叶悬钩子

（14）**蔷薇属** *Rosa* L.

直立、丛生或攀缘灌木；多数被有皮刺。奇数羽状复叶互生，花瓣5，稀4，覆瓦状排列，白、黄、粉至红色，单生或成伞房状，花盘环绕萼筒口部。瘦果木质，着生在肉质萼筒内形成蔷薇果。

约有200种，广泛分布亚洲、欧洲、北非、北美寒温带至亚热带地区。中国有80余种，南北各省皆有分布。

分种检索表

1. 托叶离生或近离生，早落 ………………………………………… 2
1. 托叶至少有一半与叶柄合生，宿存 ……………………………… 3
2. 几无刺，花小，成多花伞形花序，白色或淡黄色，浓香 ……………木香
2. 花大，单生新枝顶端，白色，有芳香 ……………………………金樱子
3. 花柱短，聚成头状花序聚伞状，若单生花梗上必有苞片，茎多直刺及刺毛，小叶厚而表面皱 ………………………………………………玫瑰
3. 花柱伸出花托口外甚长 ………………………………………… 4
4. 花柱合成柱状，约雄蕊等长，托叶边缘蓖齿状，萼片有毛，花后反折 ……野蔷薇
4. 花柱离生或半离生，长约为雄蕊之半 ……………………………… 5
5. 花单生 ……………………………………………………………黄刺玫
5. 花单生或簇生呈花序 ……………………………………………… 6
6. 小叶3～5（7），叶较厚、大而表面有光泽；淡香至浓香 ……………现代月季
6. 小叶3～5，叶相对较小，薄，光滑；花微香 …………………………月季

① 木香（七里香）*Rosa banksiae* Ait.

【形态】落叶或半常绿攀缘灌木；树皮红褐色，呈薄条状剥落，小枝绿色，光滑近无刺。羽状复叶，小叶3～5（7），卵状披针形或椭圆形，叶缘有细锯齿；托叶线形，与叶柄离生，早落。伞形花序顶生，花小，常为白色，单瓣或重瓣，芳香清远；萼片卵形，无毛，全缘。果近球形，红色。花期4～5月，果熟期9～10月。（图11-163）

【变种】a 单瓣白木香var.*normalis*花白色，单瓣；

b 重瓣白木香“Albo-plena”花白色，重瓣，芳香气浓，3～15朵排成伞形花序，也有花单生的。常为3小叶。花期5～6月；

c 黄木香f. *lutea*花重瓣，淡黄色，香味较淡，常为5小叶；

d 单瓣黄木香f. *lutescens*花黄色，单瓣；

e 大花白木香f. *fortuneana*花白色，香浓。

【分布】亚热带树种，原产我国西南部，现各地广泛栽培。

【习性】喜光，稍耐阴，较耐寒，不畏热。忌潮湿积水。适生于肥沃而排水良好的沙质土壤，在过湿处生长不良。萌芽力强，耐修剪。

【繁殖】通常用压条、扦插繁殖。

【用途】木香花繁枝绿，黄褐相间；花香馥郁，果子红艳，常作花篱、棚架、花墙、花门的常用材料，也可作盆花或植于窗外院落以观花赏果。

图11-163 木香

② 金樱子（刺梨）*Rosa laevigata* Mich.

【形态】常绿蔓性灌木；老枝绿带紫色，新枝褐色无毛，除有倒钩状皮刺外，密生细刺。羽状复叶，小叶3，少数5，卵形，有细锯齿，两面无毛，背面沿中脉有细刺，革质，有光泽；叶柄、叶轴有小皮刺或细刺；托叶条状披针形，和叶柄分离，早落。花大，单生枝顶，白色，有芳香，花柄和萼筒外面密生细刺。蔷薇果近球形或倒卵形，橙红色，外面密生刺毛，顶端有长而外反的宿存萼片。花期5～7月，果期9～10月。（图11-164）

【分布】主产于华东、华南、西南及陕西等省区。

【习性】喜光。喜温暖、湿润环境。对土壤要求不严，性强健。多野生于向阳的山坡、路边、沟边及山间岩石缝隙的灌木丛中，亦可栽培。

【繁殖】用播种和扦插繁殖。

【用途】可孤植修剪成灌木状，也可攀缘墙垣、篱栅作垂直绿化材料。

图11-164 金樱子

③ 黄刺玫（刺玫花）*Rosa xanthina* Lindl.

【形态】落叶直立丛生灌木，高3m；树皮深褐色，具直立刺，刺基部稍扁。奇数羽状复叶，小叶7～13，叶缘有钝锯齿；托叶小，下部与叶柄连生，先端分裂成披针形裂片，近全缘。花单生，黄色，重瓣。果球形，红黄色。花期4～5月，果期7～9月。（图11-165）

【变种】单瓣黄刺玫 f. *normalis* 花瓣为单瓣。原产于我国陕西等省。

【分布】广布于我国华北、东北、西南及西北各省区天然林区。现各地广为栽培。

【习性】喜光，稍耐阴。耐干旱和瘠薄，不耐涝。耐寒力强。对土壤要求不严，喜疏松、排水良好的微酸性沙壤土。根系强大，萌芽力强，耐修剪。抗病能力较强。

【繁殖】北方地区以嫁接和扦插为主，种子繁殖为单瓣花。

图11-165 黄刺玫

【用途】黄花绿叶，绚丽多姿，株丛大，可广泛用于道路、街道两旁绿化和庭院、园林美化。

④ 野蔷薇（多花蔷薇）*Rosa multiflora* Thunb.

【形态】落叶攀缘灌木，高达5m。枝细长，具钩状皮刺，无毛。羽状复叶，小叶5～9，倒卵状圆形或椭圆形，边缘具单锐锯齿，表面近无毛，背面淡绿色，被柔毛或近无毛；托叶2/3以上与叶柄合生，边缘蓖齿状并有小腺毛；叶柄与叶轴均被柔毛、腺毛并疏生小皮刺。花白色，圆锥状伞房花序。蔷薇果球形，红褐色，光滑，萼片脱落。花期4～7月，果期8～9月。（图11-166）

图11-166　野蔷薇

【变种】a 粉团蔷薇var. *cathyensis* Rehd.et Wils.花型较大，单瓣，粉红或玫瑰红色，簇生呈伞房状，花柄有腺毛、叶较大；

b 荷花蔷薇var. *carnea* Thory花重瓣，粉色至桃红色，多数簇生；

c 七姊妹var. *platyphyii* Thory叶通常较小，花重瓣，深粉红色，常7～10朵簇生，具芳香；

d 白玉堂“Albo-plena”花白色，重瓣，常7～10朵簇生，有淡香。

【分布】分布于我国华北、西北、华东、华中及西南，朝鲜、日本也有分布。

【习性】喜光，耐半阴，耐寒，对土壤要求不严，在黏重土中也可正常生长。耐瘠薄，忌低洼积水。性强健，以肥沃、疏松的微酸性土壤最好。对有毒气体的抗性强。

【繁殖】分株、扦插和压条或播种繁殖。

【用途】疏条纤枝，横斜披展，叶茂花繁，色香四溢，是良好的春季观花树种，适用于花架、长廊、粉墙、门侧、假山石壁的垂直绿化。全株入药。

⑤ 玫瑰（徘徊花）*Rosa rugosa* Thunb.

【形态】落叶直立灌木，高2m；灰褐色枝粗壮，密生刚毛及倒刺。羽状复叶互生，小叶5～9，椭圆至椭圆状倒卵形，锯齿钝，叶质厚，叶面光亮皱褶，背面有柔毛及刺毛，略被白霜，网脉明显，有腺点；托叶与叶轴基部合生，有细齿，叶柄与叶轴有绒毛和刺毛。花单生或3～6朵簇生，紫红色，香气浓郁。果扁球形，橙红色。花期5～8月，果期6～9月。

【变种】a 白玫瑰var. *alba* W.Robins花白色，单瓣；

b 重瓣白玫瑰var. *alba-plena* Rehd. 花白色，重瓣；

c 红玫瑰var. *rosea* Rehd. 花玫瑰红色；

d 重瓣紫玫瑰 var. *plena* Reg.花玫瑰紫色，重瓣，香气浓郁，各地广泛栽培。

【分布】原产于亚欧干燥地区及我国华北、西北、西南等地，现全国各地均有栽培。

【习性】喜气候温暖和阳光充足、雨量适中的环境。耐寒耐旱、怕水涝。适宜在肥沃、疏松、排水良好的轻壤土或壤土栽种。忌黏土，忌地下水位过高或低洼地。萌蘖性强，生长迅速。

【繁殖】分株、扦插、嫁接繁殖，砧木用多花蔷薇较好。

【用途】色艳香浓，是著名的香花花木。在北方园林应用较多，江南庭园少有栽培。可植花篱、花境、花坛，也可丛植于草坪，点缀坡地，布置专类园。风景区结合水土保持可大量种植。很多城市将其作为市花，如沈阳、银川、拉萨、兰州、乌鲁木齐等。山东省平阴为全国闻名的“玫瑰之乡”。

⑥ 月季（月月红、长春花）*Rosa chinensis* Jacq.

图11-167 月季

【形态】常绿或半常绿直立灌木；树干青绿色，老枝灰褐色，多具弯曲皮刺。羽状复叶，小叶3～7，广卵圆形至卵状椭圆形，有锯齿，叶片光滑无毛；托叶与叶柄合生，全缘或具腺齿，顶端分离为耳状。花单生或成伞房花序、圆锥花序；花瓣5或重瓣，单色或复色，不少品种具浓郁的香味。果实近球形，成熟时橙红色。花期5～11月，果熟9～11月。（图11-167）

【变种】a 月月红（紫月季）var. *semperflorens*（Curtis.）Koehne. 茎较纤细，常带紫红晕，有刺或近无刺，小叶较薄，带紫晕，花为单生，紫色或深粉红色，花梗细长而下垂，品种铁瓣红、大红月季等；

b 绿月季var. *viridiflora*（Lav.）Dipp 花淡绿色，花瓣呈带锯齿的狭叶状；

c 小花月季var. *minima* Voss 植株矮小多分枝，高一般不超过25cm，叶小而窄，花也较小，直径约3cm，玫瑰红色，重瓣或单瓣，宜作盆栽盆景材料；

d 变色月季f.*mutabilis* Rehd 花单瓣，初开时浅黄色，继变橙红、红色。

【分布】原产于鄂、川、滇、湘、苏、粤等省，现除高寒地区外世界各地均有栽培。

【习性】适应性强，耐寒耐旱，对土壤要求不严，但以富含有机质、排水良好的微带酸性沙壤土最好。喜光，有连续开花的特性。能吸收硫化氢、氟化氢、苯、苯酚等有害气体，同时对二氧化硫、二氧化氮等有较强的抵抗能力。

【繁殖】多用扦插或嫁接法繁殖。还可用分株及播种法繁殖。

【用途】月季花色艳丽，花期长，是我国重要花卉之一。是城乡园林绿化的优良材料，又可作盆栽及切花用，还可作专类园。

⑦ 香水月季（大花月季、杂种月季）*Rosa odorata* Sweet.

【形态】常绿或半常绿直立灌木，通常具钩状皮刺。小叶3～5（7），叶较厚、较大而表面有光泽；叶柄和叶轴散生皮刺和短腺毛，托叶大部附生在叶柄上，边缘有具腺纤毛。花蕾多卵圆形，花形丰富，复瓣至重瓣，淡香至浓香，常数朵簇生，罕单生，径约5cm，深红、粉红至近白色。四季连续开花，而以5月及10月为盛花期。

【品种】香水月季是月季的四个原生种与欧洲蔷薇经多次杂交、长期选育而成的四季开花、品种众多的杂种月季品种群，被誉为花中皇后。品种多达2万多个，其品种之多，名列世界各类花卉前茅。大致分为以下六大类型：

杂交茶香月季（大花月季）Hybrida Tea Roses（HT.）株型匀称健美、枝叶清新光洁，每1枝条开花1朵。花朵硕大，色彩丰富艳丽，姿态优美，花期长，适宜盆栽和切花等，是最受人们欢迎的一类。优秀品种有墨红、和平、明星、香云、林肯、红双喜、十全十美等；

丰花月季Floribunda Roses（Fl.）既有长花梗、较大花径和美丽花型，又有耐寒性强、开花聚球、花多的优良特性，但其花径小于杂种香水月季。优良品种有“魅力”、“法国花边”、“引人入胜”、“欧洲百科全书”等；

壮花月季Grandiflora Roses（Gr.）能连续大量开花，但花径略小于杂交香水月季而大于聚花月季，花重瓣，瓣数能多达60片以上。优秀品种有“伊丽莎白女王”、“东方欲晓”、“金色太阳”、“茶花女”、“红钻石”等；

藤蔓月季Climbing Roses（Cl.）一般具有3～6m长藤，能依附他物生长，花繁叶茂，生长旺盛，抗病力强，宜作垂直绿化。优秀品种有“汉德尔”、“多特蒙德”、“火焰”、“曙光”等；

微型月季 Mimiature Roses（Min.）株矮叶小，枝叶细密，花朵纤巧秀丽，多为重瓣，四季勤开，易于栽培，适作盆栽。优秀品种有“红宝石”、“满天星”、“小姐妹”、“婴儿五彩缤纷”、“小墨红”等。

地被月季 Mimiature Roses（Min.）一般指分枝特别开张披散或匍匐地面的类型，是很好的地被植物材料。优秀品种有“梅郎珍珠”、“皇家巴西诺”等。

【分布】现各地普遍栽培。

【习性】对环境适应性颇强，我国南北各地均有栽培，对土壤要求不高，但以富含有机质、排水良好而微酸性（pH6～6.5）土壤最好。喜光，但过于强烈的阳光照射又对花蕾发育不利，花瓣易焦枯。

【繁殖】多用扦插或嫁接法繁殖。砧木用野蔷薇、白玉棠等。

【用途】花色艳丽，花期长，是园林布置的好材料。宜作花坛、花境及基础栽植用，还可在草坪、园路角隅、庭院、假山等处配植，又可作盆栽及切花用。

（15）**棣棠属** *Kerria* DC.

落叶灌木。单叶互生，托叶锥尖早落。花两性，单生，金黄色；萼片5，小，全缘；花瓣5，有时重瓣；雄蕊多数；花盘环状；心皮5～8；花柱纤细。瘦果干小。

只有棣棠1种，产于日本和中国。

棣棠（黄榆叶梅）*Kerria japonica*（L.）DC.

【形态】高1.5m；小枝绿色，无毛，有棱。叶三角状卵形，先端渐尖，基部近圆形，边缘有重锯齿，表面鲜绿色，无毛或疏生短柔毛，背面苍白或沿叶脉、脉间有短柔毛。花金黄色，顶生于侧枝上，花柱与雄蕊等长。瘦果褐黑色。花期4～5月，果期7～8月。（图11-168）

图11-168 棣棠

【变种】重瓣棣棠花var.*pleniflora* Witte.花重瓣，花期4～9月。

【分布】原产于中国华北至华南及日本。

【习性】喜温暖湿润和半阴环境，较耐寒，对土壤要求不严，以肥沃、疏松的沙壤土生长最好。野生者多在乔木林下。

【繁殖】分株、扦插和播种法繁殖。

【用途】枝叶翠绿细柔，金花满树，别具风姿，宜丛植于水畔、坡边、林下和假山旁，也可用于花丛、花径和花篱，群植于常绿树丛之前，古木之旁，山石缝隙之中或池畔、水边、溪流及湖沼沿岸成片栽种；还可栽在墙隅及管道旁，有遮蔽之效。

（16）**鸡麻属** *Rhodotypos* Sieb et Zucc.

仅1种，产中国和日本。

鸡麻（白棣棠）*Rhodotypos scandes* Mak.

图11-169 鸡麻

【形态】落叶灌木，高约2m；小枝初为绿色，后变为浅褐色。单叶对生，卵形或卵状椭圆形，锐重锯齿，叶面具皱褶，疏生柔毛，背面有丝毛；叶脉下凹，叶缘具重齿。花单生；萼片4，大而有齿，基部有互生的副萼4；花瓣4，白色；心皮4，各有胚珠2。核果黑色光亮，为大而宿存的绿色萼片所围绕。花期4～5月，果熟9～10月。（图11-169）

【分布】产于中国东北南部、华北、西北、华中、华东等地区；日本也有分布。

【习性】喜光耐半阴，耐寒、耐旱、耐瘠薄、怕涝，耐修剪，萌蘖力强。

【繁殖】播种、分株、扦插繁殖均可。

【用途】叶清秀美丽，花洁白美丽，适宜丛植，作花境、花篱。

Ⅳ.李（梅）亚科 Prunoideae

只有1属。

（17）李（梅）属 Prunus L.

乔木或灌木，无刺。单叶互生有托叶。子房上位，雌蕊由1个心皮组成。核果，成熟时肉质，多不裂开或极稀裂开。

约200种，主产于北温带；我国约140种，各省均产。

分种检索表

1. 果实外面有沟槽 ………………………………………… 2
1. 果实外面无沟槽，具顶芽，叶在芽中对折状 ……………… 8
2. 腋芽单生，顶芽缺，叶在芽中席卷状 ……………………… 3
2. 腋芽3，具顶芽，叶在芽中对折状 ………………………… 6
3. 子房和果实无毛，花具较长花梗 …………………………… 4
3. 子房和果实被短毛，花多无梗 ……………………………… 5
4. 花常3朵簇生，白色，叶绿色 ……………………………… 李
4. 花常单生，粉红色，叶紫红色 …………………………… 红叶李
5. 小枝红褐色，果肉离核，核不具点穴 ……………………… 杏
5. 小枝绿色，果肉粘核，核具蜂窝状点穴 …………………… 梅
6. 灌木，叶缘为重锯齿，叶端常三裂状 …………………… 榆叶梅
6. 乔木或小乔木，叶缘为单锯齿 ……………………………… 7
7. 萼筒有短柔毛，叶片中部或中部以上最宽，叶柄有腺体 …… 桃
7. 萼筒无毛，叶片近基部最宽，叶柄常无腺体 ……………… 山桃
8. 花多数，排成长总状花序，花序总梗基部无叶 …………… 山桃稠李

8. 花单生或少数成短总状花序，苞片常显著 …………………………………………… 9
9. 腋芽3，灌木 ……………………………………………………………………………10
9. 腋牙单生，乔木或小乔木 ……………………………………………………………13
10. 花近无梗，花萼筒状；小枝与叶背密被绒毛 ………………………………毛樱桃
10. 花具中长梗，花萼钟状 ………………………………………………………………11
11. 叶卵状长椭圆形至椭圆状披针形，先端急尖，基部广楔形，锯齿细钝 ………麦李
12. 叶卵形至卵状披针形，先端渐尖，基部圆形，锯齿重尖 ……………………郁李
13. 苞片小而脱落，叶缘重锯齿尖，具腺而无芒，花白色，果红色 ……………樱桃
13. 苞片大而常宿存，叶缘具芒状重锯齿 …………………………………………14
14. 先花后叶，花梗及萼均有毛，花萼筒状，下部不膨大 ……………………日本樱花
14. 花与叶同时开放，花梗及萼均无毛 ……………………… 15
15. 花无香气，叶缘有短芒，花色淡红或白色，花形较小，花梗无毛 ……………………………………………………… 樱花
15. 花有香气，叶缘齿端有长芒 ……………………… 日本晚樱

① 李（李子树）*Prunus salicina* Lindl.

【形态】落叶小乔木，高达10m；树皮灰黑色粗糙；小枝灰褐色，无毛，稍有光泽。叶长倒卵形，基部楔形，先端短渐尖，具细钝重锯齿，两面无毛或沿中脉有柔毛，背面脉腋有簇柔毛；托叶线形，早落；叶柄稀无腺体。花白色，常3朵簇生，花瓣基部具短爪，先端圆钝，花梗1～1.5cm。果实卵圆形，直径4～7cm，基部下陷，外被白粉，无毛，黄绿色至紫色；果肉肥厚，果核微具皱纹。花期3月，果期7～8月。（图11–170）

图11–170 李

【分布】原产于我国西北，现国内外均有栽培。

【习性】喜光，耐半阴，耐寒，不耐干旱，对土壤要求不严。适应性较强，生长迅速，结果期早，果实耐贮藏。耐修剪。但花期早，在寒冷地区易受早霜害。对二氧化硫抗性差。

【繁殖】嫁接、分株或播种。

【用途】宜植于庭园，窗前，崖旁，村旁或风景区。亦为较好的蜜源植物。

② 红叶李（紫叶李）*Prunus cerasifera* "*Atropurea*" Jacq.

【形态】落叶小乔木；干皮紫灰色，幼枝、叶片、花柄、花萼、雌蕊及果实都呈暗红色。单叶互生，叶卵形至倒卵形，基部圆形，边缘有重锯齿，两面无毛或背面脉腋有毛，色暗绿或紫红，叶柄光滑多无腺体。花单生或2～3朵聚生，粉红色。果近球形，暗酒红色。花期3～4月，果期6～7月。（图11–171）

图11–171 红叶李

【分布】红叶李系樱桃李*P.cerasifera* Ehrh.的观赏变型，原产于亚

洲西南部，我国园林中常见栽培。

【习性】暖温带阳性树，喜温暖湿润的气候，抗旱，较耐湿，怕盐碱和涝洼，对土壤要求不严，以排水良好的沙质壤土为宜。浅根性，萌蘖性强，对有害气体有一定的抗性。

【繁殖】华北多以杏或山桃作砧木嫁接，也可插条繁殖。

【用途】叶自春至秋呈红色，尤以春季鲜艳，花小，白或粉红色，是良好的观叶园林植物。可丛植、孤植于草坪角隅和建筑物前，或以绿叶树为背景树，则绿树红叶相映成趣。

③ 杏（北梅）*Prunus armeniaca* L.

【形态】落叶乔木；树冠圆整，树皮黑褐色不规则纵裂，小枝红褐色。单叶互生，叶宽卵形或卵状椭圆形，先端突渐尖，基部近圆或微心形，锯齿钝，背面中脉基部两侧疏生柔毛或簇生毛；叶柄带红色，无毛。花单生，淡粉色，径约2.5cm，萼紫红色，先叶开放；花梗极短。核果黄色，密被柔毛，核平滑。花期3～4月，果期6月。（图11-172）

【分布】原产于我国新疆，主产于秦岭、淮河以北、东北各省，是北方常见的果树。其栽培历史长达2500年以上。

【习性】喜光，喜干燥气候，能抗-40℃的低温，亦耐高温。耐旱，抗盐性较强，不耐涝，喜深厚、排水良好的沙壤土、砾壤土。对氟化物污染敏感。深根性，根系发达，寿命长达300年。成枝力较差，不耐修剪。为低山丘陵地带的主要栽培果树。

【繁殖】播种繁殖。优良品种要用实生苗或李、桃等作砧木嫁接繁殖。

【用途】杏树“一枝红杏出墙来”，早春开花，先花后叶，宛若烟霞，是我国北方主要的早春花木，极具观赏性。可作北方大面积荒山造林树种。

图11-172 杏

④ 梅（梅花、干枝梅）*Prunus mume* Sieb.et Zucc.

【形态】落叶小乔木；常具枝刺，干紫褐色，多纵驳纹，小枝绿色无毛。单叶互生，卵圆形，有细锯齿。花1～2朵簇生，无梗或具短梗，淡粉、红或白色，径2～3cm，芳香，萼片5，多呈绛紫色；花瓣5，常近圆形；雄蕊多数，心皮1，子房上位，密被柔毛，花柱长。核果近球形，有纵沟，径2～3cm，黄绿色，密被短柔毛，味酸；果核具蜂窝状孔穴，与果肉黏着。花期冬末至初春，先叶而开，果期5～6月。（图11-173）

【品种与变种】梅花按种性分为3系5类18型：

真梅系，梅之嫡系，品种最多，香气好，适应最低温度-10℃，在黄河以南可露地越冬。枝直上或斜生，花、果、枝、叶均较典型，又分3类：直枝梅类，有江梅型、宫粉型、玉蝶型、绿萼型、朱砂型、洒金型、黄香型等；垂枝梅类，枝自然下垂或斜垂，俗称垂枝梅，有单粉垂枝型、残雪垂枝型、白碧垂枝型、骨红垂枝型等；龙游梅类，枝天然扭曲如龙游，仅有玉蝶龙游型。

图11-173 梅

杏梅系，梅与杏的种间杂种，种性介乎二者之间，而枝、叶较似杏，花型也类杏，花托肿大，花期甚晚，单瓣至重瓣，多数几无香味。抗寒性较强。又可分为单杏型、丰后型和送春型。

樱李梅系，品种最少，但紫叶红花，重瓣大朵，可观花观叶，也较耐寒。

【分布】原产于中国，野梅首先演化成果梅，观赏梅系果梅的一个分支。主要以长江流域及西南地区栽培为盛。

【习性】喜温暖而稍湿润的气候，宜在阳光充足、通风凉爽处生长。稍耐寒、耐碱，畏涝，能耐旱。对土壤要求不严，以排水良好，肥沃的壤土为最好。在年降雨量1000mm或稍多地区可生长良好。抗性较强，为长寿树种。

【繁殖】常用嫁接法繁殖，砧木多用梅、桃、杏、山杏和山桃。

【用途】世界著名的观赏花木，尤以风韵美著称。每当冬末春初，疏花点点，清香远溢。若用常绿乔木或深色建筑作背景，更可衬托出梅花玉洁冰清之美。在中国与松、竹并称为“岁寒三友”。另外，梅花可布置成梅岭、梅峰、梅园、梅溪、梅径、梅坞等，达到“梅花绕屋”、“登楼观梅”等效果。

图11-174 榆叶梅

⑤ 榆叶梅（小桃红、鸾枝）*Prunus triloba* Lindl.

【形态】落叶灌木，高5m；干枝为紫褐色或褐色，粗糙剥裂，小枝细长；冬芽3枚并生。单叶互生，叶宽椭圆形或倒卵形，先端渐尖或3浅裂，基部宽楔形，边缘有不等的粗重锯齿，表面具稀毛或无毛，背面被短柔毛；托叶线状。花梗短，花单瓣至重瓣，粉色至浅紫红色，多2朵生于叶腋。核果红色，近球形，有毛。花期3～4月，果期7月。（图11-174）

【品种】重瓣榆叶梅‘Plena’：花重瓣，粉红色。其变种枝短花密，满枝缀花，故又名“鸾枝”。

【分布】原产于中国北部，现今南北各地几乎都有栽培。

【习性】喜光，稍耐阴；耐寒，在-35℃的条件下能安全越冬。耐轻盐碱，对土壤要求不严，以中性至微碱性而肥沃、疏松的土壤为佳。耐旱力强，不耐水涝，有较强的抗病力。

【繁殖】用播种、扦插和嫁接法繁殖。嫁接砧木多用山杏、山桃和榆叶梅实生苗。

【用途】花繁色艳，十分绚丽，可丛植于草地、路边、池畔或庭园，与柳树搭配种植或与常绿树做背景栽植，其花色明丽突出，春色满园，也可做切花和盆栽。

图11-175 桃

⑥ 桃（桃花）*Prunus persica*（L.）Batsch.

【形态】落叶小乔木，高3～8m；小枝红褐色或褐绿色，无毛，芽密生灰白色绒毛。叶椭圆状披针形，具细钝锯齿，先端渐尖，基部宽楔形，叶柄顶端有腺体；托叶线形，有腺齿。花单生，先叶开放，粉红色，罕为白色，近无柄，花萼密生绒毛。核果卵球形，表面

密生绒毛，果肉白色或黄色，离核或黏核；种子扁卵状心形。花期3月，果期8～9月。（图11–175）

【变种】a 碧桃 var.*duplex* Rehd. 花淡红，重瓣；

b 白花碧桃 f.*alba-plend* Schneid. 花白色，重瓣；

c 红花碧桃 f.*camelliaeflora* Dipp. 花深红色，重瓣；

d 洒金碧桃 f.*versicolor* Voss. 花复瓣或近复瓣，花为白色或微带红丝，间有一枝或数枝花为粉红色，也有一花或一花瓣白色与粉红色各半。长圆形花瓣，花枝红褐色；

e 紫叶桃 f.*atropurpurea* Schneid. 叶为紫红色，花单瓣或重瓣，淡红色；

f 垂枝碧桃 var.*pendula* Dipp.枝下垂花重瓣，花色有深红、洒金、淡红、纯白多种；

g 寿星桃 var.*densa* Mak. 树形矮小紧密，节间极短，花大，多重瓣，花期较晚，有红花寿星桃和白花寿星桃等品种，适宜盆栽。

【分布】原产于中国甘肃、陕西高原地带，全国都有栽培。

【习性】适应性强，喜光，不耐阴，喜排水良好的沙质壤土。耐干旱，不耐水湿。耐贫瘠、盐碱，不耐积水，有一定的耐寒力。

【繁殖】嫁接、播种为主，亦可压条繁殖。

【用途】“桃之夭夭，灼灼其华”，桃花烂漫芳菲，妩媚可爱，是园林中重要的春季花木。最宜与柳树配植于池边、湖畔，“绿丝遇碧波，桃枝更妖艳”，形成“桃红柳绿”之动人春景。桃花还宜作盆栽和桩景。

⑦ 山桃 *Prunus davidiana*（Carr.）Franch.

【形态】落叶小乔木，高达10m；干皮紫褐色，有光泽，常具横向环纹，老时纸质剥落；冬芽无毛。叶狭卵状披针形，长6～10cm，锯齿细尖，稀有腺体。花淡粉红色或白色。果球形，径 3cm，肉薄而干燥，淡黄色，密被短柔毛，核表面具纵横沟纹和孔穴。花期2～3月，果期7月。（图11–176）

图11–176 山桃

【品种】a 白花山桃‘Alba’花白色或淡绿色，单瓣，开花较早，花叶同时开放；

b 红花山桃‘Rubra’花深粉红色，单瓣；

c 曲枝山桃‘Tortuosa’枝近直立，自然扭曲。花粉红色，单瓣；

d 白花山碧桃“Albo-plena”花白色，重瓣。

【分布】主要分布于我国黄河流域、内蒙古及东北南部，西北也有，多生于向阳山地。

【习性】喜光，稍耐阴。耐寒，耐干旱、瘠薄，怕涝，较耐盐碱。对土壤适应性强。

【繁殖】播种繁殖。

【用途】花期早，花繁茂，并有曲枝、白花、柱形等变异类型，园林中宜成片植于山坡并以苍松翠柏为背景，方可充分显示其娇艳之美。常植于庭院、墙际、草坪、山坡、岸边，与柳树配植效果极佳。也常为嫁接桃树良种的砧木。

⑧ 毛樱桃（山豆子、山樱桃）*Prunus tomentosa* Thunb.

【形态】落叶灌木，高2～3m；幼枝紫褐色或灰褐色，密生绒毛，冬芽3枚并生。叶倒卵至椭圆状卵形，先端尖，锯齿常不整齐；表面深绿色，皱，散生柔毛，背面密生绒毛；叶柄有毛，托叶条形，早落。花先叶开放或同时开放，白或略带粉，径1.5～2cm，近无梗；萼红色。核果近球形，径约1cm，红色，无沟，稍有毛。花期3～4月，果6月成熟。

【分布】原产于我国，主产华北、东北，西南地区也有分布。

【习性】喜光，稍耐阴。耐寒，也耐高温。根系发达，耐干旱、瘠薄及轻碱土。适应性极强，强健，寿命较长。

【繁殖】播种、嫁接或分株繁殖。

【用途】可与早春黄色系花灌木迎春、连翘配植应用，反映春回大地、欣欣向荣的景象，是很有发展潜力的多功能小杂果果树。

图11-177　麦李

⑨ 麦李 *Prunus glandulosa* Thunb.

【形态】落叶灌木，高2m；小枝纤细。叶卵状长椭圆形至椭圆状披针形，长3～8cm，宽1～3cm，先端急尖，边缘有圆钝细锯齿，齿端具腺；叶柄长6～8mm，无毛，不具腺体。花多重瓣，白或粉红色，单生或两朵并生，花径约2cm，花梗长6～8mm。核果近球形，径1～1.3cm，红色或紫红色，有腹缝沟槽。花期3～4月，果期5～6月。（图11-177）

【分布】产于中国陕西秦岭、淮河及其以南地区。

【习性】喜光，有一定耐寒性，适应性强，忌低洼积水、土壤黏重，喜生于湿润疏松排水良好的沙壤中。

【繁殖】常用分株或嫁接法繁殖，砧木用山桃。

【用途】甚为美观，各地庭园常见栽培观赏。宜于草坪、路边、假山旁及林缘丛栽，也可作基础栽植、盆栽或催花、切花材料。

图11-178　郁李

⑩ 郁李（寿李）*Prunus japonica* Thunb.

【形态】落叶灌木，高约2m；老枝褐色有剥裂，小枝细柔，冬芽极小，灰褐色，3枚并生。叶长卵形，长4～7cm，宽2～4cm，先端长尾状，基部圆形，叶缘有缺刻状锐重锯齿，入秋叶转紫红色；托叶早落。花单生或2～3朵簇生；萼筒裂片卵形，花后反折；单瓣或复瓣，粉白色。核果近球形无沟，直径1cm，暗红色而有光泽。花期3～4月，果期5～6月。（图11-178）

【分布】原产于我国南方。中国的华北、东北、华中、华南均有分布。

【习性】喜光，耐旱耐寒，耐水湿，耐烟尘。生长适应性强，对土壤要求不严，但在石灰性土中生长最旺。根系发达，萌蘖性强。

【繁殖】播种、分株、扦插法繁殖。

【用途】花时繁英压树，灿若云霞；果熟时丹实满枝；秋叶红艳。适于群植，宜配植在阶前、屋旁、山坡上，或点缀于林缘，草坪周围，也植为花境、花篱。

⑪ 樱桃 *Prunus pseudocerasus*（Lindl.）G.Don.

图11-179 樱桃

【形态】落叶乔木，高8m；树皮淡褐色，具横展皮孔。叶椭圆状卵形，边缘有大小不等的重锯齿，齿尖有腺，背面有稀疏柔毛，基部常具1～2腺体；托叶条形有腺齿。花先叶开放，3～6朵呈伞状花序或总状花序；萼筒钟状，有短柔毛，萼片花后反卷；花瓣白色，卵圆形，先端微凹。核果近球形，红色。花期2～3月，果5～6月成熟。（图11-179）

【分布】原产于中国中部，分布于黄河流域至长江流域。

【习性】喜光，耐寒，耐旱。对土壤要求不严。萌蘖性强，生长迅速。

【繁殖】分株、扦插或嫁接繁殖。

【用途】花如彩霞，新叶妖艳，果若珊瑚，秋叶丹红，是常见的观花、观果树木。“红了樱桃，绿了芭蕉”，极具诗情画意，宜孤植、丛植，配植在山坡、建筑物前及园路旁，亦可作樱桃专类园。叶、根和花入药。

⑫ 日本樱花（东京樱花、江户樱花）*Prunus yedoensis* Matsum.

【形态】落叶乔木，高达16m；树皮暗灰色，小枝幼时有毛。叶卵状椭圆形至倒卵形，叶端急渐尖，叶缘有刺芒状重锯齿，叶背脉上及叶柄有柔毛。花3～6朵成伞房状总状花序，花序梗短；萼筒管状，带紫红色，外有短柔毛，萼片边缘有细齿；常为单瓣，顶端内凹，初放时淡红色，后白色，微香；花柱近基部有柔毛。核果近球形，熟时黑色，径约1cm。花期3月，果期5～6月。

【分布】原产于日本，中国引种栽培。

【习性】喜光，耐寒。

【繁殖】播种繁殖。

【用途】花期早，着花繁密，绚丽多彩。宜群植、列植或孤植于草坪、湖边或庭院、公园里，或片植作专类园。

⑬ 樱花（山樱花）*Prunus serrulata* Lindl.

图11-180 樱花

【形态】乔木，高20m；树皮暗栗褐色，光滑；小枝赤褐色无毛，有锈色唇形皮孔；鳞芽黑褐色，有光泽。叶卵状披针形至倒卵状披针形，基部圆、广楔或浅心形，先端尾尖，叶缘通常为具芒单锯齿或微重锯齿，两面近无毛。花白色或粉红色，单瓣或重瓣，3～5朵成总状花序，先于叶开放或与叶同时开放。花期3～4月。（图11-180）

【品种】a 垂枝樱 f. *pendula* Bean. 枝开展而下垂，花重瓣，粉红色；

b 瑰丽樱花f. *superba* Wils.花很大，重瓣，淡红色，有长梗；

c 重瓣白樱花 f. *albo-plena* Schneid.花重瓣，白色；

d 重瓣红樱花f. *rosea* Wils.花重瓣，粉红色；

e 红白樱花f. *atbc-rosea* Wils.花重瓣，花蕾淡红色，开后变白色。

【分布】原产于我国长江流域和日本。中国东北南部也有分布。

【习性】喜阳光，亦喜湿润，喜深厚肥沃而排水良好的土壤；有一定耐寒能力，根系较浅。对烟尘、有害气体及海潮风的抵抗力均较弱。

【繁殖】用播种、嫁接、扦插等法繁殖。

【用途】花朵极其美丽，盛开时节，满树烂漫，如云似霞，是早春开花的著名观赏花木，小径行道树用，还可大片栽植造成“花海”景观。

图11–181　日本晚樱

⑭ 日本晚樱 *Prunus lannesiana* Wils.

【形态】乔木，高达10m；干皮淡灰色。叶常为倒卵形，先端渐尖，长尾状，叶缘具渐尖芒状重锯齿；叶柄上部有一对腺体；新叶略带红褐色。花大，1～5朵排成伞房花序，单瓣或重瓣，常下垂，花白色或粉红，芳香；小苞片叶状；花的总梗短或无。果卵形，黑色，有光泽。花期3～4月，果期6～7月。（图11–181）

【变种】关山f. *sekiyama*（koidz.）Hara 在我国广泛栽种。嫩叶茶褐色，小枝多而向上弯曲。花浓红色，花径6cm左右，瓣约30，2枚雌蕊叶化，因此不能结实，花梗粗且长。花期3月底或4月初，花叶同放。

【分布】原产于日本，中国引种栽培，分布于华北至长江流域。

【习性】喜温暖气候，较耐寒，不耐盐碱，对有害气体抗性差。

【繁殖】嫁接繁殖。

【用途】新叶红色，花叶同放，花期长，花大而芳香，盛开时繁花似锦，是春季观花树种。适宜丛植、群植、列植等，作庭院观赏、风景林、行道树。

图11–182　山桃稠李

⑮ 山桃稠李（斑叶稠李）*Prunus maackii* Rupr.

【形态】乔木，高达10m；树皮亮红褐色至亮黄色，片状剥落；小枝灰褐色。叶互生，叶椭圆形、菱状卵形，先端渐尖，基部圆形或宽楔形，具细锐锯齿，基部有一对腺点，背面散生暗褐色腺点。花白色，清香，总状花序基部无叶。核果小，近球形，熟时亮紫褐色，质干。花期4～5月，果期7～8月。（图11–182）

【分布】分布于东北三省。朝鲜、俄罗斯远东地区也有分布。

【习性】喜光，较耐阴，耐寒性强，喜湿润肥沃土壤。常生于林内、林缘或河岸等处。

【繁殖】种子繁殖。

【用途】枝繁叶茂，花白芳香，树皮光亮美观，为良好的庭园绿化观赏树种，又是蜜源植物。

39. 含羞草科 Mimosaceae

乔木或灌木，偶有藤本，极稀草本。2或1回羽状复叶，或为叶状柄或鳞片状，叶轴或叶柄上常具腺体。花小，两性，辐射对称，头状、总状或穗状花序，或再组成复花序；雄蕊5～10或多数，分离或合生成束，花丝细长；单心皮雌蕊，子房上位。荚果。

56属2800种，分布于热带、亚热带地区，少数至温带地区；我国8属44种，引入栽培10余属30余种，主产华南和西南。

分属检索表

1\. 花丝多连成管状 ……………………………………………………………………合欢属

1\. 花丝分离或基部合生 ……………………………………………………………金合欢属

（1）**合欢属** *Albizzia* Durazz.

落叶乔木或灌木，通常无刺。2回羽状复叶互生，羽片及小叶均对生，全缘，近无柄。头状或穗状花序，花序柄细长；花萼钟状或管状，花冠小，5裂，深达中部以上；雄蕊多数，基部合生。荚果带状扁平，通常不开裂。

约150种，产亚洲非洲及大洋洲的热带和亚热带。我国15种。

分种检索表

1\. 花有柄 …………………………………………………………………………… 2

1\. 花无柄 …………………………………………………………………………… 4

2\. 羽片4～12对，小叶10～30对，花粉色……………………………………合欢

2\. 羽片4对以下，小叶不及15对………………………………………………… 3

3\. 羽片2～3对，小叶5～14对，花白色……………………………………山槐

3\. 羽片2～4对，小叶4～8对，花绿黄色 …………………………………大叶合欢

4\. 头状花序 ……………………………………………………………………楹树

4\. 穗状花序 ……………………………………………………………………南洋楹

① 合欢（绒花树）*Albizzia julibrissia* Durazz.

【形态】乔木；树冠扁圆形，常呈伞状；树皮灰褐色。2回偶数羽状复叶，羽片4～12对，小叶10～30对，镰刀状，中脉偏斜。花序头状，多数，细长的总柄排成伞房状；萼片和花瓣均黄绿色；雄蕊多数，花丝细长。荚果扁条形，花期6～7月；果期9～10月，花丝粉红色。（图11-183）

【分布】自黄河流域至珠江流域的广大地区。

【习性】喜光，但树皮薄，暴晒易开裂，耐寒性略差，能耐干旱、瘠薄，但怕水涝。生长迅速，枝条开展，分枝点较低。

【繁殖】播种繁殖。

【用途】树姿优美，叶形雅致，盛夏绒花满树，有色有香，宜作庭阴树、行道树。

② 山槐（山合欢）*Albizzia kalkora*（Roxb.）Prain.

【形态】乔木，小枝棕黑色，皮孔绛黄色。羽片2～3对；羽片2～4对，小叶5～14对，长圆形，中脉偏上缘，两面密生短柔毛。头状花序多数排成顶生的伞房状。花有梗，

图11-183 合欢

花丝白色。荚果深棕色。（图11-184）

【分布】华北、华东、华南、西南等地区。

【习性】本种生长快，能耐干旱瘠薄。

【繁殖】播种繁殖。

【用途】可作行道树或植于山林分景区。此外，木材耐水湿，花入药有镇静安眠之效。

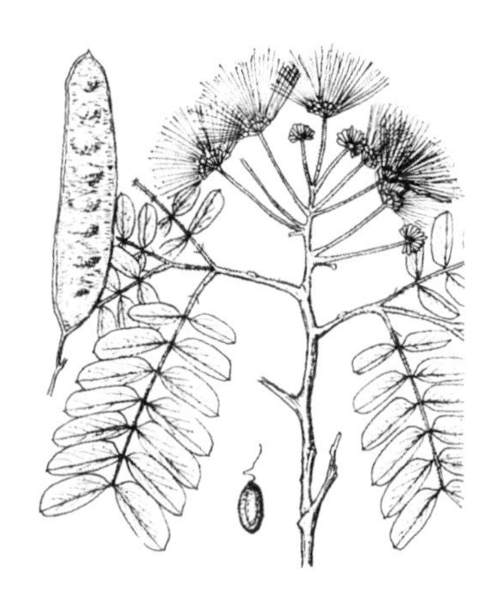

图11-184 山槐

（2）**金合欢属** *Acacia* Mill.

乔木、灌木或藤本；有刺或无刺。2回偶数羽状复叶互生，或小叶退化而叶柄膨大呈叶状。花序头状或圆柱形穗状，花黄色或白色，萼钟状或漏斗状，齿裂；花冠显著，离生或基部合生；雄蕊多数，花丝分离或基部合生。荚果卵形、长圆形或线性，多扁平，开裂或不开裂。

800～900种，多产于大洋洲及非洲热带或亚热带，我国原产及引入栽培18种。

分种检索表

1. 无刺乔木，叶退化，叶柄叶片状 ……………………………………………………台湾相思
1. 有刺灌木，枝上无针刺而有托叶刺 ……………………………………………………金合欢

① 台湾相思（相思树）*Acacia confuse* Merr.

【形态】常绿乔木。幼苗具羽状复叶，长大后小叶退化，仅存一枚叶柄，狭披针形，具3～5平行脉，革质，全缘。头状花序；黄色。荚果扁带状。花期4～6月，果7～8月成熟。

【分布】台湾、福建、广东、广西、云南等省区均有栽培。

【习性】极喜光，强阳性，性强健，喜温暖气候、酸性土壤，能耐干旱瘠薄土壤。生长迅速，萌芽力强，耐修剪，根系发达，常有根瘤。

【繁殖】种子繁殖。

【用途】适作行道树，荒山绿化先锋树种，防风林带，水土保持及防火林带用，因具根瘤，是很好的水土保持树种。此外，是很好的用材树种。

② 金合欢（牛角花）*Acacia farnesiana*（L.）Willd.

【形态】灌木；多枝，具托叶刺。羽片4～8对，小叶10～20对，细狭长圆形。头状花序生于叶腋，单生或2～3个簇生，球形，花黄色，极芳香。荚果圆筒形，膨胀，花期10月。

【分布】分布于浙江、福建、广东、广西、四川、云南、台湾等广大地区。

【用途】园林可作刺篱；花可提香精；材质坚硬，可制贵重器具。

40．苏木科（云实科）Caesalpiniaceae

乔常绿或落叶；木、灌木或藤本，稀草本。1～2回羽状复叶，稀单生、互生；托叶早落或无。花两性，稀单性或杂性异株，常两侧对称，稀辐射对称；萼片5或4，花瓣5或更少，稀无花瓣，近轴1片在内，其余覆瓦状排列；雄蕊10或较少，稀多数，分离或部分连合，有时具花盘，单心皮雌蕊，子房上位。荚果。

150属2800种，分布于热带、亚热带地区，少数至温带，我国引入栽培25属110余种。

分属检索表

1. 羽状复叶 ………………………………………………………………………………… 2
1. 单叶全缘或先端2裂 …………………………………………………………………… 4
2.1 回羽状复叶……………………………………………………………………………决明属
2.2 回羽状复叶，或兼有1回羽状复叶 ………………………………………………… 3
3. 无枝刺，花两性 ……………………………………………………………………凤凰木属
3. 有枝刺，花杂性或单性异株；种子具角质胚乳 ……………………………………皂荚属
4. 单叶全缘；花在老枝上簇生或成总状花序；假蝶形花冠（旗瓣位于最内方） ………紫荆属
4. 单叶2裂或2小叶，稀不裂；总状或圆锥花序，花稍不整齐；果无翅 ………………羊蹄甲属

（1）凤凰木属 *Delonix* Raf.

2回偶数羽状复叶，小叶形小多数。花大而显著，伞房或总状花序；萼5深裂，花瓣5，圆形具长爪；雄蕊10，花丝分离；子房无柄，胚珠多数。荚果大，扁带形，木质。

约3种，产热带非洲；华南引入1种。

凤凰木（红花楹、火树）*Delonix regia* Raf.

【形态】落叶乔木，高达20m；树冠开展如伞状。复叶具羽片10～24对，小叶20～40对；先端钝圆，基部歪斜，表面中脉凹下，侧脉不显，两面均有毛。花萼绿色；花瓣鲜红色，具长爪。荚果木质，长25～60cm。花期5～8月，果期10月。（图11-185）

【分布】台湾、福建南部、广东、广西、云南等地区。

【习性】喜光，不耐寒，生长迅速，根系发达，耐烟尘性差。

【繁殖】播种法繁殖。

【用途】树冠宽阔，叶形如鸟羽，轻柔飘逸，花大而色艳，初夏开放，满树红花，如火如荼，在绿叶的映衬下更为美丽。华南各省多栽作庭阴树及行道树。

图11-185 凤凰木

（2）皂荚属 *Gleditsia* L.

落叶乔木或灌木；枝干常具分枝的枝刺；枝无顶芽，侧芽叠生。1回或兼有2回羽状复叶，互生。花杂性或单性异株，总状花序，稀圆锥花序，萼、瓣各为3～5，雄蕊6～10。荚果长带状或短小，种子具有角质胚乳。

约13种，产于亚洲、美洲及热带非洲。我国10种，分布很广。

分种检索表

1. 枝刺圆柱形；荚果直，不扭曲；1回羽状复叶 ………………………………………皂荚
1. 枝刺扁；荚果扭曲；萌芽枝常有2回羽状复叶 ……………………………………山皂荚

① 皂荚（皂角）*Gleditsia sinensis* Lam.

【形态】乔木；树冠扁球形。枝刺圆而有分歧。1回羽状复叶，小叶6～14，卵圆形，先端钝而具小尖头，锯齿细钝，叶背网脉明显。总状花序生于叶腋；萼、瓣都为4。荚果肥厚，

直而不扭转，黑棕色，被白粉。花期5～6月，果期10月。（图11–186）

【分布】中国北部至南部分布极广。

【习性】喜光稍耐阴，喜温暖湿润气候，对土壤要求不严。生长慢，寿命长，深根性。

【繁殖】播种法。

【用途】树冠广阔，叶密阴浓，适宜作庭阴树及四旁绿化或造林用。果荚富含胰皂质，故可煎汁代替肥皂用；种子可榨油。

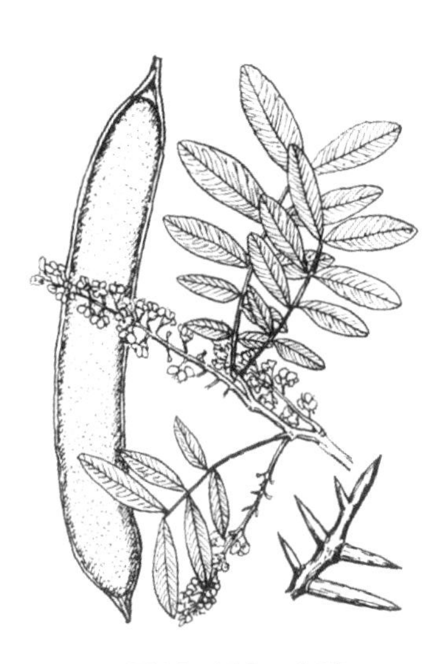
图11–186 皂荚

② 山皂荚（日本皂荚）*Gleditsia japonica* Miq.

【形态】乔木；枝刺扁，小枝淡紫色。1回偶数羽状复叶，长枝上为2回羽状复叶，小叶6～10对，卵形，疏生钝锯齿或近全缘。穗状花序，花柄极短。荚果薄而扭曲或镰刀状。花期5～7月，果期10～11月。

【分布】分布于辽宁、河北、山东、江苏、安徽、陕西等地区。

【习性】喜光，多生于林缘或沟谷旁，在酸性土及石灰质土壤上均生长良好。

繁殖栽培及用途同皂荚。

（3）**决明属** *Cassia* L.

草本、灌木或乔木。偶数羽状复叶，叶柄及叶轴上常有腺体。腋生总状花序或顶生圆锥花序，花黄色；萼片5，萼筒短；花瓣3～5；雄蕊10；子房有多数胚珠，花柱内弯，柱头顶生。荚果，种子间常有隔膜；种子有胚乳。

约600种，主要分布于热带。我国13种。

黄槐（粉叶决明）*Cassia surattensis* Burm.f.

【形态】灌木或小乔木。偶数羽状复叶，叶柄及最下部2～3对小叶的叶轴上有2～3枚棒状腺体，小叶7～9对，长椭圆形，先端圆或微凹；叶基部常偏斜，叶被粉绿色，有短毛。伞房状总状花序，生于枝条上部的叶腋；花鲜黄色，雄蕊10全发育。荚果条形，扁平，有柄。花期全年络绎不绝。

【分布】原产于南亚及澳大利亚，现广植于热带地区。中国南部栽培。

【习性】喜光稍耐阴，喜暖热湿润气候，对土壤要求不严，不耐寒。

【繁殖】播种法。

【用途】是美丽的观花树种。作行道树、绿篱或庭院观赏树。

（4）**紫荆属** *Cercis* L.

落叶乔木或灌木。单叶互生，全缘，掌状脉，托叶小。花两性，簇生或成总状花序，常先叶开放；花萼钟状，5齿裂，红色；雄蕊10，花丝分离；子房具柄。荚果，种子扁平。

10多种，产北美、东亚及南欧。我国7种。

分种检索表

1. 常成灌木状，叶片较小，花朵簇生密满 ………………………………………………紫荆
1. 常成乔木状，叶片较大，花柄较长，花朵较稀疏 ………………………………巨紫荆

① 紫荆（满条红）*Cercis chinensis* Bunge.

【形态】乔木，栽培常呈灌木。单叶互生，近圆形，叶端急尖，叶基心形，全缘；叶柄前端具叶枕。花紫红色，4～10朵簇生于老枝上。荚果，长达10cm，沿腹线有翅。花期4月，叶前放开，果期10月。（图11–187）

【变种】白花紫荆f. *alba* P.S.Hsu，花纯白色。

【分布】产于湖北西部、辽宁南部、河北、陕西、河南、甘肃、广东、云南、四川等地区。

【习性】性喜光，有一定耐寒性，萌蘖力强，耐修剪。

【繁殖】播种、分株、扦插、压条等法，而以播种为主。

【用途】先花后叶，紫花满枝干，艳丽可爱。叶片心形，园整而有光泽，光影相互掩映。可丛植庭院、建筑物前及草坪边缘。适宜与常绿之松柏配植为前景或植于墙前或岩石旁。

图11–187　紫荆

② 巨紫荆 *Cercis gigiantean* Cheng et Keng f.

【形态】落叶乔木，高达20m；树皮灰黑色，老时浅纵裂。叶互生，心脏形或近圆形，全缘，叶柄红褐色。花7～14朵聚生老枝叶腋处，紫红色至玫瑰红色。果长14cm，具紫红色。花期4月，果期10月。

【分布】原产于中国浙江、河南、湖北、广东、贵州等地。

【习性】适应性强，喜光耐寒、耐旱，不怕水渍，萌蘖性强，耐修剪，巨紫荆为自花授粉植物，能保持母本优良性状，而且结实率高。

【繁殖】播种为主，也可分株。

【用途】园林观赏树种。

（5）羊蹄甲属 ***Bauhinia*** **L.**

乔灌木或木质藤本。单叶互生，全缘，掌状脉，先端2裂，有时深裂为2小叶。花单生或排列为伞房、总状、圆锥状花序；苞片和小苞片常早落；花两性，花瓣5，稍不相等；雄蕊10或退化为5或3，稀1，花丝分离。荚果通常扁平，开裂。

约600种，产于热带。我国原产及引入栽培约40种。

分种检索表

1. 花玫瑰红或白色，荚果 ……………………………………………………………羊蹄甲
1. 花紫红色，通常不结果 ………………………………………………………红花羊蹄甲

① 羊蹄甲（紫羊蹄甲、白紫荆）*Bauhinia purpurea* L.

【形态】常绿乔木。叶近革质，近圆形，先端两裂，掌状脉9～13条。伞房花序顶生；花萼裂为几乎相等的2裂片；花瓣倒披针形，玫瑰红色，有时白色。荚果扁长条形，花期10月。

【分布】分布于福建、广东、广西、云南等地区。

【习性】喜光，喜暖热湿润气候，喜肥沃而排水良好的沙壤土。

【繁殖】播种、扦插法。

【用途】树冠开展，枝条下垂，花大而美丽，秋冬时节开放，叶片形如牛羊的蹄甲，是个很有特色的树种。广州常作行道树及庭园风景树。

② 红花羊蹄甲（紫荆花、洋紫荆）*Bauhinia blaleana* Dunn.

【形态】常绿乔木，高达10m；树皮灰棕色平滑，树冠开阔，枝条低垂。叶片阔心形，叶宽略大于长，顶端2裂。总状花序，花大，直径10～15cm，花瓣5，倒披针形，紫红色；雄蕊紫红色，花药黄色，雌蕊棒状，柱头已退化。（图11–188）

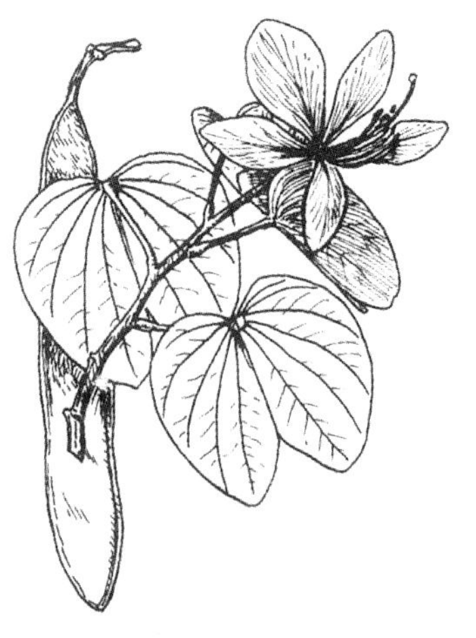

图11–188　红花羊蹄甲

【分布】原产于亚洲热带地区，最早于香港发现，系杂交种，广东、广西、福建、云南也有分布。

【习性】性喜温暖湿润、阳光充足的环境，喜土层深厚、肥沃、排水良好的偏酸性沙质壤土。生长迅速，萌芽力和成枝力强，极耐修剪。每年由10月月底始花，至翌年3月终花，花期长达半年以上。

【繁殖】扦插繁殖为主，也可嫁接繁殖。

【用途】终年繁茂常绿，是我国华南地区优良的园林绿化树种。红花羊蹄甲作为行道树和庭院观赏树，遮阳面大，花朵色泽艳丽，十分悦目，香气扑鼻，深受人们喜爱。

41. 蝶形花科 Fabaceae

乔木、灌木或草本，直立或攀缘状。多为复叶，稀单叶，常互生；有托叶。花常两性，左右对称；花冠蝶形，花瓣5，极不相似，最上一枚位于最外方；雄蕊通常10，且多连合成二体或单体；心皮单生，子房上位。荚果常开裂或不裂，种子无胚乳。

约480属12000余种，分布于世界各地。我国约110属1100种。

分属检索表

1. 藤本 ………………………………………………………… 2
1. 乔木或直立灌木 ………………………………………… 3
2.1 回奇数羽状复叶，总状花序顶生，下垂，荚果线形，种子间缢缩 ……………… 紫藤属
2.3 小叶复叶，花序近聚伞状，腋生或生于老枝上，种子间不缢缩 ……………… 油麻藤属
3. 雄蕊10合生成1或2组 ………………………………… 4
3. 雄蕊10，离生或仅基部合生 …………………………… 11
4. 小叶互生 ………………………………………………… 黄檀属
4. 小叶对生 ………………………………………………… 5
5. 小叶3 …………………………………………………… 6
5. 小叶4至多数 …………………………………………… 8
6. 植株枝干有刺 …………………………………………… 刺桐属
6. 植株枝干无刺 …………………………………………… 7

7. 苞片宿存，其腋间常具2花，花柄无关节 …………………………………………胡枝子属
7. 苞片常脱落，其腋间仅具1花，花柄在花萼下具关节 ……………………………杭子梢属
8. 植株枝干上具托叶刺 ……………………………………………………………………… 9
8. 植株枝干上不具托叶刺 ……………………………………………………………………10
9. 奇数羽状复叶，互生 ………………………………………………………………………刺槐属
9. 偶数羽状复叶，在长枝上互生，在短枝上簇生 ……………………………………锦鸡儿属
10. 荚果含1种子，微弯曲呈短镰形 ………………………………………………………紫穗槐属
10. 荚果含2至多枚种子，膨胀呈膀胱形 …………………………………………………鱼鳔槐属
11. 荚果扁平，不在种子间紧缩成念珠状 …………………………………………………红豆树属
11. 荚果圆筒状，在种子间紧缩为念珠状 ……………………………………………………槐树属

（1）**槐树属** *Sophora* L.

乔木或灌木；冬芽小，芽鳞不显。奇数羽状复叶互生，小叶多数对生，全缘，托叶小或无。总状或圆锥花序，顶生、腋生或与叶对生；花冠蝶形，花萼5齿裂，雄蕊10，离生或仅基部合生。荚果圆柱形或稍扁，于种子间缢缩成串珠状，不开裂。

约70余种，分布于两半球的热带至温带地区。我国约21种。

国槐（槐）*Sophora japonica* L.

【形态】落叶乔木，高达25m；树冠圆形，干皮灰黑色，纵裂，小枝绿色，皮孔明显，柄下芽，且芽被青紫色毛。复叶具小叶7～17，卵形至卵状披针形，长2.5～5cm，叶端尖，基部圆形至广楔形，背面有白粉及柔毛。圆锥花序顶生，花浅黄绿色。荚果串珠状，果皮肉质，长2～8cm，成熟后不开裂，且经冬不落。花期7～8月，果9～10月成熟。（图11-189）

【变种】a 龙爪槐var. *pendula* Loud.小枝柔弱下垂，形似龙爪，树冠呈伞状。

b 蝴蝶槐 f. *oligophylla* Franch.小叶3～5，集生于叶轴先端呈掌状，或仅为规则的掌状分裂，顶生小叶常3裂，侧生小叶下部常有大裂片，形似蝴蝶，叶背有毛。

图11-189 国槐

【分布】原产于中国北部，现中国南北各地均有栽培。朝鲜、日本及越南也产。

【习性】喜光略耐阴，喜干冷气候，但在高温高湿的华南也能生长。对土壤要求不严，忌干燥、贫瘠的山地及低洼积水地。耐烟尘，对二氧化硫、氯气、氯化氢均有较强的抗性，能适应城市街道环境。为深根性树种，生长速度中等，萌芽力强，寿命长。

【繁殖】多采用播种法繁殖。

【用途】国槐枝叶繁茂，树冠宽广，寿命长，是良好的庭阴树和行道树，也可作为优良的蜜源树种，且其耐烟毒能力强，更被广泛应用于厂矿区的绿化。花蕾、果实、根皮和枝叶等也均可药用。

（2）刺槐属 *Robinia* L.

落叶乔木或灌木；无顶芽，柄下芽。奇数羽状复叶互生，小叶全缘，对生或近对生。总状花序腋生，下垂，花冠蝶形，二体雄蕊（9）+1。荚果带状，开裂。

约20种，分布于北美及墨西哥。我国引入2种。

分种检索表

1. 乔木，小枝、花序轴、花梗被平伏细柔毛，具托叶刺，花冠白色，荚果平滑 …………刺槐
1. 灌木，小枝、花序轴、花梗及荚果密被刺毛及腺毛，无托叶刺，花冠玫瑰红色 ……毛刺槐

① 刺槐（洋槐）*Robinia pseudoacacia* L.

【形态】落叶乔木，高10～25m；树冠椭圆状倒卵形，树皮灰褐色，纵裂，枝条具托叶刺，冬芽小。复叶具小叶7～19，椭圆形至卵状矩圆形，长2～5cm，先端钝或微凹，有小尖头。花冠蝶形，白色，有芳香，成腋生总状花序。荚果扁平，长4～10cm，种子扁肾形，黑色。花期3～4月，果7～11月成熟。（图11–190）

【变种】a 无刺洋槐 f. *inermis*（Mirbel）Rehd. 无托叶刺。
b 红花洋槐 f. *decaisneana*. 花红色，一年开花一次，供观赏。
c 香花槐 f. *idaho* 花红色，一年开花两次，供观赏。

【分布】原产于美国，现欧、亚各国广泛栽培。中国引种后现已遍布全国各地。

【习性】强阳性，喜较干燥而凉爽的气候，较耐寒，耐干旱瘠薄。为浅根性速生树种，萌蘖性较强，但抗风能力较弱，寿命较短。

【繁殖】可采用播种、分蘖、根插等法繁殖，但以播种为主。

【用途】刺槐树冠高大，枝叶繁茂，花香宜人，可作庭阴树及行道树，也可用作蜜源植物。因其抗性强、生长迅速，尤其适宜作四旁绿化、工矿区绿化及荒山、荒地的绿化先锋树种，其根瘤可提高土壤肥力、改良土壤。其木材坚实而有弹性，耐湿、耐腐但易挠曲开裂，花可提取香料，树皮富含纤维及单宁，种子可榨油。

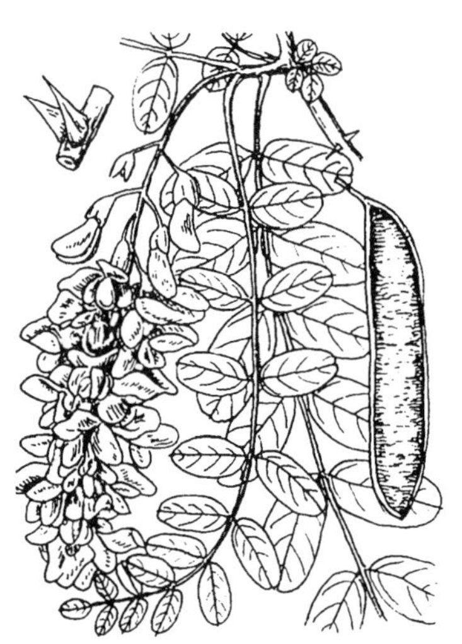
图11–190 刺槐

② 毛刺槐（江南槐）*Robinia hispida* L.

【形态】落叶灌木，高1～3m；小枝，花梗均有红色刺毛。托叶不为刺状，小叶7～13，广椭圆形至近圆形。花粉红或紫红色，2～7朵成稀疏的总状花序。荚果长5～8cm，具腺状刺毛。（图11–191）

【分布】原产于北美，中国东北南部及华北园林中常有栽培。

【习性】喜光，耐寒，忌风，喜排水良好的土壤。

【繁殖】通常以刺槐为砧木进行嫁接繁殖，也可分根蘖繁殖。

【用途】毛刺槐花大色美，宜于庭院、草坪边缘、园路旁丛植、列植或孤植观赏，也可作基础种植。

图11–191 毛刺槐

（3）**红豆树属** *Ormosia* Jacks.

乔木或灌木；多为裸芽。奇数羽状复叶互生，稀单叶或为3小叶，常为革质。花为顶生或腋生圆锥花序或总状花序，花冠白色或紫色，雄蕊5～10，全分离或基部稍连合。荚果革质、木质或稍肉质，开裂，种子1至数粒，种皮多呈鲜红色。

约100种，主产于热带、亚热带。中国产35种。

分种检索表

1. 花冠黄白色，荚果矩圆形，干时紫黑色，每荚种子2～7粒 ································花榈木
1. 花冠白色或淡红色，荚果扁圆形，干后栗褐色，顶端喙状，每荚种子1～2粒 ·········红豆树

① 花榈木（毛叶红豆树）*Ormosia henryi* Prain.

【形态】常绿乔木；裸芽叠生，小枝密被茸毛，枝条折断时有臭味。复叶具小叶5～9片，椭圆形或长圆状椭圆形，叶缘微反卷，叶背及叶柄被毛。圆锥花序顶生，稀总状花序腋生，花序轴、花梗及花萼均被毛，花冠黄白色。荚果矩圆形，干时紫黑色，种子2～7，种皮红色。花期6～7月，果10～11月成熟。（图11-192）

【分布】产于中国中部、南部海拔100～1300m的地带，越南、泰国也有分布。

【习性】喜光，喜温暖湿润气候及肥沃土壤，不耐寒。根系发达，寿命长。

【繁殖】播种繁殖。

【用途】花榈木可作庭院观赏树或防火树种，其材质优良，可作轴承及细木家具用材，根、枝、叶可入药。

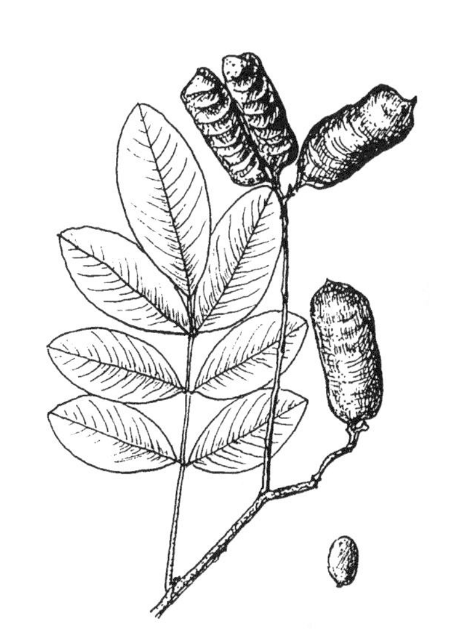

图11-192 花榈木

② 红豆树 *Ormosia hosiei* Hemsl.et Wils.

【形态】常绿乔木，高达20～30m；幼枝微有毛。奇数羽状复叶，小叶5～9，长卵形至长椭圆状卵形。圆锥花序顶生或腋生，花白色或淡红色，芳香。荚果扁圆形，木质，种子鲜红色且有光泽。花期4～5月，果10～11月成熟。（图11-193）

【分布】产于中国陕西、江苏、湖北、广西、四川、浙江、福建等地。

【习性】喜光，但幼树耐阴，喜肥沃适湿土壤，忌过肥过旱。根系发达，干性较弱，易分枝，且萌芽力强，寿命长。

【繁殖】播种繁殖。

图11-193 红豆树

【用途】红豆树在园林中可植为片林或作阴道树，其材质优良，花纹美丽，是珍贵的用材树种，主要用于建筑装饰、雕刻及家具等，种子可作装饰品。

（4）**黄檀属** *Dalbergia* L.

乔灌木或木质藤本。奇数羽状复叶或仅1小叶，二列状互生，小叶互生全缘。圆锥花序顶生或

腋生，花小，白或黄白色，雄蕊9或10，单体或二体。荚果短带状，不开裂。

约120种，分布于热带至亚热带。中国产30种左右。

黄檀 *Dalbergia hupeana* Hance.

【形态】落叶乔木；树皮呈窄条状剥落。小叶7～11，卵状长椭圆形至长圆形，先端圆钝，近革质。花序顶生或生于小枝上部叶腋，花黄白色，雄蕊二体（5+5）。荚果扁平，长圆形，种子1～3粒。花期5～6月，果9～10月成熟。（图11–194）

【分布】中国由秦岭、淮河以南至华南、西南等地均有野生分布。

【习性】喜光，耐干旱、瘠薄，在酸性、中性及石灰质土壤上均能生长，但生长较慢。发叶迟，俗称不知春。

【繁殖】多用种子繁殖。

【用途】黄檀是荒山荒地绿化的先锋树种，其材质坚重致密，富韧性，常作车轴、滑轮、家具柄及军工等用材，根可入药。

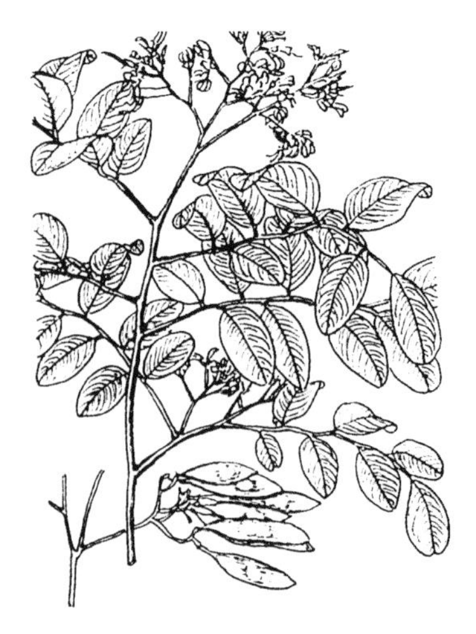

图11–194　黄檀

（5）紫穗槐属 ***Amorpha*** **L.**

落叶灌木或亚灌木；有腺点，枝无刺，冬芽2～3个叠生。奇数羽状复叶互生，小叶对生或近对生。总状花序顶生或腋生，花小，翼瓣及龙骨瓣均退化，雄蕊10，二体（9+1）或仅花丝基部合生。荚果小，微弯曲，不开裂，内含1粒种子。

约25种，产于北美至墨西哥。中国引入栽培1种。

紫穗槐（椒条、穗花槐、紫翠槐）*Amorpha fruticosa* L.

图11–195　紫穗槐

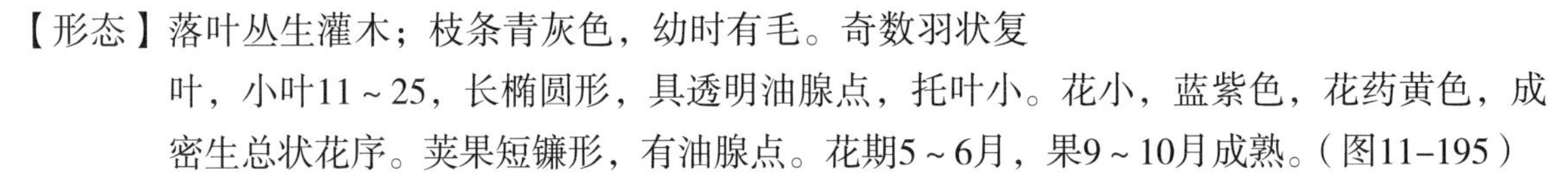

【形态】落叶丛生灌木；枝条青灰色，幼时有毛。奇数羽状复叶，小叶11～25，长椭圆形，具透明油腺点，托叶小。花小，蓝紫色，花药黄色，成密生总状花序。荚果短镰形，有油腺点。花期5～6月，果9～10月成熟。（图11–195）

【分布】原产于北美，中国东北中部以南至长江流域均有栽培。

【习性】喜干冷气候，耐寒及耐旱性较强，也能耐一定程度的水淹，要求充足光照，对土壤要求不严，但以沙质壤土为好，能耐盐碱及烟尘，且生长迅速，萌芽力强，侧根发达。

【繁殖】可采用播种、扦插及分株法繁殖。

【用途】紫穗槐为优良的多年生绿肥及蜜源植物，常种植为绿篱，可作防护林下木，也可用于荒山荒地、盐碱地、低湿地、沙地、河岸、坡地及铁路沿线的绿化，种子可榨油或提取香精和维生素E，枝条可用于编织或做造纸材料。

（6）鱼鳔槐属 ***Colutea*** **L.**

落叶灌木。奇数羽状复叶，稀3小叶，托叶小，小叶对生，全缘。总状花序腋生，花萼5齿裂，花冠多为黄色或淡褐红色，二体雄蕊。荚果膨胀如膀胱状，不开裂，种子多数。

约28种，分布于欧洲、非洲及亚洲中西部。中国产2种，引入栽培2种。

鱼鳔槐 *Colutea arborescens* L.

【形态】落叶灌木；小枝幼时有毛。小叶7～13，椭圆形，叶背有柔毛。总状花序具小花3～8朵，鲜黄色，旗瓣向后反卷，有红条纹。荚果扁囊状，有宿存花柱。花期4～7月，果7～10月成熟。（图11-196）

【分布】原产于北非及南欧，中国辽宁、北京、山东、陕西等地有引种栽培。

【习性】性强健，对环境要求不严。

【繁殖】播种繁殖。

【用途】鱼鳔槐花鲜黄色，在园林中主要丛植观赏。

图11-196 鱼鳔槐

（7）**锦鸡儿属** ***Caragana*** **Fabr.**

落叶灌木。偶数羽状复叶或假掌状复叶，在长枝上互生，短枝上簇生，叶轴端呈刺状，托叶宿存并硬化成针刺，稀脱落。花常黄色，单生或簇生，二体雄蕊。荚果细圆筒形或稍扁，具多数种子，熟时开裂。

约100种，产于亚洲东中部及欧洲的干旱和半干旱地区。中国约62种，主产黄河流域。

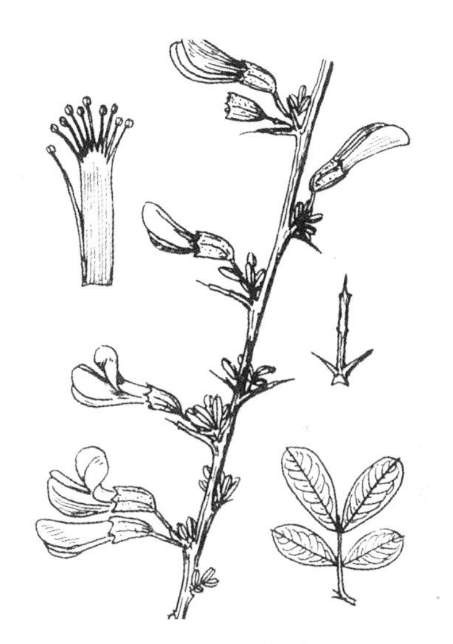

图11-197 锦鸡儿

分种检索表

1. 小叶2对，但2对叶之间间距大 ························· 锦鸡儿
1. 小叶4，紧密簇生呈掌状排列 ························· 金雀儿

① 锦鸡儿 *Caragana sinica* Rehd.

【形态】灌木；枝细长开展有棱角。托叶针刺状，小叶4，成远离的2对。花红黄色，单生。荚果圆筒形。花期4～5月，果7月成熟。（图11-197）

【分布】主要产于中国北部及中部，西南也有。日本园林中有栽培。

【习性】喜光，耐寒，且适应性强，不择土壤，耐干旱瘠薄，能生于岩石缝隙中。

【繁殖】常采用播种法繁殖，也可用分株、压条、根插法繁殖。

【用途】锦鸡儿花、叶兼美，在园林中可种植于岩石旁、小路边，也可作绿篱或盆景材料，更是良好的蜜源植物及水土保持植物，其花和根皮可入药。

② 金雀儿（红花锦鸡儿）*Caragana rosea* Turcz.

【形态】灌木，枝直立。小叶2对簇生，呈假掌状，托叶在长枝上成细刺，在短枝上脱落。花单生，花冠黄色，龙骨

图11-198 金雀儿

瓣玫瑰红色，谢后变红色。荚果筒状。花期4～6月，果6～7月成熟。（图11-198）

【分布】产于中国河北、山东、江苏、浙江、甘肃、陕西等地。西伯利亚也有分布。

【习性】喜光，耐寒，耐干旱及瘠薄土地。

【繁殖】可用播种法繁殖，且易生枝可自行繁衍成片。

【用途】金雀儿可供园林种植观赏，适合庭植、盆栽或切花等，也可作山野地被水土保持植物。

（8）**胡枝子属** *Lespedeza* Michx.

多年生草本至落叶灌木。3小叶羽状复叶，全缘，托叶小。总状或头状花序腋生，花小，常2朵并生，花梗无关节，花冠有或无，二体雄蕊。荚果短小，扁平，1粒种子，不开裂。

约90种，产于北美洲、亚洲和澳大利亚。中国产65种，分布极广。

胡枝子（胡枝条、扫皮、随军茶）*Lespedeza bicolor* Turcz.

【形态】灌木；分枝细而多，常拱垂。羽状复叶具3小叶，小叶卵形至卵状椭圆形，全缘。总状花序腋生，常构成大型、较疏松的圆锥花序，花紫红色，常2朵并生，宿存苞片内。荚果斜卵形。花期7～9月，果9～10月成熟。（图11-199）

【分布】产于东北、内蒙古及河北、山西、陕西、河南等地，朝鲜、日本亦有分布。

【习性】喜光，亦稍耐阴，性强健，耐寒、耐旱并耐瘠薄土壤，但喜肥沃土壤和湿润气候，多生于平原及低山区，生长迅速，萌芽力强，根系发达。

【用途】胡枝子叶花兼美，可植于自然式园林中观赏，也可作水土保持和改良土壤的地被植物，其嫩枝叶可作饲料、绿肥，枝条可用于编织，茎皮可制纤维，嫩叶可代茶用，花为蜜源，种子可食用，根可入药。

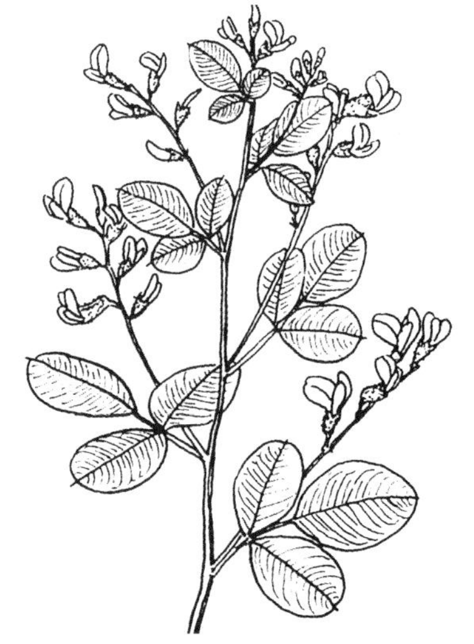

图11-199　胡枝子

（9）**杭子梢属** *Campylotropis* Bunge.

落叶灌木或半灌木。羽状复叶具3小叶，托叶2，宿存或有时脱落。总状花序腋生或顶生，并集成圆锥状，花梗有关节，二体雄蕊（9+1）。荚果近扁平，不开裂，种子1粒。

约60种，分布于欧洲与亚洲。中国约产40余种，主要集中于西南部。

杭子梢 *Campylotropis macrocarpa* Rehd.

【形态】灌木，小枝幼时有丝毛。小叶椭圆形至长圆形，叶背被柔毛，托叶线形。总状花序腋生，花冠紫红色，花梗有关节。荚果椭圆形至长圆形，有明显网状脉。花期6～8月。（图11-200）

【分布】产于中国北部、中部及西南部，朝鲜亦有分布。

【习性】性强健，喜光亦略耐阴。

【用途】杭子梢花序美丽，可供园林观赏，也可作水土保持或

图11-200　杭子梢

牧草用。

（10）刺桐属 *Erythrina* L.

乔木或灌木，稀草本；茎、叶常有刺。羽状复叶互生，具3小叶，小托叶为腺状体。总状花序腋生或顶生，旗瓣大而长，红色，雄蕊单体或二体，上面的1枚花丝离生。荚果线形，肿胀，种子间收缩为念珠状，多开裂。

约200种，分布热带、亚热带地区。中国5种，主要分布于西南至南部，引种5种。

刺桐（海桐皮、山芙蓉、空桐树）*Eryrthrina variegata* L.

【形态】落叶大乔木；干皮灰色，有圆锥形刺。叶大，柄长，通常无刺，小叶3，阔卵形至菱形，小托叶变为宿存腺体。总状花序顶生，花冠蝶形，花色鲜红。荚果厚，念珠状，种子暗红色。花期3～5月。

【分布】产于中国台湾、福建、广东、广西等地，印度、马来西亚、越南亦有分布。

【习性】生性强健，耐旱耐热不耐寒，对土壤要求不严。

【繁殖】多采用扦插繁殖，也可播种繁殖，其成株可锯大型树干直接栽植于田间，形成“速成大树”。

【用途】刺桐花大美丽，为庭园绿阴树、行道树的优良树种，其树皮及根皮可入药。

（11）紫藤属 *Wisteria* Nutt.

落叶大藤本。奇数羽状复叶互生。顶生总状花序下垂，花蓝紫色或白色，花萼5齿裂，花冠蝶形，旗瓣大而反卷，二体雄蕊（9+1）。荚果扁而长，具多数种子，种子间常稍缢缩，不裂。

约10种，分布于东亚、北美和大洋洲。我国约5种，多作棚架材料。

紫藤（藤花、葛藤、藤萝树）*Wisteria sinensis* Sweet.

【形态】落叶缠绕性大藤木。小叶7～13，卵形至卵状披针形，幼时两面有白色柔毛，后渐脱落。总状花序下垂，花大，蓝紫色或淡紫色，芳香。荚果长条形，密生土黄色短绒毛，含种子1～3粒。花期4～5月，先叶开放或花叶同放，果9～11月成熟。（图11-201）

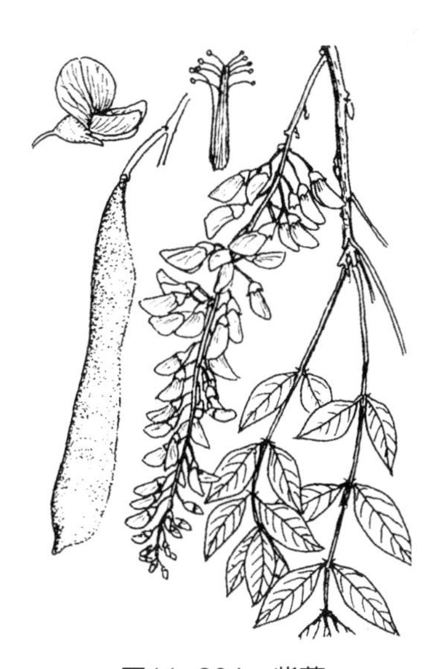

图11-201 紫藤

【分布】产于辽宁、内蒙古、山西、山东、浙江、湖南、陕西、甘肃、四川、广东等地。

【习性】喜光略耐阴，较耐寒，对气候和土壤适应性很强，具一定的耐干旱、瘠薄和水湿的能力。对城市环境的适应能力强，可一定程度地抗二氧化硫、氟化氢及铬等。主根深，侧根少，生长迅速，寿命长，但不耐移植。

【繁殖】常采用播种和扦插法繁殖，也可用分株、压条及嫁接法繁殖。

【用途】紫藤枝叶繁茂，为优良的棚架、门廊、枯树及山石绿化材料，也可制成盆栽供室内装饰，其茎皮、花和种子均可入药，树皮可制纤维。

（12）**油麻藤属** *Mucuna* Weight et Arn.

多年或一年生藤本。羽状复叶3小叶，托叶小且常脱落。花序腋生或生于老茎上，近聚伞状，或为假总状及圆锥花序，花大而美丽，二体雄蕊。荚果边缘常具翅，被黄褐色毛。

约160种，多分布于热带和亚热带地区。中国约15种，广布于南部地区。

图11-202　常春油麻藤

常春油麻藤*Mucuna sempervirens* Hemsl.

【形态】常绿木质藤本；树皮有皱纹，幼枝有纵棱和皮孔。复叶具3小叶，纸质或革质，顶生小叶椭圆形至长圆形，侧生小叶极偏斜。总状花序生于老茎上，花冠深紫色，蜡质，有臭味。荚果木质，带形，含4～12粒种子，种子间缢缩成念珠状。花期4～5月，果8～10月成熟。（图11-202）

【分布】产于云南、四川、贵州、陕西、浙江、湖南、福建、广东、广西等地。日本亦有分布。

【习性】喜温暖湿润气候，耐阴耐干旱，要求排水良好土壤。

【用途】常春油麻藤在园林中可用于垂直绿化，其茎藤入药，茎皮可用于编织及制纸，块根可提取淀粉，种子可榨油。

42. 胡颓子科 Elaeagnaceae

灌木或乔木；常具枝刺，被银白色或黄褐色盾状鳞毛。单叶互生，全缘，无托叶。花两性或单性，单生或成短总状、穗状花序，花萼常4裂，无花瓣，雄蕊4或8；子房无柄，上位，1室，1胚珠，花柱长。果实为瘦果或坚果，包藏于肉质花托内，种子无胚乳。

约3属50余种，分布于北半球温带至亚热带干燥地区。中国2属42种，各地均产。

分属检索表

1. 花两性或杂性同株，单生或2～4朵簇生，花萼4裂，果实核果状，长椭圆形………胡颓子属
1. 花单性，多雌雄异株，成短总状花序，花萼2裂，果实浆果状，球形 ………………沙棘属

（1）**胡颓子属** *Elaealtnus* L.

常具刺枝。叶互生；叶背及枝常具银白色鳞片。花两性或杂性同株，单生或簇生叶腋，花被筒长，端4裂，雄蕊4，具蜜腺。长椭圆形核果状果，果核具条纹。

约50种，分布于欧洲、亚洲和北美洲。中国约40种，各地均有分布。

分种检索表

1. 常绿，秋季开花 ……………………………………………………………………胡颓子
1. 落叶，春季开花 …………………………………………………………………… 2
2. 小枝及叶仅有银白色鳞片，果黄色 ……………………………………………沙枣
2. 小枝及叶兼有银白色和褐色鳞片，果红色或橙红色 ……………………………… 3
3. 枝有刺，果卵圆形 ……………………………………………………………牛奶子

3. 枝无刺，果长倒卵形至椭圆形 ………………………… 木半夏

① 胡颓子（羊奶子）*Elaeagnus pungens* Thunb.

【形态】常绿灌木；树冠开展，具棘刺。小枝锈褐色，被鳞片。叶革质，椭圆形或长圆形，边缘微波状，表面初有鳞片，后变绿色而有光泽，背面银白色，杂被褐色鳞片。花1～3朵簇生叶腋，银白色，下垂。果椭圆形，被锈色鳞片，成熟时红色。花期10～11月，翌年5月成熟。（图11-203）

【分布】分布于中国长江流域及其以南地区，日本亦有。

【习性】喜光耐半阴，喜温暖气候，不耐寒，对土壤适应性强，耐干旱，也耐水湿，对有害气体的抗性强。

【繁殖】可播种或扦插繁殖。

【用途】胡颓子通常植于庭园观赏，并有金边、玉边、金心等观叶变种，其果可食用或酿酒，果、根及叶均可入药。

图11-203 胡颓子

② 牛奶子（秋胡颓子）*Elaeagnus umbellata* Thunb.

【形态】灌木；常具枝刺，幼枝密被银白色和褐色鳞片。叶卵状椭圆形至长椭圆形，叶表幼时有银白色鳞片，叶背银白色杂有褐色鳞片。花黄白色，芳香，常2～7朵成伞形花序，腋生。果近球形，红色和橙红色。花期4～5月，果9～10月成熟。

【分布】分布于中国华北至长江流域，朝鲜、日本、印度亦有。

【习性】喜光，适应性较强。

【用途】牛奶子为水土保持及防护林树种，其根、叶及果可入药。

图11-204 木半夏

③ 木半夏（羊不来、牛脱）*Elaeagnus multiflora* Thunb.

【形态】落叶灌木；常无刺，枝密被褐色鳞片。叶椭圆形至倒卵状长椭圆形，幼叶表面有银色鳞片，叶背具银白色杂褐色鳞片。花黄白色，1～3朵腋生。果实椭圆形至长倒卵形，密被锈色鳞片，成熟时变红，果梗细长，1.8～4cm。花期4～5月，果6月成熟。（图11-204）

【分布】分布于中国河北、河南、山东、江苏、安徽、浙江、江西等地，日本亦有。

【习性】喜光，适应性较强。

【用途】水土保持及防护林树种，其果实可作果酒和饴糖等，根、叶及果均可入药。

④ 沙枣（银柳、桂香柳）*Elaeagnus angustifolia* L.

【形态】落叶灌木或小乔木；幼枝银白色，老枝栗褐色，有时具刺。叶椭圆状披针形至狭披针形，两面均有银白色鳞片，背面更密。花1～3朵生于小枝下部叶腋，花被

图11-205 沙枣

筒钟状，外面银白色，里面黄色，芳香。果椭圆形，成熟时黄色，果肉粉质。花期6月，果9~10月成熟。（图11-205）

【分布】分布于中国东北、华北及西北，地中海沿岸地区、西伯利亚、印度亦有分布。

【习性】喜光耐寒且耐旱，也能耐水湿、盐碱及瘠薄，对风沙的抗性强，生长快，防风固沙作用大，可生长在沙漠、半沙漠和草原上。

【繁殖】常用播种法繁殖，也可用扦插法繁殖。

【用途】沙枣是北方沙荒、盐碱地区营造防护林及四旁绿化的优良树种，其果可生食或加工成果酱、果酒，叶可作饲料，花可作蜜源或供提取香精，树汁可制树胶，木材可做家具、建筑用材，全株入药。

（2）**沙棘属** *Hippophae* L.

落叶灌木，稀小乔木；具枝刺，幼嫩部分有银白色或锈色盾状鳞或星状毛。叶互生、对生或轮生，狭窄，具短柄。花单性异株，成短总状或柔荑花序，腋生，花萼2裂，雄蕊4。果实浆果状，球形，单粒种子，成熟时橘黄色或橘红色。

约5种，分布于欧亚两洲。中国约2种。

沙棘（酷柳、酸刺）*Hippophae rhamnoides* L.

【形态】落叶灌木或小乔木；枝有刺，被银白色或淡褐色腺鳞。单叶近对生，线形或线状披针形，两面密被银白色鳞片。花小，无瓣，萼二裂，淡黄色，先叶开放。果球形或卵形，熟时橘黄色或橘红色，种子1，骨质。花期3~5月，果9~10月成熟。（图11-206）

【分布】产于欧洲及亚洲西部和中部，中国华北、西北及西南均有分布。

【习性】喜光，耐寒，适应性广，耐干旱和贫瘠土壤，也耐酷热、水湿、流沙及盐碱地。根系发达，萌芽力强，有根瘤，可改良土壤。

【繁殖】可用播种、扦插、压条及分蘖法繁殖。

图11-206 沙棘

【用途】沙棘枝叶繁茂，根系发达，是良好的防风固沙及水土保持树种，在园林中可植为绿篱，且兼有刺篱及果篱的效果。果富含维生素，可食用、药用，也可提制黄色染料；种子可榨油，花为蜜源，也可提取香精，果枝可瓶插观赏。

43．千屈菜科 Lythraceae

草本、灌木或乔木。单叶对生或轮生，稀互生，全缘。花两性，一般辐射对称，成总状、圆锥或聚伞花序，顶生或腋生。花萼筒管状，常有棱，萼片常4~8，宿存；花瓣与萼片同数，覆瓦状排列，有时缺；雄蕊生于萼筒上，常为花瓣的2倍。蒴果，种子多数，无胚乳。

约24属500种，分布于热带及温带，尤以热带美洲最多。中国约10属30种。

紫薇属 *Lagerstroemia* L.

冬芽端尖，具2芽鳞。叶对生或在小枝上部互生，托叶小而早落。花两性整齐，成圆锥花序，花萼陀螺状或半球形，5~8裂，花瓣5~8，有长爪，瓣边皱波状，雄蕊多数，花丝长。蒴果室背开裂，种子顶端有翅。

约55种，中国16种，多数产于长江以南。

分种检索表

1. 花鲜淡红色，花萼外无纵棱，蒴果近球形 …………… 紫薇
1. 花白色或玫瑰色，花萼外有10～12条纵棱，
   蒴果椭圆形 ……………………………………………… 南紫薇

① 紫薇（痒痒树、百日红、光皮树）*Lagerstroemia indica* L.

【形态】落叶灌木或小乔木；树冠不整齐，枝干多扭曲，小枝近4棱，无毛；干皮光滑，薄片状剥落。单叶对生或近对生，椭圆形至倒卵状椭圆形，全缘。圆锥花序顶生，花鲜至淡红色，花瓣6，萼外光滑，无纵棱。蒴果近球形，6瓣裂，基部有宿存花萼。花期6～9月，果9～11月成熟。（图11–207）

图11–207 紫薇

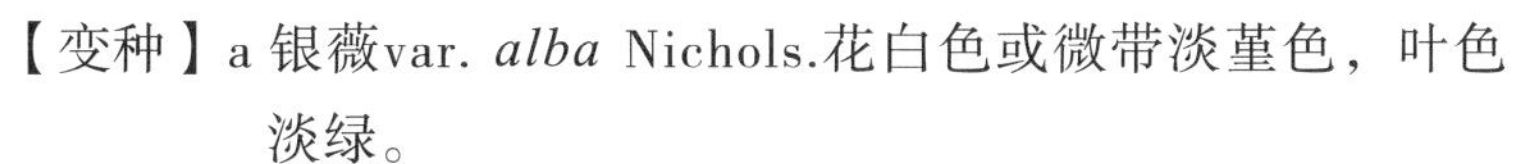

【变种】a 银薇var. *alba* Nichols.花白色或微带淡堇色，叶色淡绿。

b 翠薇var. *rubra* Lav.花紫堇色，叶色暗绿。

【分布】产于亚洲南部及大洋洲北部，华东、华中、华南及西南均有分布，各地普遍栽培。

【习性】喜光，稍耐阴，喜温暖湿润气候，耐寒性不强，耐旱，怕涝，喜肥沃，尤以石灰性土壤最好。萌芽力强，生长较慢，寿命长，吸收有害气体及吸滞烟尘的能力较强。

【繁殖】可采用分蘖、扦插及播种等法繁殖。

【用途】紫薇树姿优美，树皮光滑洁净，花色艳丽，花期长，常植于建筑前、庭院内、池畔、路边及草坪等处，也可作盆栽观赏。

② 南紫薇 *Lagerstroemia subcostata* Koehne.

【形态】落叶乔木或灌木；树皮灰白色或茶褐色。叶膜质，矩圆形至矩圆状披针形。圆锥花序顶生，花小，白色或玫瑰色，花萼有棱10～12条。蒴果椭圆形，种子有翅。花期6～8月，果7～10月成熟。（图11–208）

图11–208 南紫薇

【分布】产于台湾、湖广、江浙、四川及青海等地，日本也有分布。

【习性】喜湿润肥沃的土壤，常生于林缘、溪边。

【用途】南紫薇可用于园林绿化，其材质坚实，可作家具、细工、建筑及枕木用，花可入药。

44．瑞香科 Thymelaeaceae

落叶或常绿灌木。单叶互生，稀为对生，全缘，无托叶。花两性，稀单性，辐射对称，为顶生或腋生的头状、伞形、总状或穗状花序，有时单生；花萼管状，常为花瓣状，裂片4～5，花瓣缺或为鳞片状，雄蕊2～10。坚果或核果，稀为蒴果或浆果，种子有或无胚乳。

42属500种，主要分布于南非、澳洲及地中海地区。中国9属100种，主产长江以南。

分属检索表

1. 花序头状或短总状，花柱甚短，柱头大，头状 ……………………………………瑞香属
1. 花序头状，花柱甚长，柱头长而线形 ………………………………………………结香属

（1）瑞香属 *Daphne* L.

灌木，冬芽小。单叶互生，全缘。花两性，芳香，成短总状花序或簇生成头状，花萼筒花冠状，钟形或筒形，端4～5裂，无花冠，雄蕊8～10，柱头头状，花柱短。核果革质或肉质，内含1种子。

约95种，中国产35种，主要分布于西南及西北部。

瑞香（睡香、千里香）*Daphne odora* Thumb.

【形态】常绿灌木；枝光滑无毛。单叶互生，长椭圆形至倒披针形，无毛，质较厚。头状花序顶生，花被筒状，端4裂，白色或杂淡红紫色，芳香。核果肉质，圆球形，成熟时红色。花期3～4月，果5月成熟。（图11-209）

【分布】原产于中国长江流域，江西、湖北、浙江、湖南、四川等地均有分布。

【习性】喜阴，忌阳光暴晒，耐寒性差，喜肥沃、湿润、排水良好之酸性土壤。

【繁殖】多采用压条和扦插法繁殖。

【用途】瑞香为著名常绿花木，早春开花，芳香扑鼻，常于林下、路缘丛植，或与假山、岩石配植，也可盆栽观赏，其根可入药，皮部纤维可以造纸。

图11-209　瑞香

（2）结香属 *Edgeworthia* Meisn.

落叶灌木；枝疏生而粗壮。单叶互生，常集生于枝端。头状花序在枝端腋生，先于叶或与叶同时开放，花被筒状，端4裂，雄蕊8，花柱长，柱头长而线形。核果干燥，果皮革质。

约4种，产于中国。

结香（打结树、软骨木、黄瑞香、雪绒花）*Edgemrrthia chrysantha* Lindl.

【形态】落叶灌木；枝条柔软可弯曲，通常三叉状，被绢状长柔毛，棕红色。叶互生，常簇生枝端，阔披针形，被细毛。头状花序顶生，花黄色，芳香，花被筒状，外被绢状绒毛。核果卵形，两端有柔毛。花期3～4月，先叶开放。（图11-210）

【分布】原产于中国，分布于河南、陕西以及长江流域等地。

【习性】喜干燥、半阴及温暖环境，稍耐寒，耐旱怕涝，以肥厚疏松、排水良好的沙质壤土为佳。

【繁殖】常用扦插及分株方法繁殖，以分株为主。

【用途】结香枝条柔软，可弯曲打结，常丛植于庭院、路边、树丛边或街头绿地及小游园内，也可盆栽观赏，其茎皮纤维为高级造纸原料，全株可入药。

图11-210　结香

45．石榴科 Punicaceae

落叶灌木或小乔木；常具刺，冬芽小，具2对芽鳞。叶对生或近簇生，全缘，无托叶。花两性，1～5朵顶生或腋生，花萼筒钟形，5～8裂，肉质宿存，花瓣5～7，雄蕊多数，花柱1，头状。浆果，外果皮革质，种子多数，外种皮肉质多汁，内种皮木质。

1属2种，原产于地中海地区至亚洲中部。我国自古引入1种，7变种。

石榴属 *Punica* L.

石榴（安石榴、丹若、榭榴）*Punica granatum* L.

图11–211 石榴

【形态】落叶灌木或小乔木；树冠不整齐，有刺状小枝，幼枝常为四棱形。叶倒卵状长椭圆形，无毛而有光泽，在长枝上对生，在短枝上簇生。花有红、黄、白、玛瑙及红白相间等色；花萼钟形，多紫红色，肉质。果实近球形，黄红色，具宿存花萼，浆果成熟果皮裂开，种子多数，有肉质透明外种皮。花期5～7月，果9～10月成熟。（图11–211）

【分布】原产于伊朗及阿富汗等中亚地区，汉代引入中国，现各地广泛栽培。

【习性】喜光，喜温暖气候，耐寒能力较强，喜肥沃、湿润而排水良好的石灰质土壤，寿命较长。

【繁殖】常采用扦插、压条、分株等法繁殖，也可播种繁殖。

【用途】石榴既是著名的果树，又是很好的庭园观赏树种，宜成丛配植，也可作零星的点缀、作绿篱栽植或盆栽观赏，其果皮、花、根均可入药。

46．八角枫科 Alangiaceae

落叶乔木或灌木，攀缘及带刺；枝圆柱形，有时略呈“之”字形。单叶互生，全缘或掌状分裂，无托叶。聚伞状花序腋生，稀伞形或单生，花两性，淡白色或淡黄色，多芳香，花萼小，花瓣4～10，线形，雄蕊为花瓣数的1～4倍。核果椭圆形、卵形或近球形，顶端有宿存萼齿和花盘，种子1粒，具大形胚及胚乳。

1属，约30余种，分布于亚洲、大洋洲和非洲。中国约9种，除西北地区外均有分布。

八角枫属 *Alangium* Lam.

分种检索表

1. 叶柄长2.5～3.5cm；每花序有7～30朵花，花瓣长1～1.5cm；核果长5～7mm ………八角枫
1. 叶柄长3.5～5cm；每花序仅有少数几朵花，花瓣长2.5～3.5cm；核果长8～12mm ……瓜木

① 八角枫（华瓜木）*Alangium chinense* Harms.

【形态】落叶灌木或小乔木；小枝略呈“之”字形，紫绿色。叶纸质，近圆形或椭圆形、卵形，不分裂或2～3裂，掌状脉。聚伞花序腋生，着小花7～30朵，花冠圆筒形，花萼具6～8齿裂，花瓣6～8，线形。核果卵圆形，成熟时变黑色。花期5～7月，果期9～10月。

（图11–212）

【分布】产于中国中部及南部地区，东南亚与非洲东部也有分布。

【习性】喜光，稍耐阴，适应性较强，对土壤要求不严，萌芽力强，耐修剪。

【繁殖】多采用种子繁殖，也可分蘖繁殖。

【用途】八角枫宜作水源涵养林栽植，花有芳香，秋叶橙黄，是较好的园林景观树种，其根、叶及花均可入药，树皮纤维可编绳索，木材可作家具及天花板。

图11–212　八角枫

② 瓜木（白锦条、麻桐树）*Alangium platanifolium* Harms.

【形态】落叶灌木或小乔木；树皮平滑，小枝纤细，略呈“之”字形，淡黄褐色或灰色。叶纸质，近圆形，稀阔卵形或倒卵形，3～5裂或稀7裂，掌状脉。聚伞花序腋生，通常具花3～5朵，花萼近钟形，裂片5，花瓣6～7，线形，白色或淡黄色。核果长卵圆形或长椭圆形，种子1。花期5～7月，果7～9月成熟。（图11–213）

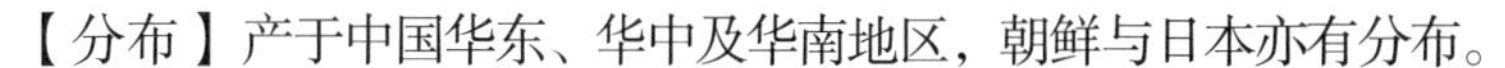

【分布】产于中国华东、华中及华南地区，朝鲜与日本亦有分布。

【习性】喜疏松、肥沃的土壤。

繁殖、用途同八角枫。

图11–213　瓜木

47．蓝果树科 Nyssaceae

落叶乔木。单叶互生，羽状脉，无托叶。花单性或杂性，成伞形或头状花序；萼小；花瓣常为5，有时更多或无；雄蕊为花瓣数的2倍；子房下位，1（6～10）室，每室1下垂胚珠。核果或坚果。

约3属，12种，我国3属8种。

分属检索表

1. 叶全缘，稀锯齿，花序无叶状苞片，花瓣小，瘦果 ……………………………… 喜树属
1. 叶有锯齿，花序有白色大形苞片，无花瓣，核果 ……………………………… 珙桐属

（1）喜树属 *Camptotheca* Decne.

仅1种，中国特产。

喜树（旱莲木）*Camptotheca acuminate* Decne.

【形态】落叶大乔木；枝具松软片状髓，树皮有纵沟。单叶互生，椭圆形或椭圆状卵形，全缘，波状缘，纸质。花单性、杂性同株，头状花序具长柄，排成圆锥状，雌花多顶生，雄花多腋生，花萼5齿裂，花瓣5，花冠白色；雄蕊10。瘦果香蕉形，具2～3纵脊，有窄翅。（图11–214）

【分布】分布于中国长江流域以南及部分长江以北地区。

图11–214　喜树

【习性】喜光，稍耐阴，喜温暖湿润气候，耐高温，不耐寒，在酸性、中性及弱碱性土上均能生长，喜肥沃、深厚、湿润且排水良好的沙质壤土，不耐干旱瘠薄，萌芽力强。

【繁殖】常采用播种繁殖，也可扦插繁殖。

【用途】喜树主干通直，树冠宽展，是行道树、园景树及四旁绿化的高级树种，果实、根、叶、皮及木材中含喜树碱，可入药。

（2）**珙桐属** *Davidia* Baill.

仅1种，中国特产，为孑遗植物。

珙桐（水梨子、鸽子树）*Davidia involucrate* Baill.

【形态】落叶乔木；树冠圆锥形，树皮深灰褐色，呈不规则薄片状脱落。单叶互生，纸质，广卵形。花杂性同株，由多数雄花和1朵两性花组成顶生头状花序，花序下有2片大型白色苞片，苞片卵状椭圆形，常下垂，花后脱落，花瓣退化或无，雄蕊1～7。核果椭圆形，紫绿色，锈色皮孔显著。花期4～5月，果9～10月成熟。（图11–215）

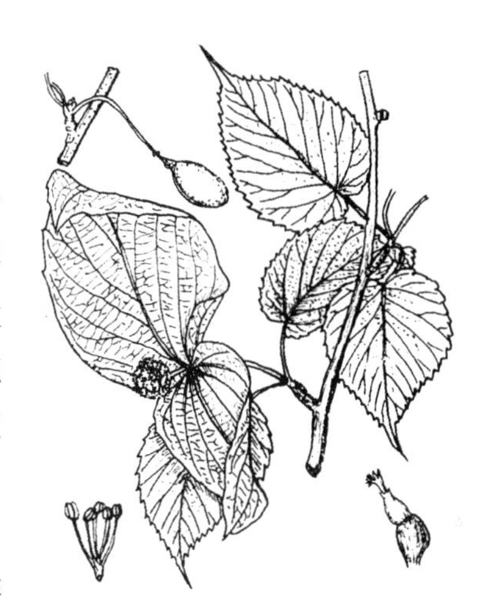

图11–215 珙桐

【分布】产于中国湖北西部、四川、贵州及云南北部等地。

【习性】喜半阴及凉爽湿润气候，略耐寒，喜深厚、肥沃且排水良好的酸性或中性土壤，忌碱性和干燥土壤，不耐炎热和阳光暴晒。

【繁殖】可采用种子、扦插及压条繁殖。

【用途】珙桐为世界著名的珍贵观赏树种，树形高大端正，开花时白色苞片似白鸽飞栖树端，宜植于高山之庭院、宾馆及疗养所作庭阴树，其材质沉重，是建筑的上等用材，也可制作家具或作雕刻材料。

48．山茱萸科 Cornaceae

乔木或灌木，稀草本，多为落叶性。单叶对生，稀互生，全缘，侧脉弧形，无托叶。花两性，稀单性，成聚伞、伞形、伞房、头状或圆锥花序，花萼4～5裂或不裂，花瓣4～5，雄蕊常与花瓣同数并互生。多为核果，少数为浆果，含种子1～2粒，有胚乳。

约14属，160余种，主产于北半球。中国约6属50余种。

分属检索表

1. 花单性，雌雄异株，果为浆果状核果 ………………………………… 2
1. 花两性，果为核果 ………………………………………………………… 3
2. 单叶对生，圆锥花序 ……………………………………………桃叶珊瑚属
2. 单叶互生，伞形或密伞花序 …………………………………………青荚叶属
3. 花序下无总苞片，核果近球形 ………………………………………梾木属
3. 花序下有4总苞片，核果不为球形 ………………………………… 4
4. 头状花序，总苞片大，白色，花瓣状，核果椭圆形或卵形 ……………四照花属
4. 伞形花序，总苞片小，黄绿色，鳞片状，核果长椭圆形 ………………山茱萸属

（1）梾木属 *Cornus* L.

乔木或灌木，稀草本，稀常绿。单叶对生，稀互生，全缘，常具2叉贴生柔毛。伞房状复聚伞花序顶生，无总苞片，花小，两性，花基数4，花萼具细齿。核果，具1～2核。

约130余种，产于北温带。中国约30余种，分布于东北、华南及西南。

分种检索表

1. 单叶互生，果核的顶端有近四方的孔穴 ……………………………………灯台树
1. 单叶对生，果核的顶端无孔穴 ………………………………………………… 2
2. 灌木，枝条血红色 ……………………………………………………………红瑞木
2. 乔木，枝条不为血红色 ………………………………………………………… 3
3. 树皮暗灰色，常纵裂成长条，伞房状聚伞花序 ………………………………毛梾
3. 树皮白色带绿，片状脱落，圆锥状聚伞花序 ……………………………光皮毛梾

① 红瑞木 *Cornus alba* L.

【形态】落叶灌木；枝条血红色，无毛，初时常被白粉。叶对生，卵形或椭圆形，全缘，两面均疏生贴生柔毛。伞房状聚伞花序顶生，花小，黄白色。核果斜卵圆形，成熟时白色或稍带蓝紫色。花期5～6月，果8～9月成熟。（图11–216）

【分布】产于东北、内蒙古及河北、山东、江苏、陕西等地，朝鲜、西伯利亚亦有分布。

【习性】喜光，性强健，耐寒性强，也耐湿热，喜较湿润土壤，浅根性，萌芽力强。

【繁殖】可采用播种、扦插、分株及压条等法繁殖。

【用途】红瑞木茎枝终年鲜红色，秋叶也为鲜红色，并有银边、黄边等变种，可丛植于庭园草坪、建筑物前或常绿树间，也可栽作自然式绿篱，还可植于河边、湖畔及堤岸上护岸固土，其种子可食用或供工业用。

图11–216 红瑞木

② 毛梾（车梁木、小六谷）*Cornus walteri*（Wanger.）Sojak.

【形态】落叶乔木；树皮暗灰色，常纵裂成长条。叶对生，卵形至椭圆形。伞房状聚伞花序顶生，花白色。核果近球形，熟时黑色。花期5～6月，果9～10月成熟。（图11–217）

【分布】分布于河北、甘肃、江苏、浙江、湖南、云南、贵州、四川等地，常散生于向阳山坡及岩石缝间。

【习性】喜光，耐干旱，耐寒，栽培管理粗放。

【繁殖】多用播种繁殖。

【用途】毛梾枝叶繁茂，白花美丽，宜植于庭园观赏，也可栽作行道树，其木材坚重，供作车辆、家具等用，花为蜜源，种子榨油可供食用或作润滑油，树皮及叶可提制栲胶。

图11–217 毛梾

③ 光皮毛梾 *Cornus wilsoniana*（Wanger.）Sojak.

【形态】落叶乔木；树皮白色带绿，片状脱落。叶对生，椭圆

形至卵状椭圆形。圆锥状聚伞花序顶生，花小，白色。核果球形，成熟时为紫黑色。花期5月，果10～11月成熟。（图11-218）

图11-218 光皮毛株

【分布】产于中国长江流域以南及西南各地。

【习性】喜光耐寒亦耐热，喜排水良好、湿润肥沃的石灰质壤土。深根性，萌芽力强。

【繁殖】多用播种繁殖。

【用途】光皮毛株树干通直，树皮斑斓，白花美丽，是理想的庭阴树，其果肉及种子可供食用或药用，是主要的木本油料树种。

④灯台树（灯塔树、瑞木）*Cornus controversa*（Hemsl.）Soiak.

【形态】落叶乔木；树皮暗灰色，老时浅纵裂，枝条紫红色，大侧枝呈层状生长，形成圆锥状树冠。叶互生，常集生于枝梢，卵状椭圆形至广椭圆形。伞房状聚伞花序顶生，花小，白色。核果球形，熟时由紫红变成紫黑色。花期5～6月，果9～10月成熟。（图11-219）

图11-219 灯台树

【分布】主产于长江流域及西南各地，北达东北南部，朝鲜、日本亦有分布。

【习性】喜光稍耐阴，喜温暖湿润气候，耐寒性强，喜肥沃、湿润且排水良好的土壤。

【繁殖】多用播种繁殖，也可扦插繁殖。

【用途】灯台树树形整齐，宜孤植于庭园草坪观赏，也可植为庭阴树及行道树，其种子可榨油，供制肥皂及作润滑油用，树皮含鞣质，木材可供建筑、雕刻、文具等用。

（2）山茱萸属 *Macrocarpium* Nakai.

落叶灌木或小乔木。单叶对生，全缘。伞形花序下有4总苞片，花后脱落，花两性，黄色，4基数。核果长椭圆形，彼此分离。

约4种，产于欧洲中南部、东亚及北美洲。中国约2种。

山茱萸*Macrocarpium officinale* Nakai（*M.officinalis* Sieb.et Zucc.）

【形态】落叶灌木或小乔木；嫩枝绿色。叶对生，卵状椭圆形，叶背脉腋密生黄褐色毛。伞形花序腋生，花序下有4小总苞片，花黄色。核果椭圆形，熟时红色。花期2～4月，果8～10月成熟。（图11-220）

图11-220 山茱萸

【分布】原产欧洲、西亚，中国山东、山西、河南、浙江、安徽、湖南等地亦有分布。

【习性】喜温暖湿润气候，喜光稍耐阴，较耐寒，不耐干燥，喜排水良好的肥沃壤土。

【繁殖】可播种繁殖。

【用途】山茱萸是很好的观花观果树种，宜丛植于城市园林绿地、自然风景区中，果可入药。

（3）**四照花属** *Dendrobenthamia* Hutch.

灌木或小乔木，常绿或落叶。叶对生，全缘，羽状侧脉弧形上弯。头状花序，基部具4总苞片，花瓣状，花两性，4基数。核果，多集合成球形肉质的聚花果。

约10种，产于东亚，中国约8种。

四照花（山荔枝）*Dendrobenthamia japonica* var. *chinensis* Fang.

【形态】落叶灌木至小乔木；枝条水平生长，极具伸展性，树皮色彩斑斓，呈竖锯裂片状。叶对生，卵状椭圆形或卵形。头状花序近球形，具四个大型白色苞片，每朵花有4个花瓣。聚花果球形，熟时紫红色。花期5～6月，果9～10月成熟。（图11-221）

【分布】产于中国长江流域及西南、湖南、陕西、甘肃等地。

【习性】喜光稍耐阴，喜温暖湿润气候，较耐寒，喜排水性良好的湿润沙质土壤。浅根性，忌风。

【繁殖】多用分蘖及扦插法繁殖，也可播种繁殖。

【用途】四照花树形整齐，白花美丽，可种植在庭院内、建筑物前，也可丛植于草坪、路边、林缘、池畔等，其果实可生食或酿酒。

图11-221　四照花

（4）**桃叶珊瑚属** *Aucuba* Thunb.

常绿灌木。单叶对生，全缘或具齿。花单性异株，圆锥花序顶生，花4基数。浆果状核果，含1粒种子。

约12种。中国产10种，分布于长江以南。

分种检索表

1. 小枝有毛，叶长椭圆形至倒卵状披针形 ……………………………………… 桃叶珊瑚
1. 小枝无毛，叶椭圆状卵形至椭圆状披针形 ………………………………… 东瀛珊瑚

① 桃叶珊瑚 *Aucuba chinensis* Benth.

【形态】常绿灌木；树皮嫩时绿色平滑，后变成软木质，小枝有毛。单叶对生，叶长椭圆形至倒卵状披针形。总状圆锥花序顶生或腋生，花冠紫色，雌雄异株。浆果状核果椭圆形，熟时深红色。（图11-222）

【分布】分布于中国南方各省中、高海拔山区。

【习性】耐阴，喜冷凉，忌高温干燥，喜肥沃、排水良好的壤土。

【繁殖】多用扦插和分株法繁殖，也可播种繁殖。

【用途】桃叶珊瑚为优良的观叶、观果树种，适合庭植或盆栽，也可配植于林下。

图11-222　桃叶珊瑚

② 东瀛珊瑚（青木）*Aucuba japonica* Thunb.

【形态】常绿粗壮灌木，高1～5m；小枝绿色，光滑无毛。单

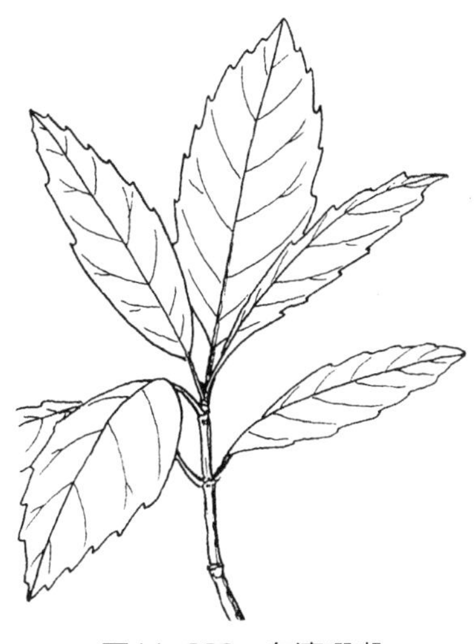

图11-223 东瀛珊瑚

叶对生，革质，椭圆状卵形至长椭圆形，端急尖或渐尖，叶缘疏生粗齿，两面油绿有光泽。花单性异株，小形，紫色；圆锥花序顶生，密被刚毛。果实浆果状鲜红色。花期3～4月。（图11-223）

【品种】洒金东瀛珊瑚f.variegata Rehd.叶面多金黄色斑点。

【分布】产于中国台湾及日本。

【习性】喜温暖、湿润气候，不耐寒，要求排水良好的土壤。

【繁殖】主要采用扦插繁殖，也可播种或嫁接繁殖。

【用途】东瀛珊瑚是观叶植物中最耐阴的材料，株形整齐，宜植于庭园中荫蔽处、树阴下及建筑物北面，也可作绿篱，或盆栽置于室内、厅、堂陈设。

（5）青荚叶属 *Helwingia* Willd.

落叶或常绿灌木或小乔木。单叶互生。花单性异株，呈伞形花序，生于叶表中脉上或幼枝上部及苞叶上，稀生于叶柄上。核果浆果状。

约5种，分布于东亚及南亚。中国约5种，分布广泛。

青荚叶 *Helwingia japonica* Dietr.

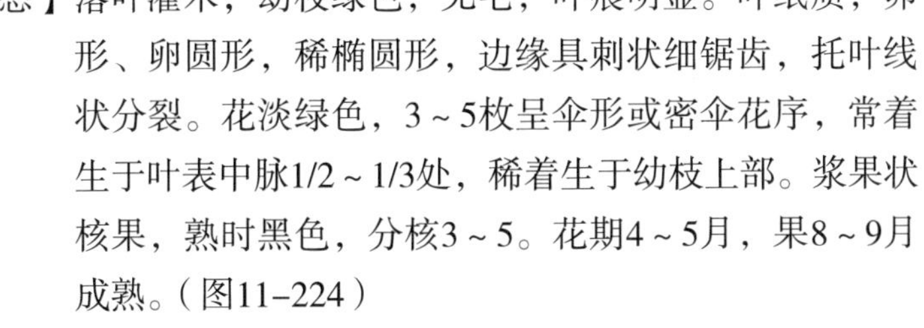

【形态】落叶灌木；幼枝绿色，无毛，叶痕明显。叶纸质，卵形、卵圆形，稀椭圆形，边缘具刺状细锯齿，托叶线状分裂。花淡绿色，3～5枚呈伞形或密伞花序，常着生于叶表中脉1/2～1/3处，稀着生于幼枝上部。浆果状核果，熟时黑色，分核3～5。花期4～5月，果8～9月成熟。（图11-224）

图11-224 青荚叶

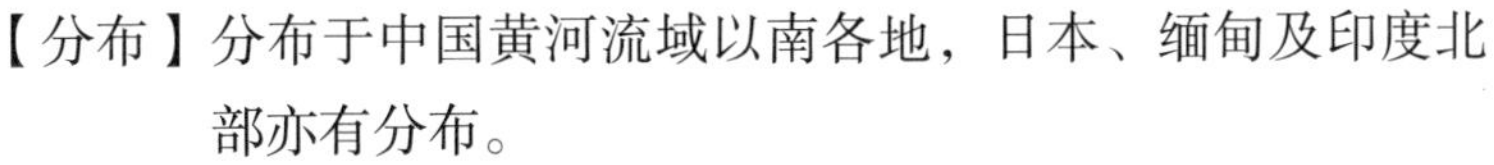

【分布】分布于中国黄河流域以南各地，日本、缅甸及印度北部亦有分布。

【习性】喜阴湿及肥沃的土壤，常生于海拔3300m以下的林中。

【用途】青荚叶开花结果位置奇特，可用于园林观赏。全株入药。

49．卫矛科 Celastraceae

乔木、灌木或藤本。单叶，对生或互生，羽状脉；托叶小而早落或无。花整齐，两性，多为聚伞花序；花部4～5数；萼小，宿存；花盘发达；雄蕊与花瓣同数具互生；子房上位，花柱短或缺。果实为蒴果，或浆果、核果、翅果；种子具有假种皮。

55属，850种，分布于热带和温带地区，我国有12属，200余种。

分属检索表

1. 叶对生；蒴果4～5室 ……………………………………………… 卫矛属
1. 叶互生；蒴果3室；藤木 …………………………………………… 南蛇藤属

（1）卫矛属 *Euonymus* L.

落叶或常绿，乔木或灌木；枝条绿色。单叶常对生，叶缘有齿。花两性，腋生，聚伞花序，花各部4~5数，花丝短，子房藏于花盘内。蒴果，成熟开裂，种子具有红色假种皮。

约200种，中国约有120种。

分种检索表

1. 落叶乔木或灌木 ……………………………………………………………… 2
1. 常绿或半常绿灌木或小乔木或藤状灌木 ………………………………… 3
2. 灌木，枝上常有2~4条木栓翅，叶近无柄 ………………………………卫矛
2. 乔木，小枝无木翅，叶柄长1~3厘米 …………………………………丝棉木
3. 半常绿灌木或藤状灌木，花序排列疏散 ………………………………胶东卫矛
3. 常绿灌木或小乔木或藤状灌木，花序排列紧密 …………………………… 4
4. 直立，小枝近四棱形，无细根及小瘤状突起 ……………………………大叶黄杨
4. 匍匐灌木，小枝近圆形，枝上常有细根及小瘤状突起 …………………扶芳藤

① 卫矛 *Euonymus alatus*（Thunb.）sieb.

【形态】灌木或小乔木，高达3m；小枝具2~4条木栓质翅。叶片革质，表面有光泽，倒卵形或狭椭圆形，顶端尖或钝，基部楔形，边缘有细锯齿。花绿白色，聚伞花序，腋生。蒴果近球形，种子棕色，假种皮紫棕色。花期6~7月，果熟期9~10月。（图11-225）

【分布】除新疆、青海、西藏外，全国各省区都有分布。朝鲜与日本也有栽培。

【习性】喜光耐阴，耐寒耐旱耐盐碱，适应性强，萌芽力强，耐修剪。

【用途】枝翅奇异，早春初发嫩叶及秋叶均为紫红色，十分艳丽，是优良的赏果彩叶树木品种。园林中多用于庭院绿化，也可植于假山石旁作配植。孤植或丛植于草坪、斜坡、水边亭廊边配植均可营造美丽的园林景观。

图11-225 卫矛

② 丝绵木 *Eounymus bungeanus* Maxim.

【形态】落叶小乔木，高10m；树冠圆形或卵圆形，小枝细长，绿色无毛。叶对生，卵形至卵状椭圆形，先端急长尖，基部近圆形，细锯齿。花淡绿色，花部4数，3~7朵聚成聚伞花序。蒴果粉红色，4深裂；花期5月，果10月成熟。（图11-226）

【分布】产于中国的北部、东部及中部。

【习性】喜光稍耐阴；耐寒耐旱耐水湿，对土壤要求不严，深根性，根孽萌发能力强，生长速度中等偏慢。对二氧化硫的抗性中等。

【繁殖】播种、分株及硬枝扦插。

图11-226 丝棉木

【用途】本种枝叶秀丽，粉红色蒴果悬挂枝上甚久，亦颇可观，是良好的园林绿化和观赏树种。宜植于林缘、草平、路旁、湖边及溪畔，也可用作防护林及工厂绿化树种。树皮及根皮均含硬橡胶；种子可榨油，供工业用。木材白色，细致，可供雕刻等细木工用。

图11-227 大叶黄杨

③ 大叶黄杨*Euonymus japonicus* Thunb.

【形态】常绿灌木；小枝绿色，圆形，稍呈四棱形。单叶，对生，有光泽，倒卵形或椭圆形。聚伞花序，腋生。蒴果近球形，种子具淡粉红色假种皮。（图11-227）

【品种】a 金边大叶黄杨“Ovatus Aureus”叶缘金黄色；
b 金心大叶黄杨“Aureus”叶面黄色斑纹，但不达叶缘；
c 银边大叶黄杨“Albo-marginatus”叶缘有窄白条边；
d 银斑大叶黄杨“Latifolius Albo-marginatus”叶缘银边宽。

【分布】原产于日本，我国南北各地均有栽培。

【习性】喜光也耐阴，喜温暖湿润的海洋性气候及肥沃湿润的土壤，较耐寒适应性强，生长慢，寿命长。

【繁殖】繁殖主要用扦插法，嫁接、压条和播种法也可。

【用途】可栽植干花坛，树坛，草坪四周，修剪成型，使园林整齐规则，也可剪成各种几何图形。在成市可用于立干道绿带。是污染区绿化的理想树种。

图11-228 胶东卫矛

④ 胶东卫矛 *Eunymus kiautshovicu* Loes.

【形态】直立或蔓性半长绿灌木，高3m。叶薄革质，椭圆形至倒卵形，先端渐尖或钝，叶缘有锯齿；叶柄长达1cm。花浅绿色，径约1cm，蒴果扁球形，粉红色，4纵裂，有浅沟。花期8～9月，果10月成熟。（图11-228）

【分布】分布于山东、江苏、安徽、江西、湖北等省。

【习性】耐阴，喜温暖，耐寒性不强，对土壤要求不严。多攀缘、爬墙或匍匐石上。

【用途】在园林中用以掩盖墙面、坛缘、山石或攀缘于老树、花格上。也可盆栽观赏，将其修剪成悬崖式、圆头形等，用作室内绿化颇为雅致。

图11-229 扶芳藤

⑤ 扶芳藤 *Eounymus fortunei*（Turcz.）Hand.-Mazz.

【形态】常绿藤本，匍匐或攀缘；枝密生小瘤状突起。叶革质，对生，长卵形至椭圆状倒卵形，长2～7cm，叶缘有钝齿，表面浓绿色，背面脉显著。聚伞花序，花绿白色，径约4mm，花部4数。蒴果近球形，黄红色；种子有假种皮。花期6～7月，果10月成熟。（图11-229）

【变种与品种】a 爬行卫矛var.*radicans* Rehd.叶小而厚，背面叶脉不如原种明显。
b 花叶爬行卫矛“Gracilis”叶有白色、黄色或粉色边缘。

【分布】分布于我国各省；朝鲜、日本也有分布。

【习性】耐阴，喜温暖，耐寒性不强，对土壤要求不严。

【繁殖】用扦插繁殖极易成活。

【用途】在园林中用以掩盖墙面、坛缘、山石或攀缘于老树、花格上。也可盆栽观赏，将其修剪成悬崖式、圆头形等，用作室内绿化颇为雅致。

⑥ 陕西卫矛 *Eunymus Schensianus* Maxim.

【形态】落叶灌木，高3m；小枝圆柱形，灰绿色。叶披针形至宽披针形，长5～10cm，先端尖或锐尖，基部楔形，有花3～7；总花梗长5～7cm。蒴果大，有4翅，直径连翅达4～4.5cm，带红色。种子每室1～2粒，扁卵形，暗棕色，长约0.6cm，外被橘黄色假种皮。花期4月，果期8月。（图11–230）

图11–230 陕西卫矛

【分布】产于甘肃、四川、湖北等省。

【繁殖】栽培供观赏。

【用途】本种树形优美，作庭园观赏用。

（2）南蛇藤属 *Celastrus* L.

藤木。单叶互生，有锯齿。花小，杂性异株，成总状、复总状花序；花部5数。蒴果近球形，通常黄色，3瓣裂，具肉质红色假种皮。

约有50种，分布于热带和亚热带；中国约有30种，全国都有分布，以西南最多。

分种检索表

1. 小枝光滑多皮孔，髓实心 ……………………………………………………………南蛇藤
1. 小枝具4～6棱，片状髓 ……………………………………………………………苦皮藤

南蛇藤 *Celastrus orbiculatus* Thunb.

【形态】落叶藤木；小枝圆柱形，髓心白色坚实；皮孔大隆起。单叶互生，叶近圆形，先端短突尖，具细齿。花单性，雌雄异株，总状花序。蒴果球形，3瓣裂，橙黄色，种子具有红色的假种皮。花期5月，果期9～10月。（图11–231）

【分布】东北、华中、西南、西北、华东及华北均有分布；朝鲜、日本也产。

【习性】喜光，也耐半阴。抗旱、抗寒，但以温暖、湿润气候及肥沃、排水良好突然生长良好。

【繁殖】通常用播种法繁殖，种子出苗率可达95%以上；扦插、压条也可进行。

【用途】秋叶变红或黄色，且有红色的假种皮，景色艳丽怡人。适合布置棚架、岩壁的垂直绿化。此外，果枝可作瓶插材料。根、茎、叶、果均可入药。

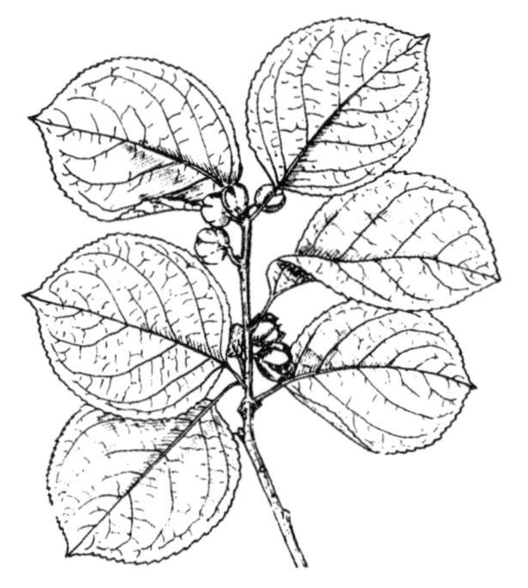

图11–231 南蛇藤

50. 冬青科 Aquifoliaceae

多常绿，乔木或灌木。单叶互生，通常有锯齿，托叶小而早落。花单性或杂性异株，簇生或聚伞花序，腋生，稀单生，无花盘，萼3～6裂，常宿存。核果球形，通常具4核。

约3属400余种；我国产1属200种，主产长江流域以南。

冬青属 *Ilex* L.

常绿，稀落叶。单叶互生，有锯齿或刺状齿，稀全缘。花单性异株，稀杂性；腋生聚伞、伞形或圆锥花序，稀单生；萼片、花瓣、雄蕊常为4。浆果状核果。

约400种，我国约200种。其中不少为观叶、观果树种。

分种检索表

1. 叶有锯齿或刺齿，或兼有全缘叶 ………………………………………… 2
1. 叶全缘；小枝具棱，幼枝及叶柄常带紫黑色 …………………………铁冬青
2. 叶缘有尖硬大刺齿2～3对 ………………………………………………构骨
2. 叶缘具非大刺齿的锯齿 …………………………………………………… 3
3. 叶薄革质，干后红褐色 ……………………………………………………冬青
3. 叶厚革质，干后非红褐色 ………………………………………………… 4
4. 叶长1～2.5cm，背面有腺点 ……………………………………………钝齿冬青
4. 叶长8～20cm，背面无腺点 ……………………………………………大叶冬青

①构骨（鸟不宿）*Ilex cornuta* Lindl.

【形态】常绿灌木或小乔木；树冠阔圆形，树皮灰白色平滑。叶硬革质，矩圆状四方形，先端有3枚坚硬刺齿，顶端1齿反曲，基部两侧各有1～2刺齿，表面深绿色有光泽，背面淡绿色。聚伞花序，黄绿色，丛生于2年生小枝叶腋。核果球形，鲜红色。花期4～5月，果期10～11月。（图11-232）

【变种】a无刺构骨var. *fortunei* S.Y.Hu 叶缘无刺齿。
b黄果构骨“Luteocarpa”果暗黄色。

【分布】长江中下游各省均有分布，河南、山东有栽培，生长良好。

【习性】喜阳光充足，也耐阴。耐寒性较差。生长缓慢，萌芽力强，耐修剪。

【繁殖】可用播种和扦插繁殖。唯种子有隔年发芽的习性。

【用途】叶形奇特，叶质坚而光亮，是良好的观叶，观果树种，宜作基础种植材料或作绿篱及盆栽材料。

图11-232 构骨

②冬青 *Ilex purpurea* Hassk.

【形态】常绿大乔木；树冠卵圆形，树皮暗灰色；小枝浅绿色，具棱线。叶薄革质，长椭圆形至披针形，先端渐尖，基部楔形，有疏浅锯齿，表面深绿色，有光泽，侧脉6～9对。聚伞花序，生于当年嫩枝叶腋，淡紫红色，有香气。核果椭圆形，红色光亮，经冬不落。花期5月，

果期10～11月。（图11-233）

【分布】分布于长江流域及其以南，西至四川，南达海南。

【习性】喜光，稍耐阴；喜温暖湿润气候及肥沃之酸性土壤，不耐寒，较耐湿。深根性，萌芽力强，耐修剪，生长慢。深根性，抗风力强。

【繁殖】常用播种法繁殖，但种子有隔年发芽的习性，且不易打破休眠。

【用途】冬青枝叶繁茂，果实红若丹珠，是优良庭园观赏树种，也可作绿篱。对二氧化硫及烟尘有一定抗性，适于工厂，街道绿化。

③ 铁冬青 *Ilex rotunda* Thunb.

【形态】常绿乔木；树冠卵圆形，幼枝及叶柄常带紫黑色。叶薄革质，长椭圆形，全缘。花单性异株，聚伞花序，花黄白色。浆果状核果椭圆形，有光泽，深红色。（图11-234）

【分布】分布于长江以南至中国台湾、西南部。可栽培观赏。其余同冬青。

【习性】耐阴，不耐寒；喜湿润肥沃，排水良好的酸性土壤。

【繁殖】常用播种法繁殖。

【用途】绿叶红果，是美丽的庭园观赏树种，作行道树或孤植于园地均可。

④ 钝齿冬青 *Ilex crenata* Thunb.

【形态】常绿灌木或小乔木，高达5m；多分枝，小枝有灰色细毛。叶较小，椭圆形至长倒卵形，先端钝，叶缘有浅钝齿背面有腺点，厚革质。花序生于当年生枝叶腋，雌花单生；花白色，雄花3～7朵成聚伞花序。果球形，黑色。花期5～6月，果熟10月。（图11-235）

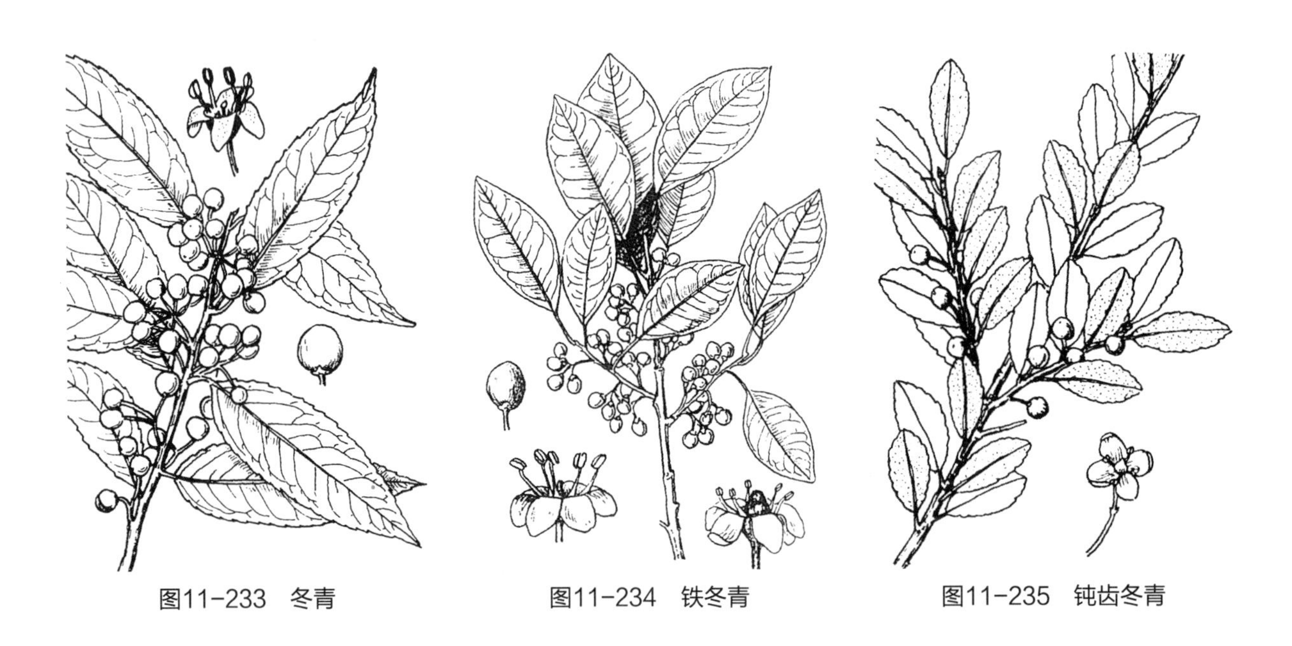

图11-233　冬青　　图11-234　铁冬青　　图11-235　钝齿冬青

【变种】龟甲冬青var.*convexa* Makino，叶面凸起，俗称豆瓣冬青。

【分布】产于日本及中国广东、福建、山东等省。

【繁殖】播种或扦插繁殖。

【用途】江南庭园栽培供观赏，良好盆景材料。

⑤ 大叶冬青 *Ilex latifolia* Thunb.

【形态】常绿乔木；全体无毛，小枝粗而有纵棱。叶片长椭圆形，厚革质，长8～18cm，表面中脉凹下，有光泽，侧脉15～17对，具疏锯齿。聚伞花序圆锥状，花黄绿色。果球形，红色。花期4月，果期11月。（图11-236）

【分布】产于长江流域各省及福建、广东、广西。

【习性】生于海拔250～800m的山坡、山谷的常绿阔叶林中。

【繁殖】播种或扦插繁殖。

【用途】作庭园绿化树种，树姿优美，可栽培观赏。

图11-236 大叶冬青

51．黄杨科 Buxaceae

常绿灌木或小乔木。单叶，对生或互生，无托叶。花单性，整齐，雌雄同株，排成头状、穗状或总状花序；萼片4～12或无；无花瓣；雄蕊4至多数，分离；子房上位，2～4室，每室1～2胚珠。蒴果或核果，种子具胚乳。

共6属，约100种，分布于温带和亚热带；中国产3属约40余种。

黄杨属 *Buxus* L.

多分枝。单叶对生羽状脉，革质全缘有光泽。花簇生叶腋或枝端，通常花簇中顶生1雌花其余为雄花；雄花4数。蒴果，花柱宿存，室背开裂成3瓣，每室含2黑色光亮种子。

共约30种，中国约有12种。

分种检索表

1. 叶倒披针形至倒卵状披针形 ………………………… 雀舌黄杨
1. 叶椭圆形或倒卵形 ………………………………………… 2
2. 叶倒卵形至倒卵状椭圆形，中部以上最宽，枝叶疏散 ………………… 黄杨
2. 叶椭圆形至卵状椭圆形，中部以下最宽，枝叶密集 ………………… 锦熟黄杨

① 黄杨 *Buxus sinica*（Rehd.et Wils.）Cheng.

【形态】常绿灌木或小乔木，高达7m；枝叶较疏散，小枝及冬芽外鳞均有短柔毛。叶倒卵形，倒卵状椭圆形至广卵形，先端圆或微凹，基部楔 5 形，叶柄及叶背中脉基部有毛。花簇生叶腋或枝端，黄绿色。花期4月，果7月成熟。（图11-237）

【分布】产于华东、华中、华北。

【习性】喜半阴，耐寒性不强。生长缓慢，耐修剪。对多种有毒气体抗性强。

【繁殖】繁殖用播种或扦插法。

【用途】枝叶茂密，叶春季嫩绿，夏季深绿，冬季带红褐色，经冬不落。宜在草坪、庭前孤植、丛植，或于路旁列植、点缀山石，常用作绿篱及基础种植材料。

图11-237 黄杨

② 雀舌黄杨（细叶黄杨）*Buxus bodinieri* Levl.

【形态】常绿小灌木，高通常不及1m；分枝多而密集。叶较狭长，倒披针形或倒卵状长椭圆形，长2～4cm，先端钝圆或微凹，革质，有光泽，两面中肋及侧脉均明显隆起；叶柄极短。花小，黄绿色，呈密集短穗状花序。蒴果卵圆形，顶端具3宿存之角状花柱，熟时黄褐色。花期4月，果7月成熟。（图11-238）

图11-238　雀舌黄杨

【分布】产于长江流域至华南、西南地区。

【习性】喜光耐阴，喜温暖湿润气候，耐寒性不强。浅根性，萌蘖力强。生长极慢。

【繁殖】繁殖以扦插为主，也可压条和播种。

【用途】本种植株低矮，枝叶茂密，且耐修剪，是优良的矮绿篱材料。最适宜布置模纹图案及花坛边缘。也可点缀草地、山石，或与落叶花木配植。可盆栽，或制成盆景观赏。

③ 锦熟黄杨 *Buxus sempervirens* L.

【形态】常绿灌木或小乔木，高可达6m；小枝密集，四棱形，具柔毛。叶椭圆形至卵状长椭圆形，长1.5～3cm，先端钝或微凹，全缘，有光泽；叶柄很短，有毛。花簇生叶腋，淡绿色，花药黄色。蒴果，熟时黄褐色。花期4月，果7月成熟。（图11-239）

图11-239　锦熟黄杨

【分布】原产于南欧、北非及西亚。华北园林中有栽培。

【习性】较耐阴，阳光不宜过于强烈；喜温暖湿润气候及深厚、肥沃及排水良好的土壤，能耐干旱，不耐水湿，较耐寒。

【繁殖】可用播种和扦插繁殖。

【用途】本种枝叶茂密而浓绿，经冬不凋，耐修剪，观赏价值甚高。宜于庭园及花坛边缘种植，也可在草坪孤植、丛植及路边列植、点缀山石，或作盆栽、盆景用于室内绿化。

52. 大戟科 Euphorbiaceae

草本或木本，多具乳汁。单叶或三出复叶，互生稀对生；具托叶。花序多样，常为聚伞花序，花单性，同株或异株，单被花，无花被，稀双被花，双雄花雄蕊1至多数，花丝分离或合生；雌花子房上位3心皮3室。蒴果，少数为浆果或核果。

本科约300属，7500多种，中国65属，400多种。

分属检索表

1. 三出复叶，木本 ………………………………………… 2
1. 草本；木本 ………………………………………… 3
2. 小叶有锯齿；总状或圆锥花序；果实浆果状 …………………… 重阳木属

2. 小叶全缘；腋生圆锥花序；蒴果 ……………………………………………………橡胶树属
3. 核果；花大，有花瓣及萼片；叶为掌状脉 ……………………………………………油桐属
3. 蒴果；花小，无花瓣 ………………………………………………………………………… 4
4. 植株全体无毛；叶全缘；雌雄同株，雄花花萼 2 ~ 3 ………………………………乌柏属
4. 植株全体有毛；叶常有粗齿；雄花有多数雄蕊 ……………………………………………… 5
5. 植物体有星状毛；雄蕊多数 ………………………………………………………… 野桐属
5. 植物体有细柔毛，无星状毛；雄蕊 6 ~ 8 ……………………………………………山麻杆属

（1）乌桕属 *Sapium* P. Br.

乔木或灌木；有乳汁，无顶芽；全体多无毛。单叶互生，全缘，羽状脉；叶柄顶端有2腺体。花雌雄同株或同序，圆锥状聚伞花序顶生。蒴果，3裂。

约120种，主产热带；我国约10种。

乌桕（蜡子树）*Sapium sebiferum* Roxb.

【形态】落叶乔木；树冠近球形，树皮暗灰色，浅纵裂；小枝纤细。叶菱形至菱状卵形，先端尾尖，基部宽楔形，叶柄顶端有2腺体。花序穗状，长6 ~ 12cm，雌花少数位于花序基部，黄绿色。蒴果3棱状球形，熟时黑色，果皮3裂，脱落；种子黑色，外被白蜡，固着于中轴上，经冬不落。（图11–240）

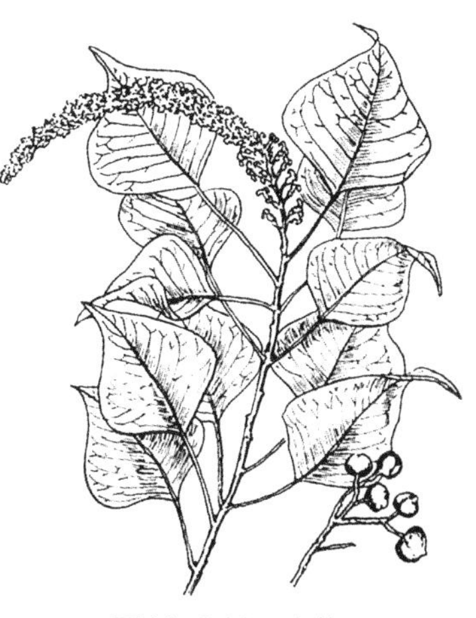

图11–240 乌桕

【分布】分布很广，主产于长江流域及珠江流域，浙江、湖北、四川等地栽培较集中。

【习性】对土壤要求不严，在排水不良的低洼地和间断性水淹的都能良好生长，酸性土和含盐量达0.25%的土壤也能适应。对二氧化硫及氯化氢抗性强。

【繁殖】一般用播种方法，优良品种用嫁接法。

【用途】叶形秀美，秋日红艳，绚丽诱人，园林中可孤植、散植于池畔、河边、草坪中央或边缘；列植于堤岸、路旁作护堤树、行道树；混生于风景林中，秋日红绿相间。

（2）油桐属 *Vernica* Forst.

乔木。单叶互生，全缘或3 ~ 5掌状裂；叶基部具2腺体。花单性，同株或异株，顶生圆锥状聚伞花序；花萼2 ~ 3裂，花瓣5，雄蕊8 ~ 20，子房2 ~ 5室。核果大，种子富油质。

共5种，产亚洲南部及太平洋诸岛。中国产2种，引入1种，分布于长江以南各地。

分种检索表

1. 常绿乔木，小枝幼时被灰褐色星状毛；花小，子房2 ~ 3室 ……………………………石栗
1. 落叶乔木，小枝无毛；花大美丽，子房3 ~ 5室 ……………………………………………… 1
2. 叶全缘或3浅裂，叶基腺体无柄；果皮平滑；雌雄同株 ………………………………油桐
2. 叶全缘或3 ~ 5裂，叶基腺体具柄；果皮多皱；多雌雄异株 …………………………木油桐

油桐（桐油树、三年桐）*Vernica fordii* Airy Shaw.

【形态】落叶小乔木，高达10m；小枝粗壮，无毛。单叶互生，心脏形或阔卵形，全缘，叶柄

圆形，顶端与叶片连接处有2个紫色腺体。单性花，雌雄同株，间有异株，白色，基部有淡红色斑纹。核果球形或扁球形，径4～6cm，果皮光滑。花期3～4月，果10月成熟。（图11-241）

图11-241　油桐

【分布】产于长江流域及其以南地区，而以四川、湖南、湖北为集中产区；越南有分布。

【习性】喜光，在充分光照的阳坡才能开花结果良好，喜温暖湿润气候，不耐寒。喜土壤深厚、肥沃而排水良好，不耐水湿和干瘠；对二氧化硫污染极为敏感，可作大气中二氧化硫污染的检测植物。因树似梧桐、种子可榨油（称桐油）而得名。

【繁殖】用播种的方法，移栽不宜成活，生产上多采用直播造林。

【用途】油桐树冠圆整，叶大阴浓，花大而美丽，故也可植为庭阴树及行道树，种子榨油，是优质干性油，是园林结合生产的树种之一。

（3）**野桐属** *Mallotus* Lour.

灌木或乔木。叶背常有腺点，腹面近基部常有2个斑点状腺体。花小，无花瓣，亦无花盘，单性异株，稀同株，组成穗状花序、总状花序或圆锥花序，雄花簇生。蒴果平滑，或有小疣体或有软刺，中轴宿存。

约140种，分布于东半球热带地区，我国约40种，产长江以南各省区。

野桐 *Mallotus teniafolius* Pax.

【形态】落叶小乔木，高7m；幼枝被星状绒毛。叶宽卵形或宽三角状圆形，长6～12cm，全缘或不规则3裂，两面疏被灰白色星状柔毛，老时表面几无毛，叶柄长3～9cm，顶端两侧各有腺体1体。总状花序顶生，雄花花萼3裂，雄蕊多数，伸出，雌花花萼披针形，被星状毛，子房有短柔毛。蒴果球形，密生软刺。

【分布】分布于河南、安徽、浙江、江西、湖南、广东、广西等省区。

【习性】生于丘陵和山坡的灌木草丛间。

【繁殖】播种法。

【用途】树皮光洁，纵裂灰白相间，果序经冬不落，可作观干观果树种应用，种子可榨油，茎皮为纤维性原料，根与叶供药用。

（4）**山麻杆属** *Alchornea* Sw.

乔木或灌木，常有细柔毛。单叶互生，基部有2枚或更多腺体。花小，单性，无花瓣，组成总状、穗状或圆锥花序；雄花雄蕊6～8或更多。蒴果分裂成2～3个分果瓣，中轴宿存。

共约70种，主产热带地区；中国有6种，广布于中国中部与南部。

山麻杆 *Alchornea davidii* Franch.

【形态】落叶丛生灌木；茎直而少分枝，常紫红色，有绒毛。叶圆形至广卵形，叶缘有锯齿，先端急尖或钝圆，基部心形，3主脉，表面绿色，疏生短毛，背面紫色，密生绒毛。花雌雄同株，雄花密生，成穗状花序；雌花疏生，成总状花序，萼4裂，子房3室，花柱

3，细长。蒴果扁球形；种子球形。花期4～5月，果7～8月成熟。（图11-242）

【分布】产于长江流域及陕西，常生于山野，阳坡灌丛中。

【习性】喜光稍耐阴；喜温暖湿润气候，不耐寒；对土壤要求不严。

【繁殖】一般采用分株繁殖，扦插、播种也可进行。

【用途】山麻杆早春嫩叶及新枝均紫红色，十分醒目美观，平时叶也常带紫红色，是园林中常见的观叶树种之一。丛植于庭前、草坪或山石旁，均为适宜。

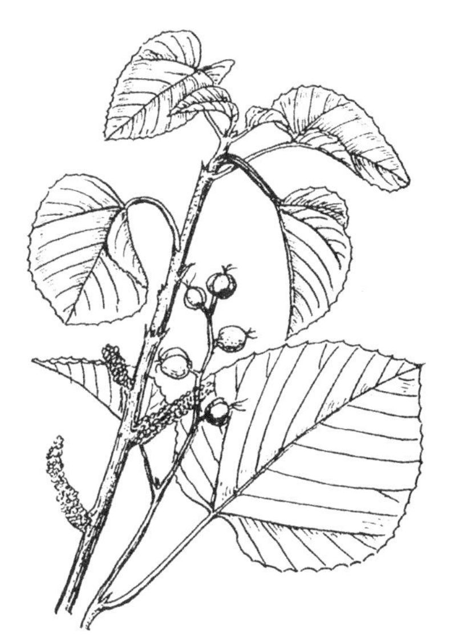

图11-242 山麻杆

（5）秋枫属（重阳木属）*Bischofia* Bl.

乔木；有乳汁；顶芽缺。羽状三出复叶，互生，叶缘具锯齿。花单性，雌雄异株；总状或圆锥花序，腋生；无花瓣。浆果球形。

共2种，产于大洋洲及亚洲热带、亚热带；我国均产。

分种检索表

1. 落叶乔木；小叶有细钝齿；总状花序；果径5～7mm，熟时红褐色 ……………………重阳木
1. 常绿乔木；小叶有粗钝齿；圆锥花序；果径8～15mm，熟时蓝黑色 …………………… 秋枫

① 重阳木（朱树）*Bischofia polycarpa* Airy Shaw.

【形态】落叶乔木，高可达15m；树皮褐色，纵裂，树冠伞形。小叶片卵形至椭圆状卵形，基部圆形或近心形，叶缘具细锯齿。总状花序。果球形，较小，径0.5～0.7cm，熟时红褐色至蓝黑色。花期4～5月，果期8～10月。（图11-243）

【分布】产于秦岭、淮河流域以南至广东、广西北部。长江流域中下游地区习见树种。

【习性】稍耐阴，耐水湿，对土壤要求不严，耐寒性差。根系发达，抗风力强。

【繁殖】繁殖多用播种法。

【用途】树姿优美，冠如伞盖，秋叶转红，艳丽夺目，抗风耐湿，生长快速，是良好的庭阴和行道树种。用于堤岸、溪边、湖畔和草坪周围作为点缀树种极有观赏价值。孤植、丛植或与常绿树种配植，秋日分外壮丽。

② 秋枫 *Bischofia javanica* Bl.

【形态】常绿或半常绿乔木，高达40m，胸径1m；树皮红褐色，光滑。小叶卵形或长椭圆形，长7～15cm，先端渐尖，叶缘具粗钝锯齿。圆锥花序。果球形，较大，熟时蓝黑色。花期3～4月，果9～10月成熟。

【分布】产于中国秦岭、淮河流域以南各地，越南、印度、印度尼西亚及澳大利亚也有分布。

【习性】喜光，耐水湿，耐寒性不如重阳木。

繁殖、用途同重阳木。

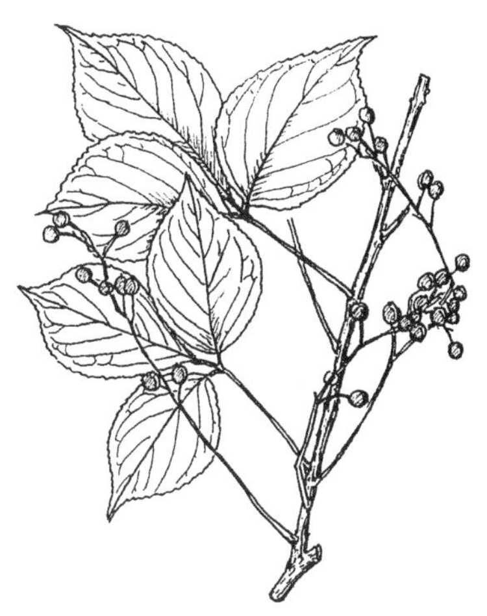

图11-243 重阳木

53. 鼠李科 Rhamnaceae

乔木或灌木，稀藤本或草本；常有枝刺或托叶刺。单叶互生，稀对生，具托叶。花小，整齐，两性或杂性异株，聚伞或圆锥花序，腋生或簇生，萼4～5裂，裂片镊合状排列；花瓣4～5或无；雄蕊4～5，与花瓣对生；具有内生花盘，子房上位或埋藏于花盘，2～4室，每室1胚珠。核果、蒴果或翅状坚果。

约58属900种，广布于温带至热带地区；我国14属约133种。

分属检索表

1. 叶于基部3主脉，叶互生 ………………………………………… 2
1. 叶脉羽状，叶互生、对生或近对生 ………………………………… 4
2. 花序轴在果期变为肉质并扭曲，托叶不为棘针 ……………………枳椇属
2. 花序轴在果期不为肉质，托叶常为棘针 …………………………… 3
3. 果为肉质核果 ……………………………………………………枣属
3. 果实木质，周围有翅 ……………………………………………铜钱树属
4. 果实通常圆形，具2～3核 ………………………………………… 5
4. 果实通常长圆形，具1核 ………………………………………… 6
5. 直立灌木或小乔木；花有柄，腋生簇状或聚伞状花序 ……………鼠李属
5. 攀缘灌木；花无柄或近无柄；腋生而合成穗状或圆锥花序 ………雀梅藤属
6. 灌木或小乔木；叶缘有细锯齿，聚伞花序顶生或腋生 ……………猫乳属
6. 攀缘灌木；叶全缘，花为顶生圆锥或穗状花序 ……………………勾儿茶属

（1）枣属 *Ziziphus* Mill.

乔木或灌木。单叶互生，叶基3出脉，少5出脉，具短柄，具托叶刺。花小，花两性，聚伞花序腋生，5数。核果，1～3室，每室种子1。

约100种，广布于温带至热带地区；我国12种。

枣树 *Ziziphus jujuba* Mill.

【形态】落叶乔木。枝有长枝、短枝和脱落性小枝三种。叶卵状椭圆形，长3～8cm，先端钝尖，基部宽楔形，具钝锯齿。花黄绿色，核果长1.5～6cm，椭圆形，淡黄绿色，熟时红褐色，核锐尖。花期4～6月，果8～9月成熟。（图11–244）

【变种】a 龙爪枣“Tortuosa”枝、叶柄卷曲，生长缓慢，以观赏为主。

b 酸枣 var.*spinosa* Hu常呈灌木状，但也可长成高达10余米的大树。托叶刺明显，一长一短，长者直伸，短者向后钩曲。叶较小。核果小，近球形，味酸，果核两端钝。

【分布】东北南部至长江流域以南各地。华北、华东、西北地区是枣的主要产区。

【习性】喜光，对气候、土壤适应性强，耐寒，耐干瘠和盐碱。

图11–244 枣树

轻度盐碱土上枣的糖度增加，耐烟尘及有害气体，抗风沙。根系发达，根蘖性强。

【繁殖】主要用分蘖或根插法繁殖，嫁接也可。

【用途】作庭阴树、园路树，是园林结合生产的好树种。孤植、丛植庭院、墙角、草地，居民区的房前屋后丛植几株亦能添景增色，还是优良的蜜源树种。果可入药，木材可供雕刻。

（2）**铜钱树属** *Paliurus* Torun. ex Mill.

落叶乔灌木。单叶互生，基生三出脉；托叶常刺状。聚伞或聚伞圆锥花序；花两性，5数；花梗短，结果时常增长；花瓣常具爪；花盘肉质；子房上位，3（2）室，花柱柱状或扁平，常3深裂。核果杯状或草帽状，周围具木栓质或革质翅，萼筒宿存。

6种，分布于欧洲南部和亚洲东部及南部。我国约4种，引入1种。

铜钱树 *Paliurus hemsleyanus* Rehd.

【形态】落叶乔木，高15m；树皮暗灰色，剥裂状；小枝细长无毛，有刺。叶片宽卵形或椭圆状卵形，长4～11cm，宽2.5～8cm，顶端短尖或尾尖，基部宽楔形至圆形，稍偏斜，边缘有细锯齿或圆齿，两面无毛。聚伞花序无毛，顶生或兼腋生；花黄绿色，直径约5mm，无毛。核果周围有薄木质的阔翅，直径2～3.5cm，无毛，成熟时紫褐色，似铜钱。花期5月，果期9～10月。（图11-245）

图11-245 铜钱树

【分布】生长在我国淮河及长江流域一带。

【习性】适应性强，耐寒，耐阴，耐干旱、瘠薄。

【繁殖】播种繁殖。

【用途】果实大如铜钱，累累满树，可作庭院观赏树木、行道树等，树皮含鞣质，可提制栲胶。可作枣的砧木。

（3）**鼠李属** *Rhamnus* L.

灌木或小乔木；枝端常具刺。单叶互生或近对生，羽状脉，通常有锯齿；托叶小，早落。花小，绿色或黄白色，两性或单性异株，簇生或为伞形、聚伞、总状花序；萼裂、花瓣、雄蕊各为4～5，有时无花瓣；子房上位。核果浆果状，具2～4核，每核1种子，种子有沟。

共约160种，主产北温带；中国约产60种，遍布全国。

① 鼠李 *Rhamnus davurica* Pall.

【形态】落叶灌木或小乔木；树皮灰褐色；小枝较粗壮，无毛。叶近对生，倒卵状长椭圆形，长3～12cm，宽2～5.5cm，先端锐尖，叶缘有细锯齿，侧脉4～5对；叶柄长1.5～3cm。花黄绿色，3～5朵簇生叶腋。果实球形，熟时紫黑色；种子2，卵形，背面有沟。（图11-246）

图11-246 鼠李

【分布】产于东北、内蒙古及华北；蒙古、俄罗斯也有。多生于山坡、沟旁或杂木林中。

【习性】适应性强，耐寒，耐阴，耐干旱、瘠薄。

【繁殖】播种繁殖。无须精细管理。

【用途】本种枝密叶集，入秋有累累黑果，可植于庭园观赏，可制作盆景。木材坚实致密，可作家具、车辆及雕刻等用材。种子可榨油；果肉可入药；树皮及果可作黄色染料。

② 圆叶鼠李 *Rhamnuse globosa* Bunge.

图11-247　圆叶鼠李

【形态】落叶灌木，高2m；枝灰褐色，分枝多，小枝细长，具白色细柔毛，枝端锐尖成刺。叶近对生，纸质，倒卵形或近圆形，长2～4cm，宽1.5～3.5cm，边缘有钝锯齿，两面均有短毛茸，主脉及侧脉3～5对在背面突起，脉上毛茸较密；叶柄长0.3～1cm，密生短毛茸，有浅沟。花腋生，聚伞花序；花瓣及雄蕊着生于花盘的边缘；子房上位，花柱2裂。果实近球形。种子扁圆形，黑色有光泽，基部有黄褐色斜沟。花期春、夏。（图11-247）

【分布】分布于河北、山西、山东、安徽、浙江、江西、河南、湖北、湖南、陕西等省。

【习性】野生于山坡丛林间。分布东北及长江下游各地。

繁殖、用途同鼠李。

③ 长叶冻绿 *Rhamnus crenata* Sieb.et Zucc.

【形态】落叶灌木，高3m；无枝刺。嫩枝及幼叶背面密生短柔毛。叶片倒卵状椭圆形至披针状长椭圆形，长4～10cm，宽2～4cm，顶端短尾状渐尖至急尖，基部楔形至近圆形，边缘有细锯齿，侧脉5～12对。聚伞花序腋生；花梗长0.4～1cm，有短柔毛。核果近球形，顶端较宽，熟时黑色；种子基部淡棕色，有一小横沟。花期5～6月，果期8～9月。

【分布】分布于河南、山东、浙江、江西、福建、台湾、广东、广西、贵州等地。

【习性】生于山地林间，阳光较充足的地方。

繁殖、用途同鼠李。

（4）枳椇属 *Hovenia* Thunb.

落叶乔木；芽鳞2，顶芽缺；叶迹3。叶互生，基部3出脉，有锯齿；托叶早落。花两性；聚伞花序或圆锥状；花部5数。核果球形，外果皮革质，内果皮膜质；果序柄肥大肉质。

共3种2变种，我国均产。

枳椇（拐枣、甜半夜、鸡爪梨）*Hovenia acerba* Lindl.

图11-248　枳椇

【形态】树高达25m；小枝红褐色，初有毛。叶片纸质，宽卵形，长8～17cm，宽6～12cm，先端渐尖，基部截形或心形，具整齐细锯齿；叶柄长2～5cm。对称二岐聚伞圆锥花序，生于枝顶或顶端叶腋。核果熟时黄褐色。花期5～7月，果期8～10月。（图11-248）

【分布】黄河流域至长江流域普遍分布，多生于阳光充足的沟边、路旁、山谷中。

【习性】喜光，有一定的耐寒力；对土壤要求不严；深根性，萌芽力强。

【繁殖】主要播种繁殖，也可扦插、分蘖繁殖。

【用途】树姿优美，叶大阴浓，生长快，适应能力强，是良好的庭阴树、行道树及农村“四旁”绿化树种。果序梗肥大肉质，富含糖分，可生食和酿酒；果实为清凉、利尿药；树皮、木汁及叶也可供药用。

（5）**勾儿茶属** *Berchemia* Neck.

直立或攀缘灌木。叶互生，全缘，背脉明显。花两性或杂性，簇生或组成聚伞花序，再排成顶生的总状花序或圆锥花序；花5数；子房半藏于花盘内，2室，每室有胚珠1颗。核果，基部为宿存的萼管包围。

31种，分布于亚洲、非洲及美洲热带地区，我国约16种，产西南部、中部至东部。

多花勾儿茶（扁担藤）*Berchemia floribunda*（Wall.）Brongn.

【形态】落叶攀缘灌木，高6m；幼枝黄绿色无毛。叶互生，卵形或椭圆形，长4~7cm，宽3cm，顶端短渐尖，基部圆形或近心形，全缘，侧脉两侧8~12对，表面深绿色，背面灰白。圆锥花序宽大，下部花序侧枝长过5cm；花萼5裂；花瓣5，小；雄蕊5，与花瓣对生。核果近圆柱状，径0.8~1cm，花柱宿存或脱落。花期7~10月，果翌年4~7月成熟。

【分布】分布于华东、中南、西南和陕西。

【习性】喜光，在潮湿、松软深厚的土壤生长良好。

【繁殖】播种繁殖。

【用途】本种绿叶红果，在园林中可作棚架绿化树种。

54. 葡萄科 Vitaceae

藤本；卷须分叉，常与叶对生，稀直立灌木或小乔木。单叶或复叶，互生；有托叶。花小，花两性或杂性，聚伞、圆锥或伞房花序，且与叶对生；花部5数，雄蕊与花瓣同数并对生；子房上位，每室2胚珠。浆果。

约12属700种，分布于热带至温带；我国8属112种，南北均产。

分属检索表

1\. 花冠连合成帽状，圆锥花序；髓心褐色，茎无皮孔 ……………………………… 葡萄属
1\. 花瓣离生，聚伞花序；髓心白色，茎有皮孔 ……………………………………… 2
2\. 茎有卷须，无吸盘；花盘杯形，与子房离生 …………………………………… 蛇葡萄属
2\. 卷须顶端扩大成吸盘；花盘无或不明显 ……………………………………… 爬山虎属

（1）**葡萄属** *Vitis* L.

藤本，以卷须攀缘它物上升；髓心棕色，节部有横隔。单叶，稀复叶，叶缘有齿。花杂性异株；圆锥花序与叶对生。浆果肉质，内有种子2~4粒。

约60种；我国约26种，南北均有分布。

① 葡萄 *Vitis vinifera* L.

【形态】落叶藤本，蔓长达30m；茎皮紫褐色，长条状剥落；卷须分叉，与叶对生。叶卵圆形，

长7～20cm，3～5掌状浅裂，裂片尖，具粗锯齿；叶柄长4～8cm。花序长10～20cm，与叶对生；花黄绿色，有香味。果圆形或椭圆形，成串下垂，绿色、紫红色或黄绿色，表面被白粉。花期5～6月，果熟期8～10月。（图11-249）

【分布】原产于亚洲西部，我国引种栽培已有2000余年，分布极广，南自长江流域以北，北至辽宁中部以南均有栽培。品种繁多。

【习性】喜光，喜大陆性气候较耐寒。要求通风和排水良好环境，对土壤要求不严。

【繁殖】繁殖可用扦插、压条、嫁接或播种等方法。

【用途】世界主要水果树种之一，是园林垂直绿化结合生产的理想树种。常用于长廊、门廊、棚架、花架等。翠叶满架，硕果晶莹，果叶兼赏。果实多汁，营养丰富，富含糖分和多种维生素，除生食外，还可酿酒及制葡萄干、汁等，种子可榨油；根、叶及茎蔓可入药。

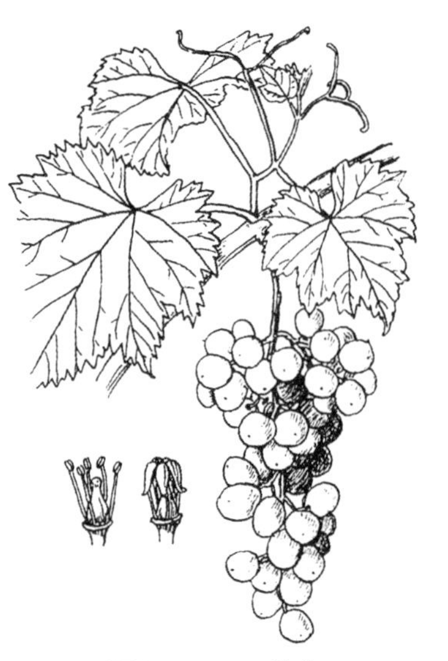

图11-249 葡萄

② 山葡萄（蛇葡萄）*Vitis amurensis* Rupr.

【形态】木质藤本；幼枝有毛，卷须分叉。叶纸质，宽卵形，长宽6～12cm，顶端三浅裂，少不裂，边缘有粗锯齿，表面深绿色，背面稍淡，疏生短柔毛或无毛；叶柄有毛或无毛。聚伞花序与叶对生；花黄绿色；萼片5，稍裂开；花瓣5，镊合状排列；花盘杯状；雄蕊5；子房2室。浆果近球形，径6～8mm，成熟后蓝色。（图11-250）

【分布】华北、东北均有野生。

【用途】作垂直绿化用，果实可酿酒。根、茎入药。

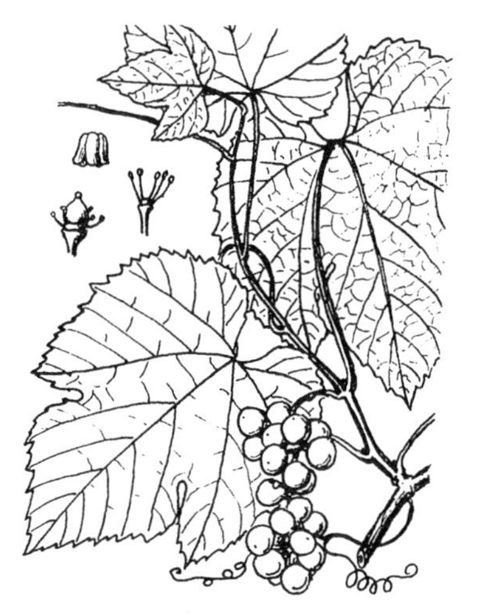

图11-250 山葡萄

（2）**爬山虎属（地锦属）***Parthenocissus* Planch.

落叶藤本；幼枝带淡紫色，卷须顶端扩大成吸盘，髓白色。叶互生，掌状复叶或单叶，具长柄。花两性，稀杂性，聚伞花序与叶对生；花部常5数；浆果小。

约15种，我国约9种。

① 爬山虎（爬墙虎、地锦）*Parthenocissus tricuspidata*（Sieb.et Zucc.）Planch.

【形态】落叶藤本，长达20m；卷须短，多分枝，顶端有吸盘。叶形变异很大，通常宽卵形，先端多3裂，或深裂成3小叶，基部心形，边缘有粗锯齿，三主脉。花序常生于短枝顶端两叶之间；花黄绿色。果球形，径6～8mm，蓝黑色，被白粉。花期6月，果期10月。（图11-251）

图11-251 爬山虎

图11-252 美国地锦

【分布】分布于华南、华北至东北各地。

【习性】对土壤及气候适应能力很强，喜阴，耐寒，耐旱，在较阴湿、肥沃的土壤中生长最佳，生长力强，攀缘性强，对氯气抗性强。

【繁殖】用播种或扦插、压条等方法繁殖。

【用途】蔓茎纵横，能借吸盘攀附，且秋季叶色变为红色或橙色。配植于建筑物墙壁、墙垣、庭园入口、假山石峰、桥头石壁，或老树干上。可作厂矿、居民区垂直绿化；亦是盘山公路及高速公路挖方路段绿化的好材料。

② 美国地锦 *Parthenocissus quinquefolia* Planch.

【形态】落叶藤本；幼枝带淡紫色，卷须与叶对生，顶端吸盘大。掌状复叶5小叶，具长柄，质较厚，叶缘具大而圆的粗锯齿。聚伞花序集成圆锥状，浆果近球形，稍带白粉。花期7～8月，果期9～10月。（图11-252）

【分布】原产于北美洲，在我国北京、东北等地有栽培，生长良好。

【习性】喜温暖气候，也有一定的耐寒能力；耐阴。生长势旺盛，但攀缘力差。

【繁殖】通常用扦插繁殖，播种、压条也可。

【用途】本种秋季叶色红艳，甚为美观，常用作垂直建筑墙面、山石及老树干等，也可用作地面覆盖材料。

（3）蛇葡萄属 *Ampelopsis* Michx.

落叶藤木，借卷须攀缘；枝具皮孔及白色髓。单叶或复叶互生，具长柄。花小，两性，聚伞花序具长梗，与叶对生或顶生；花部常为5数，花萼全缘，花瓣离生并开展，雄蕊短，子房2室，花柱细长。浆果，具1～4种子。

共约60种，产北美洲及亚洲；中国产9种。

① 葎叶蛇葡萄 *Ampelopsis humulifolia* Bunge.

【形态】枝红褐色具棱，光滑或偶有微毛；卷须分枝，与叶对生。叶硬纸质，具长柄，肾状五角形或心状卵形，先端渐尖，边缘具粗锯齿；表面鲜绿色光滑；背面苍白色，无毛或脉上微有毛；叶柄与叶片等长或较短，无毛。聚伞花序，与叶对生，花梗细，较叶柄稍长，无毛；花小，淡黄绿色；萼片合生成浅杯状。浆果球形。花期5～6月，果期8～9月。（图11-253）

【变种】异叶蛇葡萄var.*heterophylla*（Thunb.）K.Koch.叶背面淡绿色，通常多深裂。

【分布】分布于北京、河北、东北、内蒙古、河南、山西、陕西。

【习性】生于山坡灌丛及岩石缝间。

【用途】垂直绿化用材，根皮入药。

② 乌头叶蛇葡萄 *Ampelopsis aconitifolia* Bunge.

【形态】落叶藤木；枝条较细而光滑，卷须分叉。掌状复

图11-253 葎叶蛇葡萄

叶，具长柄，小叶常为5，披针形或菱状披针形，长4～9cm，常羽状裂，中央小叶羽裂深达中脉。聚伞花序与叶对生，无毛；花黄绿色。浆果近球形，熟时橙红色。花期6～7月，果9～10月成熟。（图11-254）

【变种】掌裂蛇葡萄var.*glabra* Diels et Gilg.叶掌状3～5全裂，中裂片菱形，两侧裂片斜卵形，叶缘有粗齿或浅裂，通常无毛。分布于华北、华东及华南各省。

【分布】中国北部、河北、山西、山东、河南、陕西、甘肃及内蒙古均有分布。

【习性】多生于路边、沟边、山坡林下灌丛中、山坡石砾地及砂质地，耐阴。

【繁殖】播种为主。

【用途】多用于篱垣、林缘地带，还可作棚架绿化。

图11-254　乌头叶蛇葡萄

55．省沽油科 Staphyleaceae

乔木或灌木。奇数羽状复叶或单叶，对生或互生；有托叶，稀无。花整齐，两性或杂性，稀雌雄异株，排列成顶生或腋生的总状花序或圆锥花序；花5数；雄蕊着生于杯状花盘外，与花瓣互生；花盘通常明显；子房上位，多3室，每室有1至数颗胚珠。蒴果，或浆果、核果、蓇葖果。

共5属约60种。分布于亚洲、美洲热带和北温带。中国有4属22种，主产西南部。

（1）省沽油属 *Staphylea* L.

落叶灌木或乔木。叶对生。花两性，排成顶生的圆锥花序；5数；心皮2或3。蒴果，每室有骨质的种子1～4颗。

约10种，分布于北温带，我国有4种，产西南部至东北部，供观赏用。

省沽油 *Staphylea bumalda* DC.

【形态】灌木或小乔木，高5m；树皮呈暗紫红色，枝条淡绿色，有皮孔。复叶3小叶，顶端渐尖，基部圆形或楔形，边缘有细锯齿，表面深绿色，背面苍白色，主脉及侧脉有短毛，托叶小，早落。花序疏松，长5～7cm，萼片黄白色；花瓣白色，较萼片为大；心皮表面有粗毛，下部合生，上半部2叉状，各有1花柱。果膀胱状，膜质、膨大、扁平；种子椭圆形而扁，黄色，有光泽，有较大而明显的种脐。花期4～5月，果期8～9月。（图11-255）

【分布】分布于东北、黄河流域及长江流域。

【习性】生长在海拔800～1500m的沟谷边或灌木林中。

【繁殖】播种繁殖。

【用途】叶形秀美，果形独特，具有较强观赏性。种子含油量约18%，油可供制肥皂及油漆。茎皮可提取纤维。

图11-255　省沽油

(2)银雀属 *Tapiscia* Oliv.

落叶乔木。复叶互生，无托叶。圆锥花序腋生，杂性异株。核果近球形。

约3种。

银雀 *Tapiscia sinensis* Oliv.

【形态】树皮灰白色，小枝无毛；芽卵形。奇数羽状复叶互生，具5～9小叶，小叶片狭卵形或卵形，长6～14cm，宽3.5～6cm，先端渐尖，边缘具锯齿，基部圆或近心形，两面无毛或仅背面脉叶被毛，表面深绿色，背面灰白色。圆锥花序腋生，雄花与两性花异株；花小，黄色，有香气，两性花的花萼钟状5浅裂；花瓣5，雄蕊5，伸出花外，子房1室，花柱比雄蕊长；雄花中雌蕊退化不育。核果近球形。花期6～7月，果期9～10月。(图11-256)

图11-256 银雀

【分布】生于海拔600～800m气候温和湿润、土壤肥沃的山地林中。

【习性】中性偏喜光树种，喜生长于山谷山坡和溪边湿润肥沃向阳的环境。

【繁殖】播种繁殖。

【用途】银雀树是我国特有的古老树种，三级保护植物。其枝叶茂盛、树形优美、果实鲜艳，木材质轻、纹理美观，既是优良的园林绿化树种，又是珍贵的用材树种。

56. 无患子科 Sapindaceae

常绿或落叶，乔木或灌木，稀藤本。叶互生，羽状复叶，稀掌状复叶或单叶，无托叶。花单性或杂性，整齐或不整齐，圆锥、总状或伞房花序；萼4～5裂；花瓣4～5或缺；雄蕊8～10，花丝常有毛，花盘发达；子房上位，多为3室，每室1～2或更多胚珠；中轴胎座或侧膜胎座。蒴果、核果、坚果、浆果或翅果；种子有假种皮或无。

约150属2000种，广布热带和亚热带地区。我国25属56种，主产长江流域以南。

分属检索表

1. 蒴果；奇数羽状复叶 ………………………………………… 2
1. 核果；偶数羽复叶，小叶全缘 ………………………………… 3
2. 果皮膜质而膨胀；1～2回奇数羽状复叶 ……………………… 栾树属
2. 果皮木质；1回奇数羽状复叶 ………………………………… 文冠果属
3. 果皮肉质；种子无假种皮 ……………………………………… 无患子属
3. 果皮革质或脆革质；种子有假种皮，并彼此分离 ……………… 4
4. 有花瓣；果皮平滑，黄褐色 …………………………………… 桂圆属
4. 无花瓣；果皮具瘤状小凸起，绿色或红色 ……………………… 荔枝属

（1）栾树属*Koelreuteria* Laxm.

落叶乔木；芽鳞2。1或2回奇数羽状复叶。花瓣4～5，大小不等；圆锥花序常顶生；子房3室，每室2胚珠。蒴果膨胀如囊，果皮膜质，3裂；种子黑色球形。

共约4种，产温带至亚热带。我国3种，各地均有分布。

分种检索表

1. 1回羽状复叶，或不完全2回羽状复叶，小叶具粗齿或缺裂 ……………………… 栾树
1. 2回羽状复叶，小叶全缘或有较细锯齿 ……………………………………………… 2
2. 小叶有锯齿 …………………………………………………………… 复羽叶栾树
2. 小叶全缘，偶有疏钝齿 ……………………………………………… 黄山栾树

① 栾树（摇钱树，灯笼花）*Koelreuteria paniculata* Laxm.

【形态】落叶乔木；树冠近球形，树皮灰褐色，细纵裂；无顶芽，皮孔明显。1回奇数羽状复叶，有时部分小叶深裂而为不完全2回羽状复叶，小叶卵形或卵状椭圆形，叶缘有不规则粗齿，近基部常有深裂片，背面沿脉有毛。花金黄色；顶生圆锥花序宽而疏散。蒴果三角状卵形，前端尖，成熟时红褐色或橘红色；种子黑褐色。花期6～7月，果9～10月成熟。（图11-257）

图11-257 栾树

【分布】主产于华北，东北南部至长江流域及福建，西到甘肃、四川均有分布。

【习性】喜光，耐寒耐旱、瘠薄。适应性强，深根性，萌蘖力强，有较强抗烟尘能力。

【繁殖】以播种繁殖为主，分蘖、根插亦可。

【用途】树形端正，树冠整齐，枝叶茂密而秀丽，春季嫩叶多为红色，入秋叶色变黄；夏季开花，满树金黄，十分美丽，是理想的绿化、观赏树种。宜作庭阴树、行道树及园景树，也可用作防护林、水土保持、荒山绿化及厂矿绿化树种。

② 复羽叶栾树（西南栾树）*Koelreuteria bipinnata* Franch.

【形态】落叶乔木，高达20m以上。2回羽状复叶，羽片5～10对，每羽片具小叶5～15，卵状披针形或椭圆状卵形，先端渐尖，基部圆形，叶缘有细锯齿。花黄色，顶生圆锥花序。蒴果卵形，红色。花期7～9月，果9～10月成熟。

【分布】原产于中国中南部及西南部，在云南高原常见。

【习性】喜光，耐干旱，有一定的耐寒力。根肉质，不耐积水，根颈处易萌蘖。

【繁殖】以播种繁殖为主，分蘖、根插均可。

【用途】树形高大，叶片较大，夏日有黄花，秋季有红果，硕果累累，异常美观，宜作庭阴树、园景树及行道树栽培。

③ 黄山栾树（全缘叶栾树）*Koelreuteria intergrifolia* Merr.

【形态】树冠广卵形，树皮灰褐色，片状剥落；小枝暗棕色，密生皮孔。2回羽状复叶，小叶7～11，全缘，或偶有锯齿，先端渐尖，基部圆形或广楔形。花金黄色，顶生大型圆锥

花序。蒴果椭圆形，顶端钝而有短尖；种子红褐色。花期8～9月，果10～11月成熟。（图11–258）

【分布】原产于江苏南部、浙江、安徽、江西、湖南、广东、广西等省区，山东有栽培。

【习性】喜光，幼年耐阴；喜温暖湿润气候，耐寒性差；对土壤要求不严，深根性，不耐修剪。

【繁殖】繁殖以播种为主，分根育苗也可。

【用途】枝叶茂密，冠大阴浓，初秋开花金黄夺目，不久就有淡红色灯笼似的果实挂满树梢，十分美丽。作庭阴树、行道树及园景树栽植，也可用于居民区、工厂区及农村“四旁”绿化。根、花可入药；种子可榨油，供工业用。

图11–258 黄山栾树

（2）**文冠果属** *Xanthoceras* Bunge

仅1种，我国特有树种。

文冠果 *Xanthoceras sorbifolia* Bunge.

【形态】落叶小乔木；树皮灰褐色，粗糙条裂。1回奇数羽状复叶互生；小叶9～19，长椭圆形至披针形，叶缘有锯齿，表面光滑，背生疏生星状绒毛。花杂性，整齐，顶生总状花序，白色，基部有由黄变红之斑晕；花瓣5，花盘5裂；雄蕊8；子房3室，每室7～8个胚珠。蒴果球形，果皮木质，熟时3瓣裂；种子球形。花期4～5月，果8～9月成熟。（图11–259）

【分布】原产于中国北部，河南、山东、山西、甘肃、辽宁及内蒙古等省区均有分布。

图11–259 文冠果

【习性】喜光，耐寒耐旱不耐涝；对土壤要求不严，以深厚、肥沃、湿润而通气良好的土壤生长最好。深根性，主根发达，萌蘖力强。

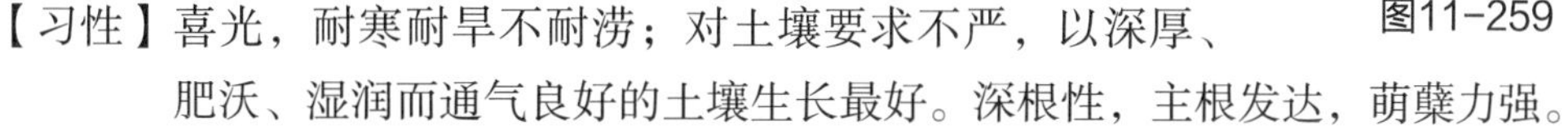

【繁殖】繁殖以播种为主，分株、压条和根插也可。

【用途】树姿秀丽，花序大而花朵繁密，春天白花满树，衬以绿叶，更显美观，是优良的观赏树种。种子含油率为50% ～70%，油质好，可供食用或医药、化工用。花为蜜源，嫩叶可代茶。

（3）**无患子属** *Sapindus* L.

乔木或灌木；无顶芽，侧芽叠生。偶数羽状复叶互生，全缘。花小，杂性，圆锥花序；萼、瓣各4～5；雄蕊8～10。核果球形，中果皮肉质，内果皮革质；种子黑色，无假种皮。

约15种，我国4种。

无患子（皮皂子）*Sapindus mukurossi* Gaertn.

【形态】落叶或半常绿乔木；树冠广卵形或扁球形，树皮灰白色，平滑不裂；小枝无毛，芽两个叠生。1回羽状复叶互生，小叶8～14，互生或近对生，卵状披针形，先端尖，基部不对称，全缘，薄革质，无毛。花黄白色或带淡紫色，顶生圆锥花序，有茸毛。核果近球形，熟时黄色或橙黄色；种子球形，黑色，坚硬。花期5～6月，果熟9～10月。（图11-260）

【分布】产于长江流域及其以南地区；越南、老挝、印度、日本亦产。

【习性】喜光，耐寒能力不强；对土壤要求不严，深根性，抗风力强；不耐水湿，能耐干旱。萌芽力弱，不耐修剪。寿命长。对二氧化硫抗性较强。

【繁殖】播种繁殖。

【用途】树形高大，树冠广展，绿阴稠密，秋叶金黄，颇为美观。宜作庭阴树及行道树。若与其他秋色叶树种及常绿树种配植，更可为园林秋景增色。果肉含皂素，可代肥皂使用；根及果入药；种子榨油可作润滑油用。

图11-260　无患子

（4）**桂圆属** *Dimocarpus* Lour.

常绿乔木。偶数羽状复叶互生。花通常有花瓣。果球形，幼时具瘤状突起，老时则近平滑；种子具肉质假种皮。

共约20种，产亚洲热带；我国产4种。

龙眼 *Dimocarpus longan* Lour.

【形态】常绿乔木；树皮粗糙，薄片状脱落；幼枝及花序被星状毛。偶数羽状复叶互生，小叶3～6对，长椭圆状披针形，全缘，基部稍歪斜，表面侧脉明显。花小，花瓣5，黄色，圆锥花序顶生或腋生。果球形，熟时果皮较平滑，黄褐色；种子黑褐色，具白色肉质假种皮。花期4～5月，果7～8月成熟。（图11-261）

图11-261　龙眼

【分布】产于中国台湾、福建、广东、广西、四川等省区；印度支那也有。

【习性】稍耐阴；喜暖热湿润气候，稍比荔枝耐寒和耐旱。

【繁殖】播种繁殖。

【用途】是华南地区的重要果树，栽培品种很多，也用于庭园种植。假种皮可食用，果核、根、叶及花均可入药。

（5）**荔枝属** *Litchi* Sonn.

常绿乔木。偶数羽状复叶互生。花常无花瓣。果熟时常为红色，果皮具明显的瘤状突起；种子具白色肉质假种皮。

共2种，1种产菲律宾，1种产我国，为热带著名果树。

荔枝 *Litchi chinensis* Sonn.

【形态】常绿乔木；树皮灰褐色，不裂。偶数羽状复叶互生，小叶2～4对，长椭圆状披针形，全缘，表面侧脉不甚明显，中脉在叶面凹下，背面粉绿色。花小，无花瓣；成顶生圆

锥花序。果球形或卵形，熟时红色，果皮有显著突起小瘤体；种子棕褐色。花期3～4月，果6～8月成熟。（图11-262）

【分布】产于华南，福建、广东、广西及云南东南部均有分布，四川、中国台湾也有栽培。

【习性】喜光，喜暖热湿润气候及富含腐殖质之深厚、酸性土壤，怕霜冻。

【繁殖】播种繁殖。

【用途】树冠开阔，枝叶茂密，也常用于庭园种植，是华南地区的重要果树。

图11-262 荔枝

57．七叶树科 Hippocastanaceae

乔木；冬芽大型，常具黏液。掌状复叶对生，无托叶。花杂性同株，不整齐，成顶生圆锥花序；萼、瓣各4～5，大小不等，基部爪状；雄蕊5～9，长短不等，花盘环状或偏在一边；子房上位，3室，或退化，每室2胚珠，花柱细长，具花盘。蒴果3裂；种子大，球形，无胚乳。

本科共2属，约30余种；我国产1属，10余种。

七叶树属 *Aesculus* L.

落叶乔木，稀灌木。掌状复叶具长柄，有锯齿。圆锥花序直立而多花；花萼钟状或管状，花瓣具爪。本属我国产10种，引入栽培2种。

分种检索表

1\. 小叶显具叶柄；蒴果平滑 ……………………………… 七叶树
1\. 小叶无柄或近无柄；蒴果具刺或有疣状凸起 ……………………………… 2
2\. 小叶背面绿色；蒴果近球形，有刺 ……………………………… 欧洲七叶树
2\. 小叶背面略有白粉；蒴果阔倒卵圆形，有疣状凸起 ……………………………… 日本七叶树

① 七叶树 *Aesculus chinensis* Bunge.

【形态】高25m；树皮灰褐色，片状剥落；小枝光滑粗壮，髓心大。小叶5～7，长椭圆状披针形至矩圆形，长8～16cm，先端渐尖，基部楔形，叶缘具细锯齿，仅背面脉上疏生柔毛；小叶柄长5～17mm。圆锥花序密集圆柱状，花白色。蒴果近球形，黄褐色，无刺，也无尖头；种子形如板栗，深褐色，种脐大，占种子一半以上。花期5月，9～10月果熟。（图11-263）

【分布】原产于黄河流域，陕西、山西、河北、江苏、浙江等地均有栽培。

【习性】喜光，稍耐阴；喜温暖气候，也耐寒，喜深厚、肥沃而排水良好的土壤。深根性；萌芽力不强；生长速度中等偏慢，寿命长。

图11-263 七叶树

【繁殖】繁殖主要用播种法，扦插、高压法也可。

【用途】树姿壮丽，枝叶扶疏，冠如华盖，叶大而形美，开花时硕大的花序竖立于绿叶簇中，似一个华丽的大烛台，蔚为奇观，是世界著名的观赏树种、五大佛教树种、四大行道树之一。

② 欧洲七叶树 *Aesculus hippocastanum* L.

【形态】落叶乔木，通常高25～30m；小枝幼时有棕色长柔毛，后脱落；冬芽卵圆形，具丰富树脂。小叶5～7，无柄，倒卵状长椭圆形至倒卵形，先端急尖，基部楔形，边缘有不整齐重锯齿，背面绿色。花较大，径约2cm，花瓣4或5，白色，基部有红、黄色斑；成顶生圆锥花序。蒴果近球形，褐色，果皮有刺。花期5～6月，果9月成熟。

【分布】原产于希腊北部和阿尔巴尼亚地区。上海、北京、青岛等地有引种栽培。

【习性】喜光，稍耐阴；耐寒，喜深厚、肥沃而排水良好的土壤。

【繁殖】主要用播种法，品种可用芽接繁殖。

【用途】树体高大雄伟，树冠广阔，绿阴浓密，花序美丽，在欧美各国广泛栽作行道树及庭园观赏树。木材良好，可制家具。

58．槭树科 Aceraceae

乔木或灌木。叶对生，单叶或复叶；无托叶。花单性、杂性或两性；总状、圆锥状或伞房状花序。翅果，两侧或周围有翅，成熟时由中间分裂，每瓣裂有1种子；种子无胚乳。

2属约200种，主产欧、亚、美三洲的北温带地区。我国2属140余种，南北均产，为森林中常见树种。

分属检索表

1. 单叶，或为3～7小叶羽状复叶；果实一侧具长翅，种子位于翅内侧或下方 …………槭树属
1. 羽状复叶，小叶5～15；果实周围具翅；种子位于中央……………………………金钱槭属

（1）槭树属 *Acer* L.

乔木或灌木，常绿或落叶。叶对生，单叶掌状裂或不裂，或奇数羽状复叶，稀掌状复叶。雄花与两性花同株或雌雄异株；萼片5，花瓣5，多数具环状花盘。果实两侧具长翅，成熟时由中间分裂为二，各具一果翅和一种子。

200余种，分布北半球温带和亚热带。我国140余种，南北均有分布。

分种检索表

1. 羽状复叶，小叶3～7；小枝无毛，有白粉 …………………………………… 复叶槭
1. 单叶，或3～9掌状裂 ……………………………………………………………… 2
2. 叶裂片全缘，或疏生浅齿 ………………………………………………………… 3
2. 叶裂片具单锯齿或重锯齿 ………………………………………………………… 5
3. 叶掌状3裂或不裂，裂片全缘或略有浅齿，背面灰白色 ……………………… 三角枫
3. 叶掌状5～7裂，裂片全缘，背面绿色 …………………………………………… 4
4. 叶5～7裂，基部常截形，稀心形；果翅与果核约等长 ……………………… 元宝槭

4. 叶常5裂，基部常心形，有时截形；果翅长为果核的2倍或以上 ……………………… 五角枫
5. 叶7～9深裂；叶柄、花梗及子房均光滑无毛 ……………………………………………鸡爪槭
5. 叶不分裂或3～5裂 ………………………………………………………………………… 6
6. 顶生圆锥花序；花盘在雄蕊外，冬芽具覆瓦状鳞片，两果翅近于平行 ………………茶条槭
6. 顶生总状花序；花盘生于雄蕊内 ……………………………………………………………… 7
7. 叶3浅裂，树皮黄色 ……………………………………………………………………葛萝槭
7. 叶卵形，不分裂，树皮绿色 ……………………………………………………………青榨槭

① 元宝槭（华北五角枫、平基槭）*Acer truncatum* Bunge.

【形态】落叶乔木；树冠伞形或倒广卵形，干皮浅纵裂；小枝浅黄色，光滑无毛。叶掌状5裂，有时中裂片又3小裂，叶基常截形，全缘，两面无毛，叶柄细长。花杂性，黄绿色，顶生伞房花序。翅果扁平，两翅展开约成直角，翅长近等于或略长于果核。花期4月，果熟10月。（图11-264）

图11-264 元宝槭

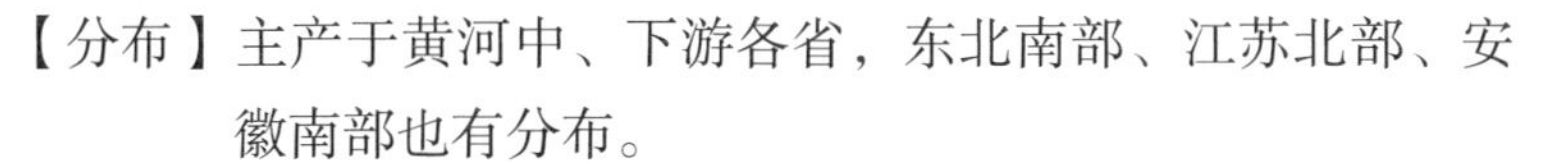

【分布】主产于黄河中、下游各省，东北南部、江苏北部、安徽南部也有分布。

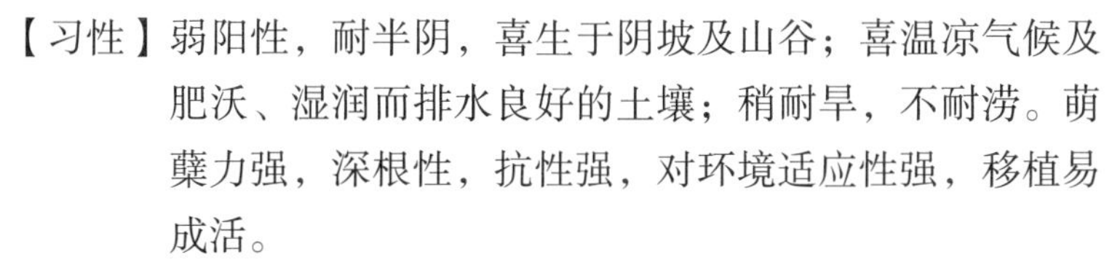

【习性】弱阳性，耐半阴，喜生于阴坡及山谷；喜温凉气候及肥沃、湿润而排水良好的土壤；稍耐旱，不耐涝。萌蘖力强，深根性，抗性强，对环境适应性强，移植易成活。

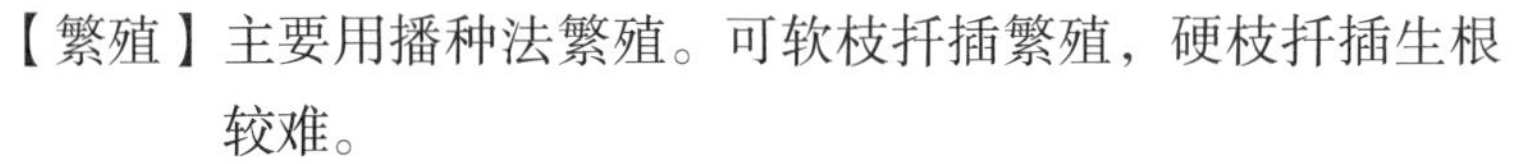

【繁殖】主要用播种法繁殖。可软枝扦插繁殖，硬枝扦插生根较难。

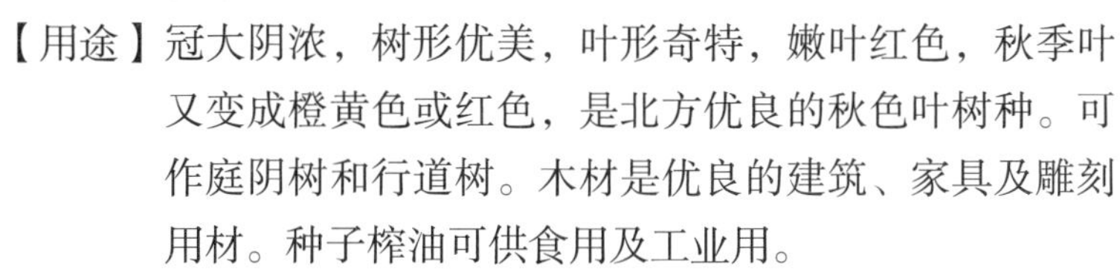

【用途】冠大阴浓，树形优美，叶形奇特，嫩叶红色，秋季叶又变成橙黄色或红色，是北方优良的秋色叶树种。可作庭阴树和行道树。木材是优良的建筑、家具及雕刻用材。种子榨油可供食用及工业用。

② 五角枫（色木）*Acer mono* Maxim.

【形态】落叶乔木。单叶，通常掌状5裂，叶基部近心形，裂片卵状三角形，全缘，中裂无小裂，网状脉两面明显隆起。花杂性，黄绿色，成顶生伞房花序。果核扁平或微隆起，果翅展开成钝角，长约为果核的2倍。花期4月，果熟期9～10月。（图11-265）

图11-265 五角枫

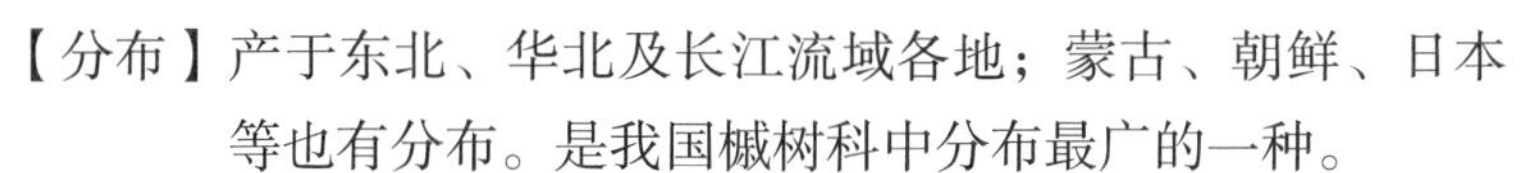

【分布】产于东北、华北及长江流域各地；蒙古、朝鲜、日本等也有分布。是我国槭树科中分布最广的一种。

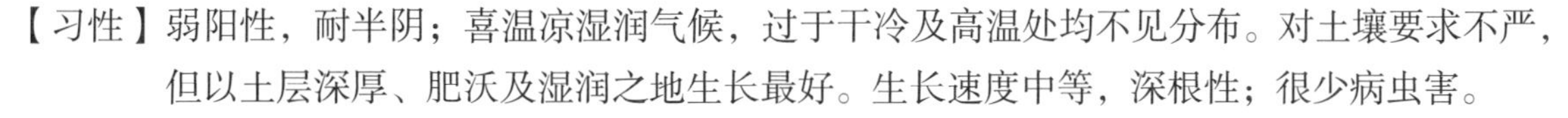

【习性】弱阳性，耐半阴；喜温凉湿润气候，过于干冷及高温处均不见分布。对土壤要求不严，但以土层深厚、肥沃及湿润之地生长最好。生长速度中等，深根性；很少病虫害。

【繁殖】主要用播种法繁殖。

【用途】树形优美，叶、果秀丽，入秋叶色变为红色或黄色，宜作山地及庭园绿化树种，也可用作庭阴树、行道树或防护林。木材可供家具及细木工用；种子可榨油。

③ 茶条槭*Acer ginnala* Maxim.

【形态】落叶小乔木，树高6～10m；树皮灰色，粗糙。叶卵状椭圆形，常3裂，中裂片较大，有时不裂或羽状5浅裂，基部圆形或近心形，叶缘有不整齐重锯齿，表面无毛，背面脉上及脉腋有长柔毛。花杂性，伞房花序圆锥状，顶生。果核两面突起，果翅张开成锐角或近于平行，紫红色。花期5～6月，果9月成熟。（图11-266）

【分布】原产于东北、华北及长江中下游各省；日本也产。

【习性】弱阳性，耐半阴；耐寒，也喜温暖；喜深厚而排水良好之沙质壤土。耐烟尘，能适应城市环境。萌蘖性强，深根性，抗风雪。

【繁殖】繁殖用播种法。

【用途】树干直而洁净，花有清香，夏季果实红色美丽，秋叶鲜红色，适合作为秋色叶树种点缀园林及山景，也可作行道树、庭阴树。嫩叶可代茶，种子榨油可供制肥皂等用；木材可作细木工用。

④ 鸡爪槭 *Acer palmatum* Thunb.

【形态】落叶小乔木；树冠伞形，树皮平滑，灰褐色；枝开张，小枝细长，光滑。叶掌状5～9深裂，基部心形，裂片卵状长椭圆形至披针形，先端锐尖，叶缘有重锯齿，背面脉腋有白簇毛。花杂性，紫色，伞房花序顶生，无毛。翅果紫红色至棕红色，无毛，两翅成钝角。花期5月，果10月成熟。（图11-267）

图11-266　茶条槭

图11-267　鸡爪槭

【品种】红枫“Atropurpureum”又称紫红鸡爪槭，叶常年红色或紫红色，株态、叶形同鸡爪槭。

【分布】产于中国、日本和朝鲜；中国分布于长江流域各省，山东、河南、浙江也有分布。

【习性】弱阳性，耐半阴，夏季需遮阴。喜温暖湿润气候及肥沃、湿润而排水良好的土壤；耐寒性不强。在酸性、中性及石灰性土上均能生长。生长速度中等偏慢。

【繁殖】一般原种用播种法繁殖，而园艺变种常用嫁接法繁殖。

【用途】鸡爪槭叶形秀丽，树姿婆娑，入秋叶色红艳，在园林绿化和盆景艺术常使用，为珍贵的观叶树种。枝、叶可药用；木材可供车轮及细木工用。

⑤ 青榨槭 *Acer davidii* Franch.

【形态】落叶乔木，高15m；树皮暗褐色或灰褐色，纵裂，多呈蛇皮状斑纹；小枝紫褐色，无毛。单叶厚纸质，长圆状卵形，先端急尖或尾尖，基部圆形或近心形，边缘有不整齐细尖锯齿，通常不分裂；掌状脉。花杂性，雄花与两性花异株；顶生总状花序；子房具红褐色短毛。果熟时黄褐色；果体略扁平；两果翅张开角度大，上部外倾，接近水平开展。花期4～5月，果8～10月成熟。（图11–268）

图11–268 青榨槭

【分布】产于北京、河北、山西、河南，生于海拔2000m以下的山地。

【习性】喜温暖气候及肥沃、湿润的土壤；适应性强。常生于山沟路旁及山坡疏林中。

【繁殖】一般用播种法繁殖。

【用途】本种冠大阴浓，枝干颜色奇异，秋叶变色，红橙紫相间，是重要的秋色叶树种。可作行道树和庭阴树，也可作工厂绿化和“四旁”绿化树种。

⑥ 三角枫 *Acer buergerianum* Miq.

【形态】落叶乔木；树皮暗褐色，薄条片状剥落。叶常3浅裂，有时不裂，基部圆形或广楔形，3主脉，裂片全缘，或上部疏生浅齿，背面有白粉；花杂性，黄绿色；顶生伞房花序。果核部分两面凸起，两果翅张开成锐角或近于平行。花期4月，果9月成熟。

【分布】主产长江中下游各省，北到山东，南到广东、中国台湾均有分布；日本也产。

【习性】弱阳性，稍耐阴；喜温暖湿润气候及酸性、中性土壤，较耐水湿；有一定的耐寒能力。萌芽力强，耐修剪；根系发达，耐移植。

【繁殖】用播种法繁殖。

【用途】枝叶茂密，夏季浓阴覆地，入秋叶色变为暗红，颇为美观，宜作庭阴树、行道树及护岸树栽植。木材坚实，可供器具、家具及细木工用。

⑦ 复叶槭（岑叶槭、糖槭）*Acer negundo* L.

【形态】落叶乔木，高达20m；树冠圆球形，小枝绿色无毛，有白粉。奇数羽状复叶对生，小叶3～5，稀7～9，卵形至长椭圆状披针形，叶缘有不规则缺刻，顶生小叶常3浅裂。花单性异株，黄绿色，无花瓣及花盘；雄花有长梗，成伞房花序；雌花为下垂总状花序。果翅狭长，两翅成锐角。花期3～4月，果8～9月成熟。（图11–269）

图11–269 复叶槭

【分布】原产于北美洲东南部，我国华东、东北、华北、内蒙古及新疆有引种栽培。

【习性】喜光，喜冷凉气候，耐干冷，喜深厚、肥沃、湿润土壤，稍耐水湿。在长江下游生长不良。生长较快，寿命较短，抗烟尘能力强。

【繁殖】主要用播种繁殖，扦插、分蘖也可。

【用途】枝茂叶密。入秋叶色金黄，颇为美观，为北方地区极普遍的城市行道树和庭园观赏树。木材可供家具及细木工用；树液可制糖；树皮可供药用。

（2）**金钱槭属** *Dipteronia* Oliv.

落叶乔木；冬芽小，裸露。奇数羽状复叶对生，小叶有锯齿。雄花和两性花同株，排成顶生的大圆锥花序；萼片5，长于花瓣；雄花有雄蕊8和1个退化子房；两性花有1个压扁的子房；胚珠每室2颗。小坚果全为阔翅所围绕。

金钱槭属只有2种，产我国西南、西北和河南、湖北等地。

金钱槭 *Dipteronia sinensis* Oliv.

【形态】落叶乔木，高15m；小枝细瘦。小叶常7～11，纸质，长卵形或矩圆披针形，先端锐尖，基部近圆形，边缘具稀疏钝锯齿，背面脉腋及脉上有短的白色丝毛；叶柄长5～7cm。圆锥花序顶生或腋生；花杂性，萼片5，卵圆形；花瓣5，宽卵形，雄蕊8，在两性花中的较短；子房扁形，有长硬毛，柱头2。翅果长2.5cm，种子周围具圆翅，嫩时红色，有长硬毛，成熟后黄色，无毛。（图11–270）

图11–270　金钱槭

【分布】分布于河南、陕西、甘肃南部、湖北西部、四川及贵州东北部。

【习性】喜光，喜冷凉气候，耐干冷，喜深厚、肥沃、湿润土壤，稍耐水湿。生长较快，寿命较短，抗烟尘能力强。

【繁殖】主要用播种繁殖，扦插、分蘖也可。

【用途】枝叶茂密。入秋叶色金黄，颇为美观，可做城市行道树和庭园观赏树。

59. 漆树科 Anacardiaceae

常绿或落叶，乔木或灌木；树皮常具树脂。叶互生，多为羽状复叶，稀单叶。花小，整齐，圆锥或总状花序；花具花盘，环状或杯状。核果或坚果；种子多无胚乳，胚弯曲。

约60属600余种，分布全球热带、亚热带。我国16属52种，主产于长江流域以南各地。另引种栽培2属4种。

分属检索表

1. 单叶，全缘；落叶；果序上有多数不育花之花梗；核果长3～4mm ……………… 黄栌属
1. 羽状复叶 ………………………………………………………………………………… 2
2. 无花瓣；常为偶数羽状复叶 …………………………………………………… 黄连木属
2. 有花瓣；奇数羽状复叶 ……………………………………………………………… 3
3. 植物体无乳液；核果大，径约1.5cm，上部有5小孔；子房5室……………………南酸枣属
3. 植物体有乳液；核果小，径不及7mm，无小孔；心皮3，子房1室 ……………………… 4
4. 顶芽发达，非柄下芽；果黄色 ………………………………………………………漆树属
4. 无顶芽，侧芽柄下芽；果红色 ……………………………………………………盐肤木属

（1）**黄栌属** *Cotinus* Mill.

落叶灌木或小乔木。单叶互生全缘。花杂性或单性异株，顶生圆锥花序；萼、瓣、雄蕊各5，子房1室1胚珠，具3偏于一侧之花柱。果序上不育花梗羽毛状；核果歪斜。

共5种，我国产3种。

黄栌 *Cotinus coggygria* var.*cinerea* Engl.

【形态】落叶灌木或小乔木；树皮暗灰褐色，不开裂；小枝暗紫褐色，被蜡粉。单叶互生，宽卵形、圆形，先端圆或微凹，全缘，无毛或仅背面脉上有短柔毛，侧脉顶端常2叉状；叶柄细长。花小，杂性，圆锥花序顶生。核果小，扁肾形。果序上有许多不育花的紫绿色羽毛状细长花梗宿存。花期4～5月，果熟6～7月。（图11-271）

图11-271　黄栌

【变种】紫叶黄栌var.*purpurens* Rehd.，叶常年紫红色，花序暗紫色。

【分布】产于中国西南、华北、西北、浙江、安徽等地。

【习性】喜光，稍耐阴；耐寒，耐干旱瘠薄和碱性土壤，但不耐水湿。生长快，根系发达。萌蘖力强。对二氧化硫有较强抗性，对氯化物抗性较差。

【繁殖】以播种为主，压条、根插、分株也可。

【用途】重要的秋色叶树种，入秋变红，鲜艳夺目，可栽植大面积风景林，或作为荒山造林先锋树种。初夏花后伸长为羽状不育花梗宿存枝头，宛若罗纱烟雾缭绕树冠，故名烟树（smoke tree），著名的北京的香山红叶即为本种及其变种。树皮及叶可提制栲胶；枝叶可入药。

（2）**黄连木属** *Pistacia* L.

乔木或灌木；顶芽发达。偶数羽状复叶，稀3小叶或单叶，互生，小叶对生，全缘。花单性异株，圆锥或总状花序，腋生；无花瓣，雄蕊3～5，子房1室。核果近球形；种子扁。

共20种，产地中海地区、亚洲和北美洲南部；我国2种，引入栽培1种。

黄连木（楷树）*Pistacia chinensis* Dunge.

【形态】落叶乔木，高达30m；树冠近圆球形，冬芽红色；树皮薄片状剥落。通常为偶数羽状复叶，小叶10～14，披针形或卵状披针形，先端渐尖，基部偏斜，全缘，有特殊气味。花叶前开放，雌雄异株，圆锥花序，雄花序淡绿色，雌花序紫红色。核果，初为黄白色，后变红色至蓝紫色。（图11-272）

【分布】原产于中国，分布很广，黄河流域及华南、西南均有分布。

【习性】喜光，幼时耐阴；不耐严寒；对土壤要求不严，耐干旱瘠薄，抗病性也强；深根性，抗风性强；萌芽力强；对二氧化硫、氯化氢和煤烟的抗性较强。

【繁殖】繁殖常用播种法，扦插和分蘖法亦可。

【用途】黄连木树干通直，树冠开阔，枝叶繁茂而秀丽，早春

图11-272　黄连木

红色嫩梢和雌花序可观赏，秋季叶片变红色可观赏，是良好的秋色叶树种。宜作庭阴树、行道树及山林风景树，也常作“四旁”绿化及低山区造林树种。种子可榨油；叶、树皮可供药用。

（3）**盐肤木属** *Rhus* L.

小乔木或灌木。叶互生，3小叶或奇数羽状复叶或单叶。花杂性或单性异株，圆锥花序顶生，花5基数。核果近球形被毛，外果皮与中果皮连合，中果皮非蜡质。

约250种，分布于亚热带和暖温带。我国6种，引入栽培1种。

分种检索表

1. 叶轴具狭翅，小叶7～13，果序大而松散……………………………………………………盐肤木

1. 叶轴无翅，小叶11～31，果序密集成火炬形 ……………………………………………火炬树

① 盐肤木 *Rhus chinensis* Mill.

【形态】落叶小乔木；枝开展，树冠圆球形，小枝有毛，密布皮孔和残留的三角形叶痕。羽状复叶小叶7～13，叶轴和叶柄常具狭翅；小叶无柄，卵形至卵状椭圆形，边缘有粗锯齿，背面有灰褐色柔毛。顶生圆锥花序，花序梗密生棕褐色柔毛，花乳白色。果序大而松散，核果近球形，红色，密被柔毛。花期7～8月，果熟10～11月。（图11-273）

图11-273 盐肤木

【分布】除新疆、青海外，全国均有分布。朝鲜、日本、越南、马来西亚也有分布。

【习性】喜光，喜温暖湿润气候。对土壤适应性强，不耐水湿，能耐寒冷和干旱。深根性，萌蘖性强，生长快，寿命短。

【繁殖】用播种、扦插和分蘖均可繁殖。

【用途】冠形整齐，秋叶鲜红，红果伸出枝端，异常美观，可植于园林绿地观赏或用来点缀山林风景。是重要的经济树种。五倍子蚜寄生在盐肤木叶上，形成虫瘿，称“五倍子”，可入药，种子榨油，根入药。

② 火炬树（鹿角漆）*Rhus typhina* L.

【形态】落叶小乔木；树皮灰褐色，有灰白色茸毛，幼枝浅褐色，被黄色茸毛。奇数羽状复叶互生；小叶11～31，背面有茸毛，且具白粉，长椭圆形至披针形，叶缘有锯齿，叶轴无翅。雌雄异株，圆锥花序，顶生直立，密生茸毛，花小而密，核果，深红色，扁球形，果序密集呈火炬形；种子扁圆，黑褐色。花期6～7月，果熟期9月，不易脱落。（图11-274）

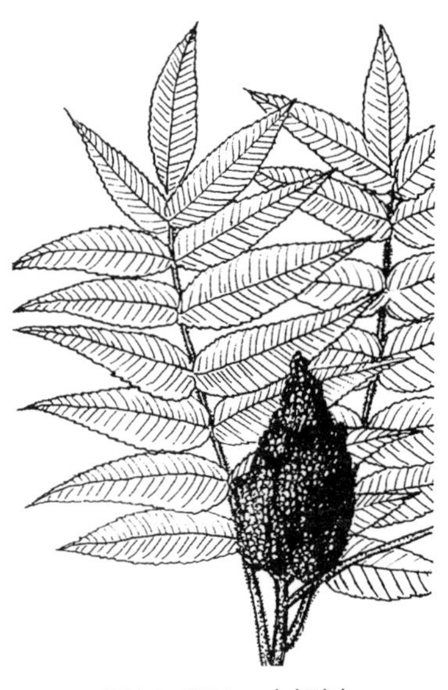

图11-274 火炬树

【分布】原产于北美洲，现中国各地都有栽培。

【习性】喜光，喜温暖，适应性强，耐旱，耐盐碱，耐瘠薄，

较耐寒。水平根系发达，萌蘖力特强。生长快，但寿命短。

【繁殖】通常用播种繁殖。但火炬树根蘖自繁能力强，只需稍加抚育，就可恢复林相。

【用途】叶形优美，秋季叶色变红，雌花序和果序形红似火炬，且冬季果序不落，是著名的秋色叶树种。宜植于园林观赏，或用于点缀山林秋色，可作行道树及山林风景树。种子可榨油；树皮可供药用。

（4）**漆树属** *Toxicodendron* Mill.

落叶乔木；具白色乳汁，干后变黑。三小叶或奇数羽状复叶互生；无托叶。花单性异株或杂性同株，圆锥花序；花部5基数。核果近球形或侧向压扁，外果皮薄，有光泽，成熟时与中果皮分离，中果皮厚，白色蜡质。

20余种，分布亚洲和美洲。我国15种，主要分布长江以南。

漆树 *Toxicodendron vernicifluum* F.A.Barkl.

【形态】落叶乔木，高20m；树皮初呈灰白色，较光滑，老则浅纵裂；枝内有乳白色漆液。羽状复叶，小叶7～15，卵形至卵状长椭圆形，全缘，背面脉上有毛。腋生圆锥花序疏散下垂；花小，淡黄绿色。核果扁肾形，淡黄色，光滑。花期5～6月，果熟期10月。（图11-275）

【分布】原产于中国中部，现各地都有栽培。

【习性】喜光，不择土壤，不耐庇荫；不耐干风和严寒，不耐水湿。萌芽力较强，树木衰老后可萌芽更新。侧根发达，主根不明显。

【繁殖】主要用播种法繁殖，根插亦可。

【用途】秋季叶色变红，可植成片林、增添秋季景色。漆树是中国主要采漆树种，树干可割取生漆，广泛用作涂料，是重要的工业原料；种子可榨油；果皮可取蜡；木材可作家具及装饰品用材。

图11-275 漆树

（5）**南酸枣属** *Choerospondias* Burtt et hill.

仅1种，产于中国南部及印度。

南酸枣 *Choerospondias axillaris*（Roxb.）Burtt et Hill.

【形态】落叶乔木，高30m；树皮灰褐色，浅纵裂，老时条片状脱落；无顶芽。奇数羽状复叶互生，小叶7～15，卵状披针形，先端长尖，基部稍歪斜，全缘，背面脉腋有簇毛。花杂性异株，花序腋生；单性花圆锥花序，两性花总状花序；萼、瓣各5，雄蕊10，子房5室。核果椭圆状卵形成熟时黄色，核端有5小孔。花期4月，果熟期8～10月。（图11-276）

【分布】原产于华南及西南，是亚热带低山、丘陵及平原常见树种。

图11-276 南酸枣

【习性】喜光，稍耐阴；喜温暖湿润气候，不耐寒；喜土层深厚、排水良好的酸性及中性土壤，不耐水淹和盐碱。浅根性；萌芽力强。生长快，对二氧化硫、氯气抗性强。

【繁殖】通常用播种繁殖。

【用途】树干端直，冠大阴浓，是良好的庭阴树及行道树种，较适合于厂矿的绿化。果肉可食用、酿酒；树皮、根皮和果均供药用；树皮及叶还可提制栲胶。

60．苦木科 Simarubaceae

常绿或落叶，乔木或灌木，树皮有苦味。羽状复叶互生，稀单叶。花单性或杂性，整齐，圆锥或总状花序；萼3～5裂；花瓣3～5；雄蕊常与花瓣同数或为其2倍；子房上位；心皮2～5，每心皮常具1胚珠。核果、蒴果或聚合翅果。

30属200余种，主要分布热带和亚热带地区。我国5属11种，全国多数省区均有分布。

臭椿属 ***Ailanthus*** **Desf.**

落叶乔木。奇数羽状复叶互生，小叶全缘，基部常有1～4对腺齿。顶生圆锥花序，花杂性或单性异株；萼、瓣各5；雄蕊10；花盘10裂；子房2～6深裂，结果时分离成1～5个长椭圆形翅果。种子居中。

10种，分布于亚洲和大洋洲北部。我国6种，主产华北以南温暖地区。

臭椿（樗）*Ailanthus altissima* Swingle.

【形态】落叶乔木，高达30m；树冠开阔呈圆球形，树皮灰黑色，粗糙不裂；小枝粗壮，无顶芽；叶痕大而倒卵形。奇数羽状复叶，小叶13～25，卵状披针形，先端渐长尖，基部具腺齿1～2对，中上部全缘，背面稍有白粉，无毛或仅沿中脉有毛。花杂性异株，黄绿色，呈顶生圆锥花序。翅果扁平，长椭圆形，淡褐色。花期4～5月，果熟期9～10月。（图11-277）

图11-277　臭椿

【品种】千头椿“Qiantou”分枝密而多，腺齿不明显。

【分布】原产于我国华南、西南、东北南部各地，现华北、西北分布最多。

【习性】喜光，对土壤适应性强，能耐-35℃低温，耐干旱瘠薄，不耐水湿，对烟尘和二氧化硫抗性较强。根系发达，深根性，萌蘖性强，生长较快。

【繁殖】一般用播种繁殖。还可用分蘖及根插繁殖。

【用途】臭椿树干通直高大，叶大阴浓，新春嫩叶红色，秋季翅果红黄相间，是优良的庭阴树、行道树、公路树，欧美国家称之为“天堂树”。适于荒山造林和盐碱地绿化，更适于污染严重的工矿区、街头绿化。臭椿还是华北山地及平原防护林的重要速生、用材树种。种子可榨油；根皮可入药；叶可养樗蚕。

61．楝科 Meliaceae

乔木或灌木，稀草本。羽状复叶，稀单叶；互生，稀对生，无托叶。花两性，整齐，圆锥状聚伞花序，顶生或腋生。蒴果、核果或浆果，种子有翅或无翅。

50属1400余种，主产热带和亚热带。我国15属59种，引入3属3种。主产长江以南。

分属检索表

1. 蒴果；1回偶数羽状复叶 …………………………………………………………………香椿属
1. 核果或浆果状 ………………………………………………………………………………… 2
2. 核果，2～3回奇数羽状复叶，小叶有锯齿 …………………………………………………楝属
2. 果实浆果状，1回羽状至3出复叶，小叶全缘 ……………………………………… 米籽兰属

（1）香椿属 *Toona* Roem.

落叶乔木。偶数或奇数羽状复叶，互生，小叶全缘或有不明显的粗齿。花小，两性，圆锥花序或复聚伞花序；萼裂片、花瓣、雄蕊各为5，花丝分离；子房5室，每室8～10胚珠。蒴果木质或革质，5裂，种子多数，上部有翅。

共约15种，产亚洲及澳大利亚；我国4种，产华北至西南。

分种检索表

1. 小叶全缘或有不明显的钝锯齿；子房和花盘均无毛；种子上端有膜质长翅 ……………香椿
1. 小叶全缘；子房和花盘有毛；种子两端有翅 ………………………………………………红椿

① 香椿 *Toona sinensis*（A.Juss.）Roem.

【形态】落叶乔木；树皮暗褐色，条片状剥落；有顶芽，小枝粗壮；叶痕大。偶数（稀奇数）羽状复叶，有香气；小叶10～20，长椭圆形或椭圆状披针形，先端渐长尖，基部偏斜，全缘或有不明显钝锯齿。花白色，芳香，子房和花盘均无毛。蒴果长椭圆形，长2cm，红褐色，种子上端有膜质长翅。花期5～6月，果熟期9～10月。（图11–278）

图11–278 香椿

【分布】原产于我国中部，现各地均有栽培。

【习性】喜光，不耐庇荫；有一定耐寒性，也能耐轻盐渍，较耐水湿。深根性，萌芽、萌蘖力均强；生长速度中等偏快。对有毒气体抗性较强。

【繁殖】一般用播种繁殖。还可用分蘖、扦插、埋根法。

【用途】香椿枝叶茂密，树干耸直，树冠庞大，嫩叶红艳，宜作庭阴树、行道树、“四旁”绿化树。嫩芽、嫩叶可食，可培育成灌木状以利采摘嫩叶。材质优良，素有“中国桃花心木”之誉。低山丘陵或平原地区的重要用材树种。

② 红椿 *Toona ciliata* Roem.

【形态】落叶或半常绿乔木，高可达35m；小枝粗壮，叶痕大。偶数（稀奇数）羽状复叶，有香气；小叶10～20，椭圆形或椭圆状披针形，全缘。花序顶生，花白色，芳香；子房和花盘被黄色粗毛。蒴果长椭圆形，长2.5～3.5cm，种子褐色，上端具长翅，下端具短翅。花期3～4月，果熟期10～11月。

【分布】产于广东、广西、贵州、云南等省区，河南有栽培。

【习性】喜光，也能耐半阴，喜暖热气候，耐寒性不如香椿，对土壤条件要求较高，适生于深厚、肥沃，湿润而排水良好的酸性土壤。生长迅速。

【繁殖】繁殖用播种、埋根法，也可在原圃地留根育苗。

【用途】树体高大，树干通直，树冠开展，生长迅速，材质优良，是我国南方重要速生用材树种。也可作庭阴树及行道树。

（2）楝属 *Melia* L.

乔木；小枝具明显而大的叶痕和皮孔。2～3回奇数羽状复叶，互生，小叶全缘或有齿裂。花两性，较大，淡紫色或白色，复聚伞花序腋生。核果，种子无翅。

共约20种，分布东南亚及大洋洲。我国3种，产东南部至西南部。

分种检索表

1. 2～3回奇数羽状复叶，小叶有锯齿或裂；核果径1～1.5cm，熟时黄色 ……………………… 楝

1. 2回奇数羽状复叶，小叶全缘或有不明显的疏齿；核果径约2.5cm，黄或栗褐色 ………川楝

① 楝（苦楝）*Melia azedarach* L.

【形态】落叶乔木，高达15～20m；枝条广展，树冠近于平顶；树皮暗褐色，浅纵裂；小枝粗壮，皮孔多而明显，幼枝有星状毛。2～3回奇数羽状复叶，小叶卵形至卵状长椭圆形，先端渐尖，基部楔形或圆形，叶缘有锯齿或裂。花淡紫色，芳香，呈圆锥状复聚伞花序。核果球形，熟时黄色，经冬不落。花期4～5月，果熟期10～11月。（图11–279）

图11–279　楝

【分布】分布于山西、河南、河北南部，山东、陕西、甘肃南部，长江流域及以南各地。

【习性】喜光，不耐庇荫；喜温暖湿润气候，耐寒力不强；耐轻度盐碱。稍耐干瘠，较耐湿。耐烟尘，对二氧化硫抗性强。浅根性，侧根发达，主根不明显。萌芽力强，生长快，但寿命短。

【繁殖】繁殖多用播种法，分蘖法也可。

【用途】树形优美，叶形秀丽，春夏之交开淡紫色花朵，且有淡香，冬季果实不落，颇为美丽，是优良的庭阴树、行道树、城市及工矿区绿化树种，也是黄河以南低山平原地区速生用材树种。木材供家具、建筑、乐器等用。树皮、叶和果实均可入药；种子可榨油。

② 川楝 *Melia toosendan* Sieb.et Zucc.

【形态】落叶乔木，高达15m；树皮灰褐色，小枝灰黄色。2回羽状复叶互生，小叶5～11，狭卵形，先端渐尖或长渐尖，全缘或少有疏锯齿。圆锥状复聚伞花序腋生；花萼5～6裂；花瓣5～6，淡紫色；雄蕊10～12，花丝合生成筒；子房上位，瓶状，6～8室。核果圆形或长圆形，直径约2.5cm，黄色或栗棕色。花期4～5月，果期10～12月。

【分布】产于湖北及西南，各地有栽培。

【习性】极喜光，速生。

繁殖、用途与楝树相似。

图11-280 米仔兰

（3）米仔兰属 *Aglaia* Lour.

乔木或灌木，各部常被盾状小鳞片。羽状复叶或三出复叶，互生；小叶全缘，对生。花小，近球形，圆锥花序，杂性异株。浆果，内具种子1～2，常具肉质假种皮。

约250余种，我国约产12种，主要分布在华南。

米仔兰（米兰）*Aglaia odorata* Lour.

【形态】常绿灌木或小乔木；树冠圆球形，多分枝，顶芽、小枝顶端常被星状锈色鳞片。羽状复叶，小叶3～5，倒卵形至椭圆形，叶轴与小叶柄具狭翅。圆锥花序腋生，花小而密，极芳香，黄色。浆果卵形或近球形。花期自夏至秋。（图11-280）

【分布】产于华南及东南亚，现广植于世界热带及亚热带地区。长江流域及其以北各大城市常盆栽观赏，温室越冬。

【习性】喜光，略耐阴。喜暖怕冷，喜深厚肥沃土壤，不耐旱。

【繁殖】可用嫩枝扦插、高压等法繁殖。

【用途】米兰枝叶繁密常青，花香馥郁，花期特长。是南方优秀的庭院观赏闻味树种。也可植于庭前，盆栽置于室内。

62．芸香科 Rutaceae

常绿或落叶，多为乔木或灌木。叶互生或对生，单叶或复叶，常有透明油点。花两性，稀单性，辐射对称，萼片4～5片，常合生；花瓣4～5片，分离；雄蕊与花瓣同数、2倍或多数，花丝分离或合生，着生于环状的肉质花盘周围。果实为蓇葖果、浆果、核果、翅果或柑果。

180属1600余种，主产热带和亚热带。我国28属150余种，南北均产，以南部和西南部最多。

分属检索表

1. 奇数羽状复叶 ………………………………………… 2
1. 三小叶复叶或单身复叶 ………………………………… 5
2. 叶互生 ……………………………………………… 3
2. 叶对生 ……………………………………………… 4
3. 枝有皮刺；小叶对生；蓇葖果 ……………………… 花椒属
3. 枝无皮刺；小叶互生；浆果肉质 …………………… 九里香属
4. 小叶常有锯齿，对生；核果 ………………………… 黄檗属
4. 小叶全缘或有齿，具半透明腺点；聚合蓇葖果 ……… 吴茱萸属
5. 三小叶复叶，落叶性；茎枝有刺；柑果密被短柔毛 …… 枸橘属
5. 单身复叶，常绿性；柑果极少被毛 ………………………… 6
6. 子房8～15室，每室4～12胚珠；果较大 ……………… 柑橘属
6. 子房2～6室，每室2胚珠；果较小 …………………… 金橘属

（1）**花椒属** *Zanthoxylum* L.

小乔木或灌木；茎具皮刺。奇数羽状复叶互生，小叶具透明油腺点，有锯齿。花单性，雌雄异株，单被花。聚合蓇葖果，种子黑色，有光泽。

约250种，主产热带、亚热带。我国约50种，南北均产。

分种检索表

1. 叶轴有狭翅；小叶5～11，卵形或卵状长圆形，无柄或近无柄……………………………花椒

1. 叶轴及叶柄有宽翅；小叶3～9，椭圆状披针形 …………………………………………… 竹叶椒

花椒 *Zanthoxylum bungeanum* Maxim.

【形态】落叶灌木或小乔木；茎常有增大皮刺，枝灰色或褐灰色，当年生小枝被短柔毛。奇数羽状复叶，叶轴有狭翅；小叶5～11个，纸质，卵形或卵状长圆形，近无柄，边缘有细锯齿，表面中脉基部两侧常被一簇褐色长柔毛，无针刺。聚伞状圆锥花序顶生，花白色或淡黄，花被片4～8；雄花雄蕊5～7，雌花心皮3～4，稀6～7个，子房无柄。果球形，青红、紫红或紫黑色，密生疣状凸起的油点。花期3～5月，果期7～10月。（图11-281）

【分布】我国华北、华中、华南均有分布。

【习性】喜光，适宜温暖湿润及土层深厚肥沃壤土、沙壤土，萌蘖性强，耐寒，耐旱，抗病能力强，隐芽寿命长，故耐强修剪。不耐涝，短期积水可致死亡。

【繁殖】以播种繁殖为主，扦插、分株均可。

【用途】可孤植又可作防护刺篱，是荒山、荒滩造林、四旁绿化及庭院绿化结合生产的良好树种。果皮可作为调味料，并可提取芳香油，可入药，种子可食，又可加工制作肥皂。

图11-281　花椒

（2）**黄檗属** *Phellodendron* Rupr.

落叶乔木；树皮木栓层发达。奇数羽状复叶对生。花单性异株；圆锥花序顶生。核果。

约8种，我国2种，产东北至西南。

黄檗（黄柏，黄波罗）*Phellodendron amurense* Rupr.

【形态】落叶乔木，高20m；树皮浅灰色深纵裂，木栓层发达，内皮鲜黄色；小枝淡黄灰色，叶痕心形；裸芽被短柔毛。奇数羽状复叶对生或近互生；小叶5～13，长卵形，基部常歪斜，叶背主脉及基部两侧有白色软毛，边缘微波状或具不明显锯齿，齿间有黄色透明的油腺点。花单性异株，聚伞状圆锥花序顶生；花小，黄绿色；萼瓣各5；雄蕊5，与花瓣互生，较花瓣长1倍；雌花子房倒卵形，有短柄，5室各具1胚珠。浆果状核果近球形，熟时由黄变黑，有特殊气味；种子2～5。花期5～6月，果期9～10月。（图11-282）

图11-282　黄檗

【分布】产于东北和华北。

【习性】喜光，耐寒不耐阴。对土壤适应性较强，深根性，抗风力强。生长速度中等，寿命长。

【繁殖】多用播种法繁殖，亦可利用根蘖进行分株繁殖。

【用途】树冠宽阔，秋叶变黄，颇为美丽，可用作庭阴树或片植。属珍贵用材树种，树干可剥取木栓皮，内皮药用，即著名中药“黄柏”，又可作染料。

（3）**吴茱萸属** *Evodia* Forst.

灌木或乔木。叶对生，单叶、3小叶或羽状复叶；小叶全缘，有油腺点。花小，单性异株，排成腋生或顶生的伞房花序或圆锥花序；萼片和花瓣4（5）；雄蕊4或5，着生于花盘的基部；子房深4裂，4室，每室有胚珠2颗。果由4个革质、开裂的成熟心皮组成。

45种，分布于热带和亚热带地区，我国有25种，产西南部至东北。

吴茱萸 *Evodia rutaecarpa*（Juss.）Benth.

【形态】灌木或小乔木，高3~10m；幼枝、叶轴、叶柄及花序均被黄褐色长柔毛。奇数羽状复叶对生；小叶5~9，纸质或厚纸质，椭圆形至卵形，表面疏生毛，背面密被白色长柔毛，有透明腺点。花单性异株，密集成顶生的圆锥花序。蓇葖果紫红色，有粗大腺点，每果含种子1粒。花期6~8月，果期9~10月。

【分布】分布于陕西、甘肃及长江流域以南各省区。

【习性】喜光性树种，适宜温暖气候及排水良好的湿润肥沃土壤生长。

【繁殖】种子繁殖或扦插、分根繁殖。

【用途】可作为庭院观赏树种。

（4）**枸橘属（枳属）** *Poncirus* Raf.

本属仅1种，我国特产。

枸橘 *Poncirus trifoliata* Raf.

【形态】落叶灌木或小乔木；枝绿色，扁而有棱，枝刺粗长而略扁。三出复叶，叶轴有翅；小叶无柄，有波状浅齿，顶生小叶大，倒卵形，叶端钝或微凹，叶基楔形；侧生小叶基稍歪斜；有透明的腺点。花两性，近无柄，白色，先花后叶；萼片、花瓣各5；雄蕊8~10，子房7（6~8）室，被毛，每室有胚珠数颗。柑果球形，径3~5cm。花期4月，果10月成熟。（图11-283）

图11-283 枸橘

【分布】原产于华中。现河北、山东、山西以南都有栽培。

【习性】喜光，喜温暖湿润气候，较耐寒；喜微酸性土壤，不耐碱。生长速度中等。萌枝力强，耐修剪。主根浅，须根多。

【繁殖】用播种或扦插法繁殖。

【用途】枝条绿色多刺，春季叶前开花，秋季黄果累累，是观花观果的好树种，多用作绿篱或刺篱栽培，也可作为造景树及盆景材料。是柑橘类嫁接的优良砧木。

（5）**柑橘属** *Citrus* L.

常绿乔木或灌木；常具刺。革质单身复叶互生，具油腺点；叶柄常有翅。花常两性，单生或簇生叶腋；花白色或淡红色，常为5数；花丝基部合生或中部以下合生。柑果较大，常无毛。

约20种，分布亚洲热带和亚热带。我国含引种栽培约15种。多为优良果树和观赏树种。

分种检索表

1 单叶，无翅；叶柄顶端无关节 ……………………………………………………香橼
1. 单身复叶，有宽或狭但长度不及叶身一半的翅；叶柄顶端有关节 ……………………… 2
2. 叶柄只有狭边缘，无翅；花芽外面带紫色；果极酸 …………………………………柠檬
2. 叶柄多少有翅；花芽白色 ………………………………………………………………… 3
3. 小枝有毛；叶柄翅宽大；果极大，径10cm以上，果皮平滑 ……………………………柚
3. 小枝无毛；果中等大小，果皮较粗糙 …………………………………………………… 4
4. 叶柄翅狭；果皮不易剥离，果心充实 ……………………………………………… 橙
4. 叶柄近无翅；果皮易剥离，果心中空 ……………………………………………… 柑橘

① 香橼 *Citrus medica* L.

【形态】常绿小乔木或灌木；枝有短刺。叶片长椭圆形，叶端钝或短尖，叶缘有钝齿，油点显著；叶柄短，无翅，柄端无关节。花单生或簇生，有时成总状花序，芳香；花白色，外面淡紫色。柑果近球形，顶端有1乳头状突起，柠檬黄色，表面粗糙，具香气；果汁无色，味酸苦。花期4～5月，果期9～11月。

【变种】佛手var.*sarctdaaytus* Swingle果实呈暗黄色，香味浓，先端多裂如掌（武佛手），或张开如手指状（文佛手），开裂指状较多（千佛手），或不完全开裂（拳佛手），为著名的盆栽观果树种。（图11-284）

图11-284 佛手

【分布】产于中国长江以南地区；北方常温室盆栽。

【习性】喜光，喜温暖气候。喜肥沃适湿而排水良好的土壤。不耐寒，忌干旱。

【繁殖】可用扦插及嫁接法繁殖，砧木可用原种。

【用途】香橼一年中可开花数次，芳香宜人，果实金黄，悬垂枝头，为著名的观果树种，但果实酸苦不堪，可入药或作蜜饯。

② 柚 *Citrus grandis*（L.）Osbeck.

【形态】常绿小乔木，高5～10m；小枝有毛，刺较大。单身复叶，叶柄有宽大倒心形的翅；花两性，白色，单生或簇生叶腋。果极大，球形或梨形，径15～25cm，果皮平滑，淡黄色，油腺密生。花期3～4月，果9～10月成熟。（图11-285）

图11-285 柚

【分布】原产于印度，华南、陕西、秦岭以南均有栽培。

【习性】喜暖热湿润气候及深厚、肥沃而排水良好的中性或微

酸性壤土。

【繁殖】可用播种、嫁接、扦插、空中压条等法进行。

【用途】四季常青，素花芳香，为亚热带重要果树之一，可作庭院观果树种，北方多盆栽，根、叶及果皮均可入药。

③ 橙 *Citrus sinensis*（L.）Osbeck.

【形态】常绿乔木；小枝无毛，枝刺短或无。单身复叶，叶片椭圆形至卵形，全缘或有不明显的顿齿；叶柄具关节，两侧常具狭翅，通称箭叶。花白色，一至数朵簇生叶腋。柑果近球形，果皮橙黄色，果皮不易剥离，果瓣10，果心充实。花期5月，果熟期11～次年2月成熟。（图11–286）

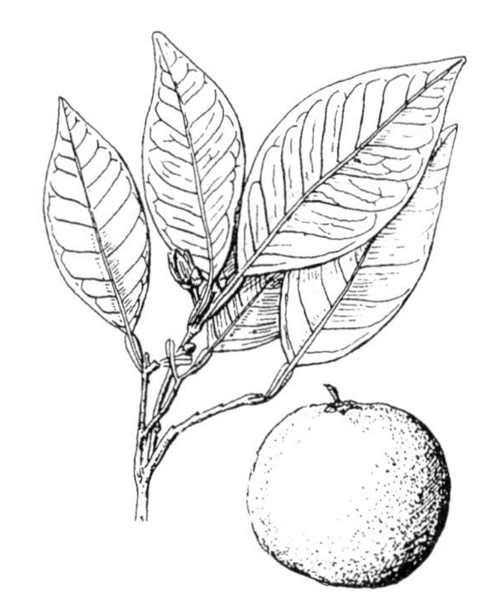

图11–286 橙

【分布】原产于我国，长江以南各省普遍栽培。

【习性】喜温暖湿润气候及深厚肥沃的微酸性或中性砂质壤土，不耐寒。

【繁殖】用播种和嫁接法繁殖。

【用途】为著名亚热带水果。果实富含维生素C；果皮入药，种子含油30%左右。

④ 柑橘 *Citrus reticulata* Blanco.

【形态】常绿小乔木或灌木，高约3m；小枝较细弱，无毛，通常有刺。叶长卵状披针形，长4～8cm，叶柄近无翅。花黄白色，单生或簇生叶腋。果扁球形，径5～7cm，橙黄色或橙红色，果皮薄易剥离。春季开花，10～12月果熟。（图11–287）

图11–287 柑橘

【分布】我国长江流域以南各省广泛栽培。

【习性】喜温暖湿润气候，耐寒性较柚、酸橙、甜橙稍强。

【繁殖】用播种和嫁接法繁殖。

【用途】柑橘四季常青，枝叶茂密，树姿整齐，春季满树盛开香花，秋冬黄果累累，黄绿色彩相间极为美丽，既有观赏效果，又有经济收益；果皮、核仁及叶均可入药。

⑤ 柠檬（黎檬）*Citrus limon* Burm.f.

【形态】常绿灌木或小乔木；枝具硬刺。叶较小，椭圆形，叶柄端有关节，有狭翅。花瓣内面白色，背面淡紫色。柑果近椭圆形，直径约5cm，黄色或朱红色，果皮薄而易剥离，果味极酸。（图11–288）

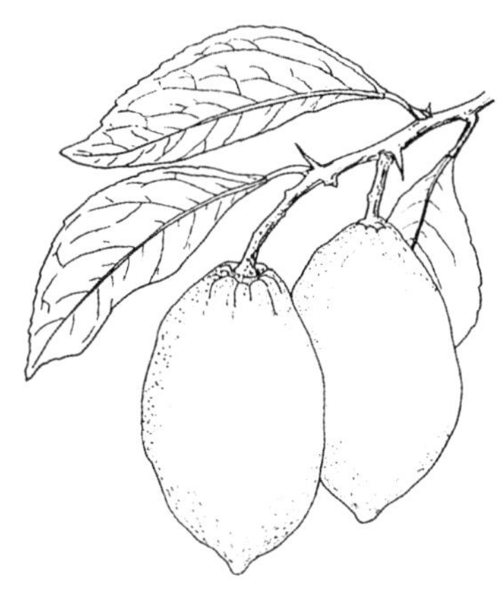

图11–288 柠檬

【分布】原产于亚洲。我国南部栽培，华北常盆栽观赏。

【习性】主根较深、侧根浅而吸肥力强，是良好的砧木，嫁接后生长快而结实早，且可丰产，耐湿性强，宜植于潮湿的沙壤土，寿命短，易生根蘖。

【繁殖】用播种和嫁接法繁殖。

【用途】果味极酸，鲜果可加糖冲水饮用，广东一带将其渣去核蒸熟称柠檬饼，食用可消食开胃。

（6）**金橘属** *Fortunella* Swingle.

灌木或小乔木；枝圆形，无刺或偶有刺。单叶，叶柄有狭翅。花瓣5，罕为4或6，雄蕊18～20或成不规则束。果实小，果瓣3～6，罕为7。

共4种；中国原产，分布于浙江、福建、广东等省，现各地常盆栽观赏。

图11-289　金橘

金橘 *Fortunella margarita*（Lour.）Swingle.

【形态】常绿灌木；通常无刺，分枝多。叶长椭圆状披针形，全缘但近叶端具不明显浅齿，表面深绿色光亮，背面青绿色有散生腺点；叶柄有极狭翅，与叶片连接处有关节。单花或2～3花集生于叶腋，具短柄；花两性整齐，白色芳香，花瓣5，子房5室。果倒卵形，长3cm，熟时橙黄色，果皮肉质厚，平滑，有许多腺点，有香味，果瓣4～5；种子卵状球形。（图11-289）

【分布】分布于华南，现各地有盆栽。

【习性】性较强健，对旱、病的抗性均较强；亦耐瘠薄土，易开花结实。

【繁殖】可扦插或嫁接繁殖。

【用途】枝叶繁茂，树姿优美，花白如玉，金果累累，常作盆栽观赏果实。

（7）**九里香属** *Murraya* L.

无刺灌木或小乔木。奇数羽状复叶，小叶互生，有柄。花排成聚伞花序，腋生或顶生；萼极小，5深齿裂；花瓣5片；雄蕊10，生于伸长花盘的周围；子房2～5室，每室有胚珠1～2。浆果肉质，有种子1～2粒。

约12种，分布于亚洲热带地区及马来西亚。我国有9种，产西南部至台湾。

九里香 *Murraya paniculata*（L.）Jacks.

【形态】灌木或小乔木，高3～8m；小枝无毛，嫩枝略有毛。奇数羽状复叶互生，小叶3～9，小叶叶形变异大，由卵形、倒卵形至菱形，全缘。聚伞花序短，腋生或顶生，花大而少，白色，极芳香，萼极小，5片，宿存，花瓣5，有透明腺点。浆果近球形，成熟时鲜红色；内含种子1～2粒。花期7～11月。

【分布】产于台湾、福建、广东、海南及湖南、广西、贵州、云南四省区的南部。

【习性】性喜暖热气候，喜光，也较耐阴耐旱，不耐寒。

【繁殖】可用种子及扦插繁殖。

【用途】四季常青，花极芳香，可植为绿篱，北方多盆栽。

63．五加科 Araliaceae

乔木、灌木或木质藤本，稀为草本；茎髓大。单叶、掌状复叶或羽状复叶互生；托叶常与叶柄基部合生成鞘状，稀无托叶。花小整齐，两性或杂性，稀单性异株，排成伞形、头状、总状或穗状花序，常再组成圆锥状复花序。浆果或核果；约80属900多种，分布于两半球热带至温带地区。我国有23属170多种，除新疆未发现外，分布于全国各地，以西南地区较多。

分属检索表

1\. 单叶，常有掌状裂 …… 2
1\. 掌状复叶 …… 4
2\. 常绿藤本，借气生根攀缘 …… 常春藤属
2\. 直立乔木或灌木 …… 3
3\. 茎、枝具宽扁皮刺；叶掌状5～7裂，落叶乔木 …… 刺楸属
3\. 茎、枝无刺；叶掌状7～12裂；常绿灌木或小乔木 …… 八角金盘属
4\. 枝及叶柄常有刺；子房2～5室 …… 五加属
4\. 枝及叶柄无刺，子房5～8室 …… 鹅掌柴属

（1）**刺楸属** *Kalopanax* Miq.

落叶乔木；树干及小枝被宽扁皮刺。单叶，掌状分裂；叶柄长，无托叶。两性花，伞形花序组成复花序，顶生；花梗无关节；萼5齿裂；花部5数，花瓣镊合状排列；子房下位，2室，花柱合生。核果近球形；种子2，扁平，胚乳均匀。

1种，产于东亚。

刺楸（鸟不宿、钉木树、丁桐皮）*Kalopanax septemlobus*（Thunb.）Koidz.

【形态】落叶乔木；树皮暗灰棕色，纵裂，具粗大硬棘刺；小枝淡黄棕色或灰棕色，散生粗刺；单叶互生，叶柄长6～30cm，叶片纸质，近圆形，宽7～20cm，长10～25cm，掌状5～9裂，裂片三角状卵圆形至椭圆状卵形，顶端渐尖或长尖，裂片有锯齿，无毛或背面基部脉腋有毛簇。花小，白色，两性，排成伞形花序，聚生成顶生圆锥花序。核果近球形，径4～5mm，有种子2颗，熟时蓝黑色。花期7～8月，果期10～11月。（图11-290）

图11-290 刺楸

【变种】深裂刺楸var.*maximowiezi* Hara裂片深达叶片的中部以下，椭圆状披针形，背面被毛较多。

【分布】分布于东亚，我国南部至东北部有分布。

【习性】喜光，对气候适应性较强，喜土层深厚湿润的酸性土或中性土，多生于山地疏林中。生长快。

【繁殖】用播种及根插法繁殖。播种时，种子采后需经后熟。

【用途】冠大干直，树形颇为壮观，并富野趣，宜自然风景区绿化应用，也可在园林作孤植树及庭阴树栽植。低山区重要造林树种。木材可制家具、建筑和铁路枕木用。

（2）**八角金盘属** *Fatsia* Decne. et Planch.

常绿、无刺大灌木或小乔木。单叶，叶大，掌状分裂；托叶不明显。花两性或单性，具梗，伞形花序组成大顶生圆锥状花序；花部5数；萼筒全缘或具小齿；子房下位，花柱分离，花盘隆起。果近球形或卵形。

2种，我国产1种；另1种产日本，我国栽培。

八角金盘 *Fatsia japonica*（Thunb.）Decne.et Planch.

图11-291　八角金盘

【形态】常绿灌木，高4～5m，常数杆丛生。叶大，掌状5～9深裂，裂片卵状长椭圆形，基部心形或截形，有光泽，边缘有锯齿或波状；叶柄长，10～30cm，基部膨大。花小，花白色，伞形花序集成圆锥花序，顶生。浆果近球形，紫黑色，外被白粉。10～11月开花，翌年5月果熟。（图11-291）

【分布】原产于我国台湾与日本。

【习性】喜温暖、湿润环境，不甚耐寒。极耐阴，较耐湿，怕干旱，畏酷热和强光暴晒，萌蘖性强。

【繁殖】常用扦插法繁殖。

【用途】叶大光亮而常绿，是良好的观叶树种。长江以南地区可布置庭前、门旁、篱下、水边、桥侧、建筑物的背阴面等，或大片种植于草地边缘和林下。对二氧化硫抗性较强，适于厂矿区、住宅区种植。北方常盆栽，供室内绿化观赏。

（3）**常春藤属** *Hedera* L.

常绿藤本；有气根和叶分裂，直立茎无气根，叶不分裂；互生，柄较长。花两性，淡绿色，排成伞形花序，再复结成顶生的短圆锥花序或总状花序；花部5数，花瓣镊合状排列；子房下位，花柱联合成短柱状。浆果球形，有种子3～5颗。

5种，分布于亚洲、欧洲及美洲北部。

分种检索表

1. 幼枝具鳞片状毛；叶常较小，全缘或3裂 ……………………………………………常春藤
1. 幼枝具星状毛；叶常较大，3～5裂 …………………………………………………… 洋常春藤

常春藤（中华常春藤）*Hedera nepalensis var.sinensis*（Tobl.）Rehd.

【形态】常绿攀缘藤本；老枝灰白色，幼枝淡青色，被鳞片状柔毛，枝蔓处生有气生根。叶革质，深绿色，有长柄，营养枝上的叶三角状卵形，全缘或3浅裂；花枝上的叶卵形至菱形。花淡绿白色，有微香。核果圆球形，橙黄色。9～11月开花，翌年4～5月成熟。（图11-292）

图11-292　常春藤

【分布】分布于我国华中、华南、西南及陕西、甘肃等省。

【习性】极耐阴，也能在光照充足之处生长。喜温暖、湿润环境，稍耐寒，对土壤要求不高，但喜肥沃疏松的土壤。

【繁殖】通常用扦插或压条法繁殖，极易生根。

【用途】枝蔓茂密青翠，姿态优雅，为立体绿化的优良植物材料，北方多盆栽。

（4）**五加属** *Acanthopanax* Miq.

灌木至小乔木，常有刺。叶为掌状复叶。花两性或杂性；伞形花序单生或排成顶生的大圆锥花序；萼5齿裂；花瓣5（4）；雄蕊与

花瓣同数；子房下位，2～5室，花柱离生或合生成柱状。果近球形，核果状。

约30种，分布于亚洲，我国有27种，广布于南北各省，长江流域最盛。

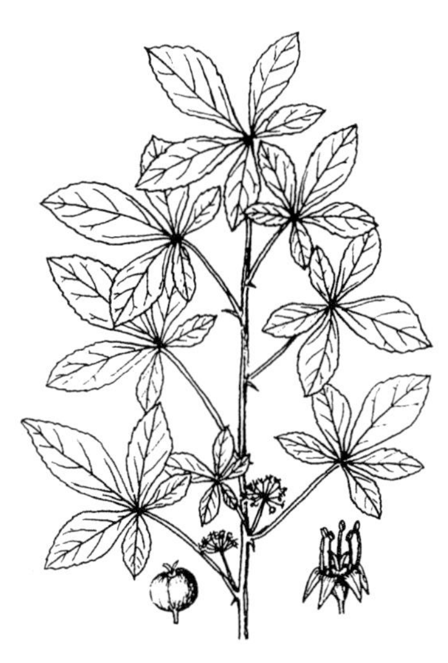
图11-293 细柱五加

细柱五加（五加、五加皮）*Acanthopanax gracilistylus* W.W.Smith.

【形态】落叶灌木，有时蔓生状；枝无刺或于叶柄基部单生扁平的刺。掌状复叶长枝上互生，短枝上簇生，小叶通常5，倒卵状披针形，边缘具细锯齿，长3～6cm，宽2～3cm，两面无毛或沿脉疏生刚毛。伞形花序多腋生；花小，萼瓣、雄蕊各5；子房下位，2室，花柱2，分离。浆果状核果近球形，黑色；种子2，扁平细小。花期5～7月，果期9～10月。（图11-293）

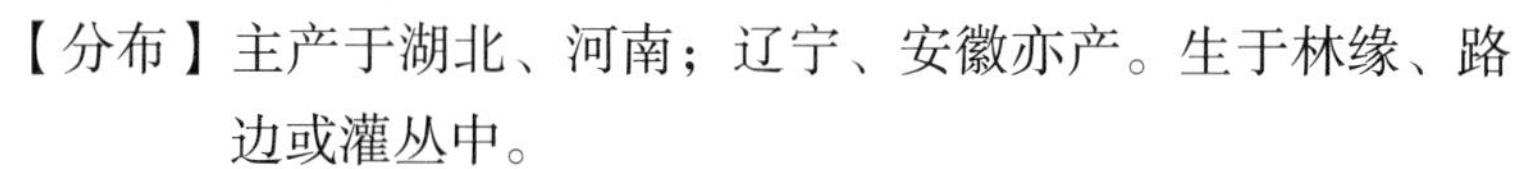

【分布】主产于湖北、河南；辽宁、安徽亦产。生于林缘、路边或灌丛中。

【习性】性强健，适应性强。

【繁殖】播种繁殖为主。

【用途】掌状复叶及植株可作观赏。根、皮与叶供药用。

（5）**鹅掌柴属** *Schefflea* J. R & G. Forster

常绿乔木或灌木，有时为藤本，无刺。叶为掌状复叶；托叶与叶柄合生。花排成伞形、总状或头状并常聚成大型圆锥花序；花萼全缘或有5齿；花瓣5～7，镊合状排列；雄蕊与花瓣同数；子房5～7室；花柱合生。果近球形；种子5～7。

约400余种，主要产于热带及亚热带地区。中国约37种，分布于长江以南。

鹅掌柴（鸭脚木）*Schefflea octophylla*（Lour.）Harms.

【形态】常绿半蔓生灌木；多分枝，节间短，幼期植株茎绿色，后期转为褐色。掌状复叶，小叶6～9，革质，长卵圆形或椭圆形，长7～17cm，宽3～6cm；叶柄长8～25cm；小叶柄长1.5～5cm。花小白色，有芳香，伞形花序又复结成顶生25cm长的大圆锥花序；萼5～6裂；花瓣5，肉质；花柱极短。果球形，径3～4cm。熟时紫黑色。花期冬季。（图11-294）

【分布】分布于大洋洲及我国广东、福建等热带、亚热带地区，现我国华南、华东等地有大量栽培。

【习性】性喜半阴、温暖湿润的环境；有一定的耐阴抗旱能力，越冬温度为5℃，但花叶品种越冬温度要求8～10℃；喜疏松、肥沃、透气、排水良好的砂质壤土。

【繁殖】可播种、扦插和高空压条繁殖。

【用途】植株紧密，树冠整齐优美可供观赏用，或作园林中的掩蔽树种用。北方温室栽培。根、皮与叶供药用。

图11-294 鹅掌柴

64．夹竹桃科 Apocynaceae

乔木，灌木或草本；常具乳汁。单叶对生或轮生，全缘。花两性，辐射对称，单生或聚伞花序；花萼常5裂，花冠5裂；雄蕊5。果为浆果、核果、蒴果等。

约250属2000余种，分布于热带、亚热带地区，我国产46属176种33变种。

分属检索表

1. 藤本或蔓性灌木 ………………………………………………………… 2
1. 直立大灌木或乔木 ……………………………………………………… 4
2. 直立或藤状灌木；叶轮生或对生 …………………………………黄蝉属
2. 藤本；叶对生 …………………………………………………………… 3
3. 聚伞花序，花冠白色 ………………………………………………络石属
3. 花单生，花冠蓝紫色 ……………………………………………长春蔓属
4. 叶轮生，或兼有对生 ……………………………………………夹竹桃属
4. 叶互生；枝肥厚肉质 ……………………………………………鸡蛋花属

（1）夹竹桃属 *Nerium* L.

常绿灌木；含水液。叶革质全缘，轮生或对生，羽状脉，侧脉密生而平行。花排成顶生伞房状聚伞花序；花萼5裂，裂片基部内面有腺体；花冠漏斗状，喉部有撕裂状的副花冠；雄蕊内藏，花药黏合，顶有长的附属体；心皮2，离生，子房长圆形。种子被毛。

4种，分布于地中海沿岸及亚洲热带、亚热带地区，我国各地常见栽培供观赏用2种。

图11-295　夹竹桃

夹竹桃（柳叶桃）*Nerium indicum* Mill.

【形态】常绿直立大灌木，高5m；多分枝。单叶，3~4片轮生，枝条下部常对生，线状披针形全缘，侧脉密生而平行。花两性，聚伞花序顶生；花萼5裂，基部内有腺点，花冠深红或粉红，单瓣5，右旋，喉部有5枚撕裂状副花冠，芳香；雄蕊5，着生于花冠筒中部以上，无花盘；心皮2，离生。蓇葖果，成熟时会爆开放出大量种子。花期6~10月。（图11-295）

【变种】白花夹竹桃“Paihua”花白色。

【分布】原产于波斯、印度，广植世界热带及亚热带地区，我国各地园林广为栽培。

【习性】性强健，喜温暖、向阳、湿润的环境，对有害气体抗性强，对烟尘、粉尘抵抗和吸滞能力强。

【繁殖】以压条法为主，也可扦插繁殖。

【用途】四季常绿，花期较长，是城乡、工矿地区的绿化好树种。植株有毒，应用时应注意。

（2）络石属 *Trachelospermum* Lem.

常绿攀缘藤本；具白色乳汁。叶对生。顶生或腋生聚伞花序；萼小，5裂，有腺体；花冠高脚碟状，喉部无鳞片，裂片右旋；雄蕊着生于冠管上，花药连合，围绕着柱头；花盘环状，截平或5裂；心皮2，离生，花柱丝状。蓇葖果双生，长柱形；种子线形，有种毛。

约30种，分布于亚洲热带、亚热带地区，我国有10种，主产长江以南各省。

络石（万字茉莉、白花藤、石龙藤）*Trachelospermum jasminoides*（Lendl.）Lem.

【形态】常绿藤本；茎赤褐色，幼枝有黄色柔毛，具乳汁，常有气根。叶革质，椭圆形或卵状披针形，长2～10cm，全缘，背面有柔毛，叶柄短。聚伞花序；花萼5深裂，花后反卷，外被白色柔毛；花冠白色芳香，花冠高脚碟状，冠筒中部以上扩大，喉部有毛，5裂片开展右旋，形如风车。蓇葖果圆柱形，长15cm；种子扁线形，有白色种毛。花期4～5月。（图11-296）

【变种】a 石血var.*heterophyllum* Tsiang.异形叶，通常狭披针形。b'变色'络石："Variegatum"叶圆形，杂色，有绿色和白色，以后变成淡红色。我国广东南部有栽培。

图11-296 络石

【分布】主产于长江流域，在我国分布极广。朝鲜、日本也有。

【习性】喜光，耐阴；喜温暖湿润气候，耐寒性强；对土壤要求不严，抗干旱；抗海潮风。萌蘖性尚强。抗污染能力强。

【繁殖】扦插与压条繁殖均易生根。

【用途】络石叶色浓绿，四季常青，花白，繁茂，且具芳香，作常青地被，颇优美自然；华北常温室盆栽观赏。也可作污染严重厂区，公路护坡等环境恶劣地块的绿化首选用苗。

（3）**黄蝉属** ***Allemanda*** **L.**

直立或藤状灌木；有乳液。叶轮生、对生，稀互生。花大，聚伞花序排成总状；花萼5深裂，花冠漏斗状，裂片5，裂片向左覆盖；副花冠生于花冠喉部；雄蕊5，花丝短，花药与柱头分离，花盘肉质环状，子房1室，花柱丝状。蒴果有刺，2瓣裂；种子扁平。

约15种，原产南美洲，现广植于热带及亚热带。我国南方引入栽培2种，2变种。

黄蝉 *Allemanda neriifolia* Hook.

【形态】直立灌木，高1～2m，具乳汁；小枝灰白色。叶3～5枚轮生，椭圆形或倒卵状长圆形，长6～12cm，先端渐尖，基部楔形，全缘，叶背中脉和侧脉被短柔毛。花序顶生，花梗被粃糠状小柔毛；花冠橙黄色，长4～6cm，内面具红褐色条纹，花冠筒细长，喉部橙褐色，长不超过2cm，基部膨大，裂片左旋。蒴果球形，具长刺。花期5～8月。（图11-297）

【分布】原产于巴西。我国南方各省区有栽培。

【习性】喜光，喜温暖湿润气候，适生于肥沃、排水良好的砂质壤土中。

【繁殖】不易结种，因此多以扦插繁殖为主。

【用途】黄蝉花大而美丽，叶深绿而光亮，花、叶均供观赏，适于园林种植或盆栽观赏。南方暖地常植于庭园观赏。植株乳汁有毒，应用时应注意。

图11-297 黄蝉

（4）**鸡蛋花属** *Plumeria* L.

图11-298　鸡蛋花

灌木或小乔木；枝粗厚而带肉质，叶痕大。叶互生，羽状脉。2～3歧聚伞花序顶生，苞片大；萼小，5深裂，无腺体；花冠漏斗状，喉部无鳞片亦无毛，左旋；雄蕊5，生于花冠筒基部，花盘缺；心皮2，分离。蓇葖果；种子多数，顶端具膜质的翅，无种毛。

约7种，分布于西印度群岛和美洲，我国引入栽培1种及1品种。

鸡蛋花（缅栀子、蛋黄花、大季花）*Plumeria rubra* L.cv. Acutifolia.

【形态】落叶小乔木，高5～8m；全株无毛，枝粗壮肉质。单叶互生，多聚生枝顶，长圆状倒披针形或长椭圆形，长20～40cm，顶端短渐尖，基部狭楔形，全缘，侧脉先端连成边脉；具长柄。聚伞花序顶生；花萼裂片小，不张开而压紧花冠筒；花冠外面白色而略带淡红色斑纹，内面黄色，芳香。蓇葖果双生。花期5～10月。（图11-298）

【分布】原产于墨西哥。我国广东、广西、云南、福建等省区有栽培，长江流域及其以北地区常温室盆栽。其原种红鸡蛋花花冠深红色，花期3～9月。我国华南也有栽培。

【习性】性喜光，喜湿热气候；耐干旱，喜生于石灰岩山地或排水良好、肥沃土壤。

【繁殖】扦插或压条繁殖，极易成活。

【用途】鸡蛋花树形美观，叶大深绿，花色素雅而具芳香，常植于庭园中观赏。花可提炼芳香油或熏茶。花、树皮药用。

65．紫草科 Boraginaceae

多为草本，稀灌木或乔木；通常被有糙毛或刚毛。单叶互生，无托叶。花大多集成蝎尾状聚伞花序，两性，辐射对称；花萼5裂；花冠多少呈筒状，檐部5裂，筒内常有封闭喉部的附属物，雄蕊5，子房上位，2室。果实为核果或为4个小坚果。

100属2000种，分布于温带至热带地区，我国46属200余种，全国分布，西南部为主。

（1）**厚壳树属** *Ehretia* L.

灌木或乔木。叶互生。花单生叶腋或排成顶生或腋生的伞房或圆锥花序；萼5裂；花冠管短，圆筒状或钟状，5裂，裂片扩展或外弯；雄蕊5，生于冠管上；子房2室，每室胚珠2，花柱合生至中部以上，柱头2。核果圆球形。

50种，大部产东半球热带地区，我国有11种，分布于西南部经中南部至东部。

分种检索表

1. 叶表疏生平伏粗毛，叶背仅脉腋有毛；果径约4mm ……………………………………厚壳树
1. 叶表密被平伏刚毛，叶背密被粗毛；果径约15mm …………………………………… 粗糠树

① 厚壳树（岭南白莲茶、牛骨仔）*Ehretia thyrsiflora*（Sieb.et Zucc.）Nakai.

【形态】落叶乔木，高15m；树皮暗灰色，不整齐纵裂；小枝光滑，有显著皮孔。叶纸质，互生，狭倒卵形或椭圆形，先端尖，具不整齐细锯齿，长5～15cm，宽2～7cm，基部圆形至不等边浅心形，表面粗糙，背面脉腋密生短柔毛。圆锥花序伞房状顶生；花芳香，

密集；花冠白或浅黄，花冠钟形，裂片长圆形。核果球形，径4mm，熟时橘红色。花期4～5月，果熟期7～8月。（图11-299）

【分布】原产于台湾，长江流域以南各地有分布。

【习性】喜温暖湿润和肥沃土壤，耐寒。

【繁殖】播种繁殖。

【用途】树形整齐，叶大阴浓，花白色芳香而浓密，宜作庭阴树。

② 粗糠树 *Ehretia dicksoni* Hance.

【形态】落叶乔木；树皮灰色，小枝幼时稍有毛。叶互生，卵圆形，长9～18（20）cm，宽5～10cm，边缘具三角形锯齿，叶面被糙伏毛，背面密被粗毛，侧脉7～8对，和中脉在背面隆起；叶柄长2cm，上面具凹槽，被糙毛。伞房状圆锥花序顶生，被毛；花多密集芳香；花梗极短；萼绿色，5深裂；花冠白色或略黄，长1cm，5裂，花药黄色。核果熟时黄色，近球形，直径约1.5cm，平滑。（图11-300）

【分布】分布于西南、华南、华东及河南、陕西、甘肃、青海等地。日本、越南有分布。

【习性】喜山坡疏林及土质肥沃的山脚阴湿处。

【繁殖】播种繁殖。

【用途】同厚壳树。叶和果实捣碎加水可作土农药，防治棉蚜虫，红蜘蛛。

图11-299 厚壳树

图11-300 粗糠树

（2）**基及树属** *Carmona* G. Don.

1种；中国产。

基及树（福建茶）*Carmona microphylla* G.Don.

【形态】常绿灌木，高可达3m；多分枝。叶在长枝上互生，在短枝上簇生，叶小，革质，深绿色，倒卵形或匙状倒卵形，先端具粗钝齿，两面均粗糙，上面常有白色小斑点。聚伞花序2～6朵腋生，或生于短枝上，花冠白色或稍带红色，花径约1cm，具短管和广展裂片；花丝纤细，花药凸出；花柱顶生，分枝几达基部，柱头2，微小。核果球形，内果皮骨质，顶有短喙，红色。春夏开花，秋季成熟。（图11-301）

【分布】产于亚洲热带地区，中国广东、海南、广西、福建及台湾。

【习性】喜光，喜温暖湿润气候，不耐寒；喜疏松肥沃及排水良好的微酸性土壤。萌芽力强，耐修剪。

【繁殖】多以扦插繁殖，枝插、根插均可，极易成活。种子繁

图11-301 基及树

殖，可自播繁衍。

【用途】基及树枝繁叶茂，株型紧凑，多分枝，枝干可塑性强，叶片厚而浓绿，且花期长，春花夏果，夏花秋果，形成绿叶白花、绿果红果相映衬。适宜在华南园林绿地中种植，也是绿篱或盆景的好材料。北方温室栽培。

66. 马鞭草科 Verbenaceae

灌木或乔木，稀藤本。单叶或复叶，对生，稀轮生或互生；无托叶。花两性，稀整齐；花萼常4～5裂，宿存；花冠2唇形或略不等4～5裂；雄蕊通常4，2强；子房上位，通常2心皮，4室，1胚珠。核果、蒴果或浆果状核果，核单1或分为2或4。

约80属3000余种，主要分布于热带、亚热带。我国21属175种，全国均有分布，主产长江以南。

分属检索表

1. 近头状花序；茎具倒钩状皮刺；果成熟后基部为花萼所包围 ……………………马缨丹属
1. 聚伞花序，或由聚伞花序组成其他花序 …………………………………………… 2
2. 花萼钟状、杯状，有色泽，在花后增大；浆果状核果 ………………………赪桐属
2. 花萼不增大，绿色 …………………………………………………………………… 3
3. 掌状复叶，稀单叶；小枝四棱形；核果 ………………………………………牡荆属
3. 单叶；小枝不为四棱形 ……………………………………………………………… 4
4. 浆果状核果；花萼、花冠顶端截形或4裂 ………………………………………紫珠属
4. 蒴果；花萼、花冠顶端均5裂 ………………………………………………………莸属

（1）马缨丹属 *Lantana* L.

灌木；有强烈气味；茎四棱形，有或无皮刺。单叶对生，锯齿圆钝，表面多皱。花密集头状，具总梗；苞片长于花萼；花萼膜质；花冠筒细长，顶端4～5裂；雄蕊4。核果球形。

约150种，主产热带美洲。我国引种栽培2种。

五色梅 *Lantana camara* L.

【形态】常绿半藤状灌木，高1～2m；全株具粗毛，有臭味；枝有短柔毛，通常有短倒钩状刺。叶卵形至卵状椭圆形，长3～9cm，先端渐尖，基部圆形，表面略皱，两面有糙毛，揉碎有强烈气味。头状花序腋生；花冠黄色、橙黄色、粉红色至深红色。核果球形，成熟时紫黑色。全年开花。（图11-302）

【分布】原产于美洲热带。我国华南地区有栽培。长江流域及华北地区常见盆栽观赏。

【习性】喜光，喜温暖湿润。

【繁殖】播种、扦插繁殖。

【用途】花形美丽，花色丰富，南方各地庭园栽培观赏，也可集中栽植作观花地被；北方盆栽观赏。根、叶、花均入药。

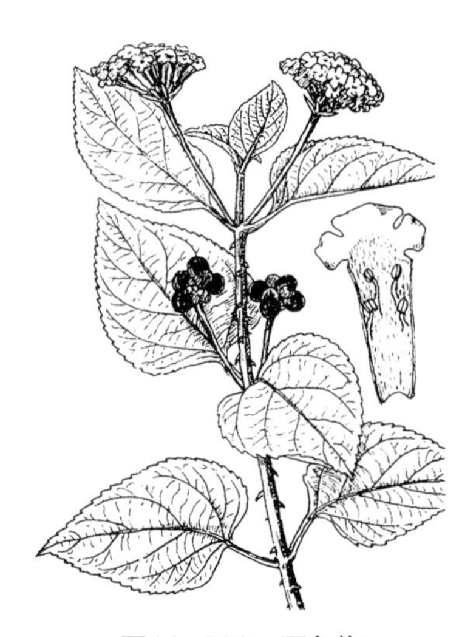

图11-302 五色梅

（2）赪桐属（大青属）*Clerodendrum* L.

落叶或半常绿，灌木或乔木；单叶对生或轮生。聚伞或圆锥花序；苞片宿存或早落；花萼钟状、杯状；花冠筒常细长，顶端5裂；雄蕊4，伸出花冠外。核果浆果状，包于宿存增大的花萼内。

约400种，分布于热带和亚热带。我国34种6变种，主要分布在西南、华南地区。

分种检索表

1. 花序疏散成伞房状；叶全缘或波状齿；花萼较大 ……………………………海州常山
1. 花序紧密成头状；叶缘有锯齿；花萼较小 ……………………………………臭牡丹

① 海州常山（臭梧桐）*Clerodendrum trichotomum* Thunb.

【形态】落叶小乔木或灌木；幼枝、叶柄、花序轴有黄褐色柔毛；枝片状髓淡黄色，侧芽叠生。叶对生，有臭味，宽卵形至三角状卵形，长5～15cm，先端渐尖，基部截形或宽楔形，全缘或波状齿。伞房状聚伞花序；花萼紫红色，5深裂几达基部，宿存；花冠白色或带粉红色。核果近球形，熟时蓝紫色。花期6～9月，果期9～11月。（图11-303）

图11-303 海州常山

【分布】产于我国华北、华东、中南、西南各省区。日本、朝鲜也有分布。

【习性】喜光，稍耐阴，喜温暖和湿润环境，适应性强，对土壤要求不太严格，喜肥沃、疏松的沙壤土，有一定耐寒性，较耐旱、耐湿、耐盐碱，对有害气体抗性较强。

【繁殖】播种、扦插繁殖。

【用途】花时白色花冠衬以紫红色花萼，果时增大的紫红色花萼托以蓝紫色亮果，极为美丽，且花果期长，是良好的观花赏果树木。全株入药。

② 臭牡丹 *Clerodendrum bungei* Steud.

【形态】落叶灌木，高达2m；小枝紫色或紫褐色，被短柔毛，枝髓白色坚实。叶对生，有臭味，宽卵形至卵形，长10～20cm，基部心形或近截形，有粗锯齿，背面有小腺点；叶柄带紫色，有短柔毛。聚伞花序密集成头状；花萼短小，紫红色或下部绿色；花冠淡红色、红色或紫色，芳香。核果倒卵形或近球形，成熟时蓝紫色。花期7～8月，果期9～10月。（图11-304）

图11-304 臭牡丹

【分布】产于我国华北、西北及西南各省区。印度北部、越南及马来西亚也有分布。

【习性】喜光耐半阴，耐寒，较耐干旱，适应性强。萌蘖性强。华北地区可露地栽培。

【繁殖】播种繁殖。

【用途】花形奇特，花色美丽，花期长，园林中可孤植、丛植或在林缘及山石旁配植。全株入药。

（3）**牡荆属** *Vitex* L.

灌木或小乔木；小枝常四棱形。掌状复叶对生，小叶3～8。聚伞花序，或成圆锥状、伞房状；花萼钟状或管状，顶端平截或5小齿，有时略为唇形，宿存；花冠唇形，上唇2裂，下唇3裂；雄蕊4。核果。

约250种，主要分布于热带和温带。我国14种7变种3变型，主产长江以南。

黄荆（五指枫）*Vitex negundo* L.

【形态】落叶灌木或小乔木，高达5m；小枝四棱形，密生灰白色绒毛。掌状复叶，小叶5，间有3，卵状长椭圆形至披针形，全缘或疏生粗锯齿，背面密生灰白色细绒毛。圆锥状聚伞花序顶生；花萼钟状，5齿裂；花冠淡紫色，外面有绒毛。果球形，黑色。花期6～8月，果期9～10月。（图11-305）

图11-305　黄荆

【变种】a 牡荆var.*cannabifolia* Hand.-Mazz.小叶边缘具整齐粗锯齿，表面绿色，背面淡绿色，无毛或稍有毛。分布于华东各省及华北、中南至西南各省。

b 荆条var.*heterophylla*（Franch.）Rehd.小叶边缘具缺刻状锯齿、羽状浅裂至深裂。花期7～9月。我国东北、华北、西北、华东及西南均有分布。

【分布】全国各地均有分布，主产长江以南各省。亚洲南部、非洲及南美洲也有分布。

【习性】喜光，耐半阴，耐寒，耐干旱瘠薄，适应性强。萌蘖性强，耐修剪。

【繁殖】播种、分株繁殖。

【用途】黄荆树形扶疏，叶形秀丽，花繁色艳，甚为雅致；荆条叶秀丽，花清雅，是装点风景区的极好材料，可植于山坡、路旁、沟边、岩石园等；也是树桩盆景的优良材料。枝、叶、种子入药。蜜源植物。枝条编筐。

（4）**紫珠属** *Callicarpa* L.

多为灌木；常被星状毛或垢毛。单叶对生或轮生，有锯齿，背面有腺点。花小整齐，聚伞花序腋生；花萼杯状或钟状宿存不增大，4齿裂或顶端截形；花冠4裂；雄蕊4。核果浆果状，球形。

约190余种，主要分布于亚洲和大洋洲热带和亚热带地区。我国46种，主产长江以南。

分种检索表

1. 叶卵形、倒卵形至卵状椭圆形，背面有黄色腺体 ………………………………………… 紫珠
1. 叶长椭圆形至卵状披针形，背面有红色腺点 ………………………………………… 华紫珠

① 紫珠（日本紫珠）*Callicarpa japonica* Thunb.

【形态】落叶灌木，高2m；小枝幼时有绒毛。叶卵形、倒卵形至卵状椭圆形，长7～15cm，先端急尖或长尾尖，基部楔形，通常无毛，有细锯齿，背面有黄色腺体。总花梗与叶柄等长或稍短；花萼杯状；花冠白色或淡紫色。果亮紫色。花期6～7月，果期8～10月。

（图11-306）

【变种】a 白果紫珠“Leucocarpa”成熟果实白色。

b 窄叶紫珠var.*angustata* Rehd. 叶较狭，倒披针形至披针形。

【分布】产于东北南部、华北、华东、华中等地。日本、朝鲜也有分布。

【习性】喜光，喜肥沃湿润土壤。

【繁殖】播种繁殖。

【用途】入秋紫果累累，色美而有光泽，状如玛瑙，为美丽的观果树种。宜植于草坪边缘、假山旁、常绿树前观赏，也可用于基础栽植，果枝可作切花材料。根、叶入药。

图11-306 紫珠

② 华紫珠*Callicarpa cathayana* H.T.Chang.

【形态】落叶灌木，高达1～3m。叶长椭圆形至卵状披针形，长4～10cm，先端渐尖，基部狭楔形，有锯齿，两面仅脉上有毛，背面有红色腺点。花序总梗稍长于叶柄或近等长；花萼有星状毛；花冠淡紫色，花丝与花冠近等长。果紫色。（图11-307）

【分布】产于华东、中南及西南地区。

习性、繁殖、用途同紫珠。

图11-307 华紫珠

（5）**莸属** *Caryopteris* Bunge.

灌木，稀草本。单叶对生，全缘或有锯齿，通常具黄色腺点。聚伞花序伞房状或圆锥状，稀单生；花萼钟状，常5裂，宿存；花冠5裂，唇形；雄蕊4，伸出花冠筒外。蒴果。

约15种，分布于亚洲东部和中部。我国13种2变种1变形。

莸（兰香草）*Caryopteris incana* Miq.

【形态】落叶小灌木，高1～2m；全株具灰白色绒毛。叶卵状披针形，长3～6cm，基部楔形或近圆形，有锯齿，两面具黄色腺点，背面更明显。聚伞花序腋生于枝上部；花萼5深裂；花冠淡紫色或淡蓝色，唇形，下唇中裂片较大，有细条状裂。蒴果倒卵状球形，上半部有毛。花果期6～10月。（图11-308）

【分布】产于华东及中南部各省。朝鲜、日本也有分布。

【习性】喜光，较耐旱，喜温暖气候及湿润的钙质土。

【繁殖】播种繁殖。

【用途】花色淡雅美丽，开于夏秋少花季节，是点缀夏秋景色的好材料。可植于草坪边缘、假山旁、水旁、路边观赏。全株入药。

图11-308 莸

67. 醉鱼草科 Buddlejaceae

灌木、乔木或藤木，稀草本。单叶对生，稀互生或轮生，托叶退化。花两性，整齐，通常组成圆锥花序或圆锥状、穗状聚伞花序；花萼4～5裂；花冠合瓣，4～5裂，雄蕊与花冠裂片同数并与之互生；子房上位，2室。蒴果、浆果或核果。

7属150余种。我国1属45种。

醉鱼草属 *Buddleja* L.

灌木乔木稀草本；植物体常被星状毛、腺鳞或腺毛。单叶对生，稀互生或轮生，托叶在叶柄间连生，或常退化成一线痕。花两性，整齐，通常成圆锥状、穗状聚伞花序或簇生；花萼4裂；花冠合瓣，管状或漏斗形，4裂；雄蕊4；子房上位，2室。蒴果2裂；种子多数。

约100种，分布热带、亚热带；我国45种，产于西北、西南和东部地区。

分种检索表

1. 叶互生；花簇生于去年生枝上 ……………………………………互叶醉鱼草
1. 叶对生；花序侧生或顶生于当年生枝上 …………………………………… 2
2. 花序圆锥状；雄蕊着生于花冠筒中部；叶长5～20cm，表面无毛 …………… 大叶醉鱼草
2. 穗状花序顶生；雄蕊着生于花冠筒下部 ……………………………………醉鱼草

① 醉鱼草（闹鱼花）*Buddleja lindleyana* Fortune.

【形态】落叶灌木，高可达2m；冬芽具芽鳞，常叠生，小枝四棱形，稍有翅，嫩枝、叶背及花序均被星状毛。单叶对生，叶卵形或卵状披针形，长5～10cm，宽2～4cm，全缘或有疏波状小齿，叶柄短。花两性，顶生密集穗状花序，长可达7～20cm，花冠钟形，紫色，4裂，花冠筒稍有弯曲，长约1.5cm，径约2mm，雄蕊4，雄蕊生于花冠筒下部，不外露，花萼裂片三角形，萼、瓣均被细白鳞片。蒴果矩圆形，长约5mm。花期6～8月，果熟10月。（图11-309）

【分布】主产于长江流域以南各省，华北地区的河南、山东等省山地常见分布。

【习性】喜光耐阴，喜温暖气候，耐旱稍耐寒不耐水湿。根部萌芽力很强。

【繁殖】播种、分蘖、扦插、压条均可。

【用途】枝繁叶茂，顶生花序小花密集，紫色艳丽幽雅，又具芳香，可群植、密植作花篱或花带，亦可孤植观赏。唯植株有小毒，花和叶揉碎投入河中能使鱼麻醉，故名醉鱼草。

图11-309 醉鱼草

② 互叶醉鱼草（白萁稍、白芨）*Buddleja alternifolia* Maxim.

【形态】落叶灌木，高达3m；多分枝，枝条细弱，披散下垂。单叶互生，披针形，长4～8cm，叶背具灰白色绒毛。簇生状圆锥花序生于去年生枝上，基部有少量小叶，花序长约40cm，花冠紫蓝色，花芬芳，萼钟状，4裂；花冠管状或漏斗状，4裂；雄蕊4；子房2室。蒴果，2

瓣裂；种子多数。花期5～7月。（图11-310）

【分布】分布于西北、西南地区，生于海拔1300～2500m的干旱山坡，山沟砾石滩等处。

【习性】喜光稍耐阴。耐寒性较强，耐酷暑，耐干旱和瘠薄。喜肥沃、湿润和排水良好的土壤。生性强健，病虫害少。

【繁殖】播种、分蘖、扦插、压条均可。

【用途】本种花小，但其密集簇生，布满枝条，花期可长达月余，盛花时节满树紫堇，鲜艳夺目，气味芳香，四面下垂，形成一个个天然的球状“花坛”。它是干旱地区难得的绿色观赏树种，因耐旱，耐瘠薄，故又可作干旱坡地及固沙种植材料。

图11-310 互叶醉鱼草

68．木樨科 Oleaceae

乔木或灌木。单叶或复叶对生，无托叶。花两性，稀单性，花萼、花瓣4裂，雄蕊2，着生花冠筒上，子房上位，2心皮2室。蒴果，浆果，核果或翅果。

约29属600余种，分布于温带至热带，我国12属200种，南北各地均有分布。

分属检索表

1. 翅果或蒴果 ······ 2
1. 核果或浆果 ······ 5
2. 翅果 ······ 3
2. 蒴果 ······ 4
3. 果周围有翅；单叶 ······ 雪柳属
3. 果体倒披针形，顶端有长翅；复叶，小叶具锯齿 ······ 白蜡属
4. 枝中空或具片状髓；花黄色，先叶开放，花冠裂片长于花冠筒 ······ 连翘属
4. 枝实心；花紫、红或白色，花冠裂片短于花冠筒 ······ 丁香属
5. 浆果 ······ 茉莉属
5. 核果 ······ 6
6. 花冠裂片4～6，细长，线形，仅基部联合 ······ 流苏树属
6. 花冠裂片4，短，有长短不等的花冠筒 ······ 7
7. 圆锥花序或总状花序，顶生 ······ 女贞属
7. 花簇生或为短的圆锥花序，腋生 ······ 木樨属

（1）木樨属*Osmanthus* Lour.

常绿乔灌木。叶对生。花芳香，两性或单性，雌雄异株或雄花、两性花异株，簇生叶腋或组成聚伞花序，有时成总状花序或圆锥花序；萼杯状，4齿裂；花冠钟形或管状钟形，4裂，雄蕊2，很少4，花丝短；子房2室，每室有胚珠2。核果，种子1。

约40余种，分布于亚洲、美洲，我国有27种，产长江以南各省区。

①桂花（木樨、岩桂）*Osmanthus fragrans* Lour.

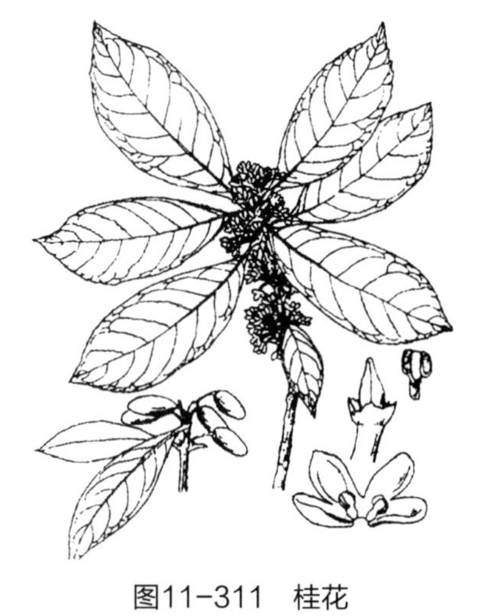

图11-311　桂花

【形态】乔木常呈灌木状；分枝性强，尤幼年明显，树冠圆球形；树皮粗糙，灰色不裂；芽叠生。叶革质对生，多长椭圆形，长5～12cm，端尖，基楔形，全缘或上半部有细锯齿。花小，簇生叶腋或聚伞状；多着生于当年枝，二、三年生枝上亦有，花冠裂至基部，有乳白、黄、橙红等色，香气极浓。核果椭圆形，紫黑色。花期9～10月，翌年4～5月果熟。（图11-311）

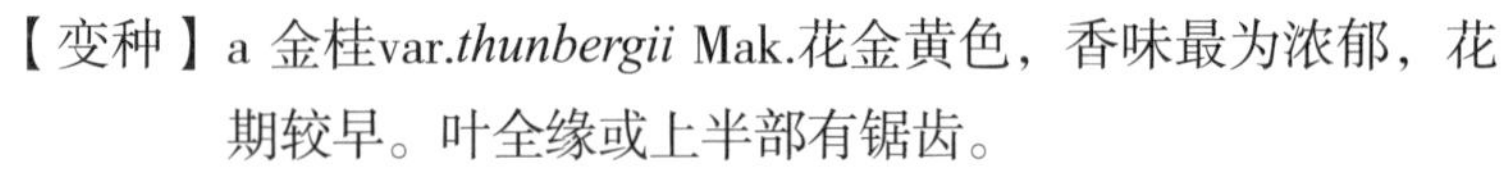

【变种】a 金桂var.*thunbergii* Mak.花金黄色，香味最为浓郁，花期较早。叶全缘或上半部有锯齿。

b 银桂var.*latifolius* Mak.花近白色，花朵茂密，香味甜郁。叶缘具锯齿。

c 丹桂var.*aurantiacus* Mak.花橙红色或橙黄色，较香。

d 四季桂var.*semperflorens* Hort花白色或淡黄色，花朵稀疏，一年内花开数次，淡香。叶较小，叶圆，几乎没有尾尖，枝条较柔软、疏散。

【分布】原产于我国西南部和中部，印度、尼泊尔、柬埔寨也有分布。现广泛栽培于长江流域各省区，华北多行盆栽。

【习性】喜光稍耐阴；喜温暖和通风良好的环境，耐高温而不耐寒；对土壤的要求不太严。根系发达，萌芽力强，寿命长。对二氧化硫、氯气等有中等抵抗力。

每年春、秋两季各发芽一次。春季萌发的芽，生长势旺，容易分枝；秋季萌发的芽，只在当年生长旺盛的新枝顶端上，萌发后一般不分杈，只能向上延长，即所谓副梢。花芽多于当年6～8月间形成，有二次开花习性。

【繁殖】播种、嫁接、压条、扦插均可。嫁接可用小叶女贞、女贞、小蜡等作砧木。

【用途】桂花树干端直，树冠圆整，四季常青，花期正值仲秋，香飘数里，是我国人民喜爱的传统园林花木。于庭前对植，即“双桂当庭”，是传统的配植手法；淮河以北地区盆栽。花可作香料，又是食品加工业的重要原料，亦可入药。

②柊树（刺桂）*Osmanthus heterophyllus* P.S.Green.

图11-312　柊树

【形态】常绿灌木或小乔木，高1～6m。叶对生，叶形多变，硬革质，卵形至长椭圆形，端刺状，基部楔形至宽楔形，边缘有1～5对大刺齿，老树叶全缘，钝头，网脉明显隆起或在叶背不显。雌雄异株，花簇生于叶腋，花冠白色，芳香。核果卵形，蓝黑色。花期11～12月。（图11-312）

【分布】原产于中国台湾及日本。

【习性】较耐阴，在疏林下生长旺盛。喜温暖，有一定耐寒性，在湿润肥沃、排水良好的土壤上生长最佳，生长偏慢，抗逆性强，抗污染性强，具有较强的杀菌力，还具有吸滞粉尘和减弱噪声的功能。耐修剪。

【繁殖】繁殖可用扦插、高压及嫁接。但以扦插为主。

【用途】刺桂四季常青，秋冬白花朵朵，香气弥漫，沁人心脾，是良好的观赏树种。

（2）流苏属 *Chionanthus* L.

落叶灌木或乔木。单叶，对生，全缘。花两性或单性，排成疏散的圆锥花序；花萼4裂；花冠4深裂，裂片狭窄；雄蕊2；子房2室。核果肉质，种子1。

共2种，中国1种，产西南、东南至北部地区。

流苏树（茶叶树、乌金子）*Chionanthus retusus* Lindl.et Paxt.

图11-313 流苏树

【形态】落叶乔木，高达20m；树干灰色，大枝皮常纸状剥裂，开展，小枝灰黄色，初时有毛。单叶对生，革质，卵形至倒卵状椭圆形，长3～10cm，端钝圆或微凹，全缘或有小齿，叶柄基部带紫色。复聚伞花序顶生，雌雄异株，花白色，4裂片狭长，长1～2cm，花冠筒极短。核果卵圆形，蓝黑色，长1～1.5cm。花期4～5月，果期9～10月。（图11-313）

【分布】产于河北、甘肃及陕西，南至云南、福建、广东等地。日本、朝鲜也有。

【习性】喜光；喜温暖，耐寒；抗旱；花期怕干旱风，生长较慢。

【繁殖】播种、扦插、嫁接繁殖。

【用途】流苏花密优美、花形奇特、秀丽可爱，是优美的观赏树种；栽植于安静休息区，或以常绿树衬托列植，均十分相宜。嫩叶代茶。

（3）女贞属 *Ligustrum* L.

落叶或常绿，灌木或乔木。单叶，对生，全缘。花两性，顶生圆锥花序；花小，花萼钟状；花冠筒4裂片；雄蕊2，着生于冠筒上。核果浆果状，黑色或蓝黑色。

中国是女贞属的分布中心，约38种，而全世界约50种。

分种检索表

1. 小枝和花轴无毛 …………………………………………………… 女贞
1. 小枝和花轴有柔毛或短粗毛 …………………………………………… 2
2. 花冠筒较裂片长2～3倍 ………………………………………… 水蜡树
2. 花冠筒较裂片稍短或近等长 …………………………………………… 3
3. 常绿；小枝疏生短粗毛 ……………………………………… 日本女贞
3. 落叶或半常绿；小枝密生短柔毛 ……………………………………… 4
4. 花有柄；叶背面中脉有毛；花期早 ……………………………… 小蜡
4. 花无柄；叶背面无毛；花期晚 ………………………………… 小叶女贞

① 女贞（冬青、蜡树）*Ligustrum lucidum* Ait.

【形态】常绿乔木，高10m；树皮灰色平滑，枝开展，具皮孔，全株无毛。单叶对生，革质而脆，宽卵形至卵状披针形，长6～12cm，宽4～6cm，全缘，表面深绿有光泽，侧脉5～8对，叶柄长1.5～2cm。圆锥花序顶生，花白色，几无柄，花萼钟形，花冠裂片与花冠筒近等长，4裂；雄蕊2，着生于花冠喉部，花丝与花冠裂片等长；子房上位，2室，柱头2裂。浆果状核果长圆形，长6～8mm，蓝黑色。花期6月，果期10～11月。（图11-314）

【分布】产于长江流域及以南各省区。甘肃南部及华北南部多有栽培。

【习性】喜光稍耐阴。喜温暖湿润气候，稍耐寒。不耐干旱瘠薄，适应性强，根系发达，生长快，萌芽力强，耐修剪。抗氯气、二氧化硫和氟化氢。

【繁殖】播种、扦插繁殖。

【用途】女贞枝叶清秀，终年常绿，夏日满树白花，常栽于庭园观赏，或作园路树，或修剪作绿篱用；可作为工矿区抗污染树种。果、树皮、根、叶入药；木材可为细木工用材。

图11-314 女贞

② 小叶女贞（小白蜡树）*Ligustrum quihoui* Carr.

【形态】半常绿灌木；小枝开展，疏生短柔毛，后脱落。叶薄革质，椭圆形或倒卵状长圆形，变化较大，长1.5～5cm，先端尖、钝或略凹，基部楔形，全缘略反卷，两面无毛；叶柄长2～4mm。顶生圆锥花序，长7～20cm，有短柔毛，苞片叶状，向上渐小；花白色，芳香，近无梗，花萼钟形4裂；花冠4裂，裂片与花冠筒近等长；雄蕊2，外露。核果近球形，径4～7mm，熟时紫黑色。花期6月，果期10～11月。（图11-315）

【分布】产于中国中部、东部和西南部。分布于陕西、河南、江苏、安徽、浙江、湖北、四川、贵州、云南、西藏等省区。

【习性】喜光，稍耐阴；较耐寒，北京可露地栽植；对多种有毒气体抗性强。性强健，萌枝力强，耐修剪。

【繁殖】播种、扦插繁殖。

【用途】枝叶紧密，树冠圆整，庭园中常栽植观赏，或作绿篱栽植，也是优良的工矿区绿化抗污染树种。叶及树皮药用。

图11-315 小叶女贞

③ 小蜡树*Ligustrum sinensis* Lour.

【形态】半常绿灌木或小乔木；小枝开展，密生短柔毛。叶薄革质椭圆形，长2～7cm，宽1～3cm，基阔楔形或圆形，叶背、叶柄有短柔毛；侧脉近叶缘处连结；叶柄长5mm。圆锥花序长4～10cm，顶生或腋生，花序轴有短柔毛；花白色，芳香，花梗细而明显，花冠4裂，裂片长圆形长于筒部；花萼钟形无毛，先端截形或呈浅波状齿；雄蕊2，外露。核果近球形，径6mm，熟时黑色。花期4～5月，果期9～12月。（图11-316）

图11-316 小蜡树

【变种】红药小蜡var.*multiflorum* Bean.与原种的主要区别是花药红色。济南、泰安、青岛有栽培。

【分布】国内分布于长江以南各省区。

【习性】喜光，稍耐阴；较耐寒，北京小气候良好地区能露地栽植；抗二氧化硫等多种有毒气体。耐修剪。

【繁殖】播种、扦插繁殖。

【用途】其干老根古，虬曲多姿，宜作树桩盆景；常植于庭园观赏，或作绿篱应用，规则式园林中常可修剪成长、方、圆等几何形体。树皮和叶药用。嫩叶代茶，果可酿酒，茎皮可制人造棉。

④ 水蜡树*Ligustrum obtusifolium* Sieb.et Zucc.

图11-317 水蜡树

【形态】落叶灌木；树冠圆球形，树皮暗黑色；多分枝，幼枝有短柔毛。单叶纸质对生，长椭圆形，3～7cm，端锐尖或钝，基部楔形，背面有短柔毛，沿中脉较密；叶柄长1～4mm，密被短柔毛。顶生圆锥花序短而常下垂，长2.5～3cm；花梗及萼片具短柔毛；花白色、芳香，花冠长4～10mm，花冠筒比花冠裂片长2～3倍；花药和花冠裂片近等长。核果宽椭圆形，黑色，稍被蜡状白粉。花期7月。（图11-317）

【分布】原产于中国。山东、河南、河北、江西、湖南、陕西、辽宁等省均有栽培。

【习性】喜光、稍耐阴，较耐寒。北京可露地栽植。对土壤要求不严，但喜肥沃湿润土壤。生长快，萌芽力强，耐修剪。易移栽。

【繁殖】繁殖播种、扦插繁殖。

【用途】园林应用于风景林、公园、庭院、草地和街道等。可丛植、片植或作绿篱。

⑤ 金叶女贞*Ligustrum X vicaryi* Hort.

【形态】金叶女贞是由加州金边女贞与欧洲女贞杂交育成的。落叶或半常绿灌木。叶色金黄，单叶对生，薄革质，常椭圆形，端锐尖或钝，基部圆形或阔楔形。圆锥花序，花梗明显，裂片镊合状排列，花冠筒比花冠裂片短，花白色。核果阔椭圆形，紫黑色。花期6月，果期10月。

【习性】性喜光，喜温暖，耐阴性较差，耐寒力中等，适应性强，对土壤要求不严，萌芽力强。对二氧化硫，氯气抗性较强。

【繁殖】多采用扦插繁殖。

【用途】金叶女贞叶色金黄，尤其在春秋两季色泽更加璀璨亮丽。大量应用在园林绿化中，主要用来组成图案和建造绿篱。

（4）茉莉属*Jasminum* L.

常绿或落叶。单叶或奇数羽状复叶，多对生，全缘。花两性，顶生或腋生聚伞、伞房花序，稀单生；花冠高脚碟状，雄蕊2，内藏。浆果。

约300种，分布于东半球热带、亚热带地区，我国44种，广布西南、东部及中南部。

分种检索表

1. 单叶 …………………………………………………………………………………… 茉莉
1. 奇数羽状复叶或三出复叶 …………………………………………………………… 2
2. 叶互生；萼齿线形，与萼筒近等长 ……………………………………………… 探春
2. 叶对生 …………………………………………………………………………………… 3
3. 落叶；先花后叶；花径2～2.5cm，花冠裂片较筒部为短 ………………………… 迎春
3. 常绿；花径3.5～4cm，花冠裂片较筒部为长 ………………………………… 云南素馨

① 茉莉 *Jasminum sambac*（L.）Aiton.

【形态】常绿灌木，略呈藤本状；幼枝圆柱形。单叶对生，纸质光亮，卵形全缘，长3～9cm，宽3～5cm，顶端具小凸尖，叶背脉腋间有浅黄色簇毛；叶面微皱，叶柄短有柔毛，有关节。顶生聚伞花序有花3～9朵，花冠白色，极芳香，常重瓣；花萼钟状，裂片线形；花梗较粗壮被柔毛；冠筒长1.2cm；雄蕊2，内藏。花期6～10月，极少结果。（图11–318）

图11–318　茉莉

【分布】原产于印度、伊朗、阿拉伯。我国多在长江流域以南栽培。

【习性】性喜温暖湿润，在通风良好、半阴环境生长最好。喜肥，不耐干旱，但也怕渍涝，不耐碱土。

【繁殖】扦插、压条、分株均可。

【用途】茉莉为常见的香花树种，可作树丛、树群之下木，也有作花篱植于路旁，效果极好。长江以北多盆栽观赏。花朵常作襟花佩戴。花朵可窨制茉莉花茶和提制茉莉花油。

② 迎春 *Jasminum nudiflorum* Lindl.

【形态】落叶灌木；枝细长拱形，直立或弯垂，绿色无毛，幼枝四棱。叶对生，小叶3，长0.5～2.5cm，宽0.5～1cm；顶生小叶近无柄，侧生小叶无柄，卵形至长圆状卵形，叶缘有短睫毛，表面有基部突起的短刺毛。花单生于叶腋，先叶开放，苞片小，叶状狭窄；花萼5～6裂，裂片长圆状披针形，先端急尖，与萼筒等长或较长；花冠高脚碟状，黄色，直径2～2.5cm，常6裂，约为花冠筒长一半；雄蕊2，内藏，花药长圆形，近基部背生；子房2室，花柱丝状。浆果椭圆形，但通常不结果。花期2～4月。（图11–319）

图11–319　迎春

【分布】分布于甘肃、陕西、四川、云南、西藏等省区。

【习性】性喜光，稍耐阴；较耐寒，北京可露地栽培；喜湿润，也耐干旱，怕涝；对土壤要求不严，耐碱，除洼地外均可栽植。根部萌发力强，枝端着地部分也极易生根。

【繁殖】栽培的迎春很少结果，繁殖多用扦插、压条、分株法。

【用途】迎春植株铺散，枝条鲜绿，冬季绿枝婆婆，早春黄花可爱。池畔、路旁、山坡、窗下墙边，或作花篱、地被，观赏效果极好。也可盆栽、插瓶。花、叶、嫩枝均可入药。

③ 云南素馨（南迎春、黄馨）*Jasminum mesnyi* Hance.

【形态】常绿灌木，高可达3m；树形圆整，枝细长拱形，柔软下垂，绿色，有四棱。叶对生，小叶3，纸质，叶面光滑。花单生于具总苞状单叶的小枝顶端；萼片叶状，披针形；花冠黄色，径3～4cm，裂片6或稍多，成半重瓣，较花冠筒长。花期3～4月。（图11-320）

图11-320 云南素馨

【分布】原产于云南，南方庭园中颇常见。郑州露地栽培表现良好，半常绿。

【习性】耐寒性不强，北方常温室盆栽。

【繁殖】繁殖方法同迎春。

【用途】云南素馨枝条细长拱形，四季常青，春季黄花绿叶相衬，艳丽可爱，最宜植于水边驳岸，细枝拱形下垂水面，倒影清晰，还可遮蔽驳岸平直呆板等不足之处；植于路缘、坡地及石隙等处均极优美；温室盆栽常编扎成各种形状观赏。

④ 探春（迎夏）*Jasminum floridum* Bunge.

【形态】半常绿灌木；幼枝绿色，光滑有棱。叶互生，小叶常为3，偶有5或单叶，卵状长圆形，长1～3.5cm，宽0.5～2cm，边缘反卷，无毛，叶柄长5mm，顶生小叶有短柄，侧生小叶近无柄。聚伞花序顶生，花萼钟形，裂片5，线形，与萼筒等长；花冠黄色，近漏斗状，裂片5，卵形，长约为花冠筒长度的1／2；雄蕊2，花丝短，内藏，子房2室，花柱先端弯曲。浆果近圆形，长5～10mm，熟时黄褐色至黑色。花期5～6月。（图11-321）

图11-321 探春

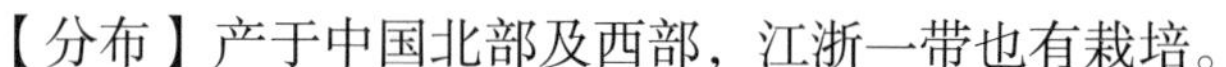

【分布】产于中国北部及西部，江浙一带也有栽培。

【习性】性较耐寒，华北地区露地栽培，冬季稍加保护即可越冬。繁殖、园林用途同迎春。

（5）**丁香属** ***Syringa*** **L.**

落叶灌木或小乔木；顶芽常缺。叶对生，全缘或罕为羽状裂。花两性，顶生或侧生圆锥花序；萼钟形，4裂，宿存；花冠漏斗状，具4裂片；雄蕊2。蒴果长圆形。

约28种，主要分布在亚洲温带地区及欧洲东南部。我国24种，以秦岭地区为其分布中心。

分种检索表

1\. 花冠筒不长，花丝明显长出花冠筒 ………………………………暴马丁香

1. 花冠筒甚长于花萼，花药为花冠筒所包藏 ………………………………………………… 2
2. 叶小，阔卵形，背（至少基部）具毛；花长1cm径7mm；果具疣点 ……………小叶丁香
2. 叶广卵形；花径12 mm；果多无疣点 ……………………………………………………紫丁香

① 紫丁香 *Syringa oblata* Lindl.

【形态】落叶灌木或小乔木，高可达6m；树皮灰褐色，有沟裂；枝条粗壮，无毛。单叶对生，叶阔卵形，基部心形，全缘，通常宽大于长，宽5～10cm。圆锥花序，花序发自侧芽，长6～15cm；花萼钟状，有4齿；花冠紫色、蓝紫色或淡粉红色，端4裂开展，花筒长1～1.5cm，芳香。蒴果长圆形，顶端尖，平滑，背裂。花期4月，果8～9月成熟。（图11-322）

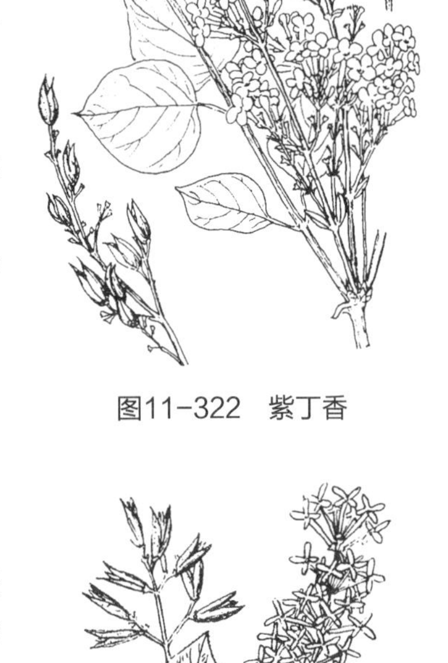

图11-322　紫丁香

【变种】a 白丁香var.*alba* Rehd.花白色，叶片较小，叶背微有柔毛。香气浓。

b 紫萼丁香（毛紫丁香）var.*giraldii* Rehd.叶先端长渐尖，叶背有柔毛，花序轴和花萼蓝紫色。

c 湖北紫丁香var.*hupehensis* Pamp叶卵形，基部楔形，花紫色；仅产湖北。

d 佛手丁香var.*plena* Hort.花白色，重瓣。

【分布】原产于中国华北地区。

【习性】喜光，稍耐阴，耐寒，耐旱，适应性强，喜湿润肥沃排水良好的土壤，忌涝。不耐高温，萌芽力强。抗污染性强，也具有滞粉尘的能力，分泌的丁香酚能杀灭细菌。

【繁殖】繁殖可用播种、分株、压条、嫁接、扦插等方法。

【用途】丁香是中国特有的名贵花木，栽培历史悠久。宋代周师厚在《洛阳花木记》（1082年）中，就已有丁香的栽培繁殖是“接种俱可”。由于抗污染性强，并能分泌丁香酚杀菌宜广植于庭园、厂矿、居民区等绿地中；也可多种丁香配植成专类园，形成美丽、清雅、芳香，花开不绝的景观。

图11-323　小叶丁香

② 小叶丁香（四季丁香、绣球丁香）*Syringa microphylla* Diels.

【形态】落叶灌木、高约2.5m；幼枝灰褐色，被柔毛。叶卵形或椭圆状卵形，全缘，有缘毛。圆锥花序紧密，花细小，淡紫色或紫红色。蒴果小，先端弯曲，有瘤状突起。花期4～5月及7～8月。（图11-323）

【分布】产于中国河北、河南、山西、陕西等省。

【习性】喜阳，喜土层厚、湿润、排水良好的土壤，也能耐寒、耐旱。

【用途】枝条柔细，花色鲜艳，一年两度开花，为园林中优良的花灌木。

③ 暴马丁香（暴马子）*Syringa reticulata*（Bl.）Hara var.*mandshurica*（Maxim.）

【形态】落叶灌木或小乔木；枝上皮孔显著。单叶对生，厚纸质，宽卵形至椭圆状卵形，长

5～10cm，端短尾尖至尾状渐尖或锐尖，基通常圆形或截形，叶面网脉明显凹下而在背面隆起，叶柄长1～2.5cm，无毛。圆锥花序大而疏散，长10～15cm；花冠白色，筒短；花丝细长，雄蕊几乎为花冠裂片2倍长。蒴果矩圆形，先端钝。花期5～6月。（图11-324）

图11-324 暴马丁香

【分布】分布于东北、华北、西北东部。朝鲜、日本、俄罗斯也有。

【习性】喜光；喜温凉气候，喜潮湿土壤。

【繁殖】一般用播种繁殖。可作其他丁香的乔化砧。

【用途】暴马丁香花期较晚，在丁香专类园中，可起到延长花期作用。花可提取芳香油，也是蜜源植物。青海省乐都县瞿昙寺内的一棵暴马丁香，相传是明洪武年间栽植，距今已有600多年的历史，被当地人称为“西海菩提树”，是佛门吉祥光盛的象征。

（6）**连翘属** *Forsythia* Vahl.

灌木；叶对生，单叶或羽状三出复叶，全缘或3裂。先叶开花，1～3（5）朵生于叶腋；萼4深裂；花冠黄色，深4裂，裂片狭长圆形或椭圆形；雄蕊2；子房2室，柱头2裂。蒴果卵圆形；种子有狭翅。

7种，分布于欧洲至日本，我国4种，产西北至东北和东部。

分种检索表

1. 节间髓中空；叶卵形，常3裂或呈羽状三出复叶 ……………………………………连翘
1. 节间具片状髓；单叶，椭圆状披针形；枝直立 …………………………………… 金钟

① 连翘（黄寿丹、黄花杆）*Forsythia suspense*（Thunb.）Vahl.

【形态】落叶丛生灌木；枝开展，拱形下垂，小枝黄褐色无毛，中空。单叶对生，卵形至椭圆状卵形，长3～7（10）cm，宽1.5～4cm，无毛，先端急尖，基部圆形至宽楔形，少数叶3裂或成羽状三出复叶；叶缘有粗锯齿。花单生或数朵簇生于叶腋，先叶开放，花冠黄色钟状，4裂，裂片长于花冠筒。蒴果卵圆形，长约2cm，先端有长喙，基部略狭，表面散生瘤点。花期3～5月，果期7～8月。（图11-325）

【变种】a 垂枝连翘var.*sieboldii* Zabel枝较细而下垂，通常可匍匐地面，而在枝梢生根；花冠裂片较宽，扁平，微开展。

b 三叶连翘var.*fortunei* Rehd.叶通常为3小叶或3裂；花冠裂片窄，常扭曲。

图11-325 连翘

【分布】产于我国北部、中部及东北各省；现各地有栽培。

【习性】喜光，有一定程度的耐阴性；耐寒；耐干旱瘠薄，怕涝；不择土壤；抗病虫害能力强。

连翘有两种花，一种花的雌蕊长于雄蕊，另一种花的雄蕊长于雌蕊，两种花不在同一植株上生长。连翘有自花授粉不亲合的现象，而且不与同一类型的花受精。

【繁殖】用扦插、压条、分株、播种繁殖，以扦插为主。

【用途】连翘枝条拱形开展，早春花先叶开放，满枝金黄，艳丽可爱，是北方常见优良的早春观花灌木，宜丛植、作基础种植，或作花篱等用；以常绿树作背景，与榆叶梅、绣线菊等配植，更能显出金黄夺目之色彩；其根系发达，有护堤岸之作用。

图11-326 金钟花

② 金钟花（单叶连翘）*Forsythia viridissima* Lindl.

【形态】落叶灌木；树皮淡黄褐色，小枝呈四棱形，片状髓。叶长圆状披针形，长3.5～10cm，宽1.5～3.5cm，先端急尖，基部楔形，上半部有粗锯齿或近全缘，两面无毛。花深黄色钟状，先叶开放，1～3朵腋生，萼4裂，花冠4裂，裂片狭长圆形，长为冠筒的2倍，雄蕊2，着生于冠筒基部，与筒部近等长，雌蕊柱头2裂。蒴果卵形，先端有长喙，基部稍圆，种子狭长圆形，有翅。花期3～4月，果期7～8月。（图11-326）

【分布】分布于江苏、安徽，浙江、江西、福建、湖北、湖南、云南。

习性、繁殖、用途同连翘。

（7）雪柳属 *Fontanesia* Labill.

落叶灌木；小枝四棱形。单叶对生。两性花小，组成具叶的圆锥花序；萼4裂；花瓣4；基部合生；雄蕊2，花丝伸出花冠外；子房上位2室，柱头2裂。翅果阔椭圆形或卵形扁平。

2种，我国1种。

雪柳 *Fontanesia fortunei* Carr.

【形态】落叶小乔木，高7m；树皮灰黄色，小枝四棱形细长。单叶对生，叶披针形或卵状披针形，长3～12cm，宽1～2cm，全缘无毛。花绿白色微香；腋生总状花序或顶生圆锥花序，萼小4裂，花冠4深裂，裂片卵状披针形，冠筒短。翅果扁平，卵形或倒卵形，长6～8mm，先端凹陷，花柱宿存。花期5～6月，果期9～10月。（图11-327）

【分布】分布于我国中部至东部，尤以江苏、浙江一带最为普遍。

【习性】性喜光，而稍耐阴；喜温暖，也较耐寒；喜肥沃、排水良好之土壤。

【繁殖】播种、扦插繁殖。

【用途】雪柳枝条稠密柔软，叶细如柳，晚春白花满树，宛如积雪，颇为美观。可丛植于庭园观赏；群植于森林公园；散植于溪谷沟边。目前多栽培作自然式绿篱或防风林之下木，以及作隔尘林带等用。也是良好的蜜源植物。

图11-327 雪柳

（8）白蜡属 *Fraxinus* L.

乔木。奇数羽状复叶对生，常有锯齿。花杂性或单性，雌雄异株，排成圆锥花序或总状花序，有时近簇生；萼小，4齿裂或无萼；花冠缺或存在，通常深裂，裂片2～4；雄蕊2；子房2室，柱头2裂。翅果不开裂，翅在果顶伸长；种子单生，扁平，长圆形。

约70种，主要分布于温带地区，我国有27种1变种，各地均有分布。

分种检索表

1. 花簇生，杂性 ……………………………………………………………………湖北白蜡
1. 圆锥花序，花单性 ………………………………………………………………… 2
2. 花序生于当年生枝上，叶后开放 ……………………………………………………白蜡
2. 花序生于去年生枝侧，先叶开放 …………………………………………………… 3
3. 小叶7～13，无小叶柄，小叶基部密生黄褐色绒毛………………………………水曲柳
3. 小叶3～7（9），多少具小叶柄，小叶基部不生黄褐色绒毛 ……………………… 4
4. 小叶通常7，披针形至卵状长椭圆形，长8～14cm；翅果长3～6cm…………………洋白蜡
4. 小叶3～7，通常5，椭圆形至卵形，长3～8cm；翅果长2～3cm ………………绒毛白蜡

① 白蜡树（梣、白荆树）*Fraxinus chinensis* Roxb.

【形态】落叶乔木；冬芽卵圆形黑褐色，小枝灰褐色无毛有皮孔。奇数羽状复叶对生，小叶5～9片，通常7片，近革质，椭圆形或椭圆状卵形，长3.5～10cm，宽1.5～5cm，具不整齐锯齿或波状，背面无毛或沿脉被短柔毛，无或有短柄。圆锥花序生于当年生枝上，长10～15cm，雌雄异株，雄花密集；雌花疏离；总花梗无毛；花萼钟状，不规则分裂；无花瓣；雄蕊2，柱头2裂。翅果扁，倒披针形，长3cm。花期4月，果期8～9月。（图11-328）

图11-328 白蜡树

【分布】自东北经黄河流域、长江流域南达广东、广西、福建均有分布。

【习性】喜光稍耐阴；喜温暖湿润气候，颇耐寒；喜湿耐涝，也耐干旱；对土壤要求不严，抗烟尘，对二氧化硫、氯、氟化氢有较强抗性。萌芽、萌蘖力均强，耐修剪；寿命长。

【繁殖】播种或扦插繁殖。

【用途】白蜡树形体端正，树干通直，枝叶繁茂而鲜绿，秋叶橙黄，是优良的行道树和遮阴树；其又耐水湿，抗烟尘，可用于湖岸绿化和工矿区绿化。

② 水曲柳（满洲白蜡）*Fraxinus mandshurica* Rupr.

【形态】落叶乔木；树皮灰褐色剥裂，鳞芽黑褐色；小枝近四棱形平滑无毛，灰绿色，具褐色皮孔。叶轴具狭翅有沟槽，小叶近革质，7～11片，近无柄，卵状长圆形或椭圆状披针形，叶缘具锐锯齿，背面沿中脉密生黄褐色柔毛。圆锥花序侧生于去年生枝上，长15～20cm，花轴具狭翅无毛，花单性异株，花梗纤细无毛，无花被，雄花雄蕊2，雌花具败育雄蕊2，柱头2裂。翅果扭曲，长圆状披针形扁平，长3～3.5cm。花期5月，果

期8～9月。（图11-329）

图11-329　水曲柳

【分布】分布于东北、华北，以小兴安岭为最多。朝鲜、日本、俄罗斯也有。

【习性】喜光，幼时稍能耐阴；耐-40℃的严寒；喜潮湿但不耐水涝；喜肥，稍耐盐碱，主根浅、侧根发达，萌蘖性强，生长较快，寿命较长。

【繁殖】用播种、扦插、萌蘖等法繁殖。

【用途】同白蜡树；其材质好，是经济价值高的优良用材树种。

③ 洋白蜡 *Fraxinus pennusylvanica* Marsh.

【形态】落叶乔木，高20m；树皮灰褐色纵裂。小叶通常7，披针形或披针状卵形至长椭圆形，背面无乳头状突起，近全缘或具钝齿，小叶柄短，长仅3～6mm。圆锥花序侧生于去年生小枝上，花单性异株，无花瓣。翅果，长3～6cm，果翅下延达果体1/2以上。

【分布】原产于北美洲，我国东北、华北至长江流域中下游有栽培。

【习性】阳性，耐寒，耐水湿，对土壤要求不严。

【繁殖】播种繁殖。

【用途】作防护林、行道树或庭园绿化要树种。

④ 绒毛白蜡（津白蜡）*Fraxinus veluina* Torr.

【形态】落叶乔木，高可达18m；树皮灰褐色，浅纵裂，冬芽、小枝密被短柔毛。小叶3～7，通常5，顶生小叶大，窄卵形，长3～8cm，先端尖，基部楔形，叶缘有锯齿，背面有绒毛。圆锥花序侧生于去年枝上。翅果长圆形，长2～3cm。4月开花，9～10月果实成熟。

【分布】原产于北美洲，我国长江下游，内蒙古，辽宁均有栽培，以天津最多。

【习性】喜光，对气候、土壤要求不严，耐寒，耐干旱，耐水湿，耐盐碱。深根树种，侧根发达，生长较迅速，少病虫害，抗风，抗烟尘，材质优良。

【繁殖】扦插或播种繁殖，采后即播或早春播。

【用途】可营造防护林，可供沙荒、盐碱地造林，也是北方四旁绿化的主要树种之一，是沿海城市绿化的优良树种。

⑤ 湖北白蜡（对节白蜡）*Fraxinus hupehensis* Chu,Shang et Su.

【形态】落叶乔木，高达20m；树皮深灰色，老时纵裂，枝近无毛，侧生小枝常呈棘刺状。奇数羽状复叶，长7～15cm，小叶7～9（11），革质，披针形至卵状披针形。花簇生，花杂性，有苞片和花萼，但无花冠，雄蕊2，花丝细长。翅果倒披针形，长4～5cm，先端尖，花萼宿存，浅皿状。花期3月，果熟期9月。

【分布】中国特有种。仅分布于湖北，生于海拔600m以下的低山丘陵。

【习性】喜光，对气候、土壤要求不严，耐寒，耐干旱。抗污染、病虫害少。

【用途】对节白蜡树叶色苍翠，叶形细小、秀丽、造型优美、枝叶稠密，庄重典雅，园林绿地高级应用树种。

69．玄参科　Scrophulariaceae

草本、灌木或乔木。单叶多对生，无托叶。花两性不整齐；萼4～5裂宿存；花冠4～5裂，常唇形；常2强雄蕊；子房上位常2室，胚珠多数，柱头头状或2裂。蒴果，稀浆果状。

约200属3000种，广布全球各地。我国约57属600余种，全国各地均有分布。

泡桐属 *Paulownia* Sieb. et Zucc.

落叶乔木；常无顶芽，小枝粗壮，髓腔大，侧芽常叠生。单叶对生，有时3枚轮生，全缘、波状或3～5浅裂，叶柄长。聚伞圆锥花序，以蕾越冬，花蕾大，密被毛；萼钟状，5裂；花冠唇形；2强雄蕊；柱头2裂。蒴果。

7种，分布于东亚，主产我国，几乎遍布全国。

分种检索表

1. 花冠紫色或紫蓝色，花萼裂至中部或过中部；叶两面均被毛 ……………………………紫花泡桐
1. 花冠乳白色至微带紫色，花萼浅裂至1/4～1/3；叶表无毛，背面被毛 ………… 白花泡桐

① 紫花泡桐（毛泡桐）*Paulownia tomentosa*（Thunb.）Steud.

【形态】树干耸直，树皮褐灰色；幼枝常具黏质短腺毛。叶宽卵形或卵形，长20～29cm，宽15～28cm，全缘或3～5裂，表面被长柔毛、腺毛及分枝毛，背面密被具长柄的白色树枝状毛。花蕾近圆形，密被黄色毛；花萼盘状钟形，深裂至1/2或更深，外被绒毛；花冠紫色或蓝紫色。蒴果卵圆形，长3～4cm，果皮薄而脆，宿萼反卷。花期3～4月，果期8～9月。（图11–330）

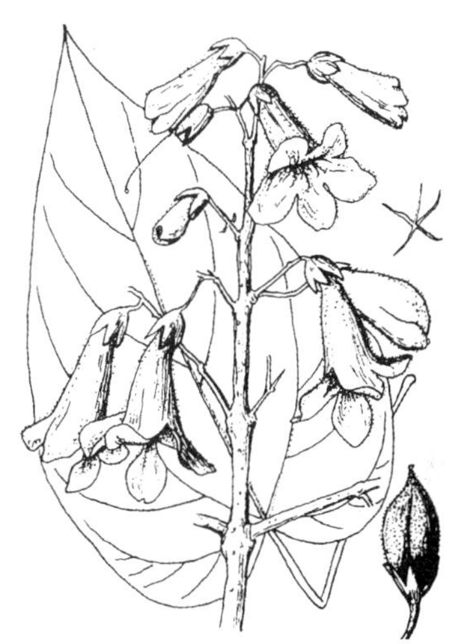

图11–330 紫花泡桐

【分布】主要分布于长江以北，西部有野生，各地栽培。

【习性】喜光不耐阴，较耐寒，–25℃时易受冻，较耐干旱，不耐积水，不耐盐碱，喜深厚、肥沃、湿润、疏松土壤。根系发达，生长快，寿命短，萌芽、萌蘖性强。对二氧化硫、氯气、氟化氢等气体抗性较强。

【繁殖】埋根繁殖为主，也可播种、埋干、留根繁殖。

【用途】树冠宽阔，树干端直，叶大阴浓，花大艳丽。可作庭阴树、行道树、独赏树及“四旁”绿化树种。是重要的速生用材树种，也是良好的饲料和肥料树种。

② 白花泡桐（泡桐）*Paulownia fortunei*（Seem.）Hemsl.

【形态】高达20m；树冠宽卵形或圆形，树皮灰褐色；小枝幼时有毛。叶长卵形，长10～25cm，宽6～15cm，先端渐尖，基部心形，全缘，稀浅裂，背面被白色星状毛。花蕾倒卵状椭圆形；花萼倒圆锥状钟形，浅裂至1/4～1/3，无毛；花冠乳白色至微带紫色，内具紫色斑点及黄色条纹。蒴果椭圆形，长6～11cm。花期3～4月，果期9～10月。（图11–331）

图11–331 白花泡桐

【分布】主产于长江流域以南各省，现辽宁以南广泛栽培。

【习性】喜光稍耐阴，耐寒性稍差。深根性，生长快，萌蘖性强。

【繁殖】埋根繁殖为主，也可播种、埋干、留根繁殖。

【用途】同紫花泡桐。

70．紫葳科 Bignoniaceae

落叶或常绿，乔、灌、藤、草。单叶或复叶，对生或轮生，稀互生；无托叶。花两性，不整齐，花萼钟状；花冠常唇形，上唇2裂，下唇3裂；雄蕊5或4，其中发育雄蕊2或4；有花盘；子房上位，1～2室，胚珠多数。蒴果或浆果状；种子扁平，常有翅或毛。

约120属650种，多分布于热带和亚热带。我国22属49种，各地均有分布。

分属检索表

1. 乔木；单叶对生或3枚轮生，全缘或浅裂，3～5出脉……………………………………梓树属
1. 藤本；奇数羽状复叶对生，小叶有锯齿，羽状脉 ……………………………………凌霄属

（1）梓树属 *Catalpa* L.

落叶乔木；无顶芽。单叶对生或轮生，全缘或有浅裂，3～5出脉，叶背脉腋常具腺斑。花大，总状或圆锥花序顶生；花萼2～3裂；花冠钟状唇形；发育雄蕊2。蒴果细长；种子多数，两端具长毛。

约13种，产亚洲东部及美洲。我国4种，引种3种，主要分布于长江、黄河流域。

分种检索表

1. 花淡黄色，长约2cm；叶通常具3～5浅裂 ……………………………… 梓树
1. 花白色或淡红色，长2cm以上；叶通常不裂 ……………………………… 2
2. 小枝及叶无毛；总状花序伞房状，花粉色 ……………………………………楸树
2. 叶背面有毛；圆锥花序 ……………………………………………………… 3
3. 花淡红色或粉红色；叶基部脉腋有紫色腺斑 ………………………………灰楸
3. 花白色；叶基部脉腋有绿色腺斑 ……………………………………………黄金树

①梓树（黄花楸、水桐、木角豆）*Catalpa ovata* D.Don.

【形态】高10～20m；树冠宽阔，树皮灰褐色，纵裂。叶宽卵形或近圆形，长10～30cm，先端急尖，基部心形或近圆形，全缘或3～5掌状浅裂，微有毛，基部脉腋有3～6紫斑。圆锥花序长10～20cm；花冠淡黄色，内有黄色条纹及紫色斑纹；花萼绿色或紫色。蒴果细长如筷，长20～30cm，径5～6mm。花期5～6月，果期9～10月。（图11–332）

【分布】原产于我国，分布于东北、华北，南至华南北部，以黄河中下游为分布中心。

【习性】喜光，稍耐阴，耐寒，耐轻盐碱，不耐干旱瘠薄，喜深厚、肥沃、湿润土壤。生长较快。对二氧化硫、氯气及烟尘抗性强。

【繁殖】播种繁殖为主，也可扦插、分蘖繁殖。

【用途】树冠宽大，叶大阴浓，夏季花大鲜艳，秋冬蒴果垂挂。可作庭阴树、行道树、独赏树及“四旁”绿化树种。果入药。

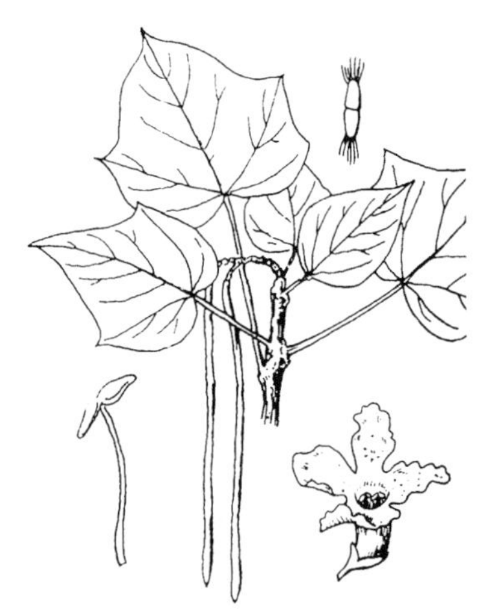

图11–332 梓树

② 楸树（金丝楸、梓桐、小叶梧桐）*Catalpa bungei* C.A.Mey.

图11-333 楸树

【形态】高达20m；树冠倒卵形，树干端直；树皮灰褐色浅纵裂，老树干具瘤状突起。叶三角状卵形至卵状椭圆形，长6～16cm，先端渐尖，基部截形或宽楔形，3出脉，全缘，无毛，基部脉腋有2个紫斑。总状花序伞房状，具花5～20朵；花冠粉色，内有紫斑；萼片顶端2尖裂。蒴果长25～50cm，径约5mm。花期4～5月，果期9～10月。（图11-333）

【分布】主产于黄河流域，长江流域也有分布。

【习性】喜光，幼树耐阴，喜温暖、湿润气候，耐轻盐碱，不耐严寒，不耐干旱瘠薄，不耐水湿。深根性，根蘖性、萌芽性强。对二氧化硫及氯气有抗性，吸附灰尘、粉尘能力强。

【繁殖】分蘖、埋根繁殖为主，也可播种、扦插、嫁接（梓树为砧）繁殖。

【用途】树姿挺拔，干直阴浓，花色艳丽，宜作庭阴树、行道树、独赏树及“四旁”绿化树种。可孤植、列植、丛植，与建筑配植更能显示古朴、苍劲的树势。树皮、叶、种子入药。花提取芳香油。叶作饲料。

图11-334 灰楸

③ 灰楸（糖楸、山楸、白楸）*Catalpa fargesii* Bur.

【形态】高可达20m；外形似楸树，与楸树的区别：幼枝、叶片、叶柄、花序、花萼密被簇状毛和分枝毛。花冠淡红色或粉红色，喉部有黄褐色斑点及黄色条纹；圆锥花序有花7～15朵。（图11-334）

【分布】华北、西北至华南、西南地区均有分布。

【习性】喜温凉气候及深厚、湿润、肥沃土壤，适应性强。

繁殖、用途同楸树。

④ 黄金树 *Catalpa speciosa* Ward.

图11-335 黄金树

【形态】高15m；树冠开展，树皮灰色，厚鳞片状开裂。叶宽卵形至卵状椭圆形，长15～30cm，先端渐尖，基部截形或圆形，全缘或偶有1～2浅裂，背面被柔毛，基部脉腋有绿色腺斑。圆锥花序顶生，长约15cm，具花10余朵；花冠白色，内有淡紫斑和黄色条纹。蒴果较粗，长20～45cm，径1～1.8cm。花期5～6月，果期10月。（图11-335）

【分布】原产于美国中部及东部。我国各地城市均有栽培。

【习性】喜光，耐寒性较差，喜温凉湿润气候，不耐干旱瘠薄及积水。

【繁殖】播种繁殖。

【用途】树形优美，宜作庭阴树及行道树。在原产地为用材树种。

（2）凌霄属 *Campsis* Lour.

落叶藤本，借气根攀缘。奇数羽状复叶对生，小叶有锯齿。聚伞或圆锥花序顶生；花萼钟状，革质，具不等的5齿裂；花冠漏斗状钟形，在萼以上扩大，5裂，稍呈唇形；子房基部具大型花盘。蒴果，种子多数，具翅。

2种，1种产于北美洲，1种产于我国和日本。

分种检索表

1. 小叶7～9，无毛，疏生7～8锯齿；花萼裂至中部，花径5～7cm ……………………………凌霄
1. 小叶9～13，叶背有柔毛，疏生4～5锯齿；花萼裂至1/3，花径约4cm ……………美国凌霄

① 凌霄 *Campsis grandiflora*（Thunb.）Loisel.

【形态】树皮灰褐色，细条状纵裂；小枝紫褐色。小叶7～9，卵形至卵状披针形，长3～7cm，先端长尖，疏生7～8齿，无毛。聚伞状圆锥花序疏松；花冠唇状漏斗形，红色或橘红色，花径5～7cm；花萼绿色，5裂至中部，有5条纵棱。蒴果长如豆荚，先端钝。花期6～8月，果期10月。（图11-336）

【分布】原产我国中部、东部，各地有栽培。日本也有分布。

【习性】喜光，稍耐阴，喜温暖湿润，耐寒性较差，耐旱，忌积水，耐轻度盐碱，喜排水良好的微酸性及中性土壤。萌蘖力、萌芽力强。

【繁殖】扦插、埋根繁殖为主，也可播种、压条、分蘖繁殖。

【用途】干枝虬曲多姿，翠叶团团如盖，花大色艳，花期甚长，是理想的垂直绿化材料。茎、叶、花入药。花粉有毒。

② 美国凌霄 *Campsis radicans*（L.）Seem.

【形态】树皮灰白色，细条状纵裂。小叶9～13，椭圆形至卵状长圆形，长3～6cm，基部圆形或宽楔形，叶轴及叶背均生短柔毛，疏生4～5粗锯齿。短圆锥花序，萼片棕红色，裂较浅，深约1/3，无纵棱，花冠筒状漏斗形，外面橘红色，裂片红色，径约4cm。蒴果筒状长圆形，先端尖。花期6～8月，9～11月果熟。（图11-337）

图11-336　凌霄

图11-337　美国凌霄

【分布】原产于北美洲。我国各地均有栽培。

【习性】喜光稍耐阴，耐寒耐旱，耐水湿，较耐盐碱，适应性强。深根性，萌芽力强。

繁殖、用途同凌霄。

71．茜草科 Rubiaceae

木本或草本。单叶对生，稀轮生，常全缘；托叶宿存或脱落。花常两性，整齐，单生或成各式花序，多聚伞花序；萼筒与子房合生，端全缘或有齿裂，有时其中1裂片扩大成叶状；花冠筒状或漏斗状，常4～6裂；雄蕊常4～6。蒴果、浆果或核果。

约500属6000种，主产热带和亚热带。我国产71属477种，大部分产于西南至东南部。

分属检索表

1. 花序中有些花的萼裂片中，有1枚扩大成具柄的叶状体；浆果 ………………玉叶金花属
1. 花萼裂片正常，无1枚扩大成叶状体 ………………………………………………… 2
2. 浆果 ……………………………………………………………………………………… 3
2. 核果或蒴果 ……………………………………………………………………………… 4
3. 花常单生，花冠5～11裂；托叶生于叶柄内侧；果常有棱……………………栀子花属
3. 聚伞花序再组成伞房花序，花冠4～5裂；托叶在叶柄间；果无棱 ………………龙船花属
4. 核果；花单生或簇生 ……………………………………………………………六月雪属
4. 蒴果；头状花序 ……………………………………………………………………水团花属

（1）**玉叶金花属** *Mussaenda* L.

灌木。叶对生或3枚轮生；托叶于叶柄间单生或成对，脱落。花黄色，伞房式聚伞花序顶生；萼5裂，其中1枚扩大成具柄花瓣状；花冠漏斗状或管状，5裂；雄蕊5，生于花冠喉部，内藏，子房2室。浆果；种子多数。

120种，产于热带亚洲、非洲。我国28种，产于西南至台湾。

玉叶金花（白纸扇）*Mussaenda pubescens* Ait.f.

【形态】藤状灌木；小枝有柔毛。单叶对生，叶卵状长椭圆形至卵状披针形，长5～8cm，两端尖，表面无毛或有疏毛，背面被柔毛。花黄色，伞房状圆锥花序顶生，每1花序中约有扩大的白色叶状萼片3～4枚。浆果球形，长0.8～1cm。夏季开花。（图11–338）

图11–338 玉叶金花

【分布】广布于我国东南部、南部及西南部地区。

【习性】喜光、耐阴，喜温暖湿润气候及肥沃湿润、排水良好的微酸性土壤，畏寒。

【繁殖】扦插繁殖为主，亦可播种繁殖。

【用途】花奇特美丽，因其白色萼片黄色花而得名，宜植于庭园观赏。茎、叶入药。

（2）**栀子花属** *Gardenia* Ellis.

灌木，稀小乔木。叶对生或3叶轮生；托叶膜质鞘状，生于叶柄内侧。花常单生，萼筒有棱；

花冠高脚碟状或筒状，5～11裂；雄蕊5～11，生于花冠喉部。浆果革质或肉质，常有棱。

约250种，分布于热带和亚热带地区。我国产4种，分布于西南至东部。

栀子花 *Gardenia jasminoides* Ellis.

【形态】常绿灌木；干灰色，小枝绿色，有垢状毛。叶长椭圆形，长6～12cm，无毛，革质而有光泽，基部宽楔形，全缘。花单生，白色，高脚碟状，径达7.5cm，端常6裂，浓香；花萼5～7裂，裂片线形。果卵形，具5～7纵棱，顶端有宿存萼片。花期6～8月。（图11-339）

【变种】a 大花栀子f.*grandiflora* Makino 叶较大；花大而重瓣，径7～10cm。园林中应用更为普遍。

b 水栀子（雀舌栀子）var.*radicana* Makino植株矮小，枝常平展匍地；叶较小，倒披针形，长4～8cm；花较小，重瓣。宜作地被材料或盆栽观赏。

图11-339 栀子花

【分布】产于我国中部及东南部地区。

【习性】喜光也耐阴，喜温暖湿润气候及肥沃湿润的酸性土壤，耐热畏寒，耐干旱瘠薄。萌芽力、萌蘖力强，耐修剪。对二氧化硫抗性较强。

【繁殖】扦插、压条繁殖。

【用途】叶色亮绿，四季常青，花大洁白，芳香馥郁，是良好的绿化、美化、香化材料。可成片丛植或配植于林缘、庭前、院隅、路旁，或栽作花篱，也可作阳台绿化、盆花、切花或盆景。果可入药。

（3）**龙船花属** ***Ixora*** **L.**

灌木或小乔木。叶对生，稀3叶轮生；托叶在叶柄间，基部常合生成鞘，顶部延长或芒尖。顶生聚伞花序再组成伞房花序，常具苞片和小苞片；花萼4（～5）裂，宿存；花冠高脚碟状，4（～5）裂，裂片短于筒部；雄蕊4（～5）。浆果球形。

约400种，主产亚洲和非洲热带地区。我国约11种，产西南部至东部，南部最多。

龙船花（仙丹花）*Ixora chinensis* Lam.

【形态】常绿灌木，高0.5～2m。单叶对生，叶椭圆状披针形或倒卵状长椭圆形，长6～13cm，基部楔形或圆形，全缘。花冠红色或橙红色，高脚碟状，筒细长，裂片4；聚伞状伞房状花序顶生，形如绣球，花序分枝红色。浆果熟时黑红色。几乎全年开花。（图11-340）

【品种】a 白花龙船花“Alba”花白色。

b 黄龙船花“Lutea”花黄色。

图11-340 龙船花

【分布】原产于亚洲热带，我国华南有野生。

【习性】喜光，稍耐半阴，不耐寒，喜湿热气候及排水良好的肥沃沙壤土。

【繁殖】播种、扦插繁殖。

【用途】花色鲜红，几乎全年开花，是理想的庭园观赏花木，华南地区常植为花篱，植于花坛、树坛、林缘及庭园观赏，长江以北常盆栽观赏。

图11-341 六月雪

（4）**六月雪属*Serissa* Comm. ex Juss.**

小灌木；枝叶及花揉碎有臭味。叶近无柄对生；托叶宿存。花单生或簇生，萼筒倒圆锥形，4～6裂，宿存；花冠白色，漏斗状，4～6裂，喉部有毛；雄蕊4～6，花盘大。核果球形。

3种，分布于亚洲东部。我国3种。

六月雪（白马骨、满天星）*Serissa foetida* Comm.

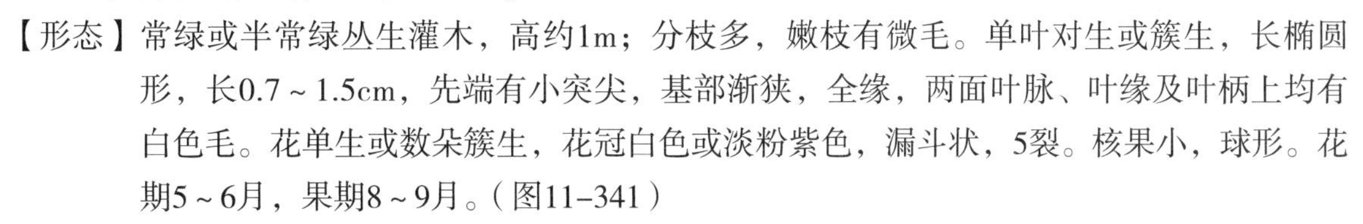

【形态】常绿或半常绿丛生灌木，高约1m；分枝多，嫩枝有微毛。单叶对生或簇生，长椭圆形，长0.7～1.5cm，先端有小突尖，基部渐狭，全缘，两面叶脉、叶缘及叶柄上均有白色毛。花单生或数朵簇生，花冠白色或淡粉紫色，漏斗状，5裂。核果小，球形。花期5～6月，果期8～9月。（图11-341）

【分布】产于我国东南部和中部。

【习性】喜温暖、阴湿环境，对土壤要求不严。萌蘖力强，耐修剪。

【繁殖】扦插、分株繁殖。

【用途】树形纤巧，枝叶繁茂，夏日盛花，宛如白雪满树，玲珑清雅。适宜作花坛、花境、花篱和下木，也是制作盆景的好材料。全株入药。

（5）**水团花属*Adina* Salisb.**

乔木或灌木。单叶对生，托叶全缘或2裂。头状花序具长梗，单生或总状排列，花托、花萼有毛，5裂，萼筒有棱角；花冠长漏斗状5裂；雄蕊5；柱头头状或棒状。蒴果；种子多数，两端具翅。

约20种，多数分布在亚洲和非洲热带、亚热带。我国9种，主产西南部和南部。

水杨梅（细叶水团花）*Adina rubella* Hance.

【形态】落叶灌木，高1～4m；茎多分枝，小枝红褐色，幼时有柔毛。叶卵状披针形或卵状椭圆形，长2.5～4cm，基部楔形或圆形，全缘或微波状，表面中脉及背面沿脉、脉腋间有疏毛；托叶披针形，2深裂。花淡紫红色或白色，头状花序腋生，单生或2～3聚生，径1.5～2cm，总花梗长约5cm，被柔毛。果熟时带紫红色。花期7～8月，果期9～10月。（图11-342）

图11-342 水杨梅

【分布】产于长江以南各省区，多生于山坡湿地或水塘边。

【习性】喜光，耐半阴，耐水湿，不耐干旱，有一定抗寒性。

【繁殖】播种、扦插、分株繁殖。

【用途】枝条纤细，叶油绿光亮，花奇特美丽，为池畔、溪边和河滩种植欣赏的好材料，或在湿地、台地低处栽作绿篱或花境。根深枝密，是优良的固堤护岸树种。枝干、花及根均可入药。

72. 忍冬科 Caprifoliaceae

灌木，稀为小乔木或草本。单叶稀复叶，对生。花两性，花萼4～5裂；花冠筒管状，4～5裂，有时唇形；雄蕊与花冠裂片同数，且与裂片互生；子房下位，1～5室。浆果、核果、瘦果或蒴果。

共18属约450种，主要分布于北半球温带。我国12属300余种，广布南北各地。

分属检索表

1. 蒴果，开裂 ……………………………………………………………………锦带花属
1. 浆果或核果 ………………………………………………………………………… 2
2. 浆果；花成对腋生或轮生枝顶，花冠唇形 ……………………………………忍冬属
2. 核果 ………………………………………………………………………………… 3
3. 核果瘦果状；萼片宿存 …………………………………………………………… 4
3. 核果浆果状；聚伞花序，花冠辐射对称 ………………………………………… 5
4. 果实2个合生（有时1个不发育），外被刺状刚毛……………………………猬实属
4. 果实分离，外无刺状刚毛 ……………………………………………………六道木属
5. 奇数羽状复叶 ……………………………………………………………… 接骨木属
5. 单叶 …………………………………………………………………………… 荚蒾属

（1）锦带花属 *Weigela* Thunb.

落叶灌木。单叶对生，有锯齿。聚伞花序或簇生；花萼5裂；花冠5裂；雄蕊5。蒴果2瓣裂。约12种，产亚洲东部。我国6种，产中部、东南部至东北部。

分种检索表

1. 花萼裂片披针形，中部以下连合；柱头2裂；种子无翅 ……
   ………………………………………………………………锦带花
1. 花萼裂片线形，裂至基部；柱头头状；种子有翅 …海仙花

① 锦带花 *Weigela florida*（Bunge）A.DC.

【形态】高达3m；枝条开展，小枝细弱，幼时有2列柔毛。叶椭圆形或卵状椭圆形，表面疏生短柔毛，背面毛较密。花1～4朵成聚伞花序；萼裂片披针形，分裂至中部；花冠漏斗状钟形，裂片5，玫瑰红色或粉红色；柱头2裂。蒴果柱形；种子无翅。花期4～6月，果期10月。（图11-343）

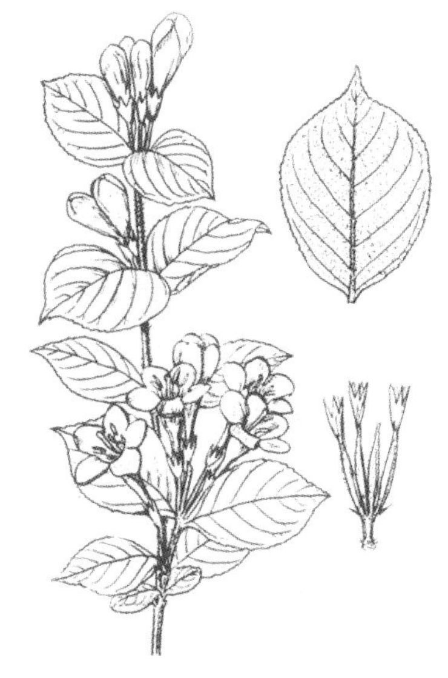

图11-343 锦带花

【变种】a 白花锦带花 f.*alba* Rehd. 花近白色。

b 红花锦带花（红王子锦带花）“Red Prince”花鲜红色，繁密而下垂。

c 深粉锦带花（粉公主锦带花）“Pink Princess”花深粉红色，花期早约半个月，花繁密而色彩亮丽，整体效果好。

d 紫叶锦带花“Purpurea”叶紫褐色。花紫粉色。

【分布】产东北、华北及华东北部。各地均有栽培。

【习性】喜光，耐半阴，耐寒，适应性强，耐瘠薄，以深厚、湿润、腐殖质丰富的壤土生长最好，不耐水涝。萌芽、萌蘖力强，生长快。对氯化氢等有害气体抗性强。

【繁殖】扦插、压条、分株或播种繁殖。

【用途】枝繁叶茂，花色艳丽，花期长，是东北、华北地区重要的观花灌木。宜丛植于草坪、庭园角隅、山坡、河滨、建筑物前，亦可密植为篱，或制作盆景，花枝可切花插瓶。

② 海仙花 *Weigela coraeensis* Thunb.

【形态】高2～5m；小枝粗壮，无毛或近无毛。叶宽椭圆形或倒卵形，先端尾状，基部宽楔形，背面脉上疏生毛或无毛。花数朵组成聚伞花序；萼片线形，裂达基部；花冠漏斗状钟形，初白色、黄白色、淡玫红色，后变为深红色；柱头头状。蒴果柱形；种子有翅。花期5～6月，果期9～10月。（图11-344）

图11-344 海仙花

【分布】产于华东地区，各地均有栽培。

【习性】喜光，稍耐阴，较耐寒，耐寒性不如锦带花。喜温暖气候及湿润、肥沃土壤。萌蘖性强。

【繁殖】扦插、分株、压条、播种繁殖。

【用途】花朵形小、色淡，花稀，其观赏价值不及锦带花，但生长旺盛，易栽培，是较为习见的观花灌木。应用同锦带花。

（2）**忍冬属** *Lonicera* L.

灌木或藤本，稀乔木状；树皮老时纵裂剥落。单叶对生，全缘，稀有裂。花成对腋生，稀3～6朵顶生，每对花具苞片2和小苞片4；花萼5裂；花冠唇形或整齐5裂；雄蕊5；花柱细长，柱头头状。浆果肉质，有种子3～8。

约200种，分布于北半球温带和亚热带地区。我国100余种，各地均有分布。

分种检索表

1. 顶生头状花序，花序下1～2对叶基部合生，花黄色至橙黄色 ………………… 盘叶忍冬
1. 花2朵生于总花梗顶端，花序下无合生的叶片 ……………………………………… 2
2. 藤本；苞片叶状，卵形 ……………………………………………………………忍冬
2. 直立灌木；苞片线形或披针形 ………………………………………………………… 3
3. 小枝髓白色充实；相邻两花的萼筒合生达中部以上 ……………………………郁香忍冬
3. 小枝髓褐色，后变中空；苞片线形；相邻两花的萼筒分离 ……………………………… 4
4. 总花梗短于叶柄；叶有毛，基部楔形 ……………………………………………金银忍冬

4. 总花梗长于叶柄；叶无毛，基部圆形或近心形 ………………………………新疆忍冬

① 盘叶忍冬（大叶金银花）*Lonicera tragophylla* Hemsl.

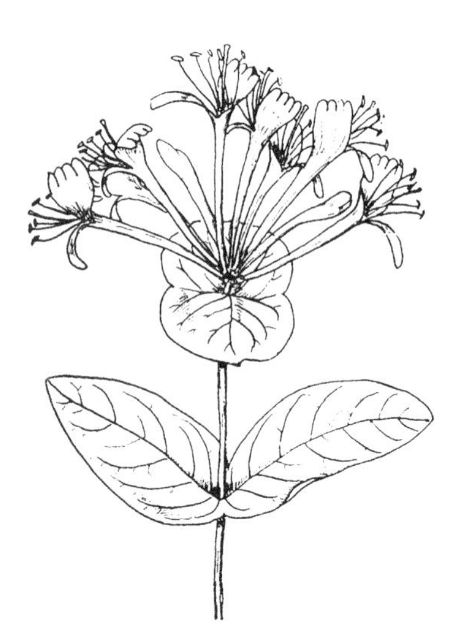

图11-345　盘叶忍冬

【形态】落叶藤本；小枝黄褐色或灰黄色。叶长椭圆形，先端锐尖或钝，背面密生柔毛或沿中脉有柔毛，中脉基部有时带紫红色，全缘。花序下1～2对叶片基部合生成近圆形的盘；聚伞花序密集成头状，生于枝顶，每轮3～6花，2～3轮；花冠唇形，黄色至橙黄色，上部外面略带红色，冠筒稍弯，长为唇瓣的2～3倍。浆果近球形，黄色或红色，后变深红色，径约1cm。花期6～7月，果期9～10月。（图11-345）

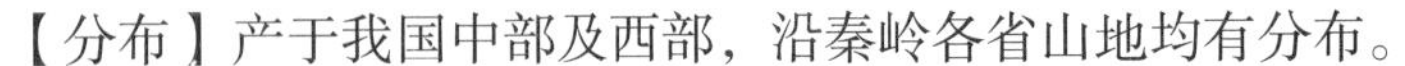

【分布】产于我国中部及西部，沿秦岭各省山地均有分布。

【习性】较耐寒，适应性强，对土壤要求不太严格。

【繁殖】扦插、压条、播种繁殖。

【用途】花大色艳，优美独特。可植于各种造型的棚架、花廊、栅栏等处，也可作地被植物。花蕾、带叶嫩枝供药用。

② 忍冬（金银花、金银藤）*Lonicera japonica* Thunb.

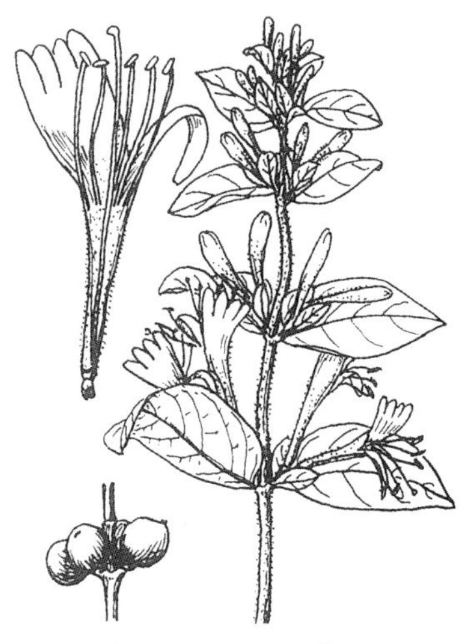

图11-346　忍冬

【形态】半常绿缠绕藤本；枝细长中空，棕褐色，条状剥落，幼时密被短柔毛。叶卵形或椭圆状卵形，幼时两面具柔毛；叶柄短。花成对腋生，总花梗长于叶柄，苞片叶状；萼筒无毛；花冠唇形，初开白色，后变黄色，芳香，上唇4裂片直立，下唇反转，花冠筒与下唇裂片约等长。浆果球形，离生，黑色。花期5～7月，果期8～10月。（图11-346）

【变种】a 红金银花var.*chinensis* Baker小枝、叶柄、嫩叶紫红色。花冠淡紫红色。

b 黄脉金银花var.*aureo-reticulata* Nichols.叶较小，叶脉黄色。

【分布】我国各地均有分布。朝鲜、日本也有分布。

【习性】喜光，耐阴，耐寒，耐旱，耐水湿，对土壤要求不严，适应性强。根系发达，萌蘖性强，茎着地即能生根。

【繁殖】播种、扦插繁殖为主，也可压条、分株繁殖。

【用途】植株轻盈，藤蔓缭绕，夏日开花不绝，黄白相映，花期长，芳香，色香俱全；冬叶微红，是良好的垂直绿化及棚架绿化材料，是庭园布置夏景的极好材料，也是美化屋顶花园的好树种；也可用作地被；老桩作盆景，姿态古雅。花蕾、茎枝入药，优良的蜜源植物。

③ 郁香忍冬（香吉利子、羊奶子）*Lonicera fragrantissima* Lindl.et Paxon.

【形态】半常绿或落叶灌木，高2～3m；枝髓充实，幼枝被刺刚毛。叶卵状椭圆形至卵状披针形，表面无毛，背面疏生平伏刚毛。花成对腋生，苞片条状披针形，相邻两花萼筒合生达中部以上；花冠唇形，白色或带粉红色，芳香，先于叶开放。果近球形，鲜红色，

两果合生过半。花期2～4月，果期5～6月。（图11-347）

【分布】产于我国中部地区。

【习性】喜光，耐阴，耐旱，不耐涝，喜湿润、肥沃、排水良好的土壤。萌蘖性强。

【繁殖】播种、扦插、分株繁殖。

【用途】枝叶茂密，春季先叶开花，花态舒雅，浓香宜人，夏季红果艳丽。宜植于草坪、庭院、角隅、园路旁、假山石旁及亭际附近。老桩可作盆景。

④ 金银忍冬（金银木）*Lonicera maackii*（Rupr.）Maxim.

【形态】落叶灌木，高达2～5m；小枝髓黑褐色，后变中空，幼时被微毛。叶卵状椭圆形至卵状披针形，两面疏生柔毛，先端渐尖，基部宽楔形或圆形。花成对腋生，总花梗短于叶柄，苞片线形；相邻两花的萼筒分离；花冠唇形，下唇瓣长为花冠筒的2～3倍，白色，后变黄色，芳香。果球形，红色。花期5～6月，果期9～10月。（图11-348）

【变种】红花金银忍冬f.*erubescens* Rehd.花较大，淡红色。小苞片和幼叶带淡红色。

【分布】产于长江流域及以北地区。

【习性】喜光，耐阴，耐寒，耐旱，耐水湿，对土壤要求不严，喜湿润肥沃土壤。萌芽、萌蘖力强。

【繁殖】播种、扦插繁殖。

【用途】树势旺盛，枝叶扶疏，春夏开花，清雅芳香，秋季红果累累，晶莹可爱，是良好的观花、观果树种。可孤植、丛植于草坪、路边、林缘、建筑物周围、假山石旁等。老桩可作盆景。花可提取芳香油。全株可入药，亦是优良的蜜源植物。

⑤ 新疆忍冬（鞑靼忍冬）*Lonicera tatarica* L.

【形态】落叶灌木，高达3m；小枝中空，老枝灰白色。叶卵形或卵状椭圆形，无毛，先端尖，基部圆形或近心形。花成对腋生，总花梗长于叶柄，相邻两花的萼筒分离；花冠唇形，红色、粉红色或白色，上唇4裂，里面有毛，花冠筒短于唇瓣。浆果球形，红色，常合生。花期5～6月，果期7～8月。（图11-349）

【分布】原产欧洲及西伯利亚、我国新疆北部。华北及东北地区有栽培。

【习性】喜光，耐半阴，耐寒、耐干旱瘠薄，适应性强，喜温暖湿润、肥沃疏松壤土。

【繁殖】播种、扦插繁殖。

图11-347 郁香忍冬

图11-348 金银忍冬

图11-349 新疆忍冬

【用途】分枝均匀，冠形紧密，花美叶秀，是花果俱佳的观赏灌木。宜植于草坪、建筑物前、路旁、坡地等。

（3）六道木属 *Abelia* R. Br.

灌木。单叶对生，全缘或有齿。聚伞花序，稀圆锥状或簇生；萼片2～5，花后增大宿存；花冠4～5裂；雄蕊2强。核果瘦果状，革质，顶端具宿萼。

约30种，主要产于东亚及中亚。我国9种，主要分布于中部和西南部。

分种检索表

1. 花2朵并生于小枝顶部，无总花梗，花冠高脚碟状，裂片4 ……………………六道木
1. 圆锥状聚伞花序或圆锥花序，花冠裂片5 …………………………………… 2
2. 圆锥状聚伞花序，花萼裂片5，雄蕊伸出 ……………………………… 糯米条
2. 圆锥花序，花萼裂片2～5，雄蕊通常不伸出 ……………………………大花六道木

① 六道木 *Abelia biflora* Turcz.

【形态】落叶灌木；茎有明显6纵槽，幼枝被倒向刺刚毛。叶长椭圆形至椭圆状披针形，先端渐尖，基部楔形，两面均生短毛，边缘有睫毛；叶柄短，基部膨大，具刺刚毛。花成对生于小枝顶端，无总花梗；花萼疏生短刺刚毛，裂片4；花冠高脚碟形，裂片4，白、淡黄或带红色，外有毛。果常弯曲，顶端宿存4枚增大萼片。花期5～6月，果期8～9月。（图11-350）

图11-350　六道木

【分布】产于我国北部山地。现北方地区均有栽培。

【习性】喜光、耐阴，耐寒、耐干旱瘠薄，适应性强，喜湿润土壤。根系发达，萌芽力强，生长缓慢。

【繁殖】播种繁殖为主，也可扦插、分株繁殖。

【用途】枝条细垂，树姿秀丽婆娑，叶秀花美，花色鲜艳。可配植在林下、山坡、石隙及岩石园及庭院角隅。花、叶入药。

② 糯米条（茶条树）*Abelia chinensis* R.Br.

【形态】落叶灌木，高达2m；幼枝红褐色，被微毛，小枝皮撕裂。叶卵形至椭圆状卵形，长2～5cm，基部宽钝至圆形，有浅锯齿，背面叶脉基部密生白色柔毛。圆锥状聚伞花序；花萼被短柔毛，裂片5，粉红色，倒卵状长圆形，边缘有睫毛；花冠漏斗状，5裂，白色至粉红色，芳香；雄蕊伸出花冠。花期7～9月，果期10～11月。（图11-351）

图11-351　糯米条

【分布】分布于秦岭以南各地。除东北地区外各地均有栽培。

【习性】喜光，耐阴，喜温暖、湿润气候，有一定耐寒性，耐干旱瘠薄，对土壤要求不严，适应性强。根系发达，生长快，萌芽力、萌蘖性强。

【繁殖】播种、扦插、分株繁殖。

【用途】树姿婆娑，枝繁花密，花期甚长，芳香宜人，尤其花后粉色萼片宿存枝头，好似盛开之花朵，是美丽的芳香观花灌木。可丛植于草坪、角隅、路边、假山旁，配植于林缘、树下，也可作基础栽植、花篱、花径。全株药用。

③ 大花六道木*Abelia × grandiflora*（Andre）Rehd.

【形态】半常绿灌木，高达2m；幼枝红褐色，有短柔毛。叶卵形至卵状椭圆形，长2～4cm，有疏锯齿，表面暗绿而有光泽。松散圆锥花序顶生；花冠钟状，5裂，白色或略带红晕；花萼2～5，多少合生，粉红色；雄蕊通常不伸出。花期4～10月。

【分布】本种是糯米条与单花六道木（A. uniflora，萼片2）的杂交种，1880年由意大利育成，我国有栽培。

【习性】耐半阴，耐寒，耐旱。生长快，根系发达，移栽易成活，耐修剪。

【繁殖】扦插、分株繁殖。

【用途】开花多且花期长，秋叶铜褐色或紫色，是美丽的花灌木。宜丛植于草坪、林缘或建筑物前，也可作盆景及绿篱材料。

（4）猬实属*Kolkwitzia* Graebn.

仅1种，我国特产。

猬实*Kolkwitzia amabilis* Graebn.

【形态】落叶灌木，高达3m；枝干丛生，干皮薄片状剥裂，幼枝有柔毛。叶卵形至卵状椭圆形，先端渐尖，基部圆形，疏生浅锯齿或近全缘，两面疏生短柔毛。花序具2花，2花萼筒下部合生，萼筒外密生长刚毛；花冠有粉红、桃红、浅紫色等，喉部黄色，有短柔毛，其中2片稍宽而短。果外有刺刚毛，萼片宿存。花期5～6月，果期8～9月。（图11-352）

图11-352 猬实

【分布】产于我国中部及西北部。是国家三级重点保护树种。

【习性】喜光，耐阴，耐旱，较耐瘠薄，耐寒，喜温凉湿润的环境，对土壤要求不严，喜排水良好、湿润肥沃的沙壤土。

【繁殖】播种、扦插、分株繁殖。

【用途】树姿优美，花繁叶茂，果外被刚毛，形似刺猬，为著名的观花赏果灌木。宜丛植于草坪、角隅、建筑物周围，还可植为花篱、花台，也可盆栽或作切花材料。

（5）接骨木属*Sambucus* L.

落叶灌木或小乔木，稀草本；枝髓较大。奇数羽状复叶，有锯齿或裂。花小、整齐，聚伞花序成伞房状或圆锥状；花萼、花冠3～5裂；雄蕊5。核果浆果状。

约20种，产温带和亚热带地区。我国5种，各地均有分布。

接骨木（公道老、扦扦活）*Sambucus williamsii* Hance.

【形态】落叶灌木或小乔木，高达6m；枝条黄棕色。小叶5～7（11），卵状椭圆形或椭圆状披针形，基部宽楔形，常不对称，有锯齿，揉碎后有臭味。圆锥状聚伞花序顶生；花冠辐状，

5裂，白色至淡黄色；萼筒杯状。果近球形，黑紫色或红色，小核2～3。花期4～5月，果期6～7月。（图11-353）

【分布】除华南外各地广泛分布。

【习性】喜光，稍耐阴，耐寒，耐旱，不耐涝，对气候要求不严，适应性强，喜肥沃疏松沙壤土。根系发达，萌蘖性强。

【繁殖】扦插、分株、播种繁殖。

【用途】枝叶繁茂，春季白花满树，夏秋红果累累，是良好的观赏灌木。宜植于草坪、林缘或水边，也可用于工厂防护林。枝、叶、根、花药用。

图11-353　接骨木

（6）荚蒾属*Viburnum* L.

灌木，稀小乔木；冬芽裸露或被芽鳞，常被星状毛。单叶对生，全缘、有锯齿或裂。花全发育或花序边缘为不孕花，伞房状、圆锥状或伞形聚伞花序；花萼5裂；花冠5裂；雄蕊5；子房1室，柱头极短，3裂。核果浆果状。

约200种，分布于北半球温带和亚热带地区。我国约100种，各地均有分布。

分种检索表

1. 落叶灌木 ………………………………………………………… 2
1. 常绿或半常绿灌木 ………………………………………………… 6
2. 叶常3裂，裂片有不规则锯齿，掌状3出脉 ………………………… 3
2. 叶不裂，有锯齿，羽状脉 ………………………………………… 4
3. 枝皮暗灰色，浅纵裂；花药紫色 ……………………………… 天目琼花
3. 枝皮浅灰色，光滑；花药黄色 ………………………………… 欧洲琼花
4. 组成花序的花全为可育花，聚伞花序圆锥状 …………………… 香荚蒾
4. 组成花序的花全为不孕花或边缘为不孕花 …………………………… 5
5. 裸芽；幼枝、叶背密被星状毛，叶表面羽状脉不下陷 ……………… 木本绣球
5. 鳞芽；枝叶疏生星状毛，叶表面羽状脉下陷 ……雪球荚蒾
6. 常绿或半常绿灌木；花冠裂片与筒部近等长；果卵形 ……
   ……………………………………………………枇杷叶荚蒾
6. 常绿小乔木；花冠裂片短于筒部；果倒卵形或倒卵状椭圆形 …………………………………………………珊瑚树

① 香荚蒾（香探春）*Viburnum farreri* Stearn.

【形态】落叶灌木，高达3m；小枝粗壮褐色，平滑，幼时有柔毛。叶菱状倒卵形至椭圆形，先端尖，有锯齿，羽状脉明显，直达齿端，叶背脉腋有簇毛。聚伞花序圆锥状；花冠高脚碟状，5裂，蕾时粉红色，开放后白色，芳香。果椭圆形，鲜红色。花期3～4月，先叶开放或花叶同放，果期8～10月。（图11-354）

【分布】产我国北部。华北园林中常见栽培。

图11-354　香荚蒾

【习性】喜光，但不耐夏季强光直射，耐寒性强，不耐积水。萌芽力强，耐修剪。

【繁殖】压条、分株或扦插繁殖。

【用途】树形优美，枝叶扶疏，早春开花，洁白而浓香，秋季红果累累，挂满枝梢，是优良的观花、观果灌木。宜孤植、丛植于草坪边、林缘下、建筑物背阴面。亦可盆栽。

② 木本绣球（斗球、荚蒾绣球）*Viburnum macrocephalum* Fort.

【形态】落叶或半常绿灌木，高达4m；树冠呈球形。裸芽，幼枝及叶背密生星状毛。叶卵形或椭圆形，先端钝，基部圆形，有细锯齿。大型聚伞花序呈球状，径15～20cm，全由白色不孕花组成。花期4～6月。（图11-355）

【变种】琼花（八仙花）f.*keteleeri*（Carr.）Rehd.花序中央为两性可育花，边缘为大型白色不孕花。核果椭圆形，先红后黑。花期4月，果期9～10月。

【分布】产长江流域，各地广泛栽培。

【习性】喜光，稍耐阴，喜温暖湿润气候，较耐寒，喜生于湿润、排水良好的肥沃土壤。萌芽性、萌蘖力强。

【繁殖】扦插、压条、分株繁殖。

【用途】树姿开展圆整，繁花满树，洁白如雪球，极为美观，且花期较长，是优良的观花灌木。变型琼花，花序扁圆，边缘着生洁白不孕花，宛如群蝶起舞，逗人喜爱。宜孤植、列植、群植；茎、枝药用。

③ 蝴蝶绣球（雪球荚蒾、日本绣球、斗球）*Viburnum plicatum* Thunb.

【形态】落叶灌木，高达2～4m；枝开展，幼枝疏生星状绒毛。叶宽卵形至倒卵圆形，长4～8cm，先端尖，基部圆形，有锯齿，表面羽状脉凹下，背面疏生星状毛及绒毛。聚伞花序复伞状，径6～12cm，全为大型白色不孕花。核果红色。花期4～5月。（图11-356）

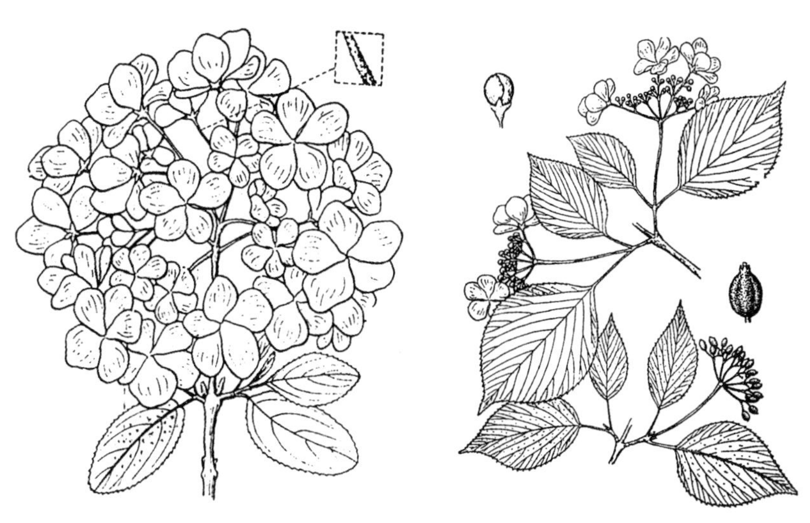

图11-355　木本绣球　　　图11-356　蝴蝶绣球

【变种】蝴蝶荚蒾（蝴蝶树、蝴蝶戏珠花）f.*tomentosum*（Thunb.）Rehd.花序中部为两性小型可孕花，边缘为大型白色不孕花，形如蝴蝶，故有“蝴蝶戏珠花”之名；果红色，后变蓝黑色。

【分布】产于华东、华中、华南、西南、西北东部等地。

习性、繁殖、用途同木绣球。

④ 天目琼花（鸡树条荚蒾）*Viburnum sargentii* Koehne.

【形态】落叶灌木；树皮暗灰色，浅纵裂，有明显条棱。叶宽卵形至卵圆形，通常3裂，裂片具不规则锯齿，掌状3出脉，枝上部叶常为椭圆形至披针形，不裂；托叶钻形；叶柄顶端有1～4腺体。头状聚伞花序，边缘为大形白色不孕花，中央为乳白色可孕花；花药紫红色。核果近球形，红色。花期5～6月，果期9～10月。（图11-357）

图11-357　天目琼花

【分布】长江流域、华北、东北、内蒙古均有分布。

【习性】喜光，较耐阴，耐寒，耐干旱瘠薄，对气候及土壤适应性强，微酸性及中性土都能生长。幼苗须遮阴，根系发达。

【繁殖】播种或分株繁殖。

【用途】树姿清秀，叶形美丽，初夏花白似雪；深秋果似珊瑚，为优美的观花、观果树种。宜植于草地、林缘、建筑物四周，也可在假山、道路旁孤植、丛植或片植。嫩枝、叶、果入药。

⑤ 欧洲琼花*Viburnum opulus* L.

【形态】落叶灌木，高达4m；树皮薄，枝浅灰色，光滑。叶近圆形，长5～12cm，3裂，有时5裂，裂片有不规则粗锯齿，背面有毛；叶柄有窄槽，近端处散生2～3个盘状大腺体。扁平状聚伞花序；边缘为大型白色不孕花，中间为乳白色两性花，花药黄色。核果近球形，径约8mm，红色半透明状，内含1粒种子。花期5～6月，果期8～9月。

【品种】欧洲雪球cv.Roseum 花序全为大型白色不孕花，绣球形。

【分布】产欧洲、非洲北部及亚洲北部。我国青岛、北京等地有栽培。

其他同天目琼花。

⑥ 枇杷叶荚蒾（皱叶荚蒾、山枇杷）*Viburnum rhytidophyllum* Hemsl.

【形态】常绿灌木或小乔木，高达4m；幼枝、叶背及花序均密被星状绒毛；裸芽。叶大，厚革质，卵状长椭圆形，长8～20cm，3裂，先端钝尖，基部圆形或近心形，全缘或有小齿，叶面皱而有光泽，侧脉不达齿端。花序扁，径达20cm；花冠乳白色，裂片与筒部近等长。核果卵形，红色，成熟后变黑色。花期5～6月，果期9～10月。

【分布】产于陕西南部、湖北西部、四川及贵州。

【习性】喜光，耐半阴，有一定的耐寒性，喜温暖湿润，不耐涝，忌风和强光照射。

【繁殖】播种、分株、扦插繁殖。

【用途】春末夏初开花，团团白花与绿叶相衬，晚夏初秋果实先红后黑，光亮诱人，冬季秀叶苍翠，是叶、花、果俱美的观赏树种。宜孤植、丛植于庭园观赏，也可盆栽观赏。

⑦ 珊瑚树（法国冬青）*Viburnum awabuki* K.Koch

【形态】常绿灌木，高可达6m；枝有瘤体状凸起的皮孔。叶倒卵状长椭圆形，长6～16cm，先端钝尖，全缘或上部有疏钝齿，革质，侧脉6～8对。花白色，芳香，圆锥状聚伞花序顶生；花冠筒长3.5～4mm，裂片短于筒部；花柱较纤细，柱头高出萼裂片。核果倒卵形或倒卵状椭圆形，熟时红色，似珊瑚，经久不变，后转蓝黑色。花期5～6月，果期

9～11月。（图11-358）

【分布】产于浙江和台湾地区，长江流域以南广泛栽培，黄河以南各地均有栽培。

【习性】喜光，稍耐阴，不耐寒。耐烟尘，对氯气、二氧化硫抗性较强。根系发达，萌芽力强，耐修剪，易整形。

【繁殖】以扦插繁殖为主，亦可播种繁殖。

【用途】枝叶繁密紧凑，树叶终年碧绿而有光泽，秋季红果累累盈枝头，状若珊瑚，极为美丽，是良好的观叶、观果树种。在庭园中可作为绿墙、绿门、绿廊、高篱或丛植装饰墙角，特别作高篱更优于其他树种，亦可修成各种几何图形。与大叶黄杨、大叶罗汉松，同为海岸绿篱三大树种。对多种有害气体有较强抗性，又能抗烟尘、隔音，可用于厂矿及街道绿化。又因枝叶茂密，含水量多，可成行栽植作防火树种。

图11-358 珊瑚树

（二）单子叶植物

73. 棕榈科 Palmaceae（Palmae）

常绿乔木或灌木；茎干单生多不分枝或丛生，树干上常具宿存叶基或环状叶痕。叶大形，羽状或掌状分裂，通常聚生干顶；叶柄基部常扩大成纤维质的叶鞘。花小，多辐射对称，两性或单性，有时杂性，组成圆锥状肉穗花序或肉穗花序，具1至多数大型佛焰苞；萼、瓣各3，分离或合生，镊合状或覆瓦状排列；雄蕊多6，2轮，罕3，有时多数；子房上位，多1～3室，心皮3，分离或仅基部合生，每室胚珠1。浆果、核果或坚果。

约217属2500种，分布于热带和亚热带地区。我国约22属70种，主要分布在南方。

分属检索表

1. 叶掌状分裂 ……………………………………………………… 2
1. 叶羽状分裂 ……………………………………………………… 4
2. 叶柄两侧光滑无齿或刺；丛生灌木，干细如指；叶裂片30片以下，裂片顶端通常阔而有数个细尖齿 ……………………………………… 棕竹属
2. 叶柄两侧有齿、刺；乔木或灌木。干粗15cm以上；叶裂片30片以上，裂片顶端常尖而具2裂 ……………………………………………… 3
3. 叶裂片分裂至中上部，端深2裂而下垂；叶柄两侧有较大的倒钩刺 ……………蒲葵属
3. 叶裂片分裂至中下部，常挺直或下折；叶柄两侧有极细之锯齿 ………… 棕榈属
4. 叶为2～3回羽状全裂，裂片菱形，边缘具不整齐的啮蚀状齿 ……………………鱼尾葵属
4. 叶为1回羽状全裂，裂片线形、线状披针形或长方形，边全缘或仅局部具啮蚀状齿 …… 5
5. 叶裂片基部耳垂状 ……………………………………… 桄榔属
5. 叶裂片基部不呈耳垂状 ………………………………………… 6
6. 果大，中果皮为厚而松软的纤维质；内果皮骨质、坚硬，近基部有萌发孔3个 ……椰子属

6. 果小，中果皮通常薄而非纤维质；内果皮无萌发孔 ………………………………………… 7
7. 叶裂片在叶轴上排成多列；茎秆幼时基部膨大，后中部膨大 ……………………… 王棕属
7. 叶裂片在叶轴上排成2列；茎秆基部略膨大 ………………………………………………… 8
8. 乔木；叶裂片背面有灰色鳞秕状或绒毛状被覆物 …………………………………… 假槟榔属
8. 丛生灌木；叶裂背面光滑 ……………………………………………………………… 散尾葵属

（1）棕榈属*Trachycarpus* H. Wendal.

乔木或灌木；茎干直立，多单生。单叶簇生干端，近圆形或肾形，掌状深裂至中部以下，裂片狭长，多数，顶端浅2裂，叶柄上面近平，背面半圆，两侧具细齿。圆锥状肉穗花序多分枝，佛焰苞多数，革质，压扁状，被绒毛；花杂性或单性，雌雄同株或异株；花小，花萼、花瓣各3；雄蕊6；心皮3，仅基部连合，柱头3，向后反曲，胚珠基生。核果1～3，球形、长圆至肾形；种子腹面有沟，胚乳均匀。

10种，以西南、华南、华中、华东和喜马拉雅地区及日本为其分布中心。中国约6种。

棕榈（棕树、山棕）*Trachycarpus fortunei*（Hook.f.）H.Wendl.

【形态】常绿乔木，高达10m，干径达24cm；树干圆柱形。叶簇竖干顶，扇形或近圆形，径50～70cm，掌状深裂达中下部；叶柄长40～100cm，两侧细齿明显。雌雄异株，圆锥状肉穗花序腋生，花小而黄色。核果肾状球形，径约1cm，蓝褐色，被白粉。花期4～5月，果期10～11月。（图11-359）

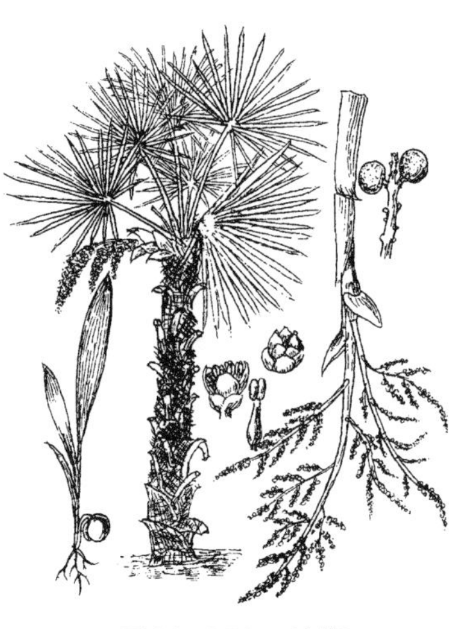
图11-359　棕榈

【分布】原产中国及日本、印度、缅甸。现我国大部分地区有栽培。

【习性】喜温暖湿润气候，可耐0～8℃低温，是棕榈科中最耐寒的树种之一。喜排水良好、湿润肥沃壤土，耐一定干旱与水湿。较耐阴。对二氧化硫及氟化氢等有毒气体有很强的吸收能力。浅根系，须根发达。生长缓慢。

【繁殖】播种繁殖，10～11月果实充分成熟时，以随采随播最好。

【用途】棕榈挺拔秀丽，一派南国风光，适应性强，能抗多种有毒气体。棕皮用途广泛，供不应求，故系园林结合生产的理想树种，又是工厂绿化优良树种。可列植、丛植或成片栽植，也常用盆栽或桶栽作室内或建筑前装饰及布置会场之用。

（2）蒲葵属*Livistona* R. Br.

乔木；茎直立，有环状叶痕。叶近圆形、扇状折叠，掌状分裂至中部附近；裂片多条形，顶端2深裂；叶柄长，腹面平，背面圆凸，两侧具长大显著之骨质倒钩刺；叶鞘纤维棕色，网状。花两性，甚小，圆锥状肉穗花序，佛焰苞管状多数；萼片3，革质，雄蕊6，花丝合生为1环；心皮3，近分离，各具1胚珠，花柱短。核果1～3，球形至卵状椭圆形。

30种，分布于亚洲及大洋洲的热带地区。我国4种，分布华南、东南及云南等地。

蒲葵（葵树）*Livistona chinensis*（qaxq）R.Br.

【形态】乔木，高达20m，胸径30cm；树冠密实，近圆球形。叶扇形，宽1.5～1.8m，长

1.2～1.5m，掌状裂，通常裂至全叶1/4～2/3，下垂；裂片条状披针形，顶端再深裂为2；叶柄长2m，钩刺骨质；叶鞘褐色，纤维甚多。腋生肉穗花序圆锥状，长1m余，分枝多而疏散；花小，两性，通常4朵集生，花冠3裂，几达基部，花瓣近心形，直立。核果椭圆形，状如橄榄，熟时亮紫黑色，外略被白粉。花期3～4月，果期11月。（图11-360）

图11-360　蒲葵

【分布】原产于华南，在广东、广西、福建、台湾栽培普遍，江西、四川等地亦有引种。

【习性】喜高温多湿气候，耐0℃左右的低温和一定程度的干旱，适应性强。喜光略耐阴。抗风力强，须根盘结丛生。喜湿润、肥沃、富含有机质的黏壤土，能耐短期水涝。对氯气和二氧化硫抗性强。寿命可达200年以上。

【繁殖】播种繁殖，果实采收后不宜暴晒，应立即播种。

【用途】树形美观，为热带、亚热带地区优美的庭阴树和行道树，可丛植、列植、孤植，也可盆栽。蒲葵全身是宝，嫩叶制葵扇，老叶制蓑衣、编席。叶脉制牙签，树干作梁柱。果实及根、叶可入药。是园林结合生产的理想树种。

（3）棕竹属*Rhapis* L.

丛生灌木；茎直立，上部常为纤维状叶鞘包围。叶聚生茎顶，扇形，折叠状，掌状深裂几达基部；裂片2至多数，叶脉显著；叶柄纤细，无刺，顶端与叶片连接处有小戟突。花单性，雌雄异株，组成倒卵形或棒状的花冠，雄蕊6，着生于花冠管上；雌花花萼与雄花相似，花冠则较雄花短，心皮3，分离，胚珠1。果球形或卵形，稍肉质；种子单生，球形或近球形。

约15种，分布于亚洲东部及东南部。中国有7种，产南部和西南部。

分种检索表

1. 叶片5～10（14）深裂，裂片较宽短，表面常呈龟甲状隆起，并有光泽；宿存的花冠管不变成实心的柱状体 …… 筋头竹
1. 叶片常10～24深裂，裂片较窄长，表面不隆起，无光泽；宿存的花冠管变成实心的柱状体 ……………………… 棕竹

棕竹（矮棕竹）*Rhapis humilis* Bl.

【形态】丛生灌木。叶掌状深裂，裂片10～24，条形，宽1～2cm，端尖并有不规则齿缺，叶缘有细锯齿，横脉疏而不明显。肉穗花序较长且分枝多。果球形，径约7mm，单生或对生于宿存的花冠管上，花冠管变成一实心的柱状体。种子1，球形，径约5mm。花期4～5月，果期11～12月。（图11-361）

图11-361　棕竹

【分布】产于中国南部及西南部，生山地林下。

【习性】生长强壮，适应性强。喜温暖湿润的环境，耐阴不耐

寒。宜湿润而排水良好的微酸性土。

【繁殖】播种、分株繁殖。

【用途】棕竹秀丽青翠，叶形优美，株丛饱满，为优良的富含热带风光的观赏树种。在植物造景时可作下木，常植于建筑的庭院及小天井中。盆栽或桶栽供室内布置。

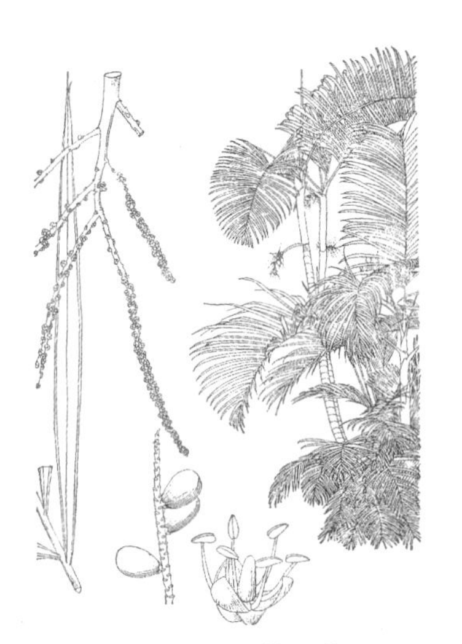

图11-362　散尾葵

（4）**散尾葵属*Chrysalidocarpus* H. Wendl.**

丛生灌木；干无刺。叶长而柔弱，有多数狭长羽裂片；叶柄和叶轴上部有槽。穗状花序生于叶束下，花单性同株，萼片和花瓣6；花药短而阔，子房1，有短的花柱和阔的柱头。果稍陀螺形。

约20种，产马达加斯加。中国引入栽培。

散尾葵（黄椰子）*Chrysalidocarpus lutescens* H.Wend.

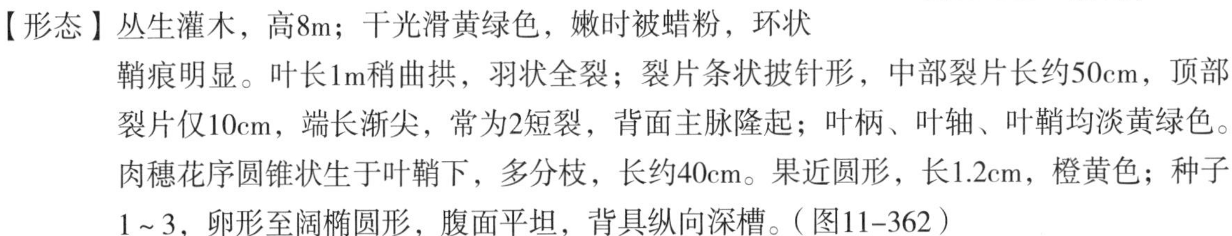

【形态】丛生灌木，高8m；干光滑黄绿色，嫩时被蜡粉，环状鞘痕明显。叶长1m稍曲拱，羽状全裂；裂片条状披针形，中部裂片长约50cm，顶部裂片仅10cm，端长渐尖，常为2短裂，背面主脉隆起；叶柄、叶轴、叶鞘均淡黄绿色。肉穗花序圆锥状生于叶鞘下，多分枝，长约40cm。果近圆形，长1.2cm，橙黄色；种子1～3，卵形至阔椭圆形，腹面平坦，背具纵向深槽。（图11-362）

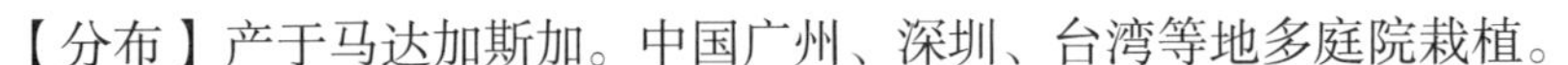

【分布】产于马达加斯加。中国广州、深圳、台湾等地多庭院栽植。

【习性】极耐阴，性喜高温，越冬最低温要在10℃以上。北方各地温室盆栽观赏。

【繁殖】播种或分株繁殖。

【用途】株形秀美，在华南地区多作庭园栽植，其他地区作盆栽观赏。宜布置厅、堂、会场。

（5）**鱼尾葵属*Caryota* L.**

灌木至大乔木；茎单生或丛生，有环状叶痕。2～3回羽状复叶，聚生茎顶，全裂；裂片菱形、楔形或披针形，顶端极偏斜而有不规则啮齿状缺刻，状如鱼尾；叶鞘纤维质。腋生肉穗花序下垂，分枝多而呈圆锥花序状，花单性，雌雄同株，常3朵聚生，雄花萼、瓣各3；雄蕊6至多数；雌花子房3室，柱头3裂。浆果球形，有种子1～2；种子圆形或半圆形。

约12种，分布于亚洲热带至澳大利亚东北部。中国4种，产云南、广东、广西等地。

分种检索表

1. 树干单生；花序长约3m；果粉红色 …………………… 鱼尾葵

1. 树干丛生；花序长不及1m；果蓝黑色 ………… 短穗鱼尾葵

鱼尾葵（假桄榔）*Caryota ochladra* Hance.

【形态】乔木，高达20m。2回羽状复叶全裂，长2～3m，宽1.1～1.6m，每侧羽片14～20片，中部较长，下垂；裂片厚革质，端延长成长尾尖，近对生；叶轴及羽片轴上均被棕褐色毛及鳞秕；叶柄长仅1.5～3cm；叶鞘巨大，长圆筒形，抱茎，长约1m。圆锥状肉穗花序长1.5～3m，下垂。果球形，径约2cm，熟时淡红色，有种子1～2。花期7月。（图11-363）

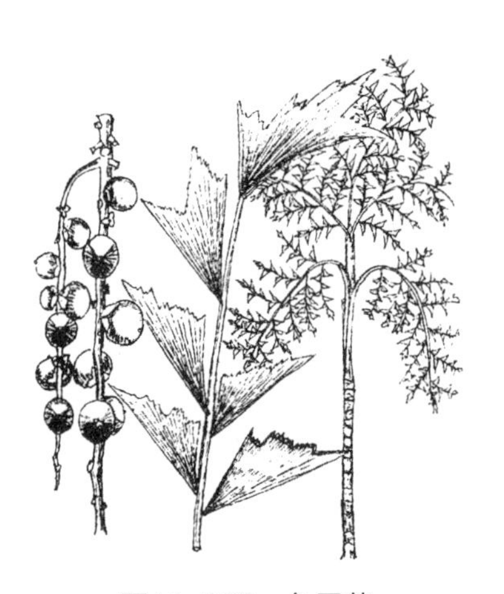

图11-363　鱼尾葵

【分布】产于广东、广西、云南、福建等地。

【习性】喜温暖湿润及光照充足的环境，短期耐-4℃低温。耐阴，喜湿润酸性土。

【繁殖】播种繁殖。

【用途】树姿优美，叶形奇特，供观赏。广西桂林以南广泛作为行道树，庭阴树。茎含大量淀粉，可作桄榔粉的代用品，边材坚硬，可作家具贴面，手杖或筷子等工艺品。

（6）**椰子属*Cocos* L.**

1种，现广布于热带海岸，以东南亚最多。

椰子（挪树）*Cocos nucifera* L.

【形态】乔木，高35m；单干，有明显环状叶痕及叶鞘残基。叶长3～7m，羽状全裂；裂片外向摺叠；叶柄粗壮，长1m余，基部有网状褐色棕皮，簇生干顶。花单性同株同序，肉穗花序腋生，长1.5～2m，总苞舟形，厚革质至木质，最下一枚长60～100cm；雄花小，长1～1.5cm，多数聚生花序的上中部，雄花萼、瓣各3，雄蕊6；雌花径2.5cm，生于花序基部，雌花萼、瓣各3，子房3室，各有胚珠1，通常仅1室发育。坚果每10～20聚为1束；坚果近球形，径15～20cm；外果皮薄革质，中果皮松厚，系纤维层，内果皮骨质而坚硬，即椰壳，近基部有萌发孔3；种子多1，与内果皮粘着；胚乳大（即椰肉），坚实成一层衬着内果皮，大空腔内贮存丰富的浆汁，即椰水。几乎全年开花，7～9月果熟。（图11-364）

图11-364 椰子

【分布】现主产区为东南亚及太平洋诸岛。中国海南岛、台湾和云南南部栽培椰子已有两千年以上的历史。

【习性】在高温、湿润、阳光充足的海边生长发育良好。要求年平均温度24～25℃以上。不耐干旱，喜海滨和河岸的深厚冲积土，次为沙壤土。抗风力强。

【繁殖】播种繁殖。

【用途】椰子苍翠挺拔，是热带和亚热带地区，尤其是海滨区的主要园林绿化树种。可作行道树，或丛植、片植。椰子全身是宝，有“宝树”之称。椰汁是清凉饮料；椰肉是重要的油源，可食用。树干坚硬，可作家具、桥桩等建筑材料。椰壳作工艺品及乐器。根可提染料。花序可割取糖液。

（7）**王棕属*Roystonea* O. F. Cook.**

乔木；茎单生，圆柱状，近基部或中部膨大。叶极大，羽状全裂；裂片线状披针形；叶鞘长筒状抱茎。花序巨大，分枝长而下垂，生于叶鞘束下，佛焰苞2；花小，单性同株，单生，并生或3朵聚生；雄花萼片3，雄蕊6～12，具退化雌蕊；雌花花冠壶状，3裂至中部，子房3室；退化雄蕊6。果近球形或长圆形，长不过1.2cm；种子1。

约6种，产热带美洲；中国引入栽培。

王棕（大王椰子）*Roystonea regia*（H.B.K）O.F.Cook.

【形态】高达20m；茎淡褐灰色，具整齐环状叶鞘痕，幼时基部明显膨大，老时中部膨大。叶

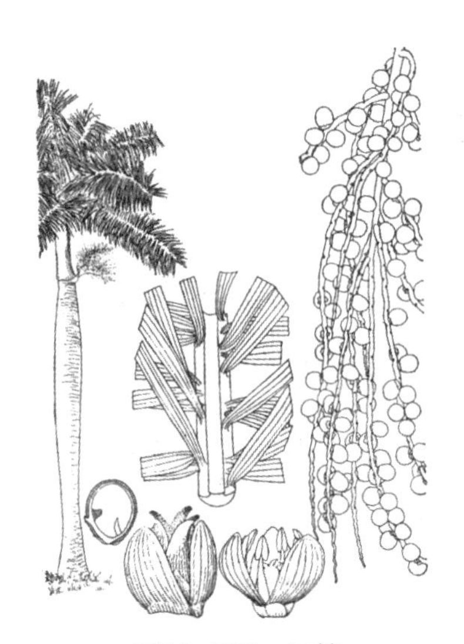
图11-365 王棕

聚生茎顶，长约4m，裂片条状披针形，长85～100cm，宽4cm，软革质，端渐尖或2裂，叶柄短；叶鞘长1.5m，光滑。肉穗花序3回分枝，圆锥花序状；佛焰苞2枚，外面一枚早落，里面一枚舟形，端具扁平长喙，厚革质，苞内及肉穗花序上有大量白色及灰褐色锯末状散落物；小穗12～28cm，基部或中部以下有雌花，中部以上全为雄花；雄花淡黄色，雄蕊6～12，雌花花冠壶状，3裂至中部，柱头3。果近球形，长8～13mm，红褐色至淡紫色；种子1，卵形，压扁。（图11-365）

【分布】原产于古巴，现广植于世界各热带地区。两广、台湾、云南及福建均有栽培。

【习性】喜高温多湿的热带气候，耐短暂的0℃低温。喜充足阳光和疏松肥厚的土壤。

【繁殖】播种繁殖。

【用途】树姿高大雄伟，树干笔挺端直。适作行道树，园景树。可孤植、丛植和片植，均具良好效果。种子可作鸽子饲料。

（8）**桄榔属*Arenga* Labill.**

乔木或灌木；单干或丛生；茎干覆被黑色、粗纤维状叶鞘残体。叶聚生干顶，羽状全裂，裂片顶端常具不整齐啮蚀状，基部一侧或两侧呈耳垂状。腋生肉穗花序，总梗短，多分枝而下垂，由上向下抽穗开花，当最下部花序结果后，全株即告死亡；花单性同株异序，通常单生或3朵聚生，雌花居中；雄花萼片近圆形，花瓣长圆形，雄蕊多数，花丝短，花药条形；雌花萼片圆形，花后增大，花瓣三角状，花后亦增大，子房近球形。果倒卵形至球形，有种子2～3粒；种子阔椭圆形。

约17种，分布于亚洲和澳大利亚热带地区。中国有2种，产云南、广东、广西、福建、西藏和台湾等省区。

桄榔（砂糖椰子、山椰子、羽叶糖棕）*Arenga pinnata*（Wurmb）Merr.

【形态】乔木，高17m。叶聚生干顶，斜出，长4～9m，羽状全裂，裂片每侧多达146枚，顶端不整齐啮蚀状，叶缘疏生不整齐啮蚀状齿缺，基部两侧耳垂状，一大一小，叶表深绿，背面灰白；叶柄粗壮，径5～8.6cm；叶鞘粗纤维质，黑色，叶缘具黑色针刺状附属物。肉穗花序下弯，长约1.7m，小穗多达52条，长达1.2m，下垂，佛焰苞5～6，软革质。果倒卵状球形，长3.5～6cm，棕黑色；种子3，阔椭圆形。（图11-366）

图11-366 桄榔

【分布】产于广东、广西、云南、西藏等省区的南部。印度、斯里兰卡、缅甸、印度尼西亚、马来西亚、菲律宾、澳大利亚等地均有分布。

【习性】喜阴湿环境。常野生于密林、山谷中及石灰质石山上。

【繁殖】播种繁殖。

【用途】桄榔叶片巨大、挺直，树姿雄伟优美，宜孤植、对植、从植，也有作行道树。

（9）假槟榔属*Archontophoenix* H. Wendl et Drude.

乔木；干单生有环纹。叶羽状全裂，裂片条状披针形，中脉及细中脉均极显著，叶背及叶轴背面有鳞秕状绒毛。肉穗花序生于叶鞘束下方之干上，具多数悬垂分枝；总苞2；花无梗，单性，雌雄同株异序；雄花三角状，萼、瓣各3，雄蕊9～24；雌花近球形，花后花被增大，萼、瓣各3，子房三角状卵形，柱头3，微小而外弯。坚果小，球形或椭圆状球形，果皮纤维质；种子具嚼烂状胚乳。

4种。原产于澳大利亚之热带、亚热带地区。中国常见栽培1种。

假槟榔（亚历山大椰子）*Archontophoenix alexandrae* H.wendl et Drude.

【形态】乔木，高达30m；茎干环纹阶梯状，干基膨大。叶长约2.3m，羽状全裂；裂片137～141，长约60cm，端渐尖而略2浅裂，具明显隆起之中脉及纵侧脉，叶背略被灰褐色鳞秕，叶轴背面密被褐色鳞秕状绒毛；叶柄短；叶鞘长1m，膨大抱茎，革质。肉穗花序悬垂，雄花序长约75cm，宽约55cm，2总苞鞘状扁舟形，软革质，长约54cm，各级分枝“之”字折屈；雄花淡米黄色；雄蕊（6）9～10（15），长在花盘上；雌花序长约80cm，宽约60cm，总苞长约50cm，雌花单生，卵形，柱头3。果卵状球形，长1.2～1.4cm，红色。（图11-367）

【分布】原产于澳大利亚。广东、广西、云南西双版纳、福建及台湾等地有栽培。

【习性】喜高温、高湿、避风向阳的气候，不耐寒。要求微酸性沙壤土。

【繁殖】播种繁殖。

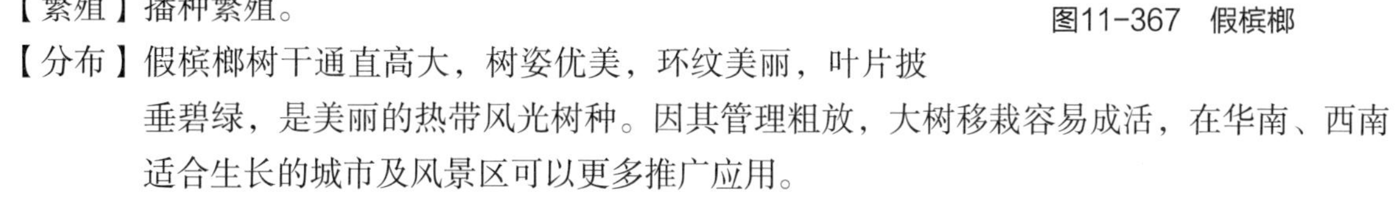

图11-367 假槟榔

【分布】假槟榔树干通直高大，树姿优美，环纹美丽，叶片披垂碧绿，是美丽的热带风光树种。因其管理粗放，大树移栽容易成活，在华南、西南适合生长的城市及风景区可以更多推广应用。

74. 禾本科 Gramineae

一年生或多年生草本，少木本。地上茎通称秆，秆有显著而实心的节与通常中空的节间。单叶互生，排成2列，由包于秆上的叶鞘和通常狭长、全缘的叶片组成；叶鞘与叶片间常有呈膜质或纤毛状的叶舌；叶片基部两侧有时还有叶耳。花序顶生或腋生，由多数小穗排成穗状、总状、头状或圆锥花序；小穗有小花1至多朵，排列于小穗轴上，基部有1～2片不孕的苞片，称为颖；花通常两性，为外稃和内稃包被着，每小花有2～3片透明的小鳞片称为鳞被；雄蕊1～6，通常3；雌蕊1；子房1室，花柱通常2裂，柱头呈羽毛状。颖果，少数为浆果。

约600属，6000种以上，广布于世界各地；中国约190余属，1200多种。

本科分为竹亚科和禾亚科。

分属检索表

1. 地下茎为单轴型或复轴型；秆在分枝一侧扁平或具纵沟或呈四方形 ························ 2

1. 地下茎为复轴型或合轴型；秆圆筒形 ………………………………………………………………… 3
2. 地下茎为单轴型；秆每节分枝大都为2，基部数节无气根；秆箨常为革质或厚纸质 ……刚竹属
2. 地下茎为复轴型；秆每节分枝3，基部数节各具一圈气根，后变成小刺状或小瘤状突起；秆箨为薄纸质 ………………………………………………………………………………… 方竹属
3. 地下茎为合轴型 …………………………………………………………………………………… 4
3. 地下茎为复轴型 …………………………………………………………………………………… 6
4. 箨鞘的顶端仅略宽于箨叶基部，箨叶大都直立，若有外反者，则小枝常硬化成刺……簕竹属
4. 箨鞘的顶端远宽于箨叶基部，箨叶常外反，小技不硬化成刺 ………………………………… 5
5. 秆节间表面常被厚层白粉，节间甚长，50～100cm，秆箨硬纸质 ……………………单竹属
5. 秆节间表面幼时略被白粉，节间中等长，10～50cm，秆箨革质 …………………………慈竹属
6. 花枝短缩，侧生于叶枝（或无叶的枝条）下部的各节上，而不生于正常具叶枝条的顶端 ……………………………………………………………………………………………………苦竹属
6. 花序生于叶枝的顶端，稀可生于叶枝下部的节上而花枝延长常超越其所生的叶枝 ……… 7
7. 主秆每节通常1分枝；枝较粗壮，其直径与主秆相似；叶片大形 ……………………箬竹属
7. 主秆每节分枝3个以上（有时不足3个）；枝大部细弱；叶片中形或小形………………箭竹属

（1）簕竹属*Bambusa* Schreb.

乔木状或灌木状。地下茎合轴型；秆丛生，圆筒形，每节有枝条多数，有时不发育的枝常硬化成棘刺。箨鞘较迟落，厚革质或硬纸质；箨耳发育，近相等或不相等；箨叶直立、宽大；叶片小型至中等，线状披针形至长圆状披针形，小横脉常不明显。小穗簇生于枝条各节，组成大型无叶或有叶的假圆锥花序；小穗有少至多数小花，颖1～4；内稃等长或稍长于外稃；鳞被3；雄蕊6；子房基部通常有柄，柱头羽毛状。颖果长圆形。

约100余种，分布于东亚、中亚、马来西亚及大洋洲等处；中国约有60余种，大多分布华南及西南。

分种检索表

1. 植株之秆2型，除正常秆外，尚有畸形肿胀的秆 ……佛肚竹
1. 植株之秆仅1型，即仅有正常的秆，节间绿色，无条纹 ………………………………………………………………孝顺竹

①孝顺竹（凤凰竹）*Bambusa multiplex*（Lour.）Raeuschel.

【形态】秆高2～7m，径1～3cm，绿色，老时变黄色。箨鞘硬脆，厚纸质，无毛；箨耳缺或不明显；箨舌甚不显著；箨叶直立，三角形或长三角形。每小枝有叶5～9，排成2列状，叶鞘无毛；叶耳不显；叶舌截平；叶片线状披针形或披针形，长4～14cm，质薄，表面深绿色，背面粉白色。笋期6～9月。（图11–368）

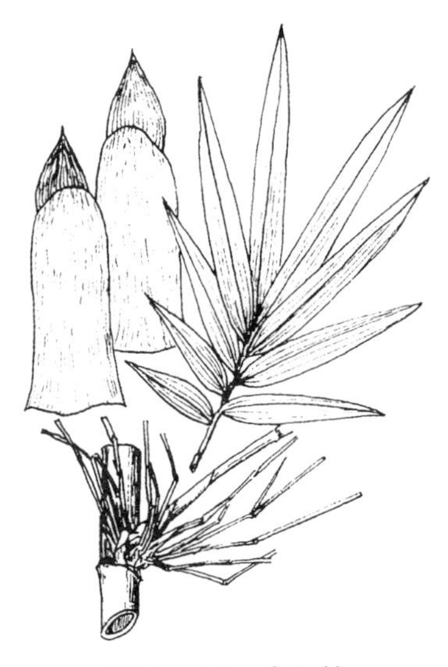

图11–368　孝顺竹

【变种】凤尾竹var. *nana*（Roxb.）Keng f. 比原种矮小，高1～2m，径不超过1cm。枝叶稠密、纤细而下弯，每小枝有叶10余枚，羽状排列，叶片长2～5cm。长江流域以南

各地常植于庭园观赏或盆栽。

【分布】原产于中国、东南亚及日本；我国华南、西南至长江流域各地都有分布。

【习性】喜温暖湿润气候及排水良好、湿润的土壤，是丛生竹类中分布最广、适应性最强的竹种之一。

【繁殖】主要移植母竹（分兜栽植）为主，亦可埋兜、埋秆、埋节繁殖。

【用途】本种植丛秀美，多栽培于庭园供观赏，或种植宅旁作绿篱用，也常在湖边、河岸、假山旁侧、草坪角隅、建筑物前栽植。竹秆细长强韧，可作编织、篱笆、造纸等用。

② 佛肚竹（佛竹、密节竹）*Bambusa ventricosa* McClure.

【形态】乔木型或灌木型；秆无毛，幼秆深绿色，稍被白粉，老时橄榄黄色。秆有两种：正常秆高，节间长，圆筒形；畸形秆矮而粗，节间短，下部节间膨大呈瓶状，状如佛肚。箨鞘无毛，初时深绿色，老后变成橘红色；箨耳发达；箨舌极短；箨叶卵状披针形。每小枝具叶7～13，叶片卵状披针形至长圆状披针形，长12～21cm，背面被柔毛。（图11-369）

图11-369 佛肚竹

【分布】中国广东特产，南方公园中有栽植或盆栽观赏。

【习性】喜温暖湿润和阳光充足的环境，怕烈日暴晒；不耐旱，不耐寒，冬季温度不能低于5℃。宜在肥沃疏松的沙质土壤中生长。

【繁殖】分株或埋鞭繁殖。

【用途】佛肚竹植株低矮秀雅，节间膨大，状如佛肚，形状奇特，枝叶四季常青，是盆栽和制作盆景的良好材料，南方地栽也是布置庭院的理想材料。

（2）刚竹属*Phyllostachys* Sieb. et Zucc.

乔木状或灌木状；枝散生，圆筒形，节间在分枝一侧扁平或有沟槽，每节有2分枝。秆箨革质，早落，箨叶明显，有箨舌，箨耳，肩毛发达或无。叶披针形或长披针形，有小横脉，表面光滑，背面稍有灰白毛。花序圆锥状、复穗状或头状，由多数小穗组成，小穗外被叶状或苞片状佛焰苞；小花2～6。颖片1～3或不发育；外稃先端锐尖；内稃有2脊，2裂片先端锐尖；鳞被3，形小；雄蕊3；雌蕊花柱细长，柱头3裂，羽毛状。颖果。

约50种，大都分布于东亚；中国为分布中心，约产40余种，主要分布在黄河流域以南至南岭以北，不少种类已引至北京、河北、辽宁等省市。

分种检索表

1. 老秆全部绿色，无其他色彩 ………………………… 2
1. 老秆非绿色，或在绿色底上有其他色彩 ………………………… 3
2. 秆下部诸节间不短缩，也不肿胀 ………………………… 4
2. 秆下部数节间短缩 ………………………… 人面竹
3. 老秆全部或部分带紫黑色 ………………………… 5

① 毛竹（楠竹、孟宗竹）*Phyllostachys pubescens* Mazel ex H.de Lehaie.

【形态】高大乔木状，高10～25m，径12～20cm；新秆密被细柔毛，有白粉，老秆无毛，白粉脱落而在节下逐渐变黑色，顶梢下垂，分枝以下秆环不明显，箨环隆起。箨鞘厚革质，棕色底上有褐斑纹，背面密生棕紫色小刺毛；箨耳小，边缘有长缘毛；箨舌宽短弓形，两侧下延，边缘有长缘毛；箨叶狭长三角形，向外反曲。枝叶2列状排列，每小枝2～3叶，披针形，长4～11cm；叶舌隆起；叶耳不明显，有肩毛，后渐脱落。花枝单生，不具叶，小穗丛形如穗状花序，外被佛焰苞；小穗2小花，一成熟一退化。颖果针状。笋期3～5月。（图11-370）

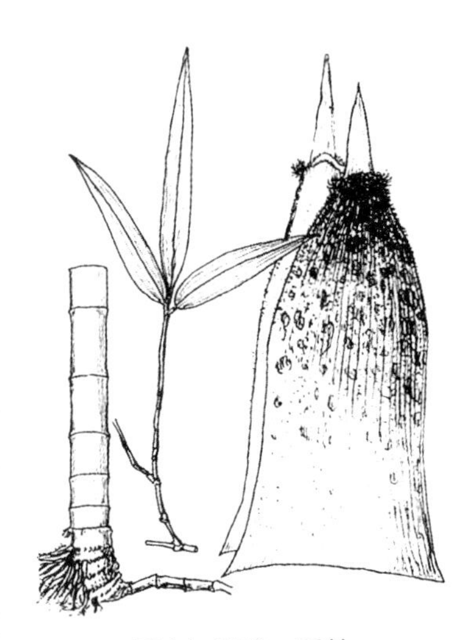

图11-370 毛竹

【分布】原产于中国秦岭、汉水流域至长江流域以南海拔1000m以下酸性土山地，分布很广，北至安徽北部、河南南部；其中浙江、江西、湖南为分布中心。

【习性】喜温暖湿润的气候，耐极端最低温-16.7℃，喜空气相对湿度大；喜肥沃、深厚、排水良好的酸性沙壤土。

【繁殖】播种、分株、埋鞭等方法繁殖。

【用途】毛竹秆高叶翠，四季常青，秀丽挺拔，值霜雪而不凋，历四时而常茂，雅俗共赏。自古以来常植于庭园曲径、池畔、溪涧、山坡、石际、天井、景门，以至室内盆栽观赏；与松、梅共植，誉为“岁寒三友”，点缀园林。亦可作建筑、水池、花木等的绿色背景和屋顶花园材料；毛竹还是良好的建筑材料；此外，竹篾可制作各种工艺品和日常生活用品；笋味鲜美可食。毛竹全身都能利用，为理想的园林结合生产的绿化树种。

② 桂竹（刚竹、五月季竹）*Phyllostachys bambusoides* Sieb.et Zucc.

【形态】秆高11～20m，径8～10cm；秆环、箨环均隆起，新秆绿色，无白粉。箨鞘黄褐色底密被黑紫色斑点或斑块，常疏生直立短硬毛；箨耳小，1枚或2枚，镰形或长倒卵形，有长而弯曲的肩毛；箨舌微隆起；箨叶三角形至带形，橘红色，有绿边，皱折下垂。小枝初生4～6叶，后常为2～3叶；叶带状披针形，长7～15cm，有叶耳和长肩毛。笋期4～6月。（图11–371）

图11–371 桂竹

【变型】斑竹var.*tanakae* Makino ex Tsuboi 竹秆和分枝上有紫褐色斑块或斑点。

【分布】原产于中国，分布甚广，两广北部至河南、河北都有栽植。

【习性】桂竹抗性较强，适生范围大，能耐–18℃的低温，多生长在山坡下部和平地土层深厚肥沃的地方，在黏重土壤上生长较差。

【繁殖】分株、埋鞭繁殖。

【用途】同毛竹。竹笋味美可食。是“南竹北移”的优良竹种。

③ 刚竹*Phyllostachys viridis*（Young）McClure.

【形态】秆高10～15m，径4～9cm，挺直，淡绿色，分枝以下的秆环不明显；新秆无毛，微被白粉，老秆仅节下有白粉环，秆表面在放大镜下可见白色晶状小点。箨鞘无毛，乳黄色或淡绿色底上有深绿色纵脉及棕褐色斑纹；无箨耳；箨舌近截平或微弧形，有细纤毛；箨叶狭长三角形至带状，下垂，多少具波折。每小枝有2～6叶，有发达的叶耳与硬毛，老时可脱落；叶片披针形，长5～16cm。笋期5～7月。

【分布】原产于中国，分布于黄河流域至长江流域以南广大地区。

【变种】a 槽里黄刚竹（绿皮黄筋竹）f.*houzeauana* C.D.Chu et C.S.chao秆绿色，着生分枝一侧的纵槽为金黄色。

b 黄皮刚竹（黄皮绿筋竹）f.*youngii* C.D.Chu et C.S.chao秆常较小，金黄色，节背面有绿色环带，节间有少数绿色纵条；叶片常有淡黄色纵条纹。

【习性】抗性强，能耐–18℃低温，微耐盐碱，在pH8.5左右的碱土和含盐0.1%的盐土上也能生长。

【繁殖】移植母株或播种繁殖。

【用途】园林用途同毛竹。刚竹的材质坚硬，韧性较差；笋味略苦，浸水后可食用。

④ 人面竹（罗汉竹）*Phyllostachys aurea* Carr.ex A.et C.Riviere.

【形态】秆高5～12m，径2～5cm，中部或以下数节节间有不规则的短缩或畸形肿胀，或其节环交互歪斜，或节间近于正常而于节下有长约1cm的一段明显膨大；老秆黄绿色或灰绿色，节下有白粉环。箨鞘无毛，紫色或淡玫瑰的底色上有黑褐色斑点，上部两侧边缘常有枯焦现象，基部有一圈细毛环；无箨耳；箨舌极短，截平或微凸，边缘具长纤毛；箨叶狭长三角形，皱曲。小枝具叶2～3，叶狭长披针形，长6.5～13cm。笋期4～5月。

【分布】原产于中国，长江流域各地都有栽培。

【习性】耐寒性较强，能耐-20℃低温。

【繁殖】移植母竹或埋鞭繁殖。

【用途】常植于庭园观赏，与佛肚竹、方竹等秆形奇特的竹种配植一起，增添景趣。秆可作钓鱼竿、手杖及小型工艺品。笋味甘而鲜美，供食用。

⑤ 紫竹（黑竹、乌竹）*Phyllostachys nigra*（Lodd.）Munro.

【形态】秆高3～10m，径2～4cm，新秆有细毛茸，绿色，老秆变为棕紫色至紫黑色。箨鞘淡玫瑰紫色，背部密生毛，无斑点；箨耳镰形，紫色；箨舌长而隆起；箨叶三角状披针形，绿色至淡紫色。小枝具叶2～3，叶鞘初被粗毛，叶片披针形，长4～10cm，质地较薄。笋期4～5月。

【分布】原产中国，广布于华北经长江流域以至西南等省区。

【习性】喜温暖湿润气候，耐寒性较强，耐-18℃低温，北京小气候条件下能露地栽植。

【繁殖】移植母竹或埋鞭繁殖。

【用途】紫竹秆紫黑，叶翠绿，颇具特色，常植于庭园观赏，与黄槽竹、金镶玉竹、斑竹等秆具色彩的竹种同栽于园中，增添色彩变化。

⑥ 早园竹*Phyllostachys propinqua* McClure.

【形态】秆高8m，胸径5cm以下，新秆绿色具白粉，老秆淡绿色，节下有白粉圈，箨环与秆环均略隆起。箨鞘淡紫褐色或深黄褐色，被白粉，有紫褐色斑点及不明显条纹，上部边缘枯焦状；无箨耳；箨舌淡褐色，弧形；箨叶披针形，紫褐色，平直反曲。小枝具叶2～3片，披针形，长7～16cm，宽1～2cm，背面基部有毛；叶舌弧形隆起。笋期4～6月。

【分布】主产于华东。北京、河南、山西均有栽培。

【习性】抗寒性强，能耐短期-20℃低温；适应性强，轻碱地，沙土及低洼地均能生长。

【繁殖】分株或埋鞭繁殖。

【用途】秆高叶茂，生长强壮，是华北园林中栽培观赏的主要竹种。秆质坚韧，篾性好，为柄材、棚架、编织竹器等优良材料。笋味鲜美，可食用。

⑦ 黄槽竹*Phyllostachys aureasulcata* McClure.

【形态】秆高3～6m，径2～4cm，新秆有白粉，秆绿色，分枝一侧纵槽呈黄色。箨鞘质地较薄，背部无毛，通常无斑点，上部纵脉明显隆起；箨耳镰形，边缘有紫褐色长毛，与箨叶明显相连；箨舌宽短、弧形，边缘毛较短；箨叶长三角状披针形，初皱折而后平直。小枝具叶1～2，叶片披针形，长7～15cm。笋期4～5月。

【变型】金镶玉竹f.*spectabilis* C.D.Chu et C.S.chao 秆金黄色，分枝一侧纵槽绿色，秆上有数条绿色纵条。

【分布】原产于中国。北京有栽培。

【习性】适应性较强，耐-20℃低温。

【繁殖】移植母竹或埋鞭繁殖。

【用途】绿色秆部具黄色纵槽，黄绿相间，非常漂亮，常进行片植作为观赏秆色材料，亦可制作园林小品。

（3）方竹属*Chimonobambusa* Makino.

灌木状或小乔木状；地下茎复轴型。秆圆筒形或微呈四方形，在分枝一侧常扁平或具沟槽，基部数节常各有一圈瘤状气根；每节3分枝。箨鞘厚纸质，背部无毛有斑点；常无箨耳；箨舌膜质，全缘；箨叶细小，三角形或锥形。叶片较坚韧，小横脉显著。花枝紧密簇生，重复分枝或有时不分枝；小穗几无柄；颖1～3片，不等长；外稃膜质带厚纸质；内稃微短于外稃；鳞被3，披针形；雄蕊3；花柱2，分离，柱头羽毛状。坚果状颖果，有坚厚的果皮。

约15种，分布于中国、日本、印度和马来西亚等地。中国约有3种。

方竹*Chimonobambusa quadrangularis*（Fenzi.）Makino.

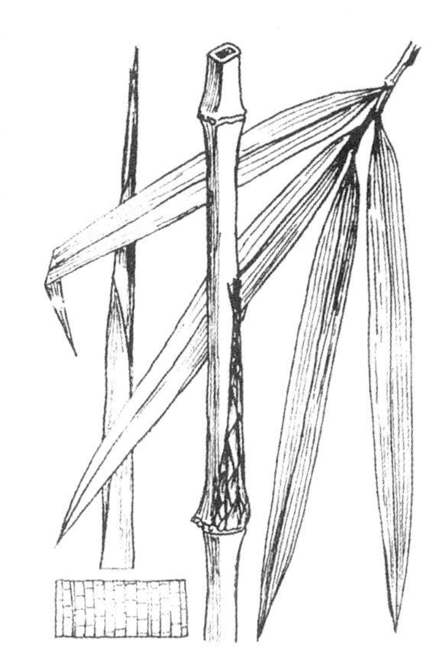

图11-372　方竹

【形态】秆散生，高3～8m，径1～4cm，幼时密被黄褐色倒向小刺毛，后脱落，在毛基部留有小疣状突起，秆表面粗糙，下部节间四方形；秆环隆起，箨环幼时有小刺毛，基部数节常有一圈刺状气根；上部各节初有3分枝，后增多。箨鞘无毛，背面具多数紫色小斑点；箨耳及箨舌均极不发达；箨叶极小或退化。叶2～5，着生小枝上；叶鞘无毛；叶舌截平极短；叶片薄纸质，窄披针形，长8～29cm。笋期8月～次年1月，肥沃之地四季可出笋。（图11-372）

【分布】中国特产，分布于华东、华南以及秦岭南坡等低山坡。

【习性】耐寒性较强，能耐-20℃低温。

【繁殖】移植母竹或埋鞭繁殖。

【用途】秆基部方形奇特，基部节有刺状气根围成环状。秆下方而上圆，是著名的庭园观赏竹类。笋味鲜美。

（4）苦竹属*Pleioblastus* Nakai.

灌木状或小乔木状竹类。地下茎复轴型。秆散生或丛生，圆筒形，秆环很隆起，每节有3～7分枝。箨鞘厚革质，基部常宿存，使箨环上具一圈木栓质环状物；箨叶锥状披针形。每小枝具叶2～13片；叶鞘口部常有波状弯曲的刚毛，叶舌较长或较短；叶片有小横脉。总状花序着生于枝下部各节；小穗绿色，具数朵花；颖2～5，有锐尖头，边缘有纤毛；外稃披针形，近革质，边缘粗糙；内稃背部2脊间有沟纹；鳞被3片；雄蕊3，花柱1，柱头3，羽毛状。颖果长圆形。

约有90种，分布于东亚，以日本为多；中国约10余种。

分种检索表

1. 秆较高，3～7m；每节具3～6分枝；叶片绿色 ……………………………………苦竹
1. 秆低矮，高不足2m；每节2至数分枝或下部为1分枝 ………………………… 菲白竹

①苦竹（伞柄竹）*Pleioblastus amarus*（Keng）Keng f.

【形态】秆高3～7m，径2～5cm，节间圆筒形，在分枝一侧稍扁平；箨环隆起呈木栓质。箨鞘厚纸质或革质，绿色，有棕色或白色刺毛，边缘密生金黄色纤毛；箨耳细小．深褐色，有直立棕色缘毛；箨舌截平；箨叶细长披针形。叶鞘无毛，有横脉；叶舌坚韧，截平。小枝具叶2～4，叶片披针形，长8～20cm，质坚韧，表面深绿色，背面淡绿色，有微

毛。笋期5～6月。（图11-373）

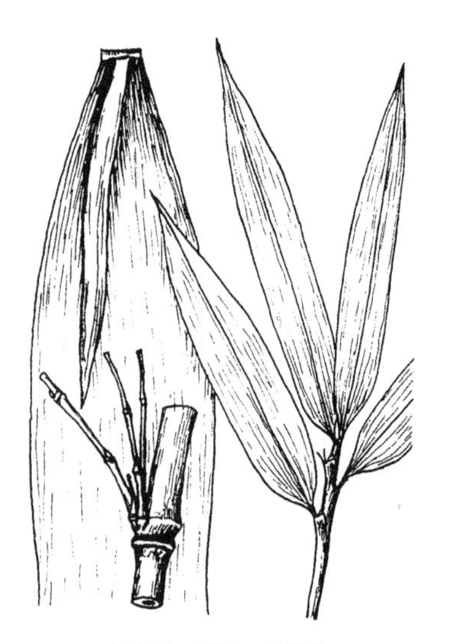
图11-373 苦竹

【分布】原产于中国，分布于长江流域及西南部。

【习性】适应性强，较耐寒，北京在小气候条件下能露地栽植，在低山、丘陵、山麓、平地的一般土壤上，均能生长良好。

【繁殖】移植母竹或埋鞭繁殖。

【用途】苦竹常于庭园栽植观赏。秆直而节间长，大者可作伞柄、帐竿、支架等用，小者可作笔管、筷子等；笋味苦，不能食用。

② 菲白竹*Pleioblastus angustifolius*（Mitford）Nakai.

【形态】低矮竹类，秆高0.2～0.8m，径1～2mm，秆每节具2至数分枝或下部为1分枝。小枝具叶4～7，叶片狭披针形，长8～15cm，两面有白色柔毛，背面尤密，叶具黄色或白色纵条纹。边缘有纤毛，有明显的小横脉，叶柄极短，叶鞘淡绿色，一侧边缘有明显纤毛，鞘口有数条白缘毛。笋期4～5月。

【分布】原产于日本。中国华东地区有栽培。

【习性】喜温暖湿润气候，耐阴性较强。

【繁殖】移植母竹或埋鞭繁殖。

【用途】菲白竹植株低矮，叶片黄绿相间，美观大方，常植于庭园观赏；栽作地被、绿篱或与假山石相配都很合适；也是盆栽或盆景中配植的良好材料。

（5）箭竹属*Sinarundinarin* Nakai.

灌木状竹类。地下茎复轴型，秆直立，每节具3至多分枝。箨鞘宿存，箨叶狭长，箨耳常不发育。圆锥花序开展，其分枝腋间常具小瘤状腺体，并常托以微小苞片；小穗具柄，含数小花，颖片2，膜质；外稃顶端渐尖或具锥状小尖头；内稃具2脊，顶端2齿裂；鳞被3，雄蕊3，花丝分离；子房无毛，花柱筒短，柱头2，羽毛状。

约10余种，分布于我国华中、华西各省之山岳地带。

箭竹*Sinarundinaria nitida*（Mitford）Nakai.

【形态】秆高约3m，径约1cm，新秆具白粉，箨环显著突出，并常留有残箨，秆环不显。箨鞘具明显紫色脉纹；箨舌弧形，淡紫色；箨叶淡绿色，开展或反曲。小枝具叶2～4，叶鞘常紫色，具脱落性淡黄肩毛；叶矩圆状披针形，长5～13cm，次脉4对。笋期8月。

【分布】为高山区野生竹种，生于甘肃南部、陕西、四川、云南、湖北、江西等地海拔1000～3000m的山坡林缘。

【习性】适应性强。耐寒冷，耐干旱瘠薄土壤，在避风、空气湿润的山谷生长茂密，有时也生于乔木林冠下。

【繁殖】移植母竹或播种繁殖。

【用途】庭院栽植观赏。叶是大熊猫的主要食物来源，秆供编制筐篮等用具及搭置棚架之用。

（6）箬竹属*Indocalamus*（Keng）McClure.

灌木状或小灌木状。地下茎复轴型。秆散生或丛生，每节有1～4分枝，分枝通常与主秆同粗。

秆箨宿存性。叶片宽大，有多条次脉及小横脉。花序总状或圆锥状；小穗有小花数至多朵，颖卵形或披针形，顶端渐尖至尾状；外稃近革质；内稃稍短于外稃，背部有2脊；鳞被3；雄蕊3；花柱2，分离或基部稍离合，柱头羽毛状。

约30种，分布于斯里兰卡、印度、马来西亚、菲律宾和中国。中国约17种，分布于秦岭、淮河流域以南各省。

阔叶箬竹*Indocalamus latifolius*（Keng）McClure.

【形态】秆高约1m，下部直径5～8mm，节间长5～20cm，微有毛。秆箨宿存，质坚硬，背部常有粗糙的棕紫色小刺毛，边缘内卷；箨舌截平，鞘口顶端有长1～3mm流苏状缘毛；箨叶小，无箨耳。每小枝具1～3叶，叶片长椭圆形，长10～40cm，表面无毛，背面灰白色，略生微毛，小横脉明显，边缘粗糙或一边近平滑。圆锥花序基部常为叶鞘包被，花序分枝与主轴均密生微毛，小穗有5～9小花。颖果成熟后古铜色。

【分布】原产于中国华东、华中等地。在北京及以南地区亦有栽培。

【习性】喜光，耐半阴，较耐寒，适应性强，喜湿耐旱，对土壤要求不严。

【繁殖】播种、分株、埋鞭等方法繁殖。

【用途】阔叶箬竹植株低矮，叶宽大，在园林中丛植观赏或作地被绿化材料，也可植于河边护岸。秆可制笔管、竹筷，叶可制斗笠、船篷等防雨用品。

（7）鹅毛竹属*Shibataea* Makino.

灌木状。地下茎复轴混生型。秆直立，在地面散生或呈丛状，高通常1～2m，秆不隆起。每节3枝或在上部节稍多，分枝短，通常2～3节；无次级分枝，每分枝仅具1叶，稀2叶。

8种2变种。分布于东亚，我国华东地区。

鹅毛竹*Shibataea chinensis* Nakai.

【形态】地下茎为复轴型。秆高60～100cm，节间长7～15cm，直径2～3mm，秆环肿胀。箨鞘早落，膜质，长3～5cm，无毛，顶端有缩小叶，鞘口有缘毛，主秆每节分枝3～6；叶长3～5cm，存在于秆与分枝之腋间，呈白色膜质而后细裂为纤维状。叶常单生于小枝顶端；叶鞘革质，长3～10mm；鞘口无缘毛，叶舌发达，膜质，偏于一侧，呈锥形，长约4mm；叶片厚纸质，卵状披针形或宽披针形，两面无毛，长6.5～10cm，宽12～25mm，顶端渐尖，次脉5～8对。

【分布】分布于江苏、江西、安徽、福建等地。杭州植物园有栽培。

【习性】喜温暖湿润环境，稍耐阴。浅根性，喜疏松肥沃、排水良好的沙质壤土。

【繁殖】移植母竹或埋鞭繁殖。

【形态】四季常青，体态矮小，叶态优美，形似鹅毛，是极佳的地被观赏植物。可作绿篱、庭园配景或与山石点缀，亦宜盆栽。

75. 芭蕉科 Musaceae

多年生草本，高大，单生不分枝。叶大型，有长柄，螺旋状排列，有厚的中脉和多数羽状平行脉。花通常为单性，偶有两性，成1或2列簇生于着色的大苞片内。花序直立，下垂或半下垂。雄花着生于上部的苞片内，雄蕊5稀6，雌花着生于下部的苞片内。花被片6。下位子房，3室，每室有多数胚珠。浆果肉质。

3属60余种，主要分布于亚洲及非洲热带地区。中国有3属12种，产于西南、东南及台湾地区。

芭蕉属*Musa* L.

大型草本，有匐枝；假茎厚而粗，由叶鞘覆叠而成。叶巨大，长椭圆形。花单性，直立或下垂的穗状花序由叶鞘内抽出，上部为雄性，下部为雌性；花被片合生成管，管顶部5齿裂；雄蕊6，其中1枚退化；子房下位，3室，每室有胚珠极多数。浆果圆柱形。

30种，主产热带地区。我国约10种，分布于西南部至台湾，福建、广西、云南等省区。

芭蕉*Musa basjoo* Sieb.et Zucc.

【形态】常绿多年生草木，茎高达4m；不分枝，丛生。叶大，长达3m，宽约40cm，长椭圆形，有粗大的主脉，两侧具有平行脉，叶表面浅绿色，叶背粉白色。穗状花序淡黄色。浆果圆柱形。

【分布】原产于东亚热带。我国南方大部以及陕西、甘肃、河南部分地区有栽培。

【习性】喜温暖气候，耐寒力弱，耐半阴，适应性较强，生长较快。

【繁殖】分株繁殖。

【用途】适宜植于小庭院的一角或窗前墙边，假山之畔。宜散点或几株丛植，绿阴如盖，炎夏中令人顿生清凉之感。果可食用（外形和香蕉相似，但偏短小，味道较香蕉别有风味）。

76．百合科 Liliaceae

通常为多年生草本；具鳞茎或根状茎，少数种类为灌木或有卷须的半灌木；茎直立或攀缘。叶基生或茎生，茎生叶通常互生，少有对生或轮生。花两性，少数为单性或雌雄异株；单生或组成总状、穗状、伞形花序，顶生或腋生；花钟状、坛状或漏斗状；花被片通常为6，少为4，鲜艳，排成两轮；雄蕊通常与花被片同数；子房上位，少有半下位，常3室，少有1室。蒴果或浆果；种子多数，成熟后常为黑色。

约240属，4000多种，分布温带及亚热带，中国有60多属，约600种。

分属检索表

1. 叶剑形，质地坚硬；花大，花被片长3cm以上，花被片分离 …………………………… 丝兰属
1. 叶非剑形，质地较软；花被片不超过3cm，花被片下部合生 …………………………… 朱蕉属

（1）丝兰属*Yucca* L.

常绿；茎分枝或不分枝。叶片狭长，剑形，顶端尖硬，多基生或集生干端。花杯或碟状，下垂，在花茎顶端排成一圆锥或总状花序；花被片6，离生或近离生；雄蕊6，较花被片短；花柱短，柱头3裂。蒴果卵形，通常开裂或肉质不开裂；种子扁平，黑色。

约30多种，产美洲，现各国都有栽培；中国引入4种。

分种检索表

1. 茎明显；叶质硬，多直伸而不下垂，叶缘老时有少许丝线；蒴果不开裂 ……………凤尾兰
2. 茎很短；叶质较软，端常反曲，叶缘显具白丝线；蒴果开裂 ………………………………丝兰

① 凤尾兰（菠萝花）*Yucca gloriosa* L.

图11-374 凤尾兰

【形态】灌木或小乔木，高可达5m；干短，有时分枝。叶密集，螺旋排列茎端，坚硬，有白粉，剑形，长40～70cm，顶端硬尖，边缘光滑，老叶有时具疏丝。圆锥花序高1m多，花大而下垂，乳白色常带红晕。蒴果下垂，椭圆状卵形，不开裂。花期6～10月。（图11-374）

【分布】原产北美洲东部及东南部，现长江流域各地普遍栽植。

【习性】适应性强，耐水湿。

【繁殖】常用分株和扦插繁殖。

【用途】凤尾兰花大树美叶绿，是良好的庭园观赏树木，常植于花坛中央、建筑前、草坪中、路旁及绿篱等栽植用。叶纤维韧性强，可供制缆绳用。

② 丝兰*Yucca smalliana* Fern.

【形态】植株低矮，近无茎。叶丛生，较硬直，线状披针形，长30～75cm，先端尖成针刺状，基部渐狭，边缘有卷曲白丝。圆锥花序宽大直立，花白色、下垂。蒴果长圆状卵形，不裂开。

【分布】原产北美洲，我国长江流域栽培观赏。

【习性】喜光，耐旱能力很强。耐湿，耐寒，耐贫瘠，适应性强。对土壤要求不严，任何土质均能生长良好。对有害气体有较强的抗性和吸收能力。

【繁殖】播种、分株或扦插繁殖。

【用途】丝兰在庭院中宜栽于花坛中心、草地一隅或假山石边。

（2）**朱蕉属*Cordyline*** Comm. ex Juss.

茎棕榈状。花排成圆锥花序；花被片6，雄蕊6，子房3室。果为浆果。

约15种，产热带及亚热带，各国多栽植供观赏。

朱蕉*Cordyline fruticosa* A.Cheval.

【形态】灌木，高达3m；茎通常不分枝。叶常聚生茎顶，绿色或紫红色，长短圆形至披针状椭圆形，30～50cm，中脉明显，侧脉羽状平行，叶端渐尖，叶基狭楔形；叶柄长10～15cm，腹面有宽槽，基部抱茎。圆锥花序生于上部叶腋，长30～60cm；花序主轴上有条状披针形苞片，长约10cm；花淡红色至紫色，近无梗，花被长1cm，互相靠合成花被管。（图11-375）

图11-375 朱蕉

【分布】分布于华南地区；印度及太平洋热带岛屿亦产。

【习性】喜高温、多湿、半阴环境，忌碱土，喜排水良好、富含腐殖质土壤。

【繁殖】扦插、分株、播种等方法繁殖。

【用途】多作庭园观赏或室内装饰用，赏其常青不凋的翠叶或紫红斑彩的叶色。

复习思考题

1. 简述重点科属种的形态特征。
2. 简述重点科属种、相近科属种的区别。
3. 简述名称相近种的形态区别。
4. 简述当地重点树种的园林观赏特征和应用方式。
5. 简述当地重点树种的文化内涵。
6. 简述重点树种的重点变种和品种特征。
7. 举例说明重点树种在当地园林应用中存在的问题。
8. 世界著名四大行道树是什么？
9. 世界著名五大行道树是什么？
10. 我国著名五大佛教树种是什么？
11. “闹春五果之花”是什么？

附录：木本植物常用形态术语

一、性状

常绿树种：新生叶当年不脱落的树种，叶片寿命不少于1年，如侧柏、油松、白皮松等。

落叶树种：新生叶当年秋季脱落的树种，叶片寿命短于1年，如毛白杨、白玉兰、杜仲等。

乔木：具有明显直立的主干，通常主干高度在3m以上的树木，又可分为大乔木、中等乔木及小乔木等。

灌木：没有明显主干，由地面分出多数枝条，或虽具主干，但高度不超过60cm的树木，如榆叶梅、毛樱桃、紫丁香等。

半灌木：茎枝上部越冬枯死，仅基部为多年生而木质化，又称亚灌木，如沙蒿等。

木质藤本：茎干木质，但柔软，只能依附他物支持而上。

缠绕藤本：以主枝缠绕他物，如紫藤、葛藤。

攀缘藤本：以卷须、不定根、吸盘等攀附器官攀缘于他物，如爬墙虎、葡萄、五叶地锦等。（图1）

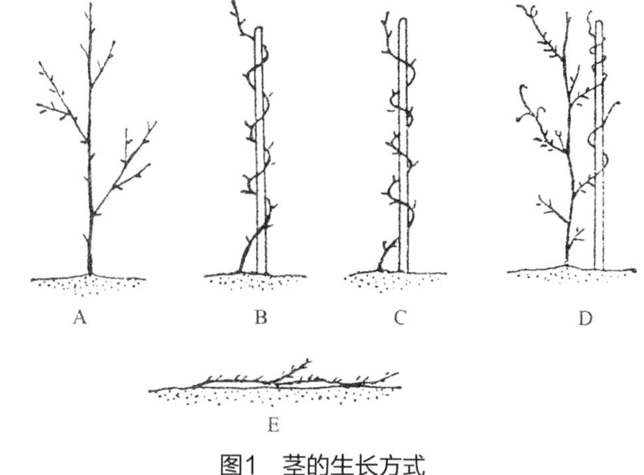

图1　茎的生长方式

A. 直立茎　B. 左旋缠绕茎

C. 右旋缠绕茎　D. 攀缘茎　E. 匍匐茎

二、树形

球形：如黄栌等。

塔形：如雪松等。

伞形：如龙爪槐、垂枝榆等。

圆柱形：如杜松、箭杆杨等。

平顶形：如合欢等。

卵圆形：如毛白杨、法桐等。

棕榈形：如棕榈等。（图2）

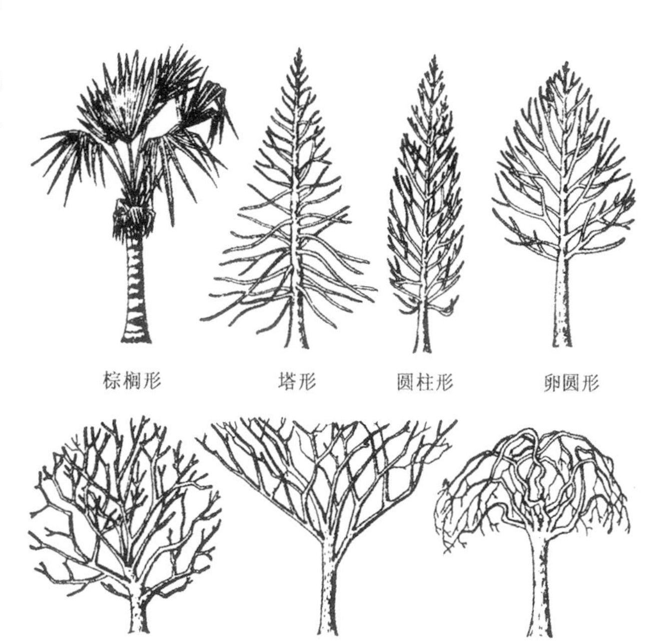

图2　树形

三、根

1. 根系　由幼胚的胚根发育成根，根系是植物全部根的总称，有直根系和须根系之别。

直根系：主根发达明显，极易与侧根区分，如麻栎、马尾松等。

须根系：主根不发达或早期死亡，而由侧根或茎的基部发生许多较细的不定根，如棕榈、蒲葵

等。（图3）

2．根的变态

板状根：热带树木在干基和根颈之间形成板壁状凸起的根，如榕树、人面子等。

呼吸根：伸出地面或浮在水面用以呼吸的根，如水松、落羽杉的屈膝状呼吸根。

附生根：攀附他物的不定根，如爬山虎、络石、凌霄等。

气生根：生于地面之上的根，如榕树从大枝上发生多数向下垂直的根。

寄生根：着生在寄主的组织内，以吸收水分和养料的根，如桑寄生、槲寄生等。

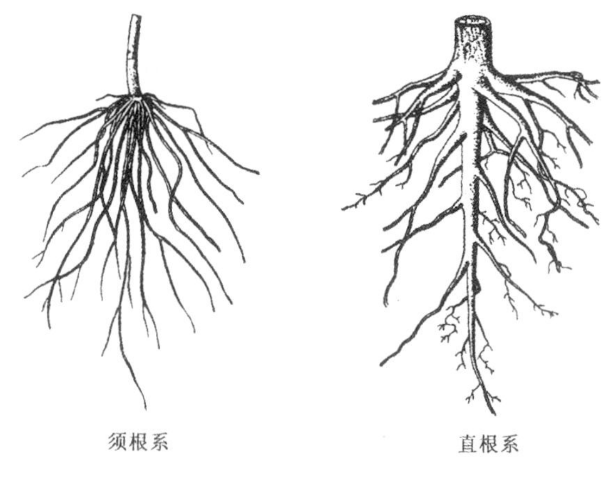

图3　根系

四、树皮

平滑：如梧桐、红瑞木等。

粗糙：如臭椿、朴树等。

细纹裂：如白蜡、水曲柳等。

浅纵裂：如香椿、喜树等。

深纵裂：如刺槐、垂柳等。

不规则纵裂：如黄檗等。

横向浅裂：如桃、樱花等。

长条状剥落：如蓝桉等。

纸状剥落：如白桦、红桦等。

片状剥落：如悬铃木、白皮松等。

鳞状剥落：如榔榆、木瓜等。

方块状裂：如柿树、车梁木等。

鳞块状裂：如油松等。

五、枝条

1．枝条　着生叶、花、果等器官的轴。

节：枝上着生叶的部位。

节间：又称叶距，两节之间的部分。节间较长的枝条称长枝；节间极短的称短枝。

叶痕：叶脱落后，叶柄基部在小枝上留下的痕迹。

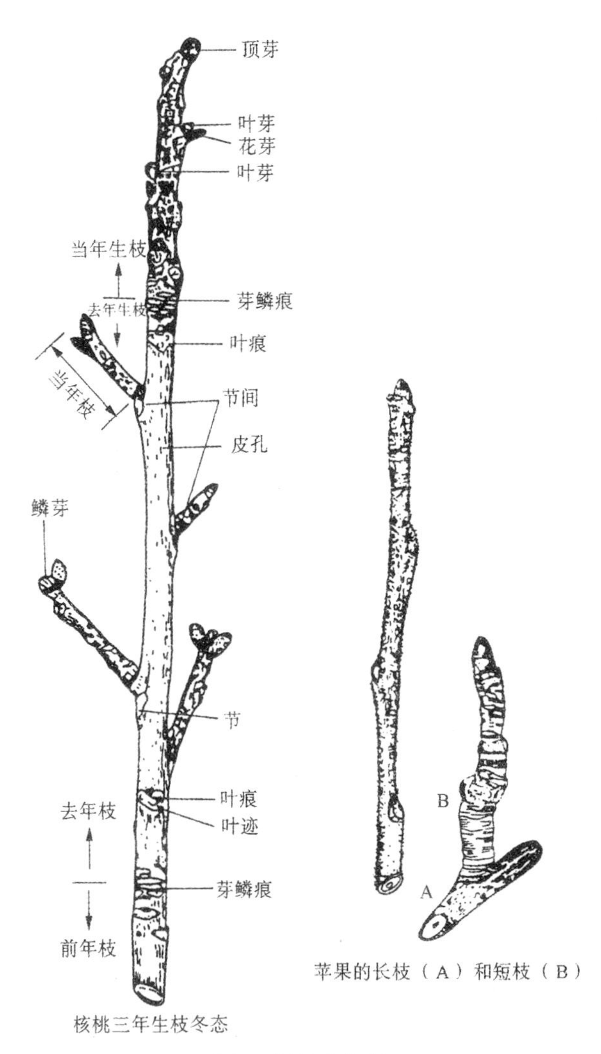

图4　长枝和短枝

维管束痕，叶迹：叶脱落后，维管束在叶痕中留下的痕迹。其形状不一，散生或聚生。

托叶痕：托叶脱落后留下的痕迹。常呈条状、三角状或围绕着枝条呈环状。

芽鳞痕：芽开放后，芽鳞脱落留下的痕迹，其数目与芽鳞数相同。（图4）

皮孔：枝条上的表皮破裂所形成的小裂口。根据树种的不同，其形状、大小、颜色、疏密等各有不同。

髓：枝条中心的松软部分。髓按形状可分为：

（1）空心髓：小枝全部中空或仅节间中空而节内有髓片隔，如竹、连翘等。

（2）片状髓：小枝具片状分隔的髓心，如核桃、杜仲、枫杨等。

（3）实心髓：髓体组织实心充满，其横断面形状多样，有圆形如榆树等、三角形如鼠李属树种等、方形如荆条等、五角形如麻栎等、偏斜形如椴树等。

2．分枝的类型

总状分枝式：又称单轴分枝式，主枝的顶芽生长占绝对优势，并长期持续，如银杏、杉木、箭杆杨。

合轴分枝式：无顶芽或主枝的顶芽生长减缓或趋于死亡后，由其最接近一侧的腋芽相继生长发育形成新枝，以后新枝的顶芽生长停止，又为它下面的芽抽出新枝代替，如此相继形成“主枝”，如榆树、桑。（图5）

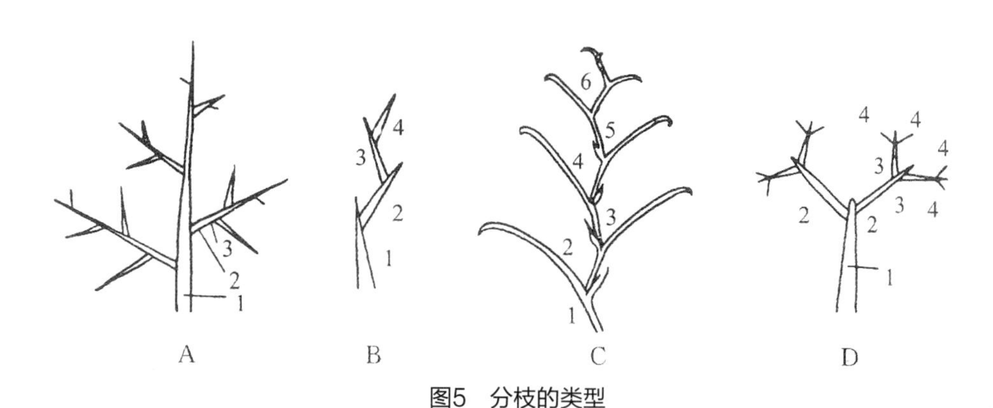

图5　分枝的类型

A．单轴分枝　B、C．合轴分枝　D．假二叉分枝

3．枝的变态

枝刺：枝条变成硬刺，刺分枝或不分枝，如皂荚、山楂、石榴、贴梗海棠、刺榆等。

卷须：柔韧而旋卷，具缠绕性能，如葡萄、五叶地锦等。

吸盘：位于卷须的末端呈盘状，能分泌黏质以黏附他物，如爬墙虎等。

六、芽

尚未萌发的枝、叶和花的雏形。

1．根据所处位置，芽的类型

顶芽：生于枝顶的芽。

腋芽，侧芽：生于叶腋的芽，形体一般较顶芽小。

假顶芽：顶芽退化或枯死后，能代替顶芽生长发育的最靠近枝顶的腋芽，如柳、板栗等。

柄下芽，隐芽：隐藏于叶柄基部内的芽，如悬铃木等。

单生芽：单个独生于一处的芽。

并生芽：数个并生在一起的芽，如桃、杏等。位于外侧的芽称副芽，中间的称主芽。

叠生芽：数个上下重叠在一起的芽，如枫杨、皂荚等。位于上部的芽称副芽，最下的称主芽。（图6）

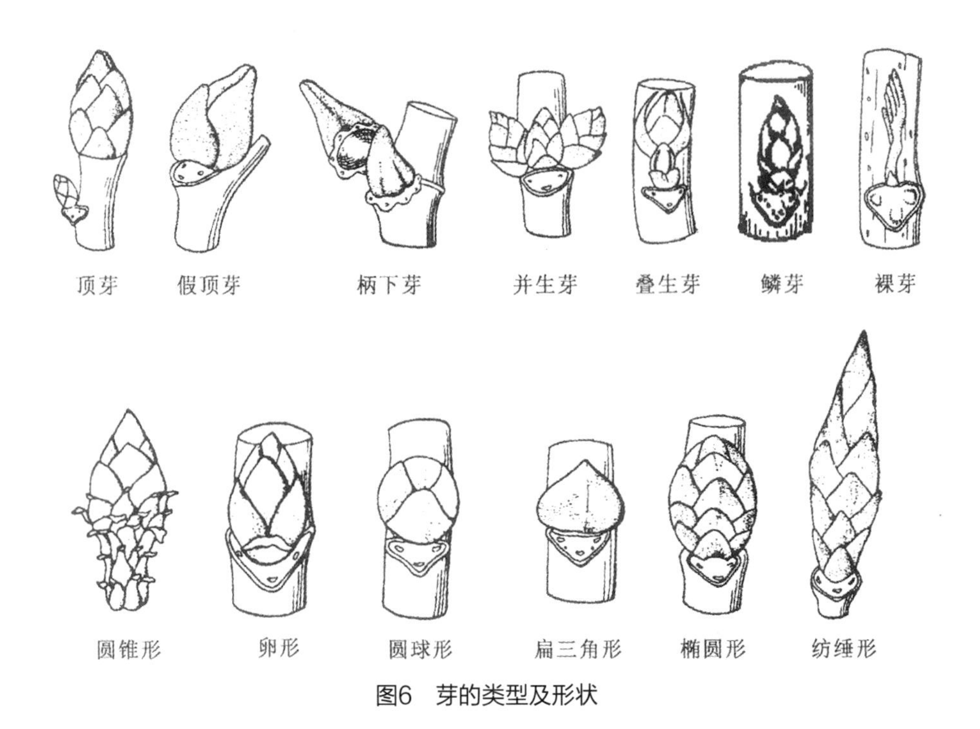

图6　芽的类型及形状

2. 根据将来发展方向，芽的类型

花芽：将发育成花或花序的芽。

叶芽：将发育成枝、叶的芽。

混合芽：将同时发育成枝、叶、花混合的芽。

3. 根据组成结构，芽的类型

裸芽：没有芽鳞包被的芽，如枫杨、山核桃等。

鳞芽：具芽鳞包被的芽，如樟树、加杨等。

七、叶

1. 叶的概念

叶片：叶顶端的宽扁部分。

叶柄：叶片与枝条连接的部分。

托叶：叶片或叶柄基部两侧小型的叶状体。

完全叶：叶片、叶柄和托叶完全的叶，如桃、白玉兰等。（图7）

不完全叶：缺少叶片、叶柄或托叶任意部分的叶，如桑、夹竹桃等。

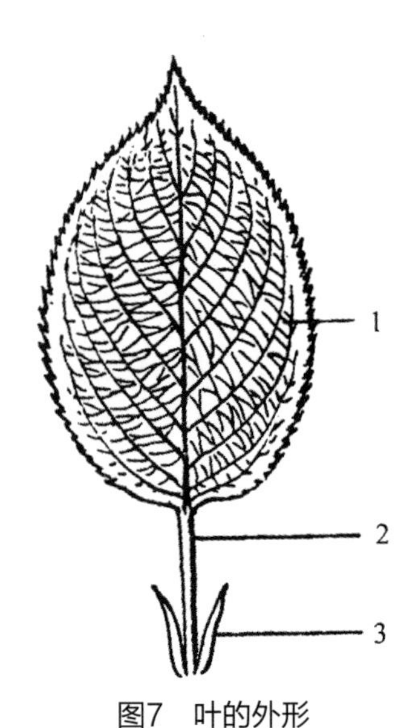

图7　叶的外形

1. 叶片　2. 叶柄　3. 托叶

2. 叶序：叶在枝上着生的方式

互生：在枝条上每节着生1叶，叶片按一定规律交错排列，节间有距离，如杨、柳、碧桃等。

对生：每节相对两面各生1叶，如桂花、紫丁香、毛泡桐等。

轮生：每节规则地着生3个以上的叶子，如夹竹桃等。

簇生：多数叶片成簇，生于短枝上，如银杏、落叶松、雪松等。（图8）

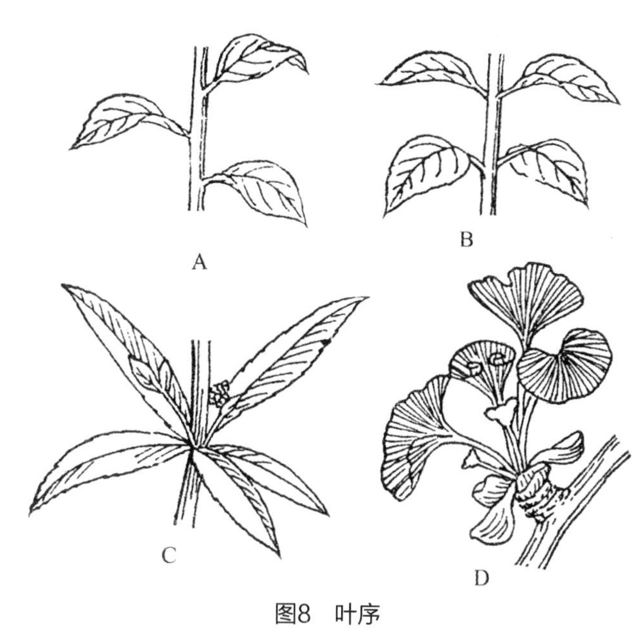

图8　叶序

3．幼叶在芽内的卷叠式

对折：幼叶片的左右两半沿中脉向内折合，如桃、白玉兰等。

席卷：幼叶由一侧边缘向内包卷如卷席，如李等。

内卷：幼叶片自两侧的边缘向内卷曲，如毛白杨等。

外卷：幼叶片自两侧的边缘向外卷曲，如夹竹桃等。

拳卷：由叶片的先端向内卷曲，如苏铁等。

折扇状：幼叶折叠如折扇，如葡萄、棕榈等。

内折：幼叶对折后，又自上向下折合，如鹅掌楸等。（图9）

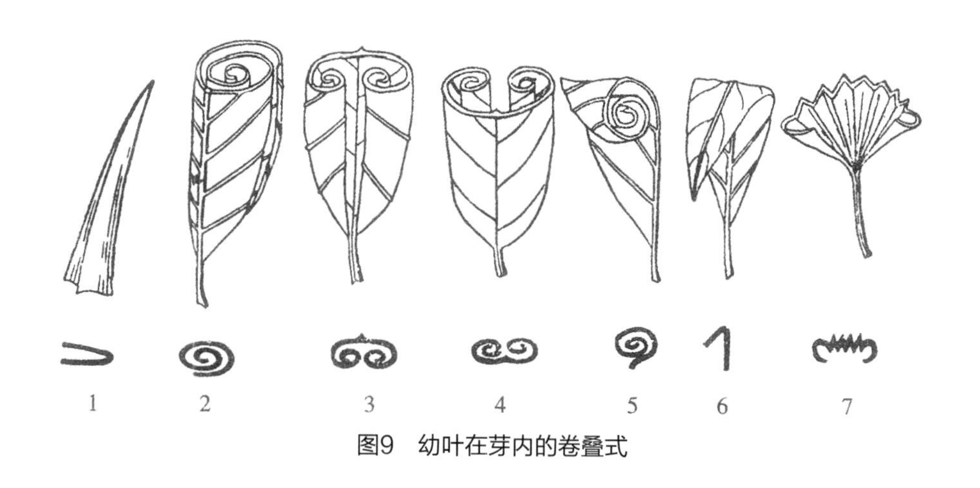

图9　幼叶在芽内的卷叠式

4．脉序

脉序：叶脉在叶片上排列的方式。

主脉：又称中脉，叶片中部较粗的叶脉。

侧脉：由主脉向两侧分出的次级脉。

细脉：又称小脉，由侧脉分出，并联络各侧脉的细小脉。

网状脉：叶脉数回分支变细，并互相联结为网状的脉序。

羽状脉：具1条主脉，侧脉排列呈羽状，如榆树等。

三出脉：由叶基伸出3条主脉，如肉桂、枣树等。

离基三出脉：离开叶基伸出3条主脉，如檫树、浙江桂等。

掌状脉：几条近等粗的主脉由叶柄顶端生出，如葡萄、紫荆、法桐等。

平行脉：为多数次脉紧密平行排列的叶脉，如竹类等。（图10）

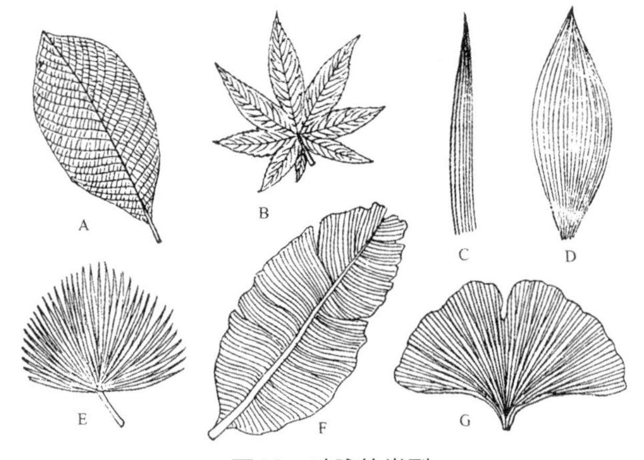

图10　叶脉的类型

5．叶形：叶片的形状

鳞形：叶细小呈鳞片状，如侧柏、柽柳、木麻黄等。

锥形：又称钻形，叶短而先端尖，基部略宽，如柳杉。

刺形：叶狭长如刺，先端锐尖或渐尖，如刺柏等。

条形：又称线形，叶扁平狭长，两侧边缘近平行，如冷杉、水杉等。

针形：叶细长而先端尖如针状，如马尾松、油松、华山松等。

披针形：叶窄长，最宽处在中部以下，先端渐长尖，长为宽的4～5倍，如柠檬桉。

倒披针形：颠倒的披针形，最宽处在上部，如海桐。

匙形：全形窄长，先端宽而圆，向下渐窄，如紫叶小檗等。

卵形：中部以下最宽，长约为宽的1.5～2倍，如毛白杨等。

倒卵形：颠倒的卵形，最宽处在上端，如白玉兰等。

圆形：如圆叶乌柏、黄栌等。

长圆形：又称矩圆形，长约为宽的3倍，两侧边缘近平行。

椭圆形：近于长圆形，但中部最宽，边缘自中部起向上、下两端渐窄，长约为宽的1.5～2倍，如杜仲、君迁子等。

菱形：如小叶杨、乌桕、丝棉木等。

三角形：如加杨等。

心形：先端尖或渐尖，基部内凹具2圆形浅裂及l弯缺，如紫丁香、紫荆等。

扇形：如银杏。（图11）

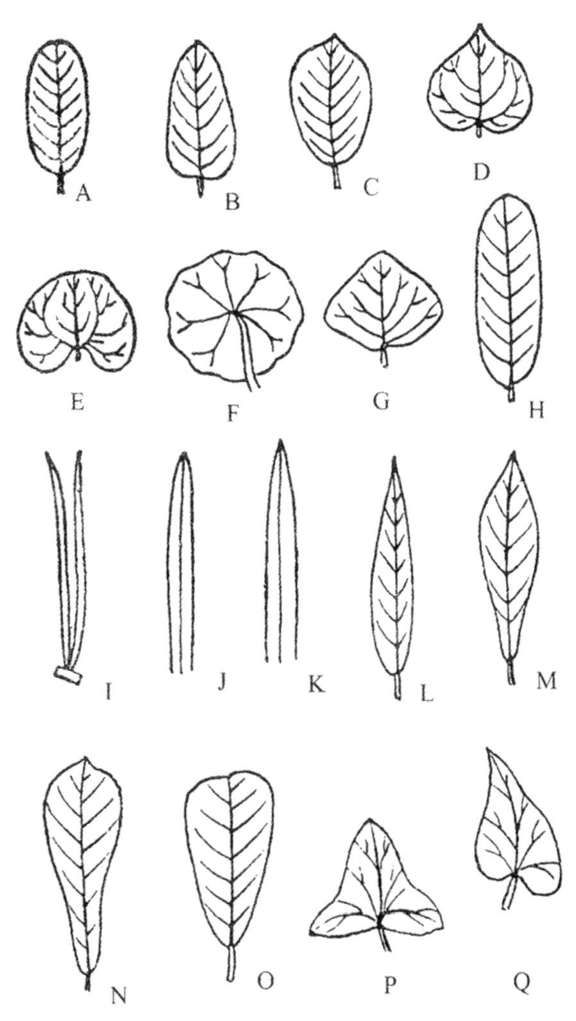

图11　叶形（全形）的类型

6．叶尖

尖，急尖：先端呈一锐角，如女贞。

微凸，具小短尖头：中脉的顶端略伸出于先端之外。

凸尖，具短尖头：叶先端由中脉延伸于外而形成一短突尖或短尖头。
芒尖：凸尖延长呈芒状。
尾尖：先端呈尾状，如菩提树。
渐尖：先端渐狭呈长尖头，如夹竹桃。
骤尖，骤凸：先端逐渐尖削呈一个坚硬的尖头，有时也用于表示突然渐尖头。
钝：先端钝或窄圆。
微凹：先端圆，顶端中间稍凹，如黄檀。
凹缺：先端凹缺稍深，又名微缺，如黄杨。
倒心形：先端深凹，呈倒心形。
二裂：先端浅裂似呈两部分，如银杏。（图12）

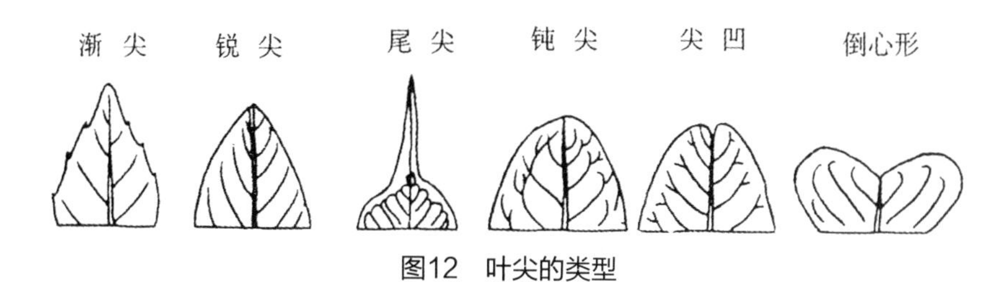

图12　叶尖的类型

7. 叶基

下延：叶基自着生处起贴生于枝上，如杉木、柳杉等。
渐狭：叶基两侧向内渐缩形成翅状叶柄的叶基。
楔形：叶下部两侧渐狭呈楔子形，如八角等。
截形：叶基部几乎平截，如元宝枫等。
圆形：叶基部渐圆，如山杨、圆叶乌桕等。
耳形：基部两侧各有1耳形裂片，如辽东栎等。
心形：叶基部心脏形，如紫荆、山桐子等。
偏斜：基部两侧不对称，如椴树、小叶朴。
鞘状：基部伸展形成鞘状，如沙拐枣。
盾状：叶柄着生于叶背部的一点，如柠檬桉幼苗、蝙蝠葛等。
合生穿茎：两个对生无柄叶的基部合生成一体，如盘叶忍冬、金松。（图13）

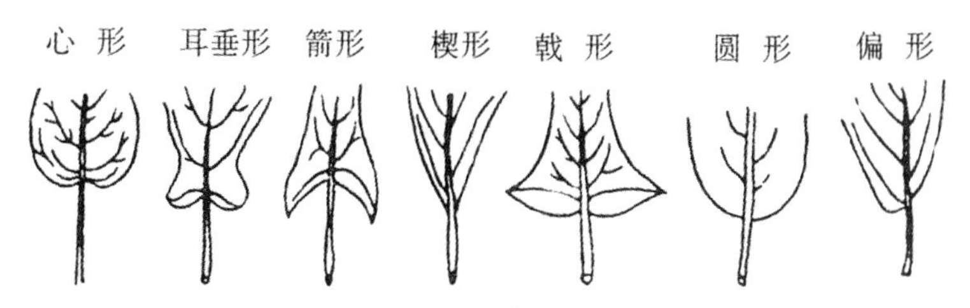

图13　叶基的类型

8. 叶缘

全缘：叶缘不具任何锯齿和缺裂，如丁香、紫荆等。

波状：边缘波浪状起伏，如樟树、毛白杨等。

浅波状：边缘波状较浅，如白栎。

深波状：边缘波状较深，如蒙古栎。

皱波状：边缘波状皱曲，如北京杨壮枝的叶。

锯齿：边缘有尖锐的锯齿，齿端向前，如白榆、油茶等。

细锯齿：边缘锯齿细密，如垂柳等。

钝齿：缘锯齿先端钝，如加杨等。

重锯齿：锯齿上又具小锯齿，如樱花。

齿牙，牙齿状：边缘有尖锐的齿牙，齿端向外，齿的两边近相等，如苎麻。

小齿牙，小牙齿状：边缘具较小的齿牙，如荚蒾。

缺刻：边缘具不整齐较深的裂片。

条裂：边缘分裂为狭条。

浅裂：边缘浅裂至中脉的1／3左右，如辽东栎等。

深裂：叶片深裂至离中脉或叶基部不远处，如鸡爪槭等。

全裂：叶片分裂深至中脉或叶柄顶端，裂片彼此完全分开，如银桦。

羽状分裂：裂片排列呈羽状，并具羽状脉。因分裂深浅程度不同，又可分为羽状浅裂、羽状深裂、羽状全裂等。

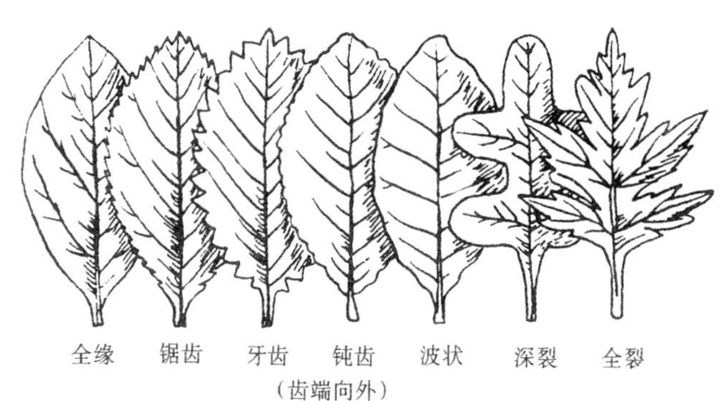

图14　叶缘的基本类型

掌状分裂：裂片排列呈掌状，并具掌状脉。因分裂深浅程度不同，又可分为掌状浅裂、掌状全裂、掌状3浅裂、掌状5浅裂、掌状5深裂等。（图14）

9．叶的类型

单叶：叶柄具一个叶片的叶，叶片与叶柄间不具关节。

复叶：总叶柄具2片以上分离的叶片。

总叶柄：复叶的叶柄，或着生小叶以下的部分。

叶轴：总叶柄以上着生小叶的部分。

小叶：复叶中的每个小叶。其各部分分别叫小叶片、小叶柄及小托叶等。小叶的叶腋不具腋芽。

单身复叶：又称单小叶复叶，外形似单叶，但小叶片与叶柄间具关节，如柑橘。

三出复叶：总叶柄上具3个小叶，如迎春等。

羽状三出复叶：顶生小叶着生在总叶轴的顶端，其小叶柄较2个侧生小叶的小叶柄长，如胡枝子等。

掌状三出复叶：3个小叶都着生在总叶柄顶端的一点上，小叶柄近等长，如橡胶树等。

羽状复叶：复叶的小叶排列呈羽状，生于总叶轴的两侧。

奇数羽状复叶：小叶总数为单数的羽状复叶，如槐树等。

偶数羽状复叶：小叶总数为偶数的羽状复叶，如皂角等。

二回羽状复叶：总叶柄的两侧有羽状排列的1回羽状复叶，总叶柄的末次分枝连同其上小叶叫羽片，羽片的轴叫羽片轴或小羽轴，如合欢等。

三回羽状复叶：总叶柄两侧有羽状排列的2回羽状复叶，如南天竹、苦楝等。

掌状复叶：多个小叶着生在总叶柄顶端，如荆条、七叶树等。（图15）

10．叶的变态

除冬芽的芽鳞、花的各部分、苞片及竹箨外，尚有下列几种。

叶刺：由叶或叶的部分变成的刺，如小檗、刺槐、枣树等。

卷须：由叶或叶的部分变为纤弱细长的卷须，如爬山虎、五叶地锦、菝葜的卷须。

叶状柄：小叶退化，叶柄呈扁平的叶状体，如相思树等。

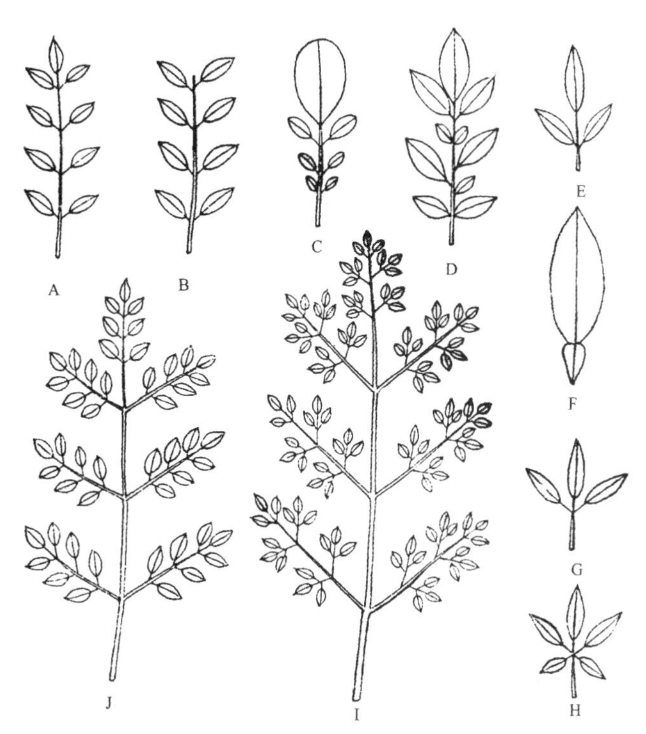

图15　复叶的主要类型

八、花

1．花的概念　花是被子植物适应生殖的变态枝条，包括花梗、花托、花萼、花冠、雄蕊和雌蕊等结构。（图16）

完全花：花萼、花冠、雄蕊和雌蕊四部分均完备的花。花各部的着生处叫花托，承托花的柄叫花梗，又称花柄。

不完全花：缺少花萼、花冠、雄蕊和雌蕊一至三部分的花。

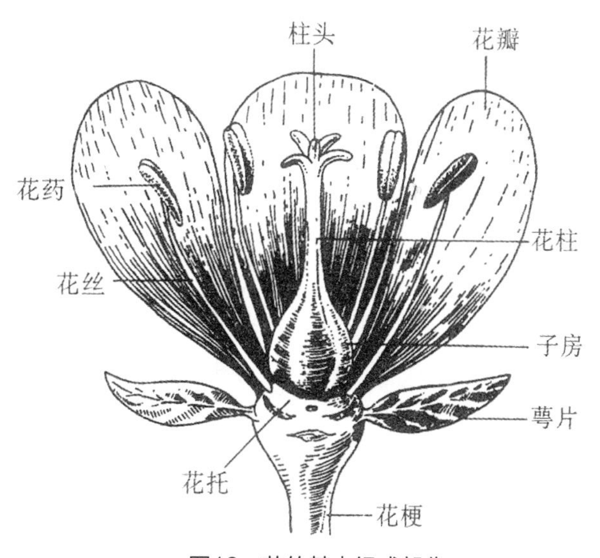

图16　花的基本组成部分

2．花的性别

两性花：兼有雄蕊和雌蕊的花。

单性花：仅有雄蕊或雌蕊的花。

雄花：只有雄蕊没有雌蕊或雌蕊退化的花。

雌花：只有雌蕊没有雄蕊或雄蕊退化的花。

雌雄同株：雄花和雌花生于同一植株上的现象。

雌雄异株：雄花和雌花不生于同一植株上的现象。

杂性花：一株树上兼有单性花和两性花。单性和两性花生于同一植株的，称杂性同株；分别生于同种不同植株上的，称杂性异株。

3．花的整齐性

整齐花：具有至少两个左右对称轴的花，又名辐射对称花，如桃、李。

不整齐花：只有一个左右对称轴的花，又名两侧对称花，如国槐。

不对称花：没有对称轴的花，如美人蕉。

4．花萼　花最外或最下的一轮花被，通常绿色，亦有不为绿色的。

萼筒：花萼的合生部分。

萼裂片：萼筒的上部分离的裂片。

副萼：花萼排列为2轮时，最外的一轮。

5．花冠　花瓣的总称。花瓣位于花萼的内面，通常大于花萼，质较薄，呈各种颜色。花瓣有离合之别。

离瓣花冠：花瓣彼此分离的花冠。

合瓣花冠：花瓣全部或仅部分连合的花冠。

花冠筒：合瓣花冠的下部连合的部分。

花冠裂片：合瓣花花冠筒之外分离的部分。

瓣片：离瓣花上部的花瓣主体部分。

瓣爪：离瓣花冠的花瓣基部窄细如爪的部分。

花冠的形状常见有以下几种：

筒状，管状：指花冠大部分合成一管状或圆筒状，如醉鱼草、紫丁香等。

漏斗状：花冠下部筒状，向上渐渐扩大呈漏斗状，如鸡蛋花、黄檀等。

钟状：花冠筒宽而稍短，上部扩大呈一钟形，如吊钟花等。

高脚碟状：花冠下部窄筒形，上部花冠裂片突向水平开展，如迎春花等。

坛状：花冠筒膨大为卵形或球形，上部收缩成短颈，花冠裂片微外曲，如柿树的花等。

唇形：花冠稍呈上下唇形，如唇形科植物。

舌状：花冠基部呈短筒，上面向一边张开呈扁平舌状，如菊科某些种头状花序边缘的花。

蝶形：状如蝴蝶，其上最大的一片花瓣称旗瓣，侧面2片较小的称翼瓣，最下两片，下缘稍合生的，状如龙骨，称龙骨瓣，如刺槐、国槐等。

假蝶形：状如蝴蝶，翼瓣覆盖着旗瓣和龙骨瓣，如紫荆等。（图17）

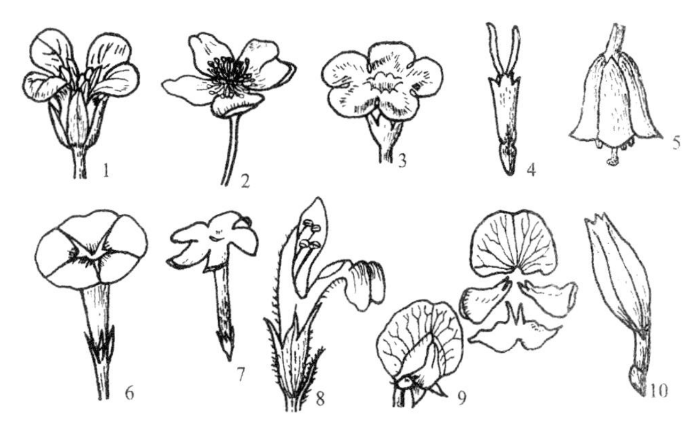

图17　花冠类型

6．花被　花萼与花冠的总称。

双被花：花萼和花冠都具备的花。

同被花：花萼和花冠相似的花，花被的各片称花被片，如白玉兰、樟树的花等。

单被花：仅有花萼或花冠的花，如白榆、板栗等。

无被花：花萼和花冠都不具备的花，如杨、柳等。

花被在花芽内排列的方式有以下几种：

镊合状：各片的边缘相接，但不相互覆盖。其边缘全部内弯的称内向镊合状；全部外弯的称外向镊合状。

旋转状：一片的一边覆盖其接邻的一片的一边，而另一边则为接邻的另一片边缘所覆盖。

覆瓦状：和旋转状相似，惟各片中有一片完全在外，另一片完全在内。

重瓦状：2片在外，另2片在内，其他的一片有一边在外、一边在内。（图18）

图18　花被在花芽内排列的方式

7. 雄蕊

（1）雄蕊的类型

离生雄蕊：雄蕊彼此分离的。

合生雄蕊：雄蕊多少合生的。

单体雄蕊：花丝合生为1束，如扶桑等。

两体雄蕊：花丝成2束，如刺槐、黄檀等。

多体雄蕊：花丝成多束，如金丝桃等。

聚药雄蕊：花药合生而花丝分离，如菊科、山梗菜等。

雄蕊筒：又称花丝筒，花丝结合成的圆筒，如楝树、梧桐等。

二强雄蕊：雄蕊4枚，其中一对较另一对长，如荆条、柚木等。

四强雄蕊：雄蕊6枚，其中四长两短，如油菜等。

冠生雄蕊：着生在花冠上的雄蕊。

退化雄蕊：雄蕊没有花药或有花药形成，但不含花粉者。（图19）

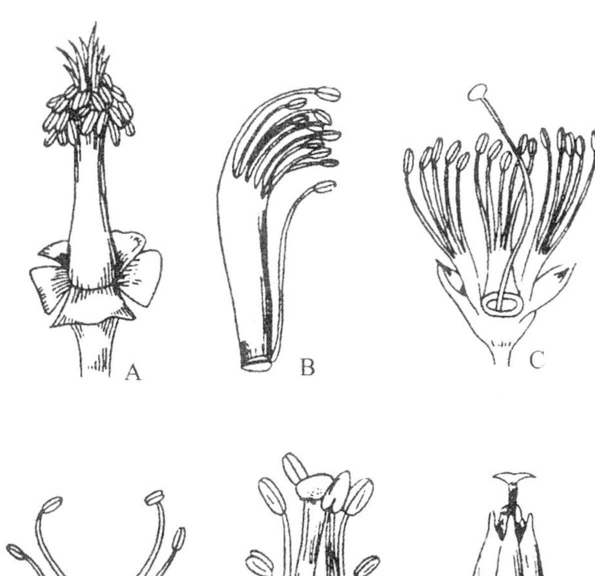

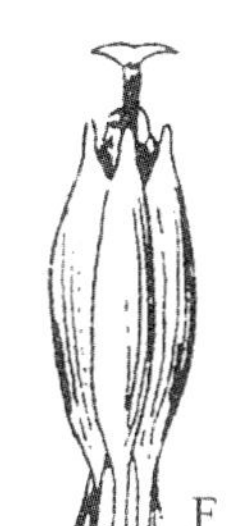

图19　雄蕊类型

（2）花药。花丝顶端膨大的囊状体。花药有间隔部分，称药隔，它是由花丝顶端伸出形成的，往往把花药分成若干室，这些室称药室。

① 花药开裂方式

纵裂：药室纵向开裂，这是最常见的，如白玉兰等。

孔裂：药室顶部或近顶部有小孔，花粉由该区散出，如杜鹃花科、野牡丹科等。

瓣裂：药室有活盖，当雄蕊成熟时，盖就掀开，花粉散出，如樟科、小檗科等。

横裂：药室横向开裂，如铁杉、金钱松、大红花等。

② 花药着生状态

基着药：花药基部着生于花丝顶。

背着药：花药背部着生于花丝顶。

全着药：花药一侧全部着生于花丝上。

广歧药：药室张开，且完全分离，几成一直线着生于花丝顶端。

丁字药：花药背部的中央着生于花丝的顶端呈丁字形。

个字药：药室基部张开而上部着生于花丝顶端。

8. 雌蕊的类型

单雌蕊：一心皮构成一室的雌蕊。

离生单雌蕊：一朵花内各心皮彼此分离的雌蕊。

复雌蕊：一朵花内多个心皮彼此结合的雌蕊。（图20）

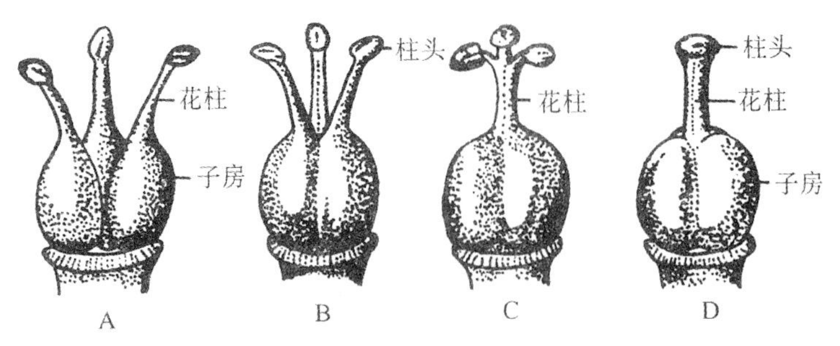

图20 离生单雌蕊和复雌蕊

9．花托：花梗顶端膨大的部分，花的各部着生处

（1）按子房着生在花托上的位置划分

子房上位：花托呈圆锥状，子房生于花托上面，雄蕊群、花冠、花萼依次生于子房的下方，又叫下位花，如金丝桃、八角等。有些花托凹陷，子房生于中央，雄蕊群、花冠、花萼生于花托上端内侧周围，虽属子房上位，但应叫周位花，如桃、李等。

子房半下位：子房下半部与花托愈合，上半部与花托分离，又叫周位花，如绣球花、秤锤树等。

子房下位：花托凹陷，子房与花托完全愈合，雄蕊群、花冠、花萼生于花托顶部，又叫上位花，如番石榴、苹果等。（图21、图22）

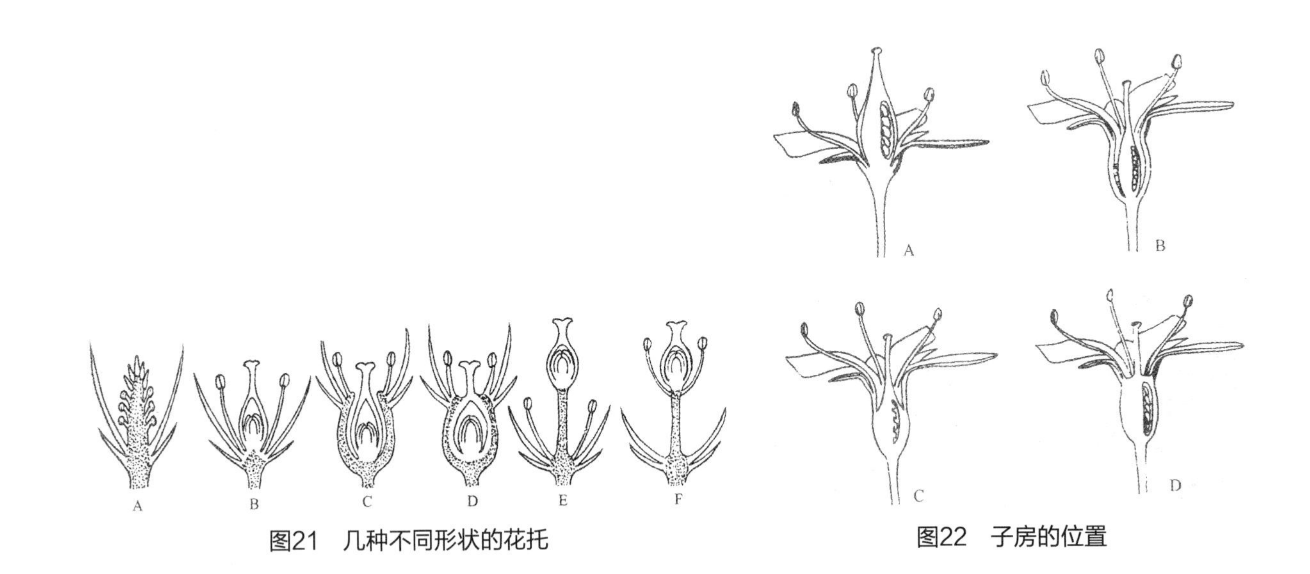

图21 几种不同形状的花托　　图22 子房的位置

（2）花托上的其他部分

花盘：花托的扩大部分，形状不一，生于子房基部、上部或介于雄蕊和花瓣之间。全缘至分裂，或呈疏离的腺体。

蜜腺：雄蕊或雌蕊基部的小突起物，常分泌蜜液。

雌雄蕊柄：雌、雄蕊基部延长呈柄状，如西番莲科植物和白花菜。

雌蕊柄：雌蕊的基部延长呈柄状，如白花菜科的醉蝶花和有些蝶形花科的植物。

10．花序 花在枝条上的排列方式。花有单生的，也有排成花序的，整个花序的轴称花轴，也称总花轴，而支持这群花的柄称总花柄，又称总花梗。

花序的类型 按花开放顺序的先后可分为以下几种。

无限花序：花序下部的花先开，依次向上开放，或由花序外围向中心依次开放。具体类型有：（图23）

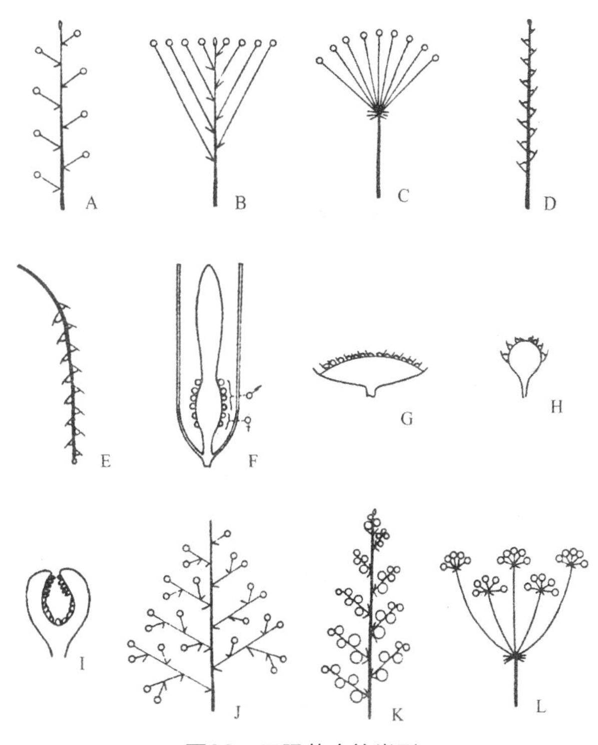

图23 无限花序的类型

穗状花序：花多数，无梗，排列于不分枝的主轴上，如水青树等。

总状花序：和穗状花序相似，但花有梗，近等长，如刺槐、银桦等。

柔荑花序：由单性花组成的穗状花序，通常花轴细软下垂，开花后（雄花序）或果熟后（果序）整个脱落，如杨柳科。

伞房花序：和总状花序相似，但花轴较短，花梗不等长，最下的花梗最大，渐上渐短，使整个花序顶呈一平头状，如梨、苹果等。

伞形花序：花集生于花轴的顶端，花梗近等长，如五加科有些种类。

头状花序：花轴短缩，顶端膨大，上面着生许多无梗花，全形呈圆球形，如悬铃木、枫香等。

肉穗花序：为一种穗状花序，总轴肉质肥厚，分枝或不分枝，且为一佛焰苞所包被，如棕榈科。

隐头花序：花聚生于凹陷、中空、肉质的总花托内，如无花果、榕树等。

有限花序：花序顶点或中心的花先开，外侧或下部的花后开。又称聚伞花序，具体有：（图24）

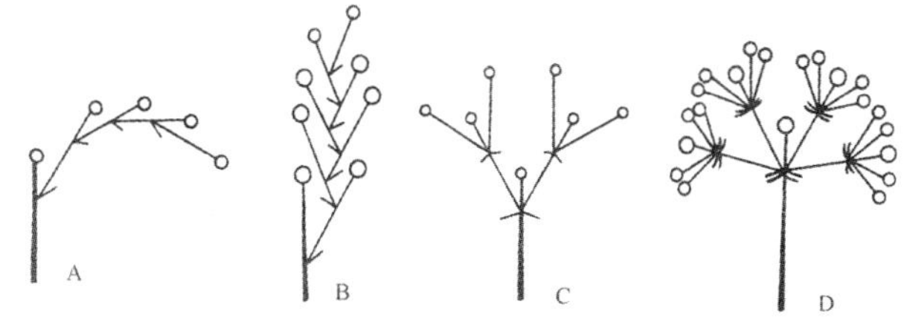

图24 有限花序类型

单歧聚伞花序：花轴顶端先生一花，顶花下形成分枝，依次而下。如每次分枝在同一方向，称为螺状聚伞花序，如附地菜；如每次分枝左右相间，则称为蝎尾状聚伞花序，如唐菖蒲。

二歧聚伞花序：顶花之下同时生长发育出两个等长的侧枝成花，然后又以同样的方式产生新的侧枝成花，如卫矛。

多歧聚伞花序：顶花之下同时生长发育出两个以上等长的侧枝成花，然后又以同样的方式产生新的侧枝成花，如大戟。

混合花序：有限花序和无限花序混生的花序，即主轴可无限延长，生长无限花序，而侧枝为有限花序。如泡桐、滇楸的花序由聚伞花序排成圆锥花序状，云南山楂的花序由聚伞花序排成伞房花序状。

复花序：花序的花轴分枝，每一分枝又着生同一种花序，如复总状花序、复伞形花序等。

圆锥花序花：又称复总状花序，总轴上每一个分枝是一个总状花序，如国槐、荔枝。

复聚伞花序：花轴顶端着生一花，其两侧各有一分枝，每分枝上着生聚伞花序，或重复连续二歧分枝的花序，如卫矛等。

九、果实

果实是植物开花受精后的子房发育形成的。子房是雌蕊的一部分，其上还有花柱和柱头。雌蕊是由一个心皮的两个边缘向内卷合或数个心皮边缘互相联合而成。（图25）果实内包围种子的子房壁称果皮，一般可分为3层，最外一层称外果皮，中间一层称中果皮，最内一层称内果皮。

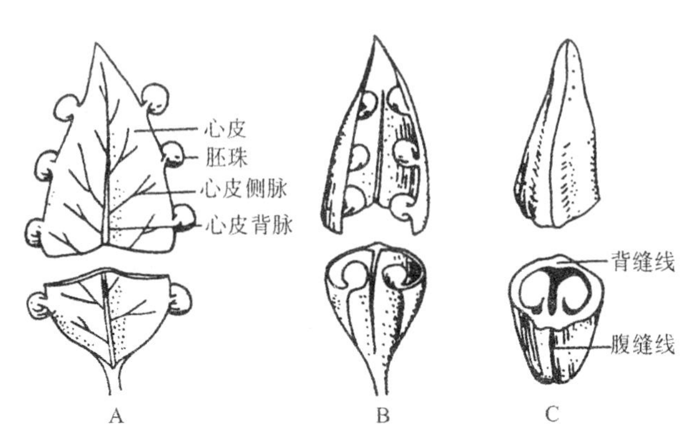

图25　心皮发育为雌蕊的示意图

1．果实的主要类型

聚合果：由一花内的各离生心皮形成的小果聚合而成。由于小果类型不同，可分为聚合蓇葖果，如八角属及木兰属；聚合核果，如悬钩子；聚合浆果，如五味子；聚合瘦果，如铁线莲等。（图26）

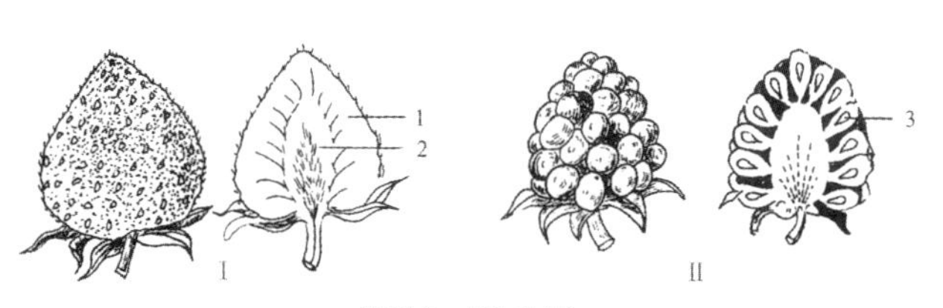

图26　聚合果

Ⅰ．草莓的聚合果（由膨大的花托转变成可食的内质部分，每一真正的小果为瘦果）

Ⅱ．悬钩子的聚合果（由许多核果聚合而成）

1．瘦果　2．肉质花托　3．核果

聚花果：由一整个花序形成的合生果，如桑葚、无花果、菠萝蜜等。

单果：由一朵花中的单个雌蕊形成的单个果实。

2．单果类型

根据果实成熟时果皮的质地和结构，单果可分为肉质果和干果，干果有裂果和闭果之分：

（1）肉质果（图27）

浆果：由合生心皮的子房形成，外果皮薄，中果皮和内果皮肉质，含浆汁，如葡萄、荔枝等。

柑果：外果皮革质，软而厚，中果皮和内果皮多汁，由合生心皮上位子房形成，如柑橘类。

梨果：具有软骨质内果皮的肉质果，由合生心皮的下位子房参与花托形成，内有数室，如梨、苹果等。

核果：外果皮薄，中果皮肉质或纤维质，内果皮木质坚硬称为果核，如桃、李等。

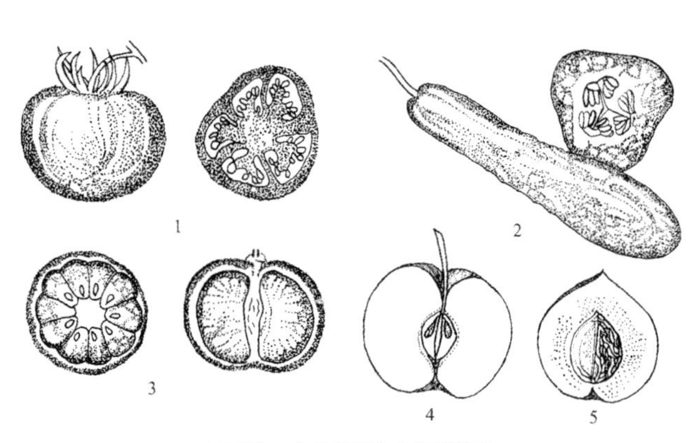

图27　肉质果的主要类型

1．浆果　2．瓠果　3．柑果　4．梨果　5．核果

（2）裂果（图28）

蓇葖果：为开裂的干果，成熟时心皮沿背缝线或腹缝线开裂，如银桦、白玉兰等。

荚果：由单心皮上位子房形成的干果，成熟时通常沿背、腹两缝线开裂或不裂，如蝶形花亚科、含羞草亚科。

蒴果：由2个以上心皮合生的子房形成。开裂方式有：室背开裂，即沿心皮的背缝线开裂，如橡胶树等；室间开裂，即沿室之间的隔膜开裂，如杜鹃等；孔裂，即果实成熟时种子由小孔散出；瓣裂，即以瓣片的方式开裂，如窿缘桉等。

（3）闭果（图29）

瘦果：为一小且仅具1心皮1种子不开裂的干果，如铁线莲等。有时亦有多于1个心皮的，如菊科植物的果实。

颖果：与瘦果相似，但果皮和种皮愈合，不易分离，有时还包有颖片，如多数竹类。

胞果：具有1颗种子，由合生心皮的上位子房形成，果皮薄而膨胀，疏松地包围种子，且与种子极易分离，如梭梭树等。

翅果：带翅的果实，由合生心皮的上位子房形成，如榆树、槭树、杜仲、臭椿等。

坚果：具1颗种子的干果，果皮坚硬，由合生心皮的下位子房形成，并常有总苞包围，如板栗、榛子等。

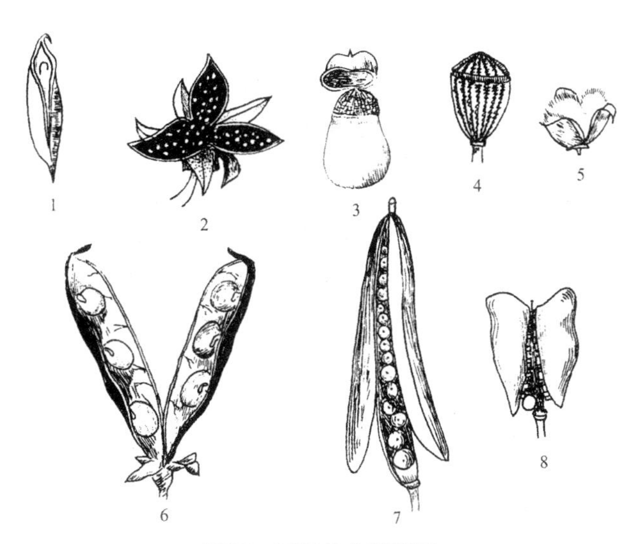

图28　裂果的主要类型

1. 蓇葖果　2. 聚合蓇葖果　3~5. 蒴果（3. 周裂　4. 孔裂　5. 背裂）6. 荚果　7、8. 角果（7. 长角果　8. 短角果）

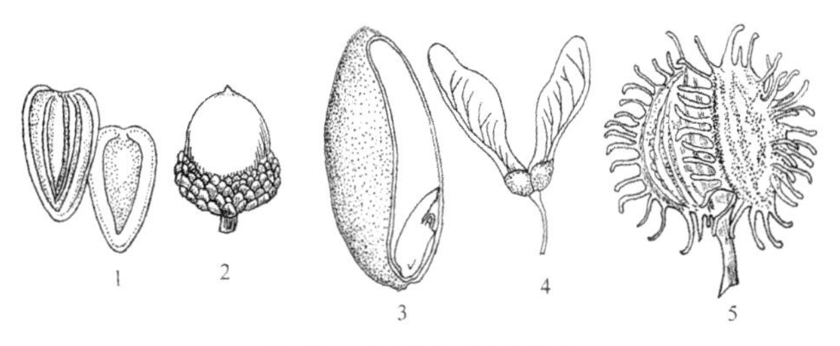

图29　闭果的主要类型

1. 瘦果　2. 坚果　3. 颖果　4. 翅果　5. 分果

十、种子

种子由心皮上胚珠受精发育而成，包括种皮、胚和胚乳的部分。胚珠是由珠心、珠被、珠空、珠柄和合点等部分构成。胚珠着生的部位叫胎座。因心皮数目、愈合方式及着生位置的不同，胎座类型各异。（图30、图31）

1. 种子的组成部分

种皮：由珠被发育而成，分为外种皮和内种皮。外种皮种子的外皮，由外珠被形成。内种皮位于外种皮之内，主要由内珠被形成，但常不存在。

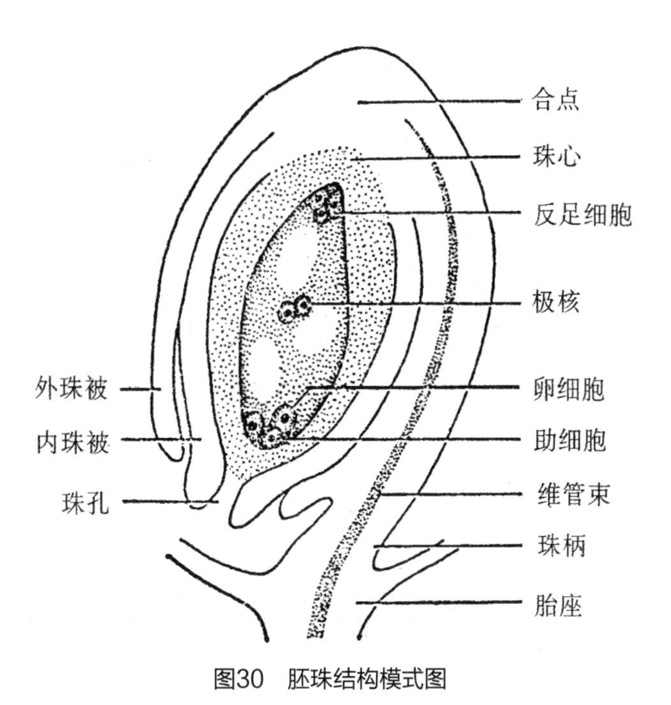

图30　胚珠结构模式图

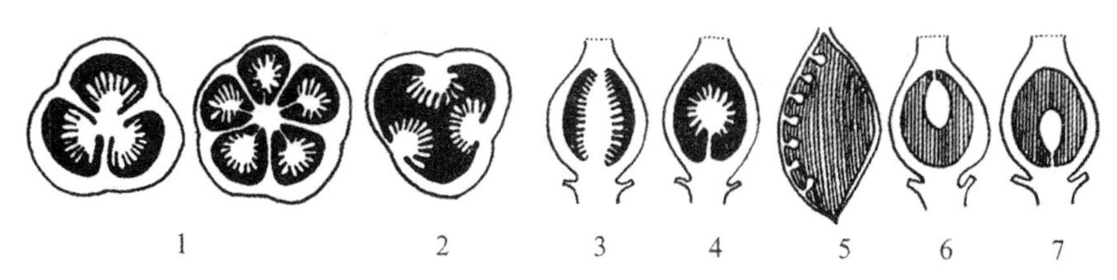

图31　胎座类型

1. 中轴胎座（横切面） 2. 侧膜胎座　3. 中轴胎座（纵切）

4. 特立中央胎座　5. 边缘胎座　6. 基本胎座　7. 顶生胎座

假种皮：由珠被以外的珠柄或胎座等部分发育而成，部分或全部包围种子。

种脐：种子成熟脱落，在种子上留下的在子房室着生处的痕迹。

种阜：位于种脐附近的小凸起，由珠柄、珠脊或珠孔等处生出。

2．胚　包藏于种子内处于休眠状态的幼小植物，包括胚根、胚轴、胚芽、子叶等部分。一般每个种子只有1个胚，柑橘类则具2个以上的胚，称为多胚性。

十一、附属物

1．毛　表皮细胞产生的毛状体，可分为几类。

短柔毛：较短而柔软的毛，如柿树叶背面的毛。

微柔毛：细小的短柔毛，如小叶白蜡小枝的毛。

绒毛：羊毛状卷曲，多次交织而贴伏呈毡状的毛，又称毡毛，如毛白杨叶背面的毛。

茸毛：长而直立，密生如丝绒状的毛，如茸毛白蜡。

疏柔毛：长而柔软，直立而较疏的毛，如毛薄皮木的叶背面。

长柔毛：长而柔软，常弯曲，但不平伏之毛，如毛叶石楠的幼叶。

绢毛：又称丝状毛，长、直、柔软贴伏、有丝绸光泽的毛，如杭子梢枝叶、绢毛蔷薇叶背面的毛。

刚伏毛：硬、短而贴伏或稍稍翘起、触之有粗糙感觉的毛，如蜡梅的表面毛。

硬毛：短粗而硬，直立，但触之无粗糙感，如映山红叶背面的毛。

短硬毛：较硬而细短的毛，如大果榆叶面的毛。

刚毛：又称刺毛，长而直立，先端尖，触之粗硬的毛，如刺毛忍冬枝叶上的毛。

睫毛：又称缘毛，成行生于边缘的毛，如黄檗叶缘的毛。

星状毛：毛的分枝向四方辐射似星芒，如糠椴叶背面的毛。

丁字毛：毛两分枝呈一直线，外观似一根毛，其着生点在中央，呈丁字状，如灯台树、木兰的叶。

枝状毛：毛的分枝如树枝状，如毛泡桐叶的毛。

腺毛：毛顶端具腺点或与毛状腺体混生的毛。

2．腺鳞　毛呈圆片状，通常腺质，如胡颓子、茅栗叶背面的被覆物。

3．垢鳞，皮屑状鳞片　鳞片呈垢状，容易擦落，如照山白的枝叶和叶背面的被覆物。

4．腺体　痣状或盾状小体，多少带海绵质或肉质，间或分泌少量的油脂物质，通常干燥，为数不多，具有一定的位置，如合欢、油桐的叶柄、樟科第三轮雄蕊的基部所着生的。

5．腺窝　生于脉腋内的腺体，亦有称腺体的，如樟科有些种类的叶子背面脉腋的窝。

6. **腺点** 外生的小凸点，数目通常极多，呈各种颜色，为表皮细胞分泌的油状或胶状物，如紫穗槐、杨梅的叶背面的斑点。

7. **油点** 叶表皮下的若干细胞，由于分泌物大量累积，溶化了细胞壁形成油腔，在太阳光下，通常呈现出圆形的透明点，如桃金娘科和芸香科大多数种类的叶子。

8. **乳头状突起** 小而圆的乳头状突起，如红豆杉、鹅掌楸的叶背面所有。

9. **疣状突起** 圆形的、小疣状的突起，如疣枝桦的小枝、蒙古栎壳斗苞片上。

10. **皮刺** 表皮形成的刺状突起，位置不固定，如花椒、玫瑰的枝叶上的刺。

11. **木栓翅** 突起呈翅状的木栓质结构，如卫矛的小枝。

12. **白粉** 白色粉状物，如蓝桉的枝叶、苹果的果皮上的一层被覆物。

十二、质地

纸质：薄软如纸，但不透明，如桑树、构树的叶。

革质：坚韧如皮革，如栲类、黄杨的叶。

骨质：类似骨骼质地，如山楂、桃、杏的内果皮。

角质：如牛角的质地。

肉质：质厚而稍有浆汁，如芦荟的叶。

草质：质软，如草本植物的茎干。

干膜质：薄而干燥，呈枯萎状，如麻黄的鞘状退化叶。

软骨质：坚韧，常较薄，如梨果的内果皮。

木栓质：松软而稍有弹性，如栓皮栎的树皮、卫矛枝上的木栓翅。

纤维质：含有多量的纤维，如椰子的中果皮、棕榈的叶鞘。

透明：薄而几乎透明的，如竹类花的鳞被。

半透明：如钻天杨、小叶杨叶的边缘。

十三、裸子植物常用形态术语

裸子植物有别于被子植物，常用形态术语如下：

1. 球花

雄球花：又称小孢子叶球，由多数雄蕊（小孢子叶）着生于中轴上所形成的球花。花药（花粉囊）又称小孢子囊。

雌球花：又称大孢子叶球，由多数着生胚珠的鳞片组成的球状花序。

珠鳞，大孢子叶：松、杉、柏等科树木的雌球花上着生胚珠的鳞片。

珠座：银杏的雌球花顶部着生胚珠的变形种鳞。

珠托：罗汉松属树木的雌球花中托起着生胚珠的结构，通常呈盘状或漏斗状。

套被：红豆杉科树木包被种子的结构，通常呈囊状或杯状。

苞鳞：承托雌球花上珠鳞或球果上种鳞的苞片。

2. **球果** 松、杉、柏科树木的雌球花受精后发育成熟，由多数着生种子的种鳞和苞鳞组成。

种鳞：亦称果鳞，球果上着生种子的鳞片，由前期的珠鳞发育而来。种鳞（珠鳞）之外的鳞片为苞鳞。

鳞盾：松属树种的种鳞上部露出部分，通常肥厚。

鳞脐：鳞盾顶端或中央凸起或凹陷部分。

3．叶 松属树种的叶有两种：原生叶螺旋状着生，幼苗期扁平条形，后呈膜质苞片状鳞片，基部下延或不下延；次生叶针形，2针、3针或5针一束，生于原生叶腋部不发育短枝的顶端。常见裸子植物的叶还有鳞形叶、锥形叶（刺叶）、条形叶、扇形叶等。

气孔线：叶表面或背面的气孔纵向连续或间断排列形成的线。

气孔带：由多条气孔线紧密并生所连成的带。

中脉带：条形叶背面两气孔带之间的凸起或微凸起的中脉部分。

边带：气孔带与叶缘之间的绿色部分。

树脂道：亦称树脂管，叶内含有树脂的管道。靠近皮下层细胞着生的为边生，位于叶肉薄壁组织中的为中生，靠维管束鞘着生的为内生，也有位于接连皮下层细胞及内皮层之间形成分隔的。

参考文献

[1] 陈有民. 园林树木学. 北京：中国林业出版社，1990.
[2] 潘文明. 观赏树木. 北京：中国农业出版社，2001.
[3] 王发祥. 梁惠波. 中国苏铁. 广州：广东科学技术出版社，1996.
[4] 朱家柟等. 拉汉英种子植物名录. 北京：科学技术出版社，2001.
[5] 中国科学院植物研究所. 中国高等植物科属检索表. 北京：科学技术出版社，2002.
[6] 邱国金. 园林树木. 北京：中国农业出版社，2006.
[7] 卓丽环等. 园林树木学. 北京：中国农业出版社，2004.
[8] 张天麟. 园林树木1200种. 北京：中国建筑工业出版社，2005.
[9] 丁宝章等. 河南植物志. 第一册. 郑州：河南人民出版社，1978.
[10] 丁宝章等. 河南植物志. 第二册. 郑州：河南科学技术出版社，1997.
[11] 赵九洲等. 园林树木. 重庆：重庆大学出版社，2006.
[12] 贾东坡. 园林植物. 重庆：重庆大学出版社，2006.
[13] 郭成源等. 园林设计树种手册. 北京：中国建筑工业出版社，2006.
[14] 董保华等. 汉、拉、英花卉及观赏树木名称. 北京：中国农业出版社，1996.
[15] 熊济华主编. 观赏树木学. 北京：中国农业出版社，2000.
[16] 高润清等. 园林树木学. 北京：气象出版社，2001.
[17] 陈俊愉等. 中国花径. 上海：上海文化出版社，1990.
[18] 火树华等. 树木学. 北京：中国林业出版社，1992.
[19] 王春梅等. 园林花卉. 延吉：延边大学出版社，2002.
[20] 王春梅等. 北方花卉. 延吉：延边大学出版社，2002.
[21] 薛聪贤编著. 景观植物实用图鉴. 北京：北京科学技术出版社，2002.
[22] 北植创业汉枫集团编著. 园林彩色植物图谱. 沈阳：辽宁科学技术出版社，2002.
[23] 北京林业大学园林学院花卉教研室编. 中国常见花卉图鉴. 郑州：河南科学技术出版社，1999.
[24] 周武忠主编. 园林植物配植. 北京：中国农业出版社，1999.
[25] 郑万钧主编. 中国树木志. 北京：中国林业出版社，1983.
[26] 龙雅宜主编. 园林植物栽培手册. 北京：中国林业出版社，2004.
[27] 邓莉兰主编. 树木学实验实习教程. 北京：中国林业出版社，2012.
[28] 臧德奎主编. 园林树木识别与实习教程. 北京：中国林业出版社，2012.
[29] 庄雪影主编. 园林植物识别与应用实习教程. 北京：中国林业出版社，2009.
[30] 吴泽民主编. 园林树木栽培学. 北京：中国农业出版社，2003.
[31] 龚维江主编. 园林树木栽培与养护. 北京：中国电力出版社，2009.
[32] 郭学望主编. 园林树木栽植养护学. 北京：中国农业出版社，2002.
[33] 田如男主编. 园林树木栽培学. 南京：东南大学出版社，2001.
[34] 何小弟主编. 园林树木栽培学. 北京：中国农业出版社，2003.
[35] 卢炯林主编. 河南古树志. 郑州：河南科学技术出版社，1988.